正常人体结构

主　编　刘荣志

内 容 提 要

本书共分11章，包括绪论、细胞与组织、运动系统、消化系统、呼吸系统、泌尿系统、生殖系统、脉管系统、感觉器、神经系统、内分泌系统和人体胚胎学概要。本书采用与临床结合的方式编写，在基础知识中体现早临床、多临床的编写理念，有利于学生在掌握基本理论知识的基础上，提高临床工作素质和能力。

本书可作为医护专业的教材，也可作为医院一线医护人员的参考用书。

图书在版编目(CIP)数据

正常人体结构/刘荣志主编. —上海：上海交通大学出版社，2014(2024重印)
ISBN 978-7-313-11770-0

Ⅰ.①正… Ⅱ.①刘… Ⅲ.①人体结构—高等职业教育—教材 Ⅳ.①Q983

中国版本图书馆CIP数据核字(2014)第163336号

正常人体结构
ZHENGCHANG RENTI JIEGOU

主　　编：刘荣志
出版发行：上海交通大学出版社　　地　　址：上海市番禺路951号
邮政编码：200030　　电　　话：021-64071208
印　　制：三河市骏杰印刷有限公司　　经　　销：全国新华书店
开　　本：787 mm×1 092 mm　1/16　　印　　张：20.5
字　　数：492千字
版　　次：2014年8月第1版　　印　　次：2024年7月第6次印刷
书　　号：ISBN 978-7-313-11770-0
定　　价：54.00元

前 言

Preface

正常人体结构是研究正常人体形态、结构及其发生、发展规律的科学，由人体解剖学、组织学和胚胎学整合而成，主要阐述正常人体各系统的组成，器官的形态、结构、胚胎发生、发育的规律，器官和细胞的各种生命活动过程及规律。

正常人体结构是医护专业的一门重要基础课程。教材本着实用为先，理论知识以够用为度的原则，内容以器官的位置、形态结构描述为主，注重加强形态与功能的联系、基础和临床的联系，注重内容的科学性、系统性和实用性，强调基本理论、基本知识和基本技能。

在教材编写形式上大胆创新，各章节依据临床护理工作操作要求提出“人体结构问题”，以利于学生尽快进入临床护理思维，努力引发学生探究的兴趣。在正文内的适当位置插入“临床护理应用”，简要介绍临床护理技术操作应用，并分析其应用的人体结构基础，学用结合，重在应用。每章节教学内容之后是“拓展与思考”，将基础与临床的结合引向深入。可以说，本教材无论是在内容上还是在形式上，都为“工学结合”的护理职业教育人才培养模式进行着有益的探索和尝试。本教材可供护理、助产等专业使用，建议120学时左右。

本教材由南阳医学高等专科学校刘荣志任主编，南阳理工学院张仲景国医学院徐国昌和厦门医学高等专科学校高洪泉任副主编。参与编写的有南阳医学高等专科学校柳挺、王策、张士锋，漯河医学高等专科学校王丰刚，安顺职业技术学院肖日东。其中，绪论、第1章1.2～1.6节由刘荣志编写，第1章1.1节、第6章、第11章由王丰刚编写，第2章由徐国昌编写，第3章由肖日东编写，第4章、第5章由张士锋编写，第7章由柳挺编写，第8章、第10章由高洪泉编写，第9章由王策编写。

本教材在编写过程中，得到了作者单位的大力支持，在此谨表示诚挚的谢意。成书过程中也参考了本专业有关教材，在此一并向作者表示衷心感谢！

由于时间仓促,编者能力有限,教材中存在的疏漏和不当之处敬请广大读者提出宝贵意见。

编　者

目录
Contents

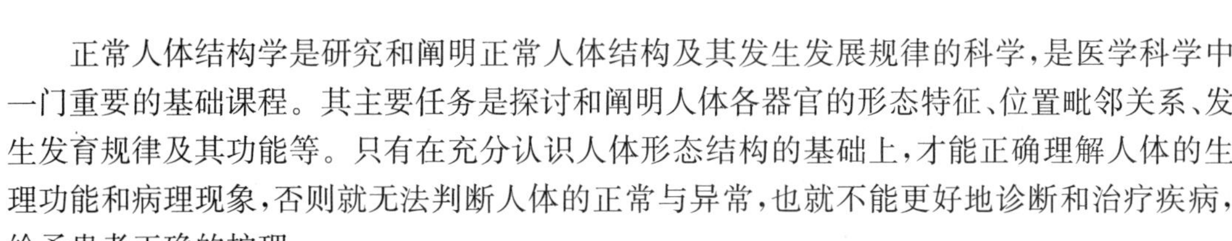

绪　　论

正常人体结构学是研究和阐明正常人体结构及其发生发展规律的科学，是医学科学中一门重要的基础课程。其主要任务是探讨和阐明人体各器官的形态特征、位置毗邻关系、发生发育规律及其功能等。只有在充分认识人体形态结构的基础上，才能正确理解人体的生理功能和病理现象，否则就无法判断人体的正常与异常，也就不能更好地诊断和治疗疾病，给予患者正确的护理。

正常人体结构和医学其他各学科之间具有广泛而密切的联系，医学中约有 1/3 的名词来源于此。因此，每一个医学生必须努力学好正常人体结构知识。

1. 正常人体结构学的研究内容

正常人体结构学包括人体解剖学、组织学和胚胎学三个部分。人体解剖学是用肉眼观察的方法研究正常人体形态结构的科学，依据研究方法的不同和应用目的的差别，又可分为系统解剖学和局部解剖学等。系统解剖学是按人体器官功能系统阐述正常人体器官形态结构、相关功能及其发生发展规律的科学，通常所说的人体解剖学即指系统解剖学，本教材人体解剖学部分仅包含系统解剖学内容。局部解剖学是在系统解剖学的基础上，按人体局部结构分区，由浅入深研究各局部分区的组成结构和各器官的位置、毗邻、层次关系及其临床应用的科学。

组织学是以显微镜等手段观察人体器官组织的微细结构并研究其相关功能的科学。其中，在普通光学显微镜下观察到的结构称为微细结构，利用电子显微镜观察到的结构称为超微结构。

胚胎学是研究由受精卵发育成新个体的过程及其变化机制的科学。研究内容包括生殖细胞发生、受精、胚胎发育、胚胎与母体关系、先天性畸形等。

2. 学习正常人体结构的观点和方法

正常人体结构对医学生的重要性毋庸置疑，然而由于该学科内容量大、名词繁多，要想牢固地掌握解剖学和组织胚胎学知识，必须下一番功夫。实际上，任何一门学科都有它自身的特点和规律，掌握这些特点和规律将起到事半功倍的作用。在学习的过程中，要坚持以辩证唯物主义为指导，遵循以下几个观点。

1)进化发展的观点

人类是由动物经过长期进化发展而来的，是种系发生的结果，人体的个体发生也反映了种系发生发展的过程。因此，人体的形态结构依然保留着某些低等脊椎动物的特征，如有脊柱、体腔和四肢等。同时，现代人类仍然在不断地进化和发展，种族、地域和环境等因素均可造成个体的差异。

2)结构与功能相互联系的观点

人体的每个器官都有其特定的功能，器官的形态结构是功能的物质基础，功能也会影响器官的形态结构的变化。人类因为劳动和实践，上肢主要用于握持工具、从事技巧性劳动；下肢主要用于支持体重和维持直立，从而上、下肢的形体和功能产生了明显的差异。坚持锻炼，可使肌肉发达，骨骼粗壮；长期卧床，则导致肌肉萎缩，骨质疏松。学习中，观察形态结构的同时联系其相应的功能，可以更好地帮助理解和记忆。

3)局部和整体统一的观点

人体是一个完整统一的有机体，任何器官或局部都是整体不可分割的一部分，它们的功能活动在神经、体液的调节下相互协调、相互依存、相互影响。在某一系统或器官出现疾病时，可能会引起其他系统或器官的功能变化或形态改变。在学习的过程中，应运用这种观点将已学过的知识前后联系、综合分析、系统复习，以利于综合思维能力的培养。

4)理论和实践相结合的观点

学习的目的是应用，学懂记牢才能灵活运用，要坚持理论联系实际，须做到以下几点：读书要图文结合，学习时做到文字与图形并重，并结合多媒体等视听资料，以建立初步的形体印象，帮助理解和记忆；上好实验课，把理论学习与观察实物（标本、模型、组织切片）相结合，通过对实物的观察、辨认和识别，以及活体触摸等方法，建立形体概念，形成形象记忆，这是学好解剖学的最重要和最基本的方法；理论知识与临床应用相结合，理论基础是为临床应用服务的，在学习过程中，要适度联系临床应用，以激发学习兴趣，从而达到学以致用的目的。

3. 人体的组成概况和分部

构成人体形态结构和功能活动的基本单位是细胞。功能相近、形态相似的细胞和细胞间质共同构成组织。人体有四大基本组织，即上皮组织、结缔组织、肌组织和神经组织。几种不同的组织按一定的规律组合成具有一定形态并执行特定功能的结构称器官，如心、肝、脾、肺、肾等。由若干器官有机组合起来共同完成某种连续的生理功能，构成系统。人体有九大系统：运动系统执行躯体的运动功能；消化系统具有消化食物、吸收营养物质和排除代谢产物的功能；呼吸系统具有进行吸进氧气，呼出二氧化碳，进行气体交换的功能；泌尿系统具有排出机体内代谢产物的功能；生殖系统主要执行生殖繁衍后代的功能；内分泌系统协调全身各系统的器官活动；脉管系统输送血液和淋巴在体内周而复始地流动；感觉器是感受机体内外环境刺激并产生兴奋的装置；神经系统调控人体全身各系统和器官活动的协调和统一。人体九大系统中，消化系统、呼吸系统、泌尿系统和生殖系统的器官大部分位于胸、腹、盆腔内，并借一定的孔道直接或间接通向外界，统称为内脏。人体各系统在神经和体液的调节下，彼此联系，相互协调，互相影响，共同构成有机的整体。

人体按部位分为头部、颈部、躯干部和四肢。其中，躯干部又分为胸部、腹部、盆部和会阴部。四肢分为上肢和下肢；上肢可分为肩、上臂、前臂和手，下肢可分为臀、股部、小腿和足。

4. 正常人体结构常用的方位术语

为了正确描述人体各部、各器官的位置关系，国际上统一规定了标准姿势和方位术语，医学生须熟练掌握其内容，并贯彻应用于正常人体结构的学习之中。

1)解剖学姿势

解剖学姿势亦称标准姿势，即身体直立，两眼平视前方，上肢即自然下垂到躯干的两侧，下肢并拢，手掌和足尖向前(见图 0-1)。在描述人体结构时，不论是活体还是尸体标本处于何种姿势和体位，均必须以此姿势为标准进行描述。

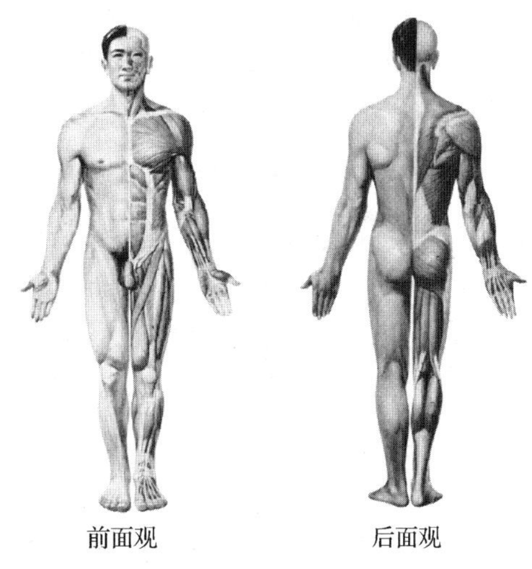

图 0-1　解剖学姿势

2)方位术语

以解剖学姿势为标准，统一规定了一些表示方位的术语。

(1)上：近头者为上，或称为颅侧。

(2)下：近足者为下，或称为尾侧。

(3)前：近腹者为前，或称为腹侧。

(4)后：近背者为后，或称为背侧。

(5)内和外：要描述的结构与脏器或者管腔的关系。在腔内或近内腔者为内，在腔外或远离内腔者为外。

(6)内侧和外侧：以躯干正中矢面为标准，距正中矢状面近者为内侧，远者为外侧。

(7)近侧和远侧：用于描述四肢方位，距肢体根部近者为近侧，远肢体根部者为远侧。

(8)浅和深：近皮肤为浅，远离皮肤为深。

此外，在前臂，近尺骨者为尺侧，而近桡骨者为桡侧；在小腿，距胫骨近者为胫侧，距腓骨近者为腓侧；手掌的掌面称为掌侧，足的底面称为跖侧。

3)轴和面

(1)轴:为了分析关节的运动,在解剖学姿势上,可设置三个相互垂直的轴即垂直轴、矢状轴和冠状轴(见图 0-2)。

①垂直轴:为上下方向,垂直于水平面(地平面)的假想线,也称纵轴。

②矢状轴:为前后方向,通过人体所作的假想线,与垂直轴成直角相交。

③冠状轴:也称额状轴,是左右方向通过人体所作的假想线,与垂直轴成直角相交。

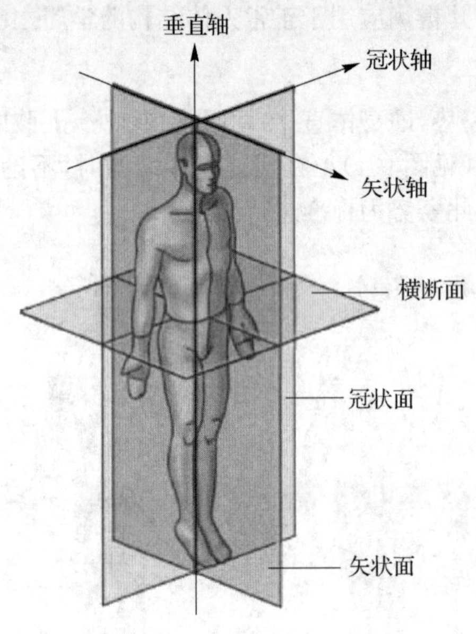

图 0-2　人体的轴和面

(2)面:在解剖学姿势上,人体或局部均可设置三个相互垂直的切面。

①矢状面:是指前后方向,将人体分为左、右两部分的纵切面,切面与水平面垂直。经过人体正中的矢状面称正中矢状面。

②冠状面:也称额状面,是指左右方向,将人体分为前、后两部的纵切面,并与矢状面和水平面互相垂直。

③水平面:也称横切面,与上述两面相垂直,将人体横断为上、下两部的切面。

另外,在描述器官的切面时,以器官的长轴为准,沿其长轴所作的切面为纵切面,与长轴垂直的切面为横切面。

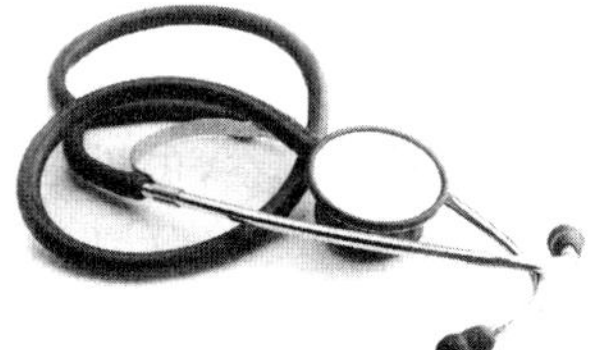

第 1 章 细胞与组织

细胞是所有生物体形态结构、生理功能和生长发育的基本单位。形态和功能相近的细胞，借细胞间质共同构成具有一定形态结构和生理功能的组织。人体内有四大基本组织，即上皮组织、结缔组织、肌组织和神经组织。由于人体皮肤主要由上皮组织、结缔组织等构成，故也在本章讲述。

护理操作要求

正确选择适合的皮内或皮下注射部位，以恰当的角度刺入皮内或皮下，准确将药物注射到皮内或皮下疏松结缔组织。

正常人体结构问题

皮肤由哪些基本组织构成？表皮属于何种上皮组织？皮内注射与皮下注射穿刺层次有何区别？

1.1 细　　胞

人属于多细胞生物，由$(5\sim7)\times10^{12}$个细胞组成，它们均来自胚胎时期的受精卵。人体的细胞大小不一、形态各异，功能也不同。人体最大的细胞是卵细胞，直径可达 100～140 μm，最小的为小脑的颗粒细胞，直径只有 4 μm。细胞的形态与其生理功能和所处的部位密切相关。如神经细胞有许多细长的突起是因为它要接受刺激、传导冲动；流动血液中的血细胞呈双面凹的圆盘状，以适应其携带氧气和二氧化碳的功能。研究细胞的形态和功能的变化，对于阐明机体的生理功能和病理变化，具有重要意义。

1.1.1 细胞的结构

尽管功能不同、形态各异、大小不一，但在光学显微镜下，细胞的基本结构均可分为细胞膜、细胞质和细胞核三部分。

1. 细胞膜

细胞膜是细胞的最外层结构，也称质膜，其厚度为 6～10 nm。高倍电镜下观察，可见细胞膜呈两暗加一明的三层结构，其暗层表示高电子密度，明层表示低电子密度，每层厚约 2.5 nm，全层厚约 7.5 nm。凡具有这三层结构图像的膜，称为单位膜(见图 1-1)。

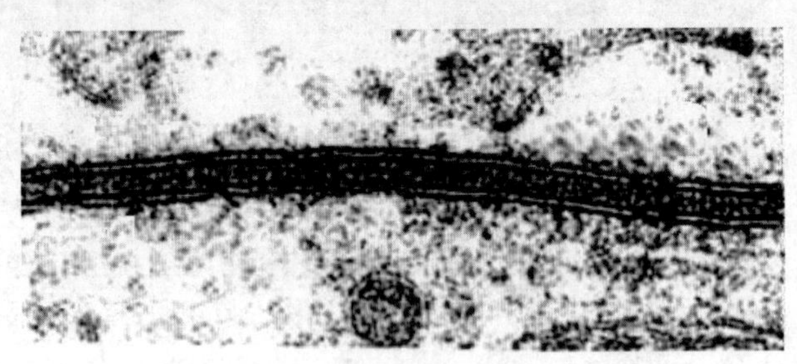

图 1-1 超薄切片技术显示的细胞膜

细胞膜主要成分是类脂、蛋白质和糖类，还有水、无机盐和金属离子等。关于细胞膜的分子结构，目前比较公认的是液态镶嵌模型(见图 1-2)。该模型主要是把生物膜看成一种类脂双分子层与球形蛋白质二维排列的液态膜。膜中的类脂双层，既有类似固体分子排列的有序性，又具有液体的流动性，膜中球形蛋白质则以各种镶嵌形式与类脂双分子层相结合。由于类脂双分子在正常情况下处于流动状态，所以膜蛋白在膜内可以绕本身的分子轴转动或沿膜的表面作横向移动，这对膜蛋白执行其生理功能是十分有利的。

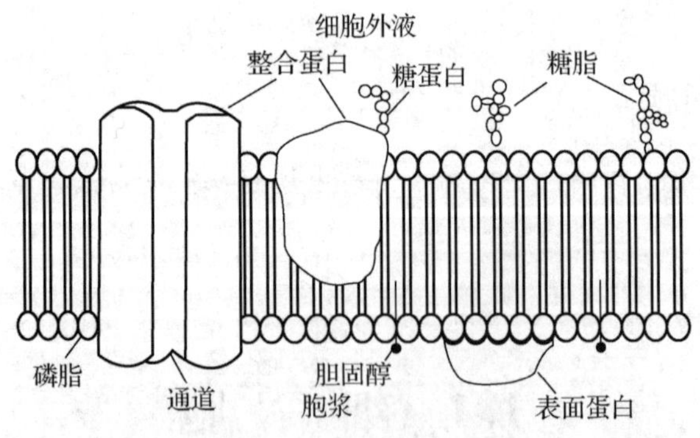

图 1-2 液态镶嵌模型

细胞膜的功能是防止细胞外物质自由进入细胞的屏障，它保证了细胞内环境的相对稳定，使各种生化反应能够有序运行。细胞通过细胞膜与其周围环境进行着复杂的联系，并选择性地进行物质交换。细胞膜还参与细胞的吞噬和吞饮作用。

2. 细胞质

细胞质为细胞膜与细胞核之间的部分，包括基质、包含物和细胞器。

1)基质

基质是无定形的半透明胶状物，又称胞质溶胶，充填于其他有形结构之间，是细胞质的基本成分。基质主要含有脂质、蛋白质、多种可溶性酶、糖、无机盐和水等。基质的主要功能是为各种细胞器维持其正常结构提供所需要的离子环境，同时也是细胞进行多种物质代谢的场所。

2)包含物

包含物主要是一些代谢产物或细胞的储存物质，如糖原、脂滴等。

3)细胞器

细胞器是指细胞质内有一定形态结构，执行一定生理功能的有形结构。主要包括内质网、高尔基复合体、溶酶体、线粒体、核糖体、过氧化氢酶体、细胞骨架及中心体等。各种细胞器在细胞的活动中担当不同的重要作用。

(1)内质网：由单位膜构成的多功能的囊状或小管状结构，它们相互连接成网，形成内质网。内质网分为粗面内质网和滑面内质网(见图 1-3)。粗面内质网大多为扁平囊状，其表面附有大量核糖体，主要合成分泌性蛋白质，大多运输到高尔基复合体进一步加工。滑面内质网表面光滑，无核糖体附着。滑面内质网不合成蛋白质，但功能更为复杂，如在肝细胞中参与糖原的合成与解毒；在脂肪细胞中参与脂类的合成；在肾上腺皮质细胞、睾丸间质细胞及卵巢的黄体细胞中与合成固醇类激素有关；在肌细胞中与贮存和释放钙离子有关，与传导神经兴奋有关等。

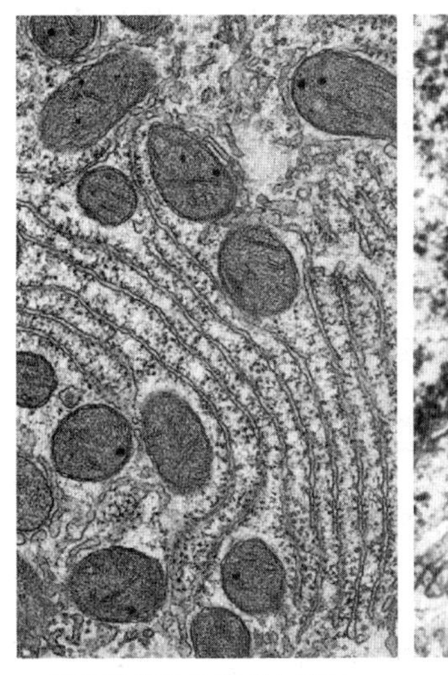

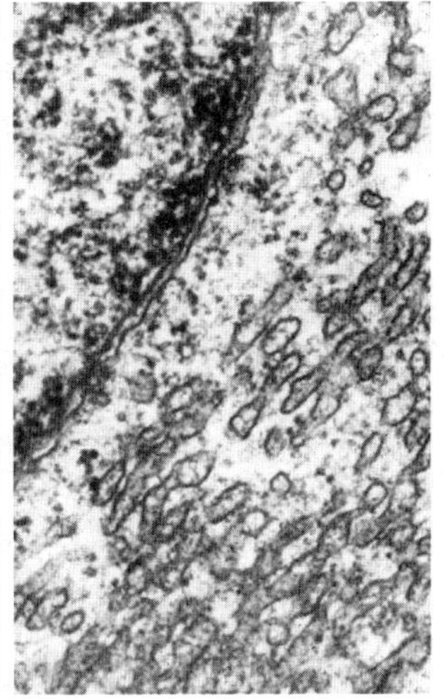

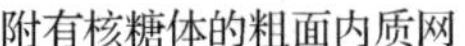

附有核糖体的粗面内质网　　表面光滑的滑面内质网

图 1-3　内质网电镜结构

(2)高尔基复合体：位于细胞核的一侧，中心体的附近，呈网状，是细胞合成分泌物的场所。在电子显微镜下，高尔基复合体呈囊泡状，属膜相结构，依其结构可分为三部分，即扁平囊泡、大泡和小泡(见图 1-4)，以扁平囊泡为主，其壁均由一层单位膜构成。扁平囊泡通常由 5～10 个相互连通的扁平囊叠合在一起，一般靠近细胞核的一面为凸形，称生成面，有来自粗面内质网的运输小泡；朝向细胞膜的一面为凹形，称成熟面，有数目不等、体积较大的分泌泡。

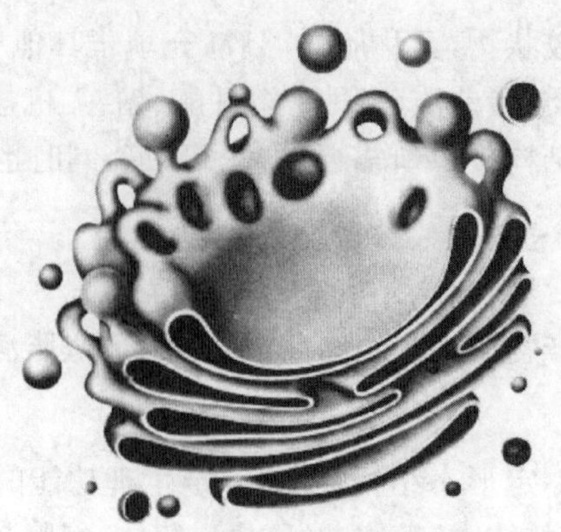

图 1-4　高尔基复合体三维结构模式图

高尔基复合体的膜性结构与粗面内质网及核膜的关系比较密切，其主要功能是参与细胞的分泌过程。粗面内质网合成蛋白质后，形成运输小泡，运送至高尔基复合体，进行浓缩、加工，在高尔基复合体的成熟面形成分泌颗粒，向细胞表面移动，最后与细胞膜融合，通过胞吐作用把分泌物质释放到细胞外。

(3)溶酶体：是由一层单位膜包被的内含多种酸性水解酶的小体，是高尔基复合体形成的一种特殊囊泡，溶酶体大小不一，多呈圆形，内含多种水解酶，具有极强的消化分解物质的能力，是细胞内的消化器。未执行消化活动的溶酶体称初级溶酶体，初级溶酶体与来自细胞内外的物质相融合后称为次级溶酶体。次级溶酶体作用的底物包括外源性的异物、细菌、细胞及内源性衰老的细胞器或局部细胞质等。在机体缺氧、中毒、创伤等情况下，可引起溶酶体膜破裂，大量水解酶扩散到细胞质内，使整个细胞被消化、自溶(见图 1-5)。

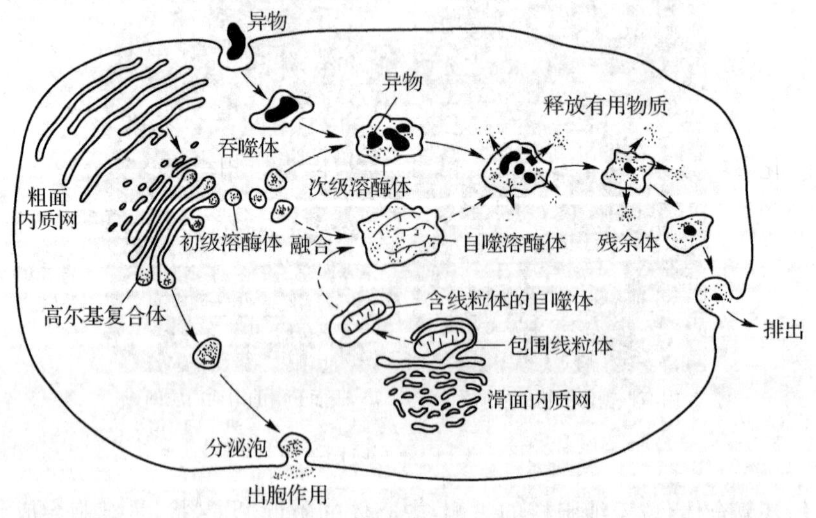

图 1-5　溶酶体的消化过程

次级溶酶体对被消化的底物进行消化分解后，消化不了的残渣物质累积在溶酶体内形成残余体。残余体可通过胞吐作用将其残余物排出，也可存在细胞内，如脂褐素等。

(4)线粒体:光镜下呈线状、颗粒状或杆状,故称线粒体。电镜下线粒体呈长椭圆形,由内、外两层单位膜围成。外膜平整光滑,内膜向内折叠形成嵴,使内膜的表面积扩增(见图 1-6)。外膜和内膜之间的空间称外腔,嵴内的空隙称内腔,内外腔均充满基质。

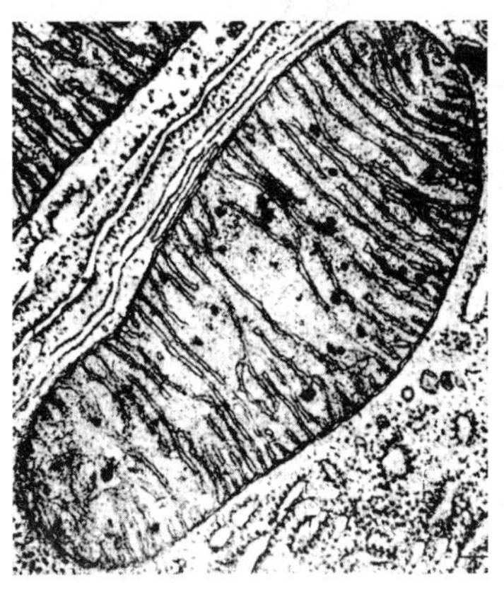

图 1-6 线粒体的电镜结构

线粒体内有多种酶,能将细胞摄入的蛋白质、脂肪及糖等物质分解氧化并释放出能量,使二磷酸腺苷(ADP)磷酸化为三磷酸腺苷(ATP),并将能量贮存于 ATP 中。当细胞的某些活动需要能量时,ATP 再水解为 ADP 并释放出能量。所以,线粒体是细胞内能量储存和供给的场所,是细胞的氧化中心和动力站,细胞生命活动中需要的能量约有 95%来自线粒体。

(5)核糖体:又称核蛋白体,是细胞质中的一种非膜性结构,是细胞内蛋白质合成的场所。电镜下的核糖体呈颗粒状,直径为 15~25 nm,主要由核糖核酸和蛋白质组成。核糖体可以游离在细胞质中,称游离核糖体。主要合成细胞的“内销性”结构蛋白,如供细胞本身生长代谢所需要的酶、组蛋白、核糖体蛋白等。核糖体也附着在内质网膜和核外膜表面,称附着核糖体。附着核糖体主要合成“外销性”输出蛋白,如抗体、肽类激素、消化酶、胶原蛋白等。

(6)过氧化物酶体:又称微体,是细胞的防毒小体,属膜相结构。电镜下观察,是由一层单位膜围成的圆形或椭圆形小体,直径为 0.2~0.5 nm。过氧化物酶体含有多种酶,主要是氧化酶和过氧化氢酶。其主要功能是清除体内对细胞有害的过氧化物,对细胞起保护、解毒作用。在人体的肝、肾细胞中,过氧化物酶体可氧化分解来自血液中的有毒成分,担负着清除血液中各种毒素的任务。

(7)细胞骨架:是指细胞质内的蛋白质纤维网架,包括微丝、微管及中间丝。它们对于细胞的形状和运动、细胞内物质的运输以及细胞分裂等起着重要作用。

微丝是普遍存在于细胞内的纤维状结构。直径 5~6 nm 长度不一,它可以聚集成束,也可以分散或交联成网,分布于细胞膜下或细胞质内。在肌细胞中,与细胞收缩有关。

微管(见图 1-7)是直而中空的圆柱状结构,直径约 25 nm,管壁厚约 5 nm。微管的功能是维持细胞的形态,参与构成纤毛、鞭毛和中心体,参与细胞内物质的运输。

中间丝是一种实心细丝,直径介于微丝与微管之间,为 8~10 nm。中间丝对细胞具有固定、支持和运输等作用。

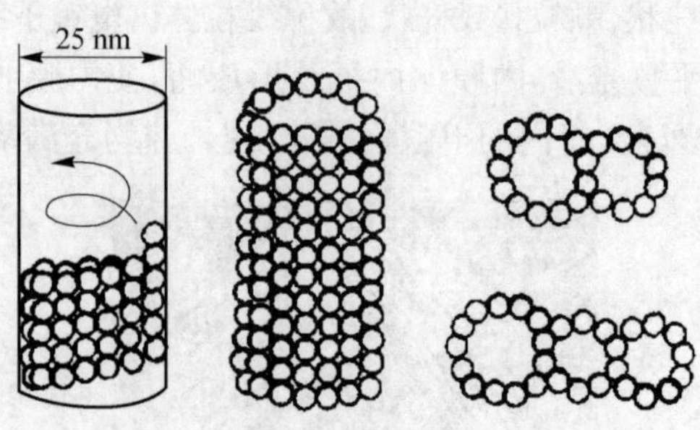

图 1-7　微管的结构

(8)中心体:是由微管构成的细胞器。属于非膜性结构。光镜下所见的中心体包括中心粒及中心球。电镜下的中心粒为一对圆筒状的小体,常成对存在并彼此相互垂直排列,其壁由 9 组微管环列而成,每组包括 3 条微管(见图 1-8)。中心体的功能是参与鞭毛及纤毛的形成,并参与细胞的有丝分裂活动。当细胞进行分裂时,中心粒复制成两对,并借纺锤丝与染色体相连,引导染色体向细胞两极移动。

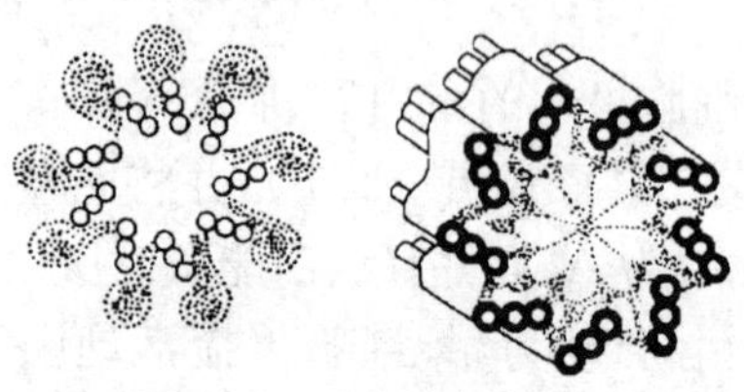

图 1-8　中心体结构

3. 细胞核

细胞核是细胞内最大的细胞器,是细胞遗传、代谢、生长及繁殖的控制中心,在细胞生命活动中起着决定性的作用。细胞核由核膜、染色质与染色体、核仁及核基质四部分组成。

1)核膜

核膜位于细胞核周围,由两层单位膜构成,两层膜间的腔隙为核周隙,外层核膜与内质网膜彼此相连,表面附有大量的核糖体,与粗面内质网的形态极为相似。核膜有直径为 30～100 nm 的核孔,核孔被一层厚 4～5 nm 的薄膜覆盖。核孔是胞核与胞质间进行物质交换的通道,并对物质交换具有调控作用。

2)染色质与染色体

染色质与染色体是同一物质在细胞的不同功能阶段的两种构型。染色质是指细胞核内易被碱性染料着色的物质。在光镜下较稀疏、染色较浅的部分为常染色质;较浓缩、染色较深的部分为异染色质。染色质在细胞有丝分裂过程中高度螺旋化并折叠形成染色体。在细胞分裂间期,染色体又解螺旋形成疏松的染色质。

染色质主要由脱氧核糖核酸(DNA)和蛋白质组成。DNA 是一种分子量极大的核酸物质,为双螺旋分子链,其内蕴藏有生物体复杂的遗传信息,控制着细胞的生命活动和遗传。因此,染色体被称作遗传物质的载体。

人类体细胞的染色体数目为 46 条,可组成 23 对,其中 22 对没有性别差异,为常染色体,有 1 对表达性别的染色体,为性染色体,分别称为 X 染色体和 Y 染色体。男性的性染色体组合是 XY,女性的性染色体组合是 XX。染色体的数目和形状是相对稳定的,如果染色体数目或结构有变异,将导致遗传性疾病。

3)核仁

光镜下的核仁是细胞核中最明显的结构,一般有1～2个核仁,没有界膜包裹。核仁的化学成分主要为蛋白质、DNA 和 RNA。核仁是合成核糖体的主要场所,对细胞的生命活动具有重要意义。

4)核基质

核基质是细胞核内充满着的一种黏稠液体,含有水、蛋白质、无机盐和骨架系统。骨架系统又称核内骨架,由酸性蛋白组成,对核孔、核仁及染色质起支架作用。

1.1.2 细胞增殖周期

细胞增殖是细胞生命活动的基本特征之一,在人体生长发育过程中,细胞数目的增加、衰老、凋亡和更新,以及生命的延续均需通过细胞的增殖来完成。人类细胞的增殖方式主要有两种:有丝分裂和减数分裂。

1. 有丝分裂

有丝分裂是人类体细胞的主要增殖方式,从上一次细胞分裂结束并产生新细胞开始,到下一次细胞分裂结束所经历的一个过程称为细胞增殖周期,简称细胞周期(见图1-9)。细胞周期可分为两个阶段:分裂间期和分裂期。

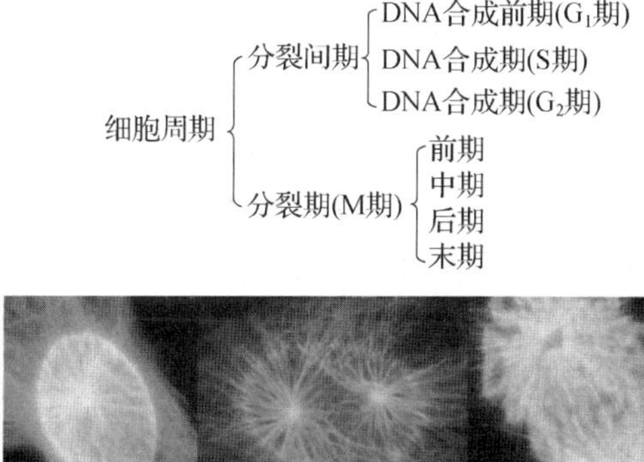

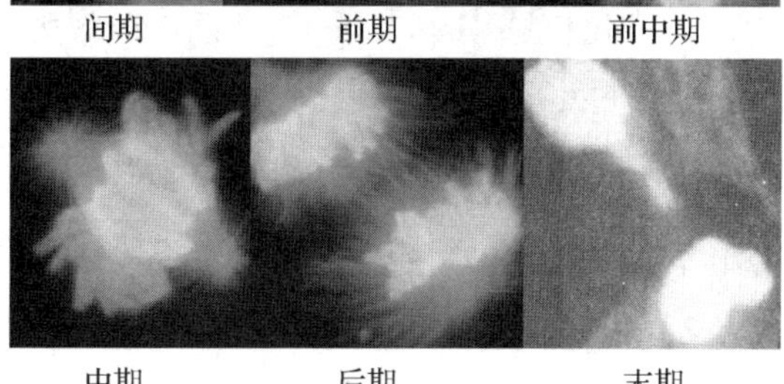

图1-9 细胞有丝分裂周期

1)分裂间期

分裂间期持续时间较长,约占细胞周期的95%。细胞核内的变化很少,而以细胞内部的DNA合成为中心。染色体所含的全部基因组DNA都在间期进行复制。分裂间期可根据DNA阶段的不同分为以下三期。

(1)DNA合成前期(G_1期):此期的特点是物质代谢活跃,迅速合成DNA和蛋白质,细胞体积显著增大,为下阶段S期的DNA复制做好物质和能量的准备。

细胞进入G_1期后,停留的时间长短不一,可分为三种类型:①不再增殖细胞。此种细胞进入G_1期后,失去分裂能力,终身处于G_1期,最后通过分化、衰老直至凋亡。如高度分化的红细胞、肌细胞和神经细胞等;②暂不增殖细胞或休止细胞。此类细胞进入G_1期后不立即转入S期,在需要(损伤、手术等)时才进入S期继续增殖,如肝细胞、肾小管上皮和淋巴细胞等;③增殖细胞。此类细胞能及时进入S期,并保持旺盛的分裂能力,如骨髓造血干细胞、消化道上皮细胞等。肿瘤细胞进入G_1期后也会出现上述三种细胞群,但抗癌药物只能杀灭一定时期的细胞即增殖细胞,为了更合理地制订抗癌治疗方案,了解细胞周期的知识非常重要。

(2)DNA合成期(S期):S期的主要特点是复制DNA,使DNA含量加倍。保证将来分裂时两个子细胞的DNA含量不变,维持遗传性的稳定。从G_1期进入S期是细胞周期的关键环节,只要DNA复制一开始,细胞的增殖活动就会进行下去,直到分裂成两个子细胞为止。因此,干扰细胞的DNA复制,就能抑制细胞的分裂。

(3)DNA合成后期(G_2期):G_2期主要为细胞分裂期做物质准备,DNA合成终止。但有少量的RNA和蛋白质合成,与构成纺锤体和微管蛋白有关,G_1期结束标志着M期开始。

2)分裂期

细胞分裂期(M期)是一个复杂而连续的动态变化过程,时程短,但细胞形态结构变化最大。除了细胞会一分为二成为两个子细胞外,在染色体向两个子细胞分离移动过程中有纺锤丝牵引,故称有丝分裂。依其形态变化可分为以下四个时期。

(1)前期:此期的细胞体积变大,主要是核膜、核仁逐渐消失,细胞核膨大,染色质细丝呈高度螺旋,缠绕盘曲形成有特定形态的染色体;中心粒已复制成两对,其周围出现由微管呈放射状排列形成的星状线,称为星体。之后星体逐渐移向细胞的两极,而星状线则形成纺锤丝,连于两对中心粒之间,形如纺锤,称为纺锤体。

(2)中期:核膜、核仁消失,染色体移向中央,每条染色体纵裂为二,形成赤道板,两个中心粒分别移向细胞的两极,纺锤体完全形成。

(3)后期:染色体上的着丝粒一分为二,分别与两端的纺锤丝相连,两染色单体分离并移向细胞两极,这样就形成了数目完全相等的两组染色体。

(4)末期:两组染色单体移至细胞的两极并开始松解,形成染色质。核膜、核仁重新出现,细胞中部继续缩窄,完全分裂为两个子细胞。

2. 减数分裂

减数分裂又称成熟分裂,是人体生殖细胞在成熟过程中所发生的一种特殊的细胞分裂方式。其特点是:整个分裂过程包括两次连续的分裂,而DNA只复制一次,结果子细胞中染色体的数目比原来母细胞中的染色体数目(23对)减少了一半(23条),故称减数分裂。

成熟的两性生殖细胞染色体的数目为23条(单倍体),为体细胞染色体数目的一半,它们在结合成受精卵后,染色体的数目恢复为23对(双倍体)。成熟分裂的意义在于产生单倍体的生殖细胞,经过受精的子代才能保持具有和亲代相同数目的染色体,使遗传物质在数量上保持稳定。

细胞进行分裂繁殖有一定的限度,超越这个限度即称为增生。有些细胞增生是属于功能适应性的,如受频繁摩擦部位表皮细胞的增生。若细胞极度增生,形态和功能发生质的变化,即成为癌细胞。

1.2 上皮组织

上皮组织简称上皮,由大量密集排列的上皮细胞和极少量细胞间质构成,可分为被覆上皮、腺上皮和特殊上皮三种类型,具有保护、分泌、吸收和排泄等功能。被覆上皮覆盖于体表或衬附于体腔和有腔器官内表面,腺上皮构成腺的主要成分,特殊上皮衬附于体内某些管腔的内表面,可完成特殊的功能(感觉、生殖等)。

1.2.1 被覆上皮

根据细胞的排列层次,被覆上皮可分为单层上皮和复层上皮。根据细胞形态特点,单层上皮可分为单层扁平上皮、单层立方上皮、单层柱状上皮和假复层纤毛柱状上皮;复层上皮可分为复层扁平上皮、复层柱状上皮和变移上皮。

1. 单层扁平上皮

单层扁平上皮由一层扁平细胞组成,从表面看,细胞呈多边形,细胞边缘为锯齿状,相邻细胞相互嵌合。细胞核为扁圆形,位于细胞的中央。从垂直切面看,细胞扁薄(见图1-10),胞质少,只有含核部分较厚。依其分布的部位不同可分为内皮和间皮。

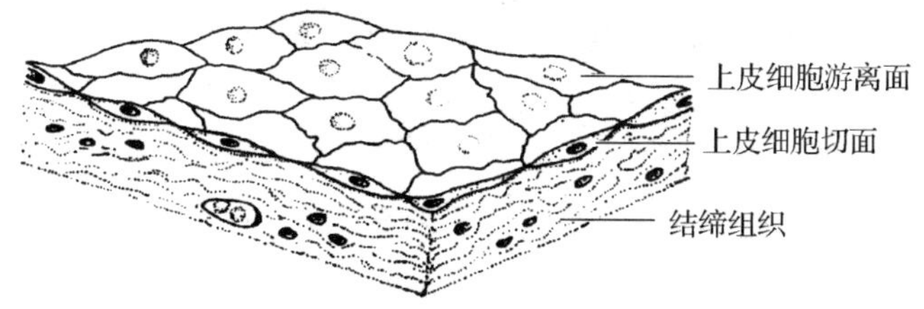

图1-10 单层扁平上皮

1)内皮

内皮衬于心血管、淋巴管的内表面。内皮很薄,表面光滑,可以减少血液和淋巴流动时的阻力,也有利于上皮细胞内、外的物质交换。

2)间皮

间皮分布于胸膜、腹膜和心包膜等处,间皮表面湿润光滑,可以减少内脏活动时的摩擦。

2. 单层立方上皮

单层立方上皮由一层排列整齐的近似立方形的细胞所组成。从表面看，细胞呈近似六角形或多角形；从垂直切面看，细胞近似立方形，细胞核呈圆形，位于细胞中央（见图 1-11）。单层立方上皮主要分布于甲状腺滤泡和肾小管等处，具有吸收、分泌和排泄功能。

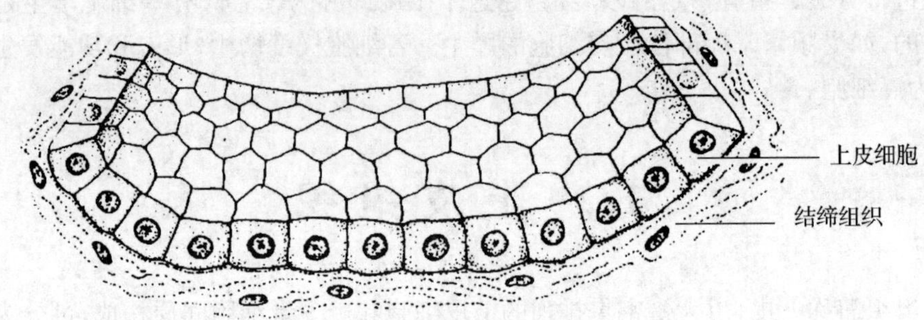

图 1-11　单层立方上皮

3. 单层柱状上皮

单层柱状上皮由一层排列规则的棱柱状细胞组成。从表面观察，细胞呈六角形或多角形；从垂直切面观察，细胞为柱状，细胞核为椭圆形，靠近细胞的基底部，其长轴与细胞长轴一致（见图 1-12）。主要分布于胃、肠、子宫和输卵管等的内表面，具有吸收和分泌功能。在肠管内单层柱状上皮细胞之间，常夹有如高脚酒杯状的杯状细胞，杯状细胞具有分泌黏液的功能，可起到保护和润滑上皮的作用。

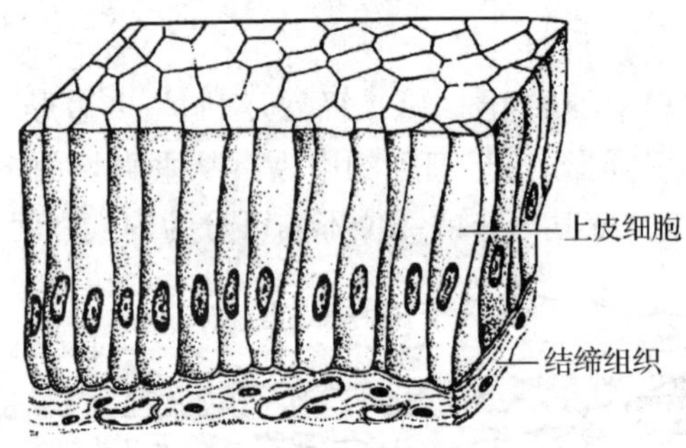

图 1-12　单层柱状上皮

4. 假复层纤毛柱状上皮

假复层纤毛柱状上皮由一层高低不等的柱状细胞、梭形细胞、杯状细胞和锥体形细胞组成。这些细胞的基底部都附于基膜上，柱状细胞和杯状细胞上端可达上皮的游离面，柱状细胞的游离面还具有可以定向摆动的纤毛，而锥体形细胞只靠近基膜，梭形细胞则夹在上述细胞之间。在垂直切面上观察貌似复层，故称为假复层纤毛柱状上皮（见图 1-13）。此类上皮主要分布于呼吸道的内表面，有粘着、清除灰尘和细菌等异物的作用，因而对呼吸道起保护作用。

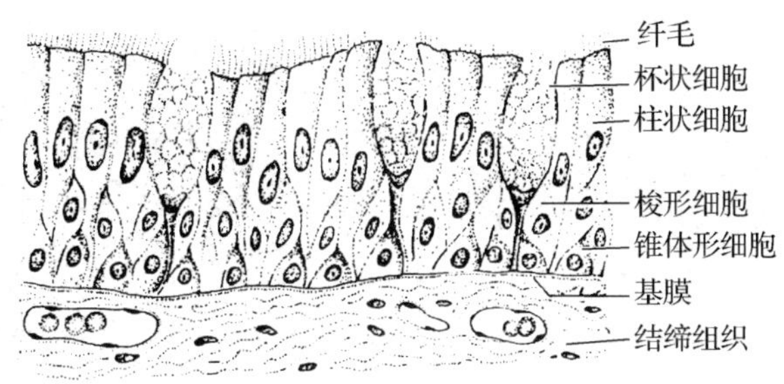

图 1-13 假复层纤毛柱状上皮

5. 复层扁平上皮

复层扁平上皮是由多层细胞组成，表层的细胞呈扁平鳞片状，故又称复层鳞状上皮，中间数层为多边形细胞，基底部的细胞呈矮柱状或立方形（见图 1-14）。基底部细胞为具有分裂增殖能力的干细胞，一部分新生细胞逐渐向表层推移，以补充表层衰老凋亡或损伤脱落的细胞。复层扁平上皮的基底面，借一层薄的基膜与深层结缔组织相接，衔接处凸凹不平，以扩大接触面积，既有利于上皮的营养供应，又使连接更加牢固。

复层扁平上皮较厚，耐摩擦，具有较强的机械保护作用，并可阻止一些外界微生物的侵入。分布于皮肤表面的复层扁平上皮，表层细胞核消失，胞质充满角蛋白，细胞干硬，逐渐脱落，称为角化复层扁平上皮；分布于口腔、食管、阴道等处的复层扁平上皮表层细胞不角化，称为未角化复层扁平上皮。此类上皮具有很强的修复能力。

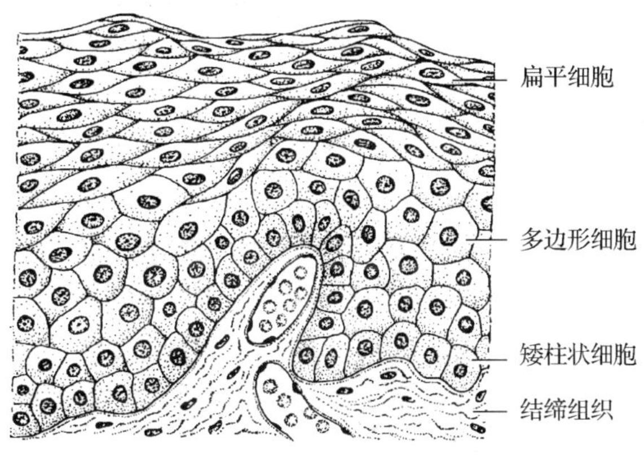

图 1-14 复层扁平上皮

6. 变移上皮

变移上皮由多层细胞皮组成，细胞的形状和层次，可依所在器官的舒缩而改变，如当膀胱空虚时，上皮变厚，细胞可达 5～6 层；当膀胱充盈扩张时，上皮变薄，仅有 2～3 层，细胞亦随之变为扁平（见图 1-15）。变移上皮主要分布于肾盂、肾盏、输尿管和膀胱的腔面。器官呈舒张状态时，变移上皮表层的细胞呈立方形，胞体较大，有的含有两个细胞核，一个细胞可覆盖几个中间层细胞，称为盖细胞；中间层细胞呈多边形；基底细胞则为矮柱状或立方形。

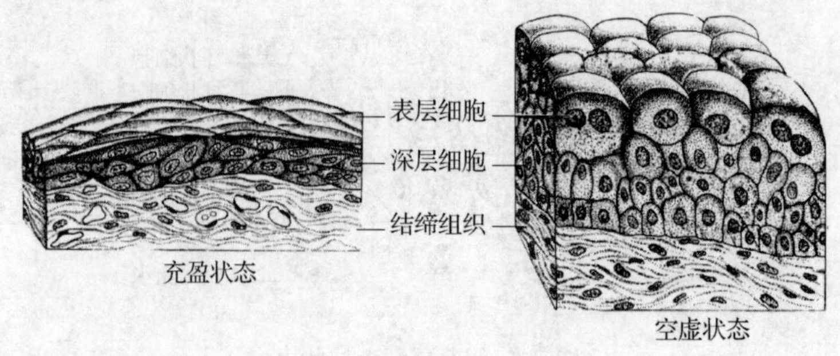

图 1-15　变移上皮

1.2.2　腺上皮和腺

以分泌功能为主的上皮称为腺上皮，以腺上皮为主要成分所构成的器官称为腺。根据有无导管和分泌物排出的方式，腺可分为两大类：分泌物经过导管排到身体表面或管腔内的称为外分泌腺，又称有管腺，如汗腺、乳腺和唾液腺等；分泌物不经导管排出，直接释放入血液或淋巴的称为内分泌腺，又称无管腺，如甲状腺、肾上腺和脑垂体等。

外分泌腺分为单细胞腺和多细胞腺。杯状细胞属单细胞腺；人体绝大多数外分泌腺均属多细胞腺，多细胞腺是由分泌部和导管两部分组成。

1. 分泌部

外分泌部的分泌部多由一层腺细胞围成，泡状或管泡状的分泌部称腺泡。腺泡具有分泌功能，其中央有一腔称为腺泡腔。根据分泌物的性质，可将腺泡分为浆液性腺泡、黏液性腺泡和混合性腺泡（见图 1-16）。

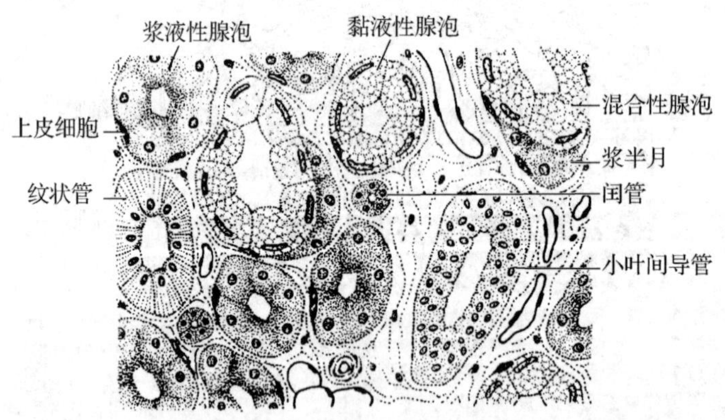

图 1-16　混合性腺泡

浆液性腺泡可分泌蛋白质类物质。完全由浆液性腺泡构成的腺，称浆液腺，如腮腺。

黏液性腺泡的分泌物为黏稠的液体，其化学成分主要是黏蛋白，有润滑作用。由黏液性腺泡构成的腺，称黏液腺，如十二指肠腺。

由浆液性细胞和黏液性细胞共同组成的腺泡，称混合性腺泡。由混合性腺泡或浆液性腺泡和黏液性腺泡共同组成的腺，称混合腺，如下颌下腺和舌下腺。

2. 导管

导管的功能主要是排出分泌物，部分还具有分泌和吸收功能。多细胞腺又根据导管有无分支，分为单腺（导管不分支）和复腺（导管呈多级分支）。通常是把分泌部的形状和导管是否分支两因素结合在一起，将腺分为单管状腺、单泡状腺、复管状腺、复泡状腺、单管泡状腺和复管泡状腺（见图 1-17）。

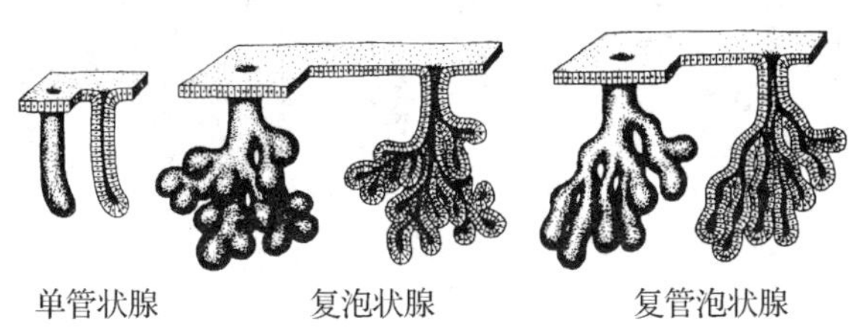

图 1-17 外分泌腺的形态分类

1.2.3 特殊上皮

感觉上皮是上皮细胞在分化过程中，形成的能感受特殊感觉刺激的细胞，如味觉上皮、嗅觉上皮等。

1.2.4 上皮组织的特化结构

上皮组织由于分布的部位不同，功能亦有差异。为适应其功能，在上皮细胞的各个面上，往往分化出各种特殊的结构。这些特殊结构，有的是由细胞膜和细胞质分化而来；有的是由细胞膜、细胞质与细胞间质共同形成的。

1. 上皮细胞的游离面

1)微绒毛

微绒毛是细胞膜和细胞质共同向上皮细胞的游离面伸出的微细指状突起，其内含有微丝，在电镜下清晰可见（见图 1-18）。在吸收功能旺盛的细胞，如小肠柱状上皮细胞和肾近端小管的上皮细胞，微绒毛多而长，且排列整齐，形成光镜下可见的纹状缘或刷状缘，这种结构能增加细胞的表面面积，有利于细胞行使吸收功能。

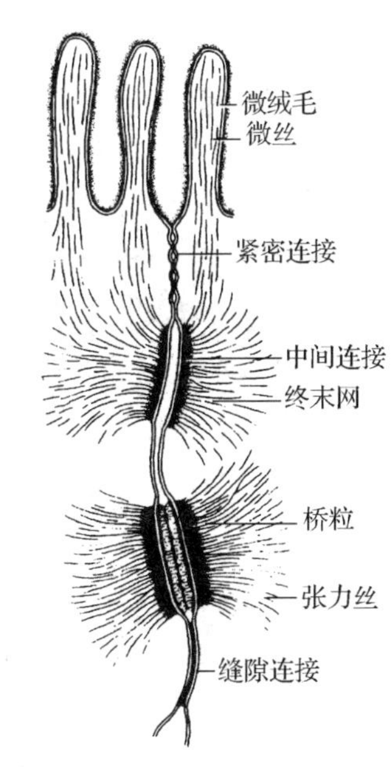

图 1-18 微绒毛与细胞连接结构模式图

2)纤毛

纤毛是上皮细胞游离面伸向腔面且能节律性摆动的细长突起，比微绒毛粗而长，由细胞膜和细胞质共同组成（见图 1-19）。纤毛可呈协调一致的节律性定向摆动，能将一些分泌物或附着在上皮表面的灰尘和细菌等物质向一定方向推送并最终排出体外。

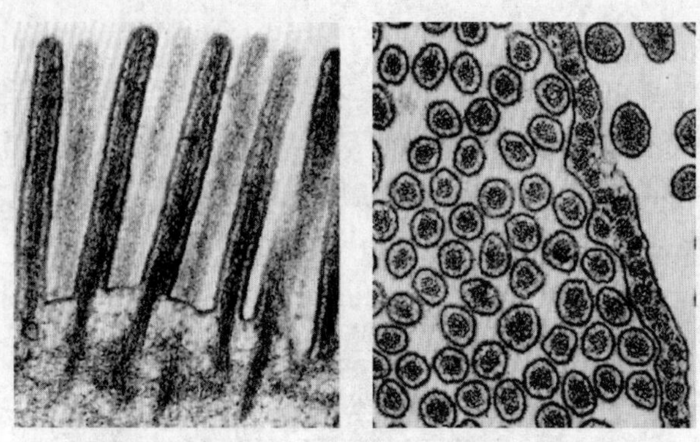

图 1-19　纤毛超微结构

2. 上皮细胞的基底面

1)基膜

基膜是上皮细胞基底面与深层的结缔组织之间的一层薄膜。不同部位的基膜厚度不同,其化学成分主要是黏多糖、胶原蛋白等。电镜下可见基膜是由两层不同结构所组成,靠近上皮细胞的一层,称为基板,由上皮细胞分泌形成;邻接深层结缔组织的一层,由纤细的网状纤维和基质(黏多糖)组成,称为网板(见图 1-20a)。基膜的功能起连接和支持作用,并具有半透膜性质,这对上皮细胞的新陈代谢具有重要的作用。此外,基膜还能引导上皮细胞移动,影响细胞的增殖和分化作用。

2)质膜内褶

质膜内褶是上皮细胞基底面的细胞膜折向胞质所形成的质膜褶,褶两侧的胞质内含有较多的线粒体(见图 1-20b)。质膜内褶可扩大细胞基底面的表面,有利于对水和电解质的转运。

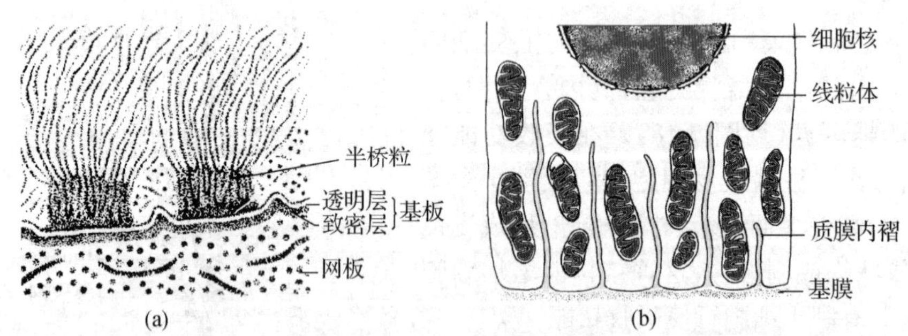

图 1-20　基膜、质膜内褶的超微结构图

1.3　结缔组织

结缔组织由细胞和大量细胞间质构成。结缔组织内细胞分布稀疏,细胞间质多,含有无定形的基质、细丝状的纤维和不断循环更新的组织液,血管丰富,不与外界环境接触。广义

的结缔组织包括纤维态的固有结缔组织、液态的血液和淋巴、固态的软骨组织和骨组织。狭义的结缔组织即固有结缔组织，可分为疏松结缔组织、致密结缔组织、网状组织和脂肪组织。结缔组织在体内分布广泛，具有连接、支持、营养、运输、保护等多种功能。

1.3.1 固有结缔组织

1. 疏松结缔组织

疏松结缔组织基质含量较多，纤维数量较少且排列稀疏，细胞种类多(见图 1-21)。疏松结缔组织广泛存在于器官与器官之间、组织与组织之间及细胞与细胞之间，在体内起支持、连接、营养、防御、保护和创伤修复等功能。

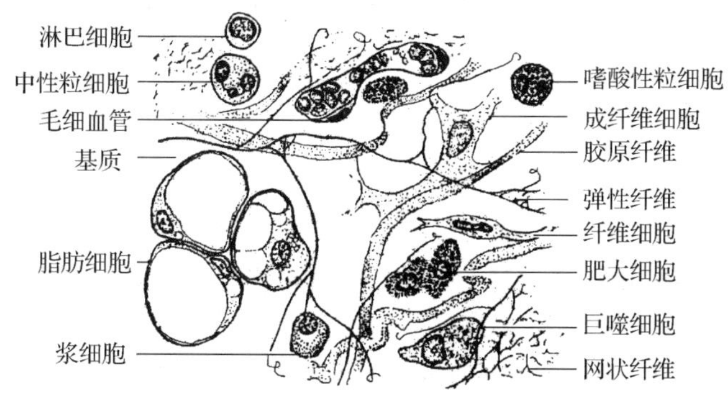

图 1-21 疏松结缔组织模式

1)细胞

疏松结缔组织的细胞包括成纤维细胞、巨噬细胞、浆细胞、肥大细胞、脂肪细胞和未分化的间充质细胞，此外还有来自血液的几种白细胞。

(1)成纤维细胞：在疏松结缔组织内数量多而分布广。HE 染色标本上，胞体较大而扁平，有突起，形状不规则，界限不清；细胞质弱嗜碱性，核大而着色较浅，呈卵圆形，核仁大而明显。电镜下，可见细胞质内有较丰富的粗面内质网、游离核糖体和发达的高尔基复合体。成纤维细胞的蛋白质合成功能旺盛，能够形成新的纤维和基质，合成过程与维生素 C 关系密切，在术后患者创伤愈合过程中补充适量维生素 C，能促进伤口的愈合。

成纤维细胞功能处于相对静止状态时，称为纤维细胞。纤维细胞胞体较小，长梭形，胞质较少，弱嗜酸性。核小，着色深，核仁不明显。在创伤修复、结缔组织再生时，纤维细胞能再转变为成纤维细胞。

(2)巨噬细胞：是体内广泛存在的一种免疫细胞。光镜下，细胞呈圆形、椭圆形或不规则形，细胞轮廓清楚。细胞核小而染色较深，细胞质丰富，多为嗜酸性。细胞质内含有大量颗粒，在 HE 染色标本上常被染成颜色不一、大小不均的颗粒或小泡。电镜下，细胞质内的这些颗粒为溶酶体、吞饮小泡和吞噬体等结构。巨噬细胞形态多样，有短而粗的突起称伪足，功能活跃时伪足可做变形运动，在机体防御疾病和免疫反应中发挥着重要作用。巨噬细胞的主要功能包括以下几个方面：①吞噬作用：当巨噬细胞与细菌、细胞碎块、血管外的红细胞、碳粒及可溶性物质等接触时，通过变形运动将其包裹，所形成的吞噬体或吞饮小泡与溶酶体融合，被吞噬物即可被分解消化；②合成和分泌作用：巨噬细胞能合成和分泌多种生物活性物质，包括溶菌酶、补体、多种细胞因子（如白细胞介素-1）等，溶菌酶能分解和杀灭细菌；补体参与炎症反应，对病原微生物有溶解作用，白细胞介素-1 具有刺激骨髓中的白细胞增殖和释放入血的功能；③抗原呈递作用：巨噬细胞能对抗原物质进行加工、处理和储存，并能将处理后的抗原物质传递给淋巴细胞，引起相应的免疫应答。

（3）浆细胞：浆细胞由 B 淋巴细胞分化形成，细胞呈椭圆形或圆形，细胞核偏于细胞的一侧，核内染色质粗大，附于核膜，排列成车轮状；细胞质嗜碱性。浆细胞具有合成与分泌免疫球蛋白，即抗体及多种细胞因子的功能，参与体液免疫应答和调节炎症反应。

（4）肥大细胞：肥大细胞数量较多而分布很广，多位于小血管周围。细胞体较大，一般为圆形或椭圆形。细胞核较小，多数为一个，染色较深。细胞质内充满粗大而密集的嗜碱性颗粒，具有异染性，颗粒易溶于水，所以在 HE 染色标本上很难显示。肥大细胞合成和分泌多种细胞因子和生物活性物质。但一般情况下很少进行分泌，只有在机体受过敏原刺激后肥大细胞才会大量释放组胺和白三烯，使微静脉和毛细血管扩张，通透性增加，导致组织水肿、支气管平滑肌收缩等引发过敏反应；肥大细胞还可释放肝素产生抗凝血作用。过敏反应发生时释放嗜酸粒细胞趋化因子可吸引嗜酸粒细胞向过敏原所在部位迁移。

（5）脂肪细胞：细胞体积大，常呈圆形或相互挤压呈多边形。细胞质内含有大量脂滴，细胞核常被挤压到细胞的一侧。在 HE 染色标本上，脂滴已被溶解，故呈空泡状。脂肪细胞具有合成和贮存脂肪，参与脂类代谢的功能。

（6）未分化的间充质细胞：多分布在小血管，尤其是毛细血管周围，形态似纤维细胞，保留着间充质细胞多向分化的潜能。在炎症及创伤修复时它们大量增殖，可分化为成纤维细胞、内皮细胞和平滑肌细胞等，参与结缔组织和小血管的修复。

2)纤维

疏松结缔组织中有三种纤维，即胶原纤维、弹性纤维及网状纤维。

（1）胶原纤维：新鲜的胶原纤维呈白色，故又名为白纤维。在 HE 染色标本上为浅红色，通常集合成粗细不等的纤维束，呈波浪状，相互交织分布。胶原纤维韧性大且抗拉力强。

（2）弹性纤维：新鲜时呈黄色，故又名为黄纤维，有较强的折光性。一般较胶原纤维细，有分支，交织成网。弹性纤维富有弹性，有利于所在器官和组织保持形态和位置的相对恒定。当强烈的日光照射时，可使皮肤的弹性纤维断裂，导致皮肤失去弹性而产生皱纹。

（3）网状纤维：网状纤维较细，分支多，相互交织成网。在 HE 在染色标本上呈淡红色，用银染法染色呈黑色，故又称嗜银纤维，其嗜银性是由于网状纤维上包有较多的糖蛋白所致。网状纤维主要分布于网状组织及结缔组织与其他组织交界处，如基膜、肾小管和毛细血管周围。造血器官和内分泌腺中含有较多的网状纤维，构成微细的支架。

3)基质

结缔组织内的基质为无定形的胶状物，充满于纤维、细胞之间，主要化学成分是蛋白多糖，由透明质酸、硫酸软骨素等与蛋白质结合形成。这些物质在基质中形成分子筛，它可使小于其孔隙的物质通过，这是血液与组织细胞之间进行物质交换的重要条件。对于大于其孔隙的颗粒物质，则起屏障作用，防止病害蔓延。某些细菌、癌细胞等可分泌或含有透明质酸酶，能够分解透明质酸，破坏分子筛而发生扩散。

当毛细血管动脉端的压力高于血浆渗透压，水和溶于水中的电解质、单糖、O_2 等小分子物质就会穿过毛细血管进入基质，形成组织液。组织和细胞不断从组织液中获得营养物质和 O_2，并不断地将 CO_2 等代谢产物排入组织液中，然后经毛细血管的静脉端回流到血液。还有一部分组织液进入到毛细淋巴管，形成淋巴液。因此，组织液对组织和细胞的物质交换起着重要的生理作用。组织液不断循环更新，为组织和细胞提供了适宜的生存环境。当基质中的组织液含量增多或减少时，将导致组织水肿或脱水。

2. 致密结缔组织

致密结缔组织是一种以纤维为主要成分的固有结缔组织，细胞成分及基质甚少，纤维粗大，排列致密。致密结缔组织主要分布于真皮、肌腱、巩膜等处，主要起连接、支持和保护作用。其纤维排列的方向与承受张力的方向一致。有的以胶原纤维为主，可承受多方向张力，如皮肤的真皮层、多数器官的被膜和眼球的巩膜等；有的胶原纤维束密集平行排列，成纤维细胞成行排列在胶原纤维束之间，可承受单方向张力，如肌腱；有的以弹性纤维为主，如黄韧带和项韧带。

3. 网状组织

网状组织由网状细胞、网状纤维和基质组成（见图 1-22）。网状细胞为星形多突细胞，细胞核较大，染色较浅，核仁明显，细胞质较丰富，略呈碱性。相邻的网状细胞以突起相互连接成网。网状纤维由网状细胞产生，并被网状细胞的突起所包裹，较细且有分支，它们共同构成造血组织及淋巴组织的支架。网状组织主要分布于骨髓和淋巴器官等处。

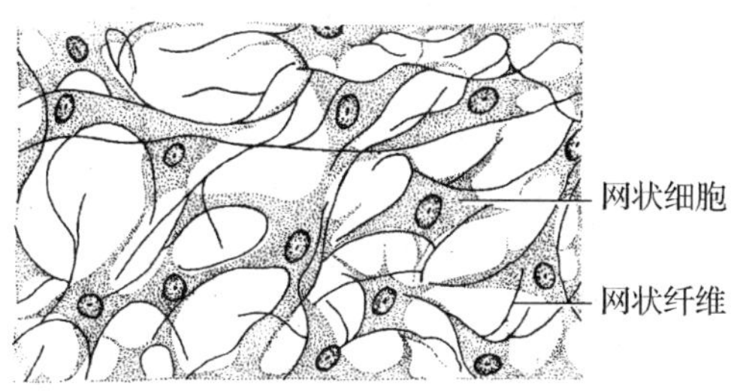

图 1-22　网状组织

4. 脂肪组织

脂肪组织由大量的脂肪细胞聚集而成。成群脂肪细胞之间，由疏松结缔组织分隔成小叶（见图 1-23）。脂肪组织主要分布于皮下、网膜、系膜及肾脂肪囊等处，具有贮存脂肪、支持、保护和防止体温散发、参与能量的代谢等作用，是人体内最大的“能量库”。若脂肪细胞过度增生，则可形成脂肪瘤。

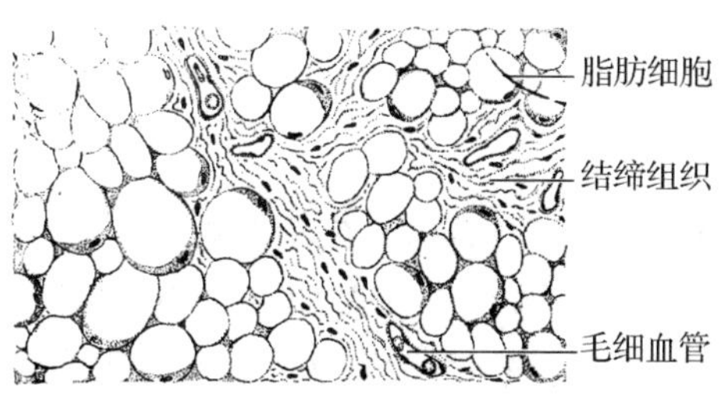

图 1-23　脂肪组织

1.3.2 软骨组织与软骨

软骨组织由软骨细胞和细胞间质组成。细胞间质呈均质状,由基质和纤维组成。基质是由蛋白多糖组成,呈凝胶状,在基质内包埋着纤维。软骨细胞位于基质形成的软骨陷窝内。软骨细胞的形态、大小及分布不一。越靠近软骨表面,细胞越幼稚,体积越小,呈扁圆形,常单个分布。越接近软骨中央,细胞越成熟,体积越大,呈圆形或卵圆形,常成群分布。

软骨由软骨组织和软骨膜构成。根据其基质内所含纤维的性质和数量不同,通常把软骨分为三种类型:透明软骨、弹性软骨和纤维软骨。

1. 透明软骨

透明软骨因在新鲜时呈半透明状而得名。基质中包埋着胶原原纤维,由于纤维很细,而且纤维和基质的折光性相近,故在 HE 染色标本上不能分辨(见图 1-24)。透明软骨主要分布于鼻、喉、气管和支气管。此外,关节软骨和肋软骨也都是透明软骨。

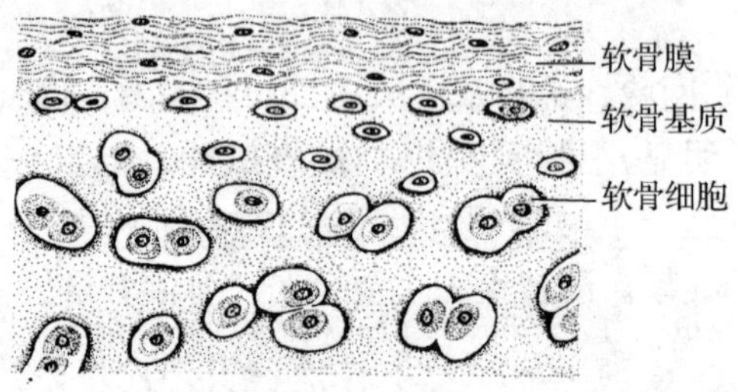

图 1-24　透明软骨

2. 弹性软骨

弹性软骨在新鲜时略显黄色,其结构特点是基质中含有大量可见的交织成网的弹性纤维(见图 1-25),故这种软骨的弹性较大。其他结构与透明软骨相似。弹性软骨主要分布在耳郭、外耳道、咽鼓管、会厌等处。

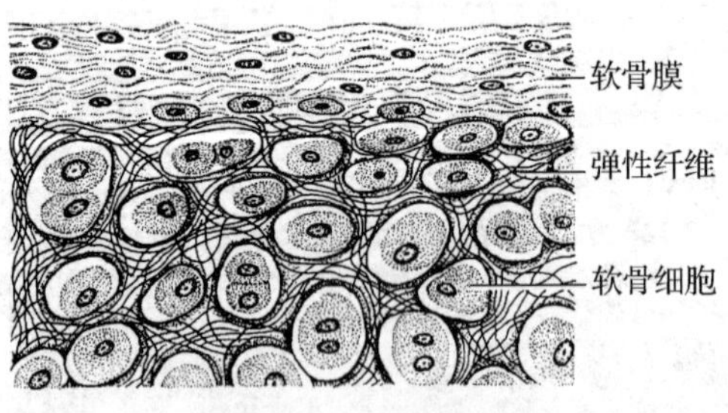

图 1-25　弹性软骨

3. 纤维软骨

纤维软骨在新鲜时呈不透明的乳白色,基质中含有可见的成束胶原纤维,常呈平行或交叉排列(见图 1-26)。软骨细胞成行或散在于胶原纤维束之间,在软骨细胞周围可见少量的基质。纤维软骨主要分布在椎间盘、耻骨联合、关节盘以及某些肌腱和韧带附着于骨的部位等处。

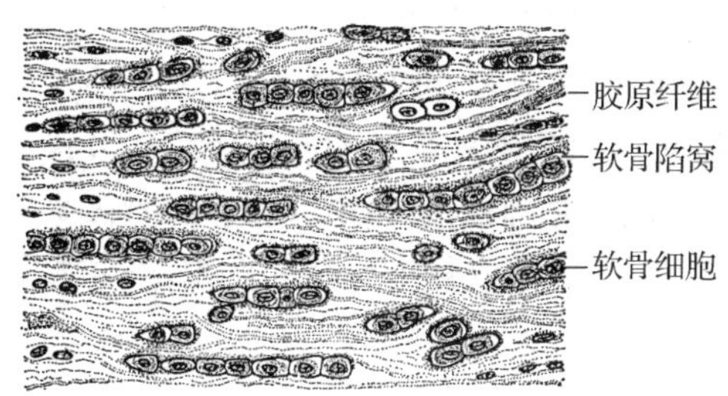

图 1-26 纤维软骨

1.3.3 骨组织与骨

骨由骨组织、骨膜和骨髓等构成，具有支持软组织、构成关节参与机体的运动及保护某些重要器官等作用。此外，骨组织与钙、磷代谢关系密切，是人体重要的“钙、磷库”，人体内99%以上的钙和85%的磷储存于骨组织内。

1. 骨组织的结构

骨组织是人体最坚韧的结缔组织之一，由细胞和钙化的细胞间质组成(见图 1-27)。

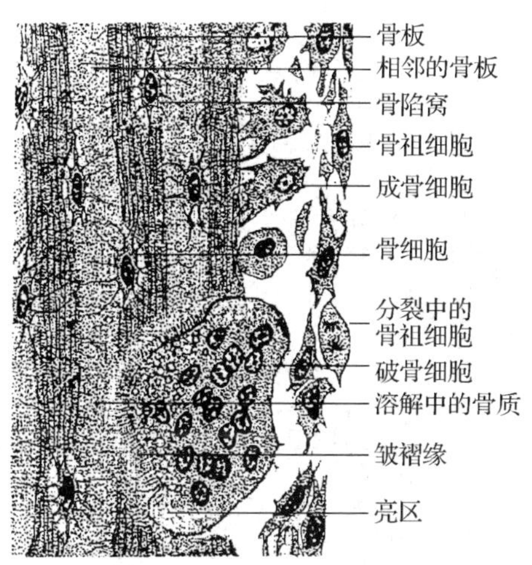

图 1-27 各种骨组织细胞

1)细胞间质

细胞间质由基质和纤维所组成。细胞间质有大量的钙盐，所以骨组织是人体最坚硬的组织之一。骨胶原纤维呈规则的分层排列，每层纤维与基质共同构成薄板状结构，称为骨板。在骨板之间或骨板内有扁圆形小腔，称为骨陷窝，从骨陷窝又发出辐射状态分布的细长小管，称为骨小管，骨小管相互通连，沟通邻近的骨陷窝。骨陷窝和骨小管内含组织液，可营养骨细胞并带走代谢产物。

2)细胞

骨细胞位于骨陷窝内，细胞呈扁圆形，细胞核为椭圆形，染色较深。骨细胞表面有很多细长的突起，突起则伸入骨小管内，相邻骨细胞的突起相互连接，其间可见缝隙连接。骨细胞可以与陷窝内的组织液进行物质交换。骨细胞具有溶骨和成骨作用,参与钙、磷平衡的调节。此外,骨膜内含有骨祖细胞,是骨组织的干细胞,可分化为成骨细胞和成软骨细胞。骨组织表面含有成骨细胞,能合成和分泌骨基质的有机成分以及多种细胞因子,调节骨组织的形成和吸收,促进骨组织的钙化。在骨组织边缘散布着少量破骨细胞,破骨细胞可释放多种水解酶和有机酸,溶解和吸收骨质,与成骨细胞协同作用,共同参与骨的生长和改建。

2. 长骨

长骨由骨松质、骨密质、骨膜、关节软骨、骨髓及血管、神经等组成。

1)骨松质

骨松质分布于长骨两端的骨骺部和骨干内侧,由片状及针状的骨小梁连接而成。骨小梁由成层排列的骨板和骨细胞所组成。骨小梁之间有肉眼可见的腔隙,腔隙内有红骨髓和血管。

2)骨密质

骨密质分布于长骨的骨干和骨骺外侧面,是由不同排列方式的骨板所组成的。骨板排列方式有下列几种(见图 1-28)。

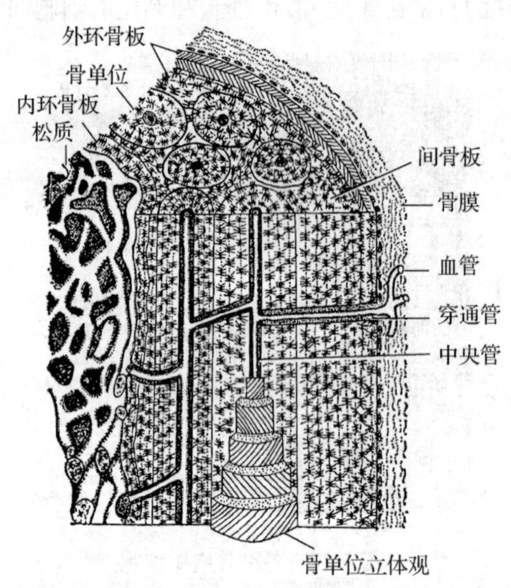

图 1-28 长骨骨干切片

(1)环骨板:是环绕骨干外表面和内表面的骨板,分为外环骨板和内环骨板。外环骨板较厚,约有数层或十数层,较整齐地环绕骨干平行排列。内环骨板较薄,仅由数层骨板组成,环绕骨髓腔面平行排列,不如外环骨板规则。横向穿越外环骨板和内环骨板的小管,称为穿通管,与纵向走形的中央管相通,它们都是小血管和神经的通道,其内含组织液。

(2)骨单位:又称哈弗斯系统,位于外环骨板和内环骨板之间,由多层同心圆排列的骨板(哈弗斯骨板)组成,它与骨干的长轴平行排列。在骨单位的中心有一条纵行的小管,称中央管,是血管、神经、结缔组织的通路。中央管和穿通管的走向是相互垂直的,并且互相沟通,其中的血管也是相互交通的,此外还可见神经纤维与血管伴行。

(3)间骨板:是充填在骨单位之间一些形状不规则没有中央管的骨板,是原有的骨单位或内、外环骨板被吸收后的残留部分。

3. 骨的发生过程

骨是胚胎时期发生，由间充质发育而成的。骨的发生有两种方式：膜内成骨和软骨内成骨。

1)膜内成骨

由间充质分化成结缔组织膜，然后由膜形成骨，这种成骨方式称为膜内成骨。顶骨、额骨、锁骨等都由膜内成骨方式发生。

2)软骨内成骨

由间充质先形成与成骨相似的软骨，再由软骨改建为骨，这种成骨方式称为软骨内成骨。四肢骨和躯干骨等主要由软骨内成骨方式发生(见图 1-29)。

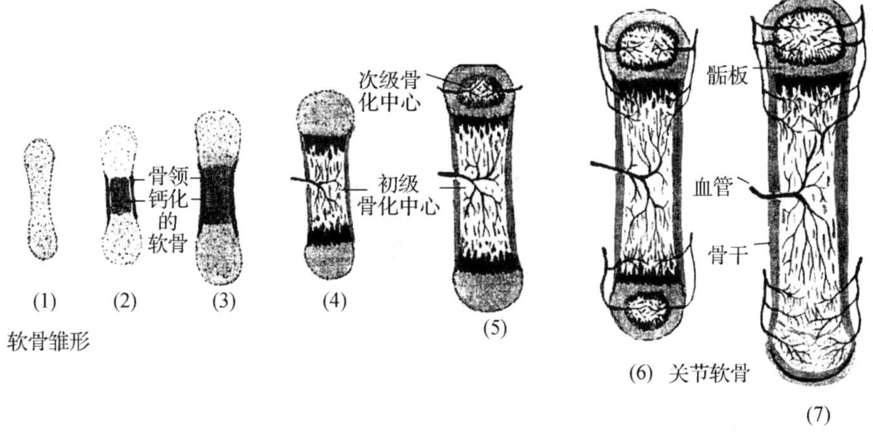

图 1-29 软骨内成骨的过程

1.3.4 血液与淋巴

1. 血液

血液是流动在心血管内的液态组织，成人循环血容量约 5 L，约占体重的 7%。血液由血浆和血细胞组成。新鲜的血液呈红色，不透明，具有一定的黏稠性，血液的有形成分混悬于血浆中。血浆相当于结缔组织的细胞间质，为淡黄色液体，占血液容积的 55%左右，含有大量水分(占 90%)、纤维蛋白原、白蛋白、球蛋白、酶、各种营养物质、代谢产物、激素、无机盐等。这些成分在机体内各自起着重要作用。当血液流出血管后，溶解状态的纤维蛋白原转变为不溶解状态的纤维蛋白，于是血液凝固成血块。血块形成后表面析出清亮的淡黄色液体，称血清。

1)血细胞

血细胞约占血液容积的 45%，包括红细胞、白细胞和血小板。它们对人体具有十分重要的功能。在正常生理情况下，血细胞的形态结构和数量相对稳定。人体发生疾病时，它们的数量及形态结构可有改变，成为临床诊断疾病的重要依据之一。

血液中的有形成分及其正常值如下：

血液的有形成分
- 红细胞 男：$(4.0\sim5.5)\times10^{12}$ g/L　女：$(3.5\sim5.0)\times10^{12}$ g/L
- 白细胞 $(4.0\sim10)\times10^{9}$/L
  - 中性粒细胞　50%～70%
  - 嗜酸性粒细胞　0.5%～3%
  - 淋巴细胞　20%～30%
  - 单核细胞　3%～8%
- 血小板 $(100\sim300)\times10^{9}$/L

光镜下观察血细胞形态结构，通常采用瑞特氏或基姆萨氏染色的血液涂片来进行。依据血细胞的形态、大小、胞核的形态结构、胞质的颜色及颗粒的性质等，可进行识别和分类（见图 1-30）。

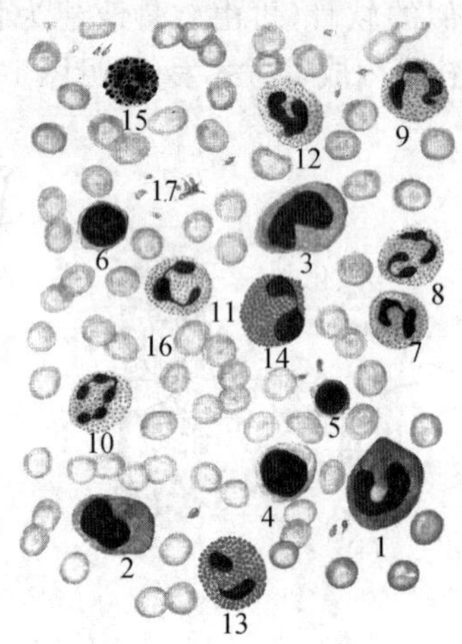

图 1-30　血细胞仿真图

1～3 单核细胞　4～6 淋巴细胞　7～12 中性粒细胞　13～14 嗜酸性粒细胞

15 嗜碱性粒细胞　16 红细胞　17 血小板

(1)红细胞：直径约 7.5 μm，呈双面凹陷的圆盘状，中央较薄，周边较厚，这种形态结构特点可使红细胞表面积增大约 25%，最大限度地增加了气体交换的面积。

成熟的红细胞没有细胞核和细胞器，细胞内充满了血红蛋白。血红蛋白（Hb）是一种有色的含铁蛋白质，血液的颜色主要是由它的颜色决定的。血红蛋白具有和氧及二氧化碳结合的功能，当血液流经肺时，由于肺泡内氧的分压高而二氧化碳的分压低，红细胞内的血红蛋白即释放出二氧化碳并与氧结合，形成氧合血红蛋白；相反，当血液流经其他器官或组织时，由于组织内的二氧化碳分压高而氧的分压低，红细胞内的血红蛋白就放出氧并结合二氧化碳，形成氨基甲酸血红蛋白。血红蛋白的这一功能是红细胞在体内完成气体交换和运输功能的化学基础。

正常成人血液中的红细胞平均数值为$(3.5\sim5.5)\times10^{12}$ g/L，血红蛋白的平均含量，男性为 120～160 g/L，女性为 110～150 g/L。一般认为，如血液中红细胞的数量少于 3.0×10^{12} g/L 或者血红蛋白的含量低于 100 g/L，则属于贫血。

正常人的血液中有少量没有完全成熟的红细胞，称为网织红细胞，约为红细胞总数的 0.5%～1%，新生儿较多，可达 3%～6%。在 HE 染色的血涂片上，网织红细胞不易与完全成熟的红细胞区分，新鲜血液用煌焦油蓝染色可见网织红细胞，其直径略大于成熟的红细胞，细胞质中也没有细胞核，但可见深蓝色的细网，这种网织结构是红细胞发育过程中细胞核排出之后仍残留的一些核糖体。在骨髓造血功能发生障碍的患者，经治疗后网织红细胞计数增加，表示骨髓造血功能增强。

红细胞的平均寿命约120天。衰老的红细胞在脾、肝和骨髓等处被巨噬细胞吞噬，血红蛋白中的铁可被重新利用造血。

(2)白细胞：是无色有核的球形细胞，可以做变形运动穿过毛细血管的内皮进入组织中，参与机体的防御和免疫功能。

光镜下观察血涂片标本，根据白细胞胞质内有无特殊颗粒可将其分为两大类：一类白细胞的细胞质内含有特殊颗粒，称为有粒白细胞，根据颗粒的着色不同，粒细胞又可分为中性粒细胞、嗜酸性粒细胞和嗜碱性粒细胞三种；另一类白细胞的细胞质内没有特殊的颗粒，称为无粒白细胞，包括淋巴细胞和单核细胞两种。

血液中白细胞的数量比红细胞少得多，正常成人血液中白细胞约为$(4.0\sim10)\times10^{9}/L$，男女没有明显的差异，婴儿稍多于成人。血液中白细胞的数量可受各种生理因素的影响，如劳动、运动、饱食及妇女月经期白细胞数量均略有增加。

①中性粒细胞：又称小吞噬细胞，占白细胞总数的一半以上(50%～70%)。细胞呈圆形，直径约10～12 μm。细胞核染成紫蓝色，形态不一，呈弯曲杆状或分叶，一般可分成2～5叶，以分3叶的占多数。在某些疾病情况下1～2叶核的细胞百分率增高，称核左移；4～5叶核的细胞百分率增高，称核右移。

中性粒细胞具有很强的变形运动和吞噬消化细菌的能力。当人体某一部位受到细菌侵犯时，中性粒细胞能以变形运动穿过毛细血管，聚集到细菌侵犯部位的组织内大量吞噬细菌，在细胞内形成吞噬体(吞噬小泡)，并最终被颗粒中所含的酶消化分解。这些吞噬和处理大量细菌的中性粒细胞变性坏死成为脓细胞。中性粒细胞可在组织中存活2～3天。

②嗜酸性粒细胞：呈球形，较中性粒细胞较大，直径10～15 μm。光镜下观察，细胞核为杆状或分叶状，多为两叶。细胞质中充满大小一致、分布均匀、染成橘红色的圆形粗大的嗜酸性颗粒，颗粒内含有过氧化物酶、酸性磷酸酶及组胺酶等。

嗜酸性粒细胞也可做变形运动，穿过毛细血管进入结缔组织后也有吞噬能力，但不如中性粒细胞活跃，可吞噬抗原抗-体复合物。颗粒中所含的组胺酶可分解组织胺，有减轻过敏反应的功能，因此在过敏或变态反应性疾病以及寄生虫病感染时，血液内的嗜酸性粒细胞数量增多。嗜酸性粒细胞在组织中可生存8～12天。

③嗜碱性粒细胞：是血液中数量最少的白细胞(约占0.5%)，大小与中性粒细胞近似。细胞核的形状很不规则，着色较浅，细胞质内有被染成紫蓝色的圆形嗜碱性颗粒。嗜碱性颗粒内含有肝素、组织胺和慢反应物质。肝素具有抗凝血作用，组织胺和慢反应物质参与过敏反应。嗜碱性粒细胞在组织中可生存12～15天。

④淋巴细胞：呈球形，大小不一，约占白细胞总数的20%～30%。小淋巴细胞(直径6～9 μm)数量最多；大淋巴细胞(直径13～20 μm)少，并且不存在于血液中。小淋巴细胞核呈圆形或椭圆形，一侧常有凹痕，染色质浓密，结成块状，着色很深(蓝紫色)，有时可见1～2个核仁。细胞质很少，染色呈天蓝色，其中可见少量嗜天青颗粒。

根据淋巴细胞的发生来源、形态特点及免疫功能的不同，主要分为参与细胞免疫并具有调节免疫应答的T淋巴细胞(约占血液中淋巴细胞总数的75%)、产生抗体参与体液免疫的B淋巴细胞(约占血液中淋巴细胞总数的10%～15%)和在杀伤肿瘤细胞中起重要作用的

NK 细胞(约占血液中淋巴细胞总数的 10%)。

⑤单核细胞:是血液中体积最大的细胞,圆形或椭圆形,直径 14～20 μm。大多数细胞核呈肾形或马蹄形,也有少数呈椭圆形,常见扭曲或折叠现象,染色质颗粒较细而且疏松,呈着色较浅的网状。细胞质较多,染成灰蓝色,其中有染成紫红色的分散而细小的嗜天青颗粒。单核细胞可做活跃的变形运动并具明显的趋化作用。在血液中停留 12～48 小时,然后穿过毛细血管进入结缔组织或其他组织后,分化成巨噬细胞等具有吞噬功能的细胞。

(3)血小板:是红骨髓内巨核细胞胞质脱落下来的碎块,并非严格意义上的血细胞。血小板呈圆形或椭圆形的双凸盘状小板,直径为 2～4 μm。在血涂片上,形状常不规则,呈多突状,常聚集成群。血小板中央部有蓝紫色的血小板颗粒,称颗粒区;周边部呈均质浅蓝色,称透明区。

血小板在止血和凝血过程中起重要作用。当血管内皮受损伤后,暴露了胶原纤维或基膜,血小板迅速黏附、聚集在损伤处,凝固形成血栓,并释放出 5-羟色胺、少量的肾上腺素、血小板因子 Ⅳ 等,起到收缩血管、加速血小板聚集凝固、刺激内皮细胞增殖和修复等作用。

正常人血小板的数量为(100～300)$\times 10^9$/L,血小板的数量明显减少或功能障碍,都会导致临床上的出血倾向。血小板寿命为 7～14 天。

2)血细胞的发生过程及形态演变规律

各种血细胞的寿命都是很有限的,原有的细胞不断凋亡,但随时又有新的细胞进行补充,所以,在周围血液内各种血细胞的数量和质量均处于相对的稳定状态。

造血干细胞又称多能干细胞,在一定的微环境和某些因素调节下,增殖分化为各系造血祖细胞。造血祖细胞又称定向干细胞,在一定条件下可定向增殖、分化成为某一系血细胞。

(1)红细胞的发生:要经历原红细胞、早幼红细胞、中幼红细胞、晚幼红细胞,晚幼红细胞脱去胞核成为网织红细胞,最终成为成熟红细胞。从原红细胞发育到晚幼红细胞需要 3～4 天。巨噬细胞可吞噬晚幼红细胞脱去的胞核,并为红细胞的发育提供铁质等营养物。

(2)粒细胞的发生:要经过原粒细胞、早幼粒细胞、中幼粒细胞、晚幼粒细胞,进而分化为杆状核和分叶核粒细胞。从原粒细胞发育到晚幼粒细胞大约需要 4～6 天。骨髓内的杆状核粒细胞和分叶核粒细胞储存量很大,在骨髓停留 4～5 天后入血。在某些病理状态,如急性细菌感染,骨髓加速释放,外周血中的粒细胞可骤然增多。

(3)淋巴细胞的发生:要经过原淋巴细胞、幼淋巴细胞到淋巴细胞。淋巴细胞在发生过程中,一部分淋巴造血干细胞经血流进入胸腺皮质,分化发育为 T 淋巴细胞;一部分在骨髓内分化发育为 B 淋巴细胞和 NK 细胞。上述三种淋巴细胞可随血流迁移到淋巴结、脾等周围淋巴器官。

(4)单核细胞的发生:要经过原单核细胞、幼单核细胞到单核细胞。单核细胞在骨髓中的储存量不及粒细胞多,但幼单核细胞增殖能力很强,约 38%的幼单核细胞处于增殖状态,当机体出现炎症或免疫功能活跃时,幼单核细胞加速分裂增殖,以提供足量的单核细胞。单核细胞进入组织转变为巨噬细胞,其寿命从数月至数年不等。

(5)血小板的发生:始于巨核细胞系祖细胞,经原巨核细胞、幼巨核细胞,发育为成熟巨核细胞，巨核细胞的胞质块脱落形成血小板。

2. 淋巴

淋巴是流动在淋巴管内的液体，由组织液渗入毛细淋巴管内而形成。在流经淋巴结后，其中的细菌等异物被清除，淋巴液中偶可见单核细胞等血细胞。淋巴是组织液回流的辅助渠道，在维持全身各部分的组织液动态平衡中起重要作用。

1.4 肌 组 织

肌组织是一类有收缩功能的肌细胞组成的组织，肌细胞的形态细长，呈纤维状，故又称肌纤维。肌纤维的细胞膜又称肌膜；细胞质又称肌浆，内含线粒体、高尔基复合体、肌浆网和肌丝等细胞器。肌组织具有收缩和舒张的功能，而肌丝则是肌肉收缩和舒张运动的物质基础。

根据肌组织的形态、结构和功能特点，肌组织可分为骨骼肌、心肌和平滑肌。骨骼肌附着在骨骼上，其收缩力强，但不能持久，活动受躯体神经支配，属随意肌；心肌分布于心壁和邻近心脏的大血管壁上，其舒缩具有自动节律性，不易疲劳；平滑肌主要分布于内脏器官和血管壁，其收缩力较弱，但较持久。平滑肌和心肌的活动受自主神经支配，属不随意肌。

1.4.1 骨骼肌

1. 骨骼肌纤维的光镜结构

骨骼肌纤维呈细长圆柱状，直径为 10～100 μm，长 1～40 mm。光镜下肌纤维有明、暗相间的横纹，属横纹肌。肌细胞含多个细胞核，位于肌纤维的周边，呈扁椭圆形，紧靠肌膜的内表面。肌浆内有大量的肌原纤维，肌原纤维是骨骼肌纤维的基本成分，光镜下每条肌原纤维都有许多相间排列的明带和暗带。明带也称 I 带，暗带也称 A 带。由于各条肌原纤维的明带和暗带整齐地排列在同一平面上，所以，肌纤维呈现出明暗相间的横纹(见图 1-31)。

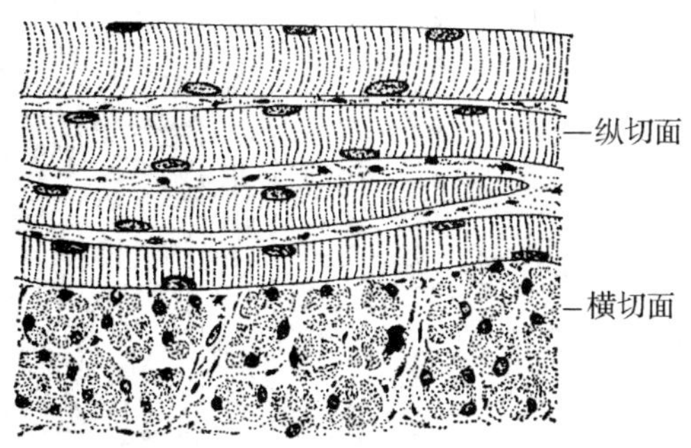

图 1-31 骨骼肌纤维的微细结构

明带的宽度可随肌纤维的舒缩状态而发生改变，肌肉收缩时变窄，舒张时变宽；而暗带的宽度则不随肌纤维的舒缩状态而发生改变。另外，在暗带的中央有一条浅色窄带称为H带；H带中央有一条暗线，称为M线。在明带中央也有一条暗线，称为Z线。肌原纤维的相邻两个Z线之间的结构称为肌节，是肌原纤维的结构和功能单位。它包括1/2 I带＋A带＋1/2 I带。因此，每个肌节是由两个1/2的明带和一个完整的暗带组成的。

2. 骨骼肌纤维的超微结构

1)肌原纤维

电镜观察肌原纤维由许多肌丝组成。根据肌丝的粗细分为粗肌丝和细肌丝两种(见图1-32)。

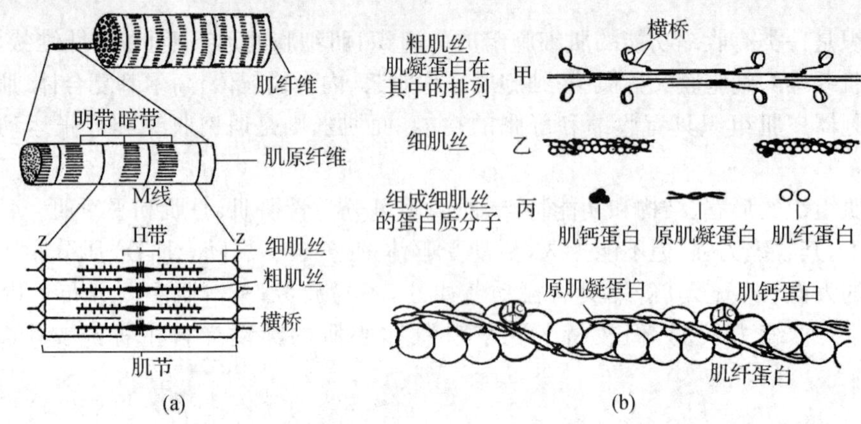

图1-32　骨髓肌纤维逐级放大模式图和肌丝分子模式图

(1)粗肌丝：主要形成暗带，直径约10 nm，长约1.5 nm，附于M线上，粗肌丝的两端沿其长轴伸出一些等间距的小突起，称横桥。粗肌丝由肌球蛋白分子组成，肌球蛋白由球状的头部和一个长杆状的尾部组成，其形状似豆芽，尾部相互融合在一起，形成粗肌丝主干。头部突出粗肌丝的外表面而形成横桥，肌球蛋白头部具有ATP酶活性。

(2)细肌丝：主要形成明带，直径约5 nm，由Z线向两侧发出；细肌丝一部分在明带，一部分插在粗肌丝之间，达到H带的边缘。细肌丝由肌动蛋白、原肌球蛋白和肌钙蛋白组成。

2)横小管

横小管是由肌膜向肌浆内凹陷形成的管状结构，位于明、暗带交界处的平面(见图1-33)，横小管走向与肌原纤维相垂直，环绕肌原纤维，能快速地将肌膜的兴奋传递到肌纤维内部。

3)肌浆网

肌浆网是肌纤维内特化的滑面内质网，

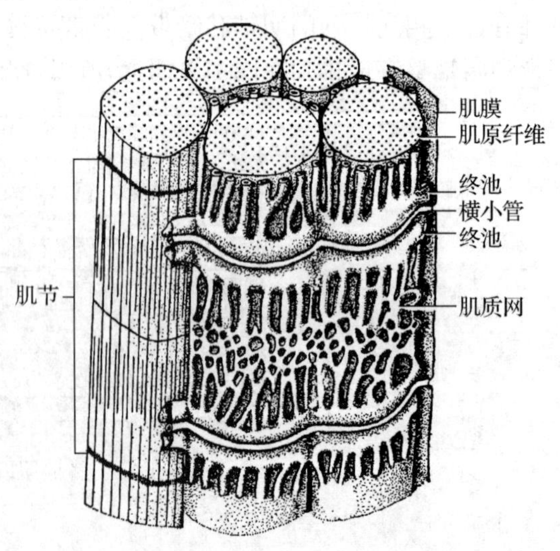

图1-33　骨骼肌纤维超微结构模式图

位于横小管之间，它沿肌原纤维长轴纵行排列并包绕肌原纤维，并分支吻合，又称纵小管。纵小管在横小管两侧处形成横向膨大，称为终池。每一条横小管和两侧的终池，合称为三联体。三联体是横小管与肌浆网的接触点，但它们并不直接相通。在肌浆网的膜上，存在着钙泵，钙泵能将肌浆中的钙离子泵入肌浆网中。钙泵的功能活动可调节肌浆中钙离子的浓度。钙离子在肌肉收缩和舒张活动中起关键作用。

1.4.2 心肌

1. 心肌纤维的光镜结构

心肌主要由心肌纤维组成，心肌纤维呈短柱状并有分支，也有横纹，但不如骨骼肌的横纹明显。心肌纤维一般有一个卵圆形的细胞核，偶尔可见双核，核的体积较大，位于肌纤维中央，着色较浅。心肌纤维互相连接处形成特殊的连接，在HE染色的切片上呈染色较深的横纹，称为闰盘(见图1-34)。当病毒性心肌炎和缺血性心肌病的时候，闰盘受损，将导致心律失常。正常心肌纤维之间有疏松结缔组织以及丰富的血管、淋巴管和神经。

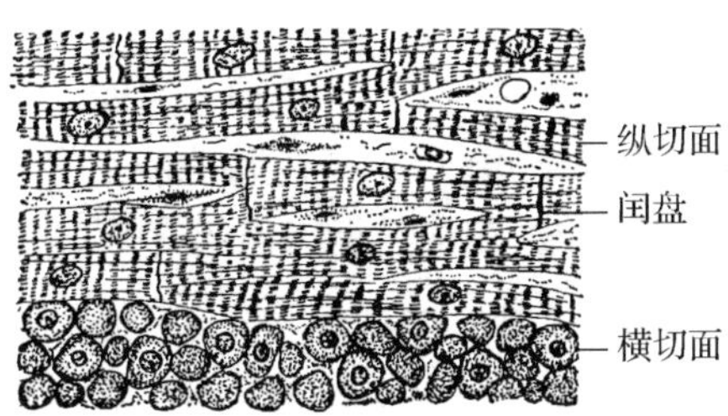

图1-34 心肌纤维的微细结构

2. 心肌纤维的超微结构

心肌纤维没有明显的肌原纤维，肌丝形成粗细不等的肌丝束(见图1-35)，以致横纹不如骨骼肌的明显。心肌横小管比骨骼肌横小管粗，位于Z线的平面。闰盘位于Z线水平，此处的心肌纤维肌膜伸出许多指状突起，相互嵌合在一起，呈阶梯状，增加了细胞间的接触面。在横向连接面上及纵向连接面上分别可见中间连接、桥粒连接和缝隙连接。缝隙连接有利于心肌纤维做节律性同步收缩。纵小管的盲端在横小管附近略微膨大，肌浆网不发达，所以终池较小，而且多在横小管的一侧，和横小管共同形成二联体，三联体极少见。因此，心肌的储钙能力较骨骼肌差。

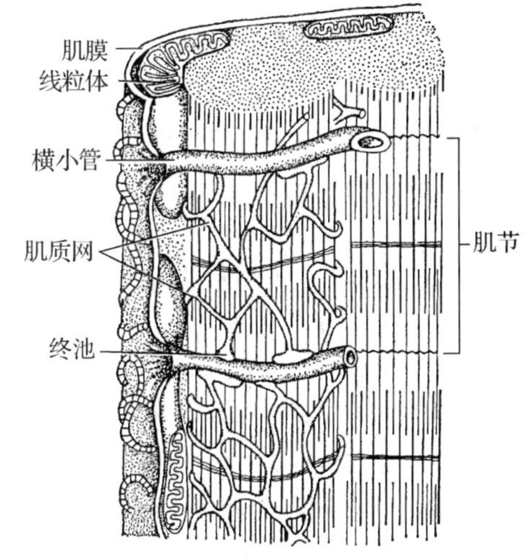

图1-35 心肌纤维的超微结构

1.4.3 平滑肌

平滑肌纤维呈长梭形，只有一个核，呈椭圆形，位于肌纤维的中央(图1-36)。肌纤维无横纹，无肌原纤维。在不同的器官的平滑肌纤维，长短不一，如血管壁平滑肌比较短，长约

20 μm;妊娠子宫平滑肌较长,可达 500 μm。平滑肌纤维可单独存在,但绝大部分是成束或成层分布的。

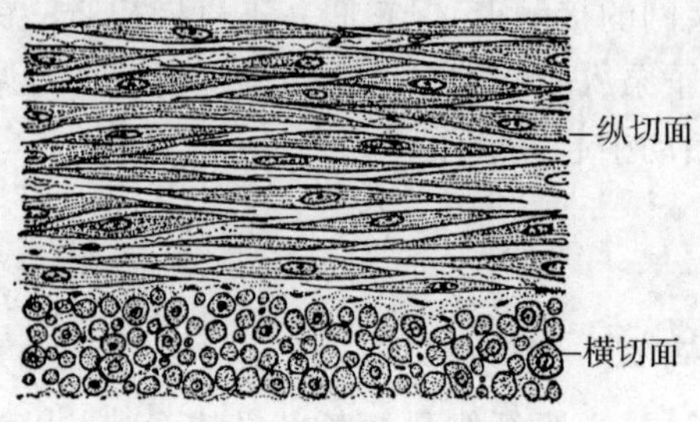

图 1-36 平滑肌纤维的微细结构

1.5 神经组织

神经组织由神经细胞和神经胶质细胞构成,是神经组织的主要成分。神经细胞又称神经元,可以接受刺激、整合信息和传导冲动,在结构和功能上是一个独立的单位。神经胶质细胞没有产生和传导神经冲动的功能,在神经组织内起支持、保护、营养和绝缘等作用。

1.5.1 神经元

1. 神经元的形态结构

神经元由胞体和突起两部分组成(见图 1-37)。

1)胞体

神经元胞体是神经元的代谢和营养中心。形态不一,有圆形、梭形、星形和锥体形等。小的直径仅 5~6 μm,大的可达 100 μm 以上,可分为细胞膜、细胞质和细胞核三部分。神经元的细胞膜内有丰富的离子通道、载体和受体蛋白,它们在感受刺激、处理信息和兴奋传递中起重要作用。细胞核位于胞体中央,染色浅,核仁大而明显。细胞质内除线粒体、高尔基复合体、溶酶体等一般细胞器外,还有丰富的嗜染质和神经原纤维。

(1)嗜染质:又称尼氏体。光镜下嗜染质是分布于胞体及树突的嗜碱性物质,呈团块状或颗粒状。电镜观察,嗜染质由粗面内质网、游离和多聚核蛋白体构成,其功能主要合成更新细胞器所需的结构蛋白质、肽类递质、神经递质及与合成这些物质所需要的酶类等。神经递质是神经元向其他神经元或效应器传递化学信息的载体。

(2)神经原纤维:在光镜下镀银切片中,可见胞质内有很多棕黑色细丝状结构,互相交织成网,并伸入到轴突或树突的神经原纤维,与突起的长轴平行排列,并贯穿突起全长。电镜下可见神经原纤维是由集合成束的神经丝和微管构成。神经原纤维构成神经元的细胞骨架并参与细胞内的物质运输。

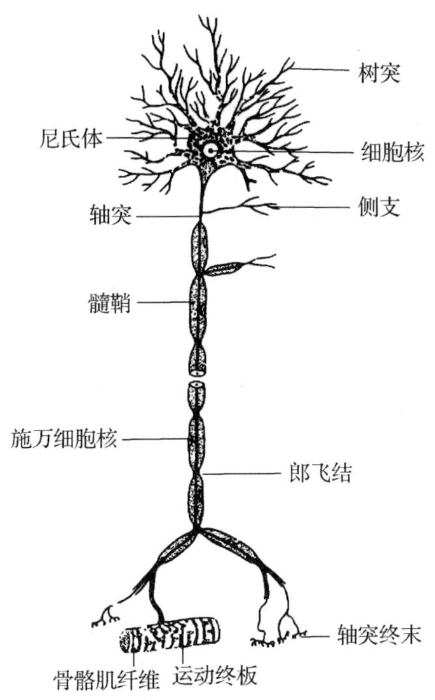

图 1-37 神经元结构模式图

2)突起

(1)树突:树突的形态短粗,由细胞体发出的分支,形如树状。每个神经元有一个或多个树突,分支的表面还有短小突起,称树突棘,这些结构扩大了神经元接受刺激的面积。树突的功能是接受刺激,产生兴奋并把兴奋传向细胞体。

(2)轴突:每个神经元只有一个轴突,由胞体发出,短者仅数微米,长者可达 1 m 以上。轴突内的细胞质称为轴浆,轴突内有神经原纤维而无嗜染质。细胞体发出轴突的部分呈圆锥形,称为轴丘,内无嗜染质,故光镜下呈圆锥形的透明区。轴突的末端分支较多,可与其他神经元的细胞体或树突接触,也可伸入器官组织内,形成效应器。轴突的功能是传导神经冲动,将胞体传出的冲动传给另一个神经元。

2. 神经元的分类

1)根据突起的数量分类

根据神经元突起的数量可将其分为多极神经元、双级神经元和假单及神经元(见图 1-38)。

(1)多极神经元:神经元有一个轴突,多个树突。主要分布在中枢神经系统,如脊髓前角运动元等。

(2)双极神经元:神经元有一个轴突和一个树突。主要分布在视网膜、嗅黏膜等处。

(3)假单极神经元:由神经元胞体发出一个突起,在离开胞体不远处即分为两支,一支伸入脊髓或脑,称为中枢突,能传出神经冲动;另一支伸向其他组织或器官,称为周围突,具有接受刺激的功能。主要分布在脊神经节等处。

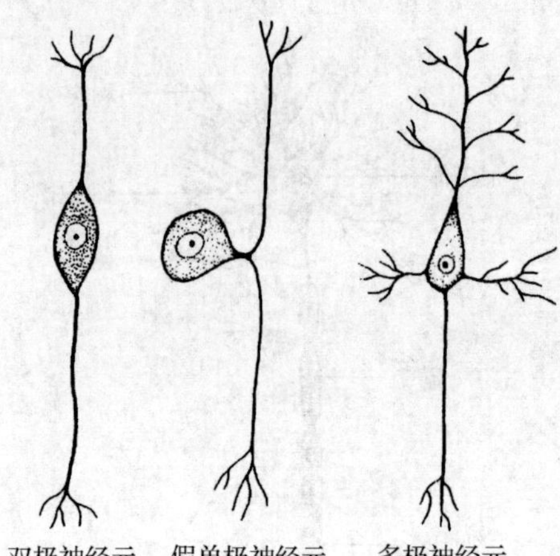

图 1-38　神经元的形态分类

2)根据神经元的功能分类

根据神经元功能的不同,可将其分为感觉神经元、运动神经元和联络神经元(见图 1-39)。

(1)感觉神经元:又称传入神经元,多为假单极神经元,是将体内、外环境的各种信息自效应器传向中枢的神经元,如脊神经节的假单极神经元和视网膜的双极神经元。

(2)运动神经元:又称传出神经元,一般为多极神经元,是将冲动自中枢传至效应器的神经元。其功能是支配肌的收缩或腺体的分泌,如脊髓前角运动神经元等。

(3)联络神经元:又称中间神经元,主要为多极神经元,位于感觉神经元和运动神经元之间,起信息加工和传递作用。此类神经元数量较多,约占神经元总数的 99%,动物进化程度越高等,联络神经元越多,在中枢神经系统内,它构成复杂的神经元网络,是学习、记忆和思维的基础。

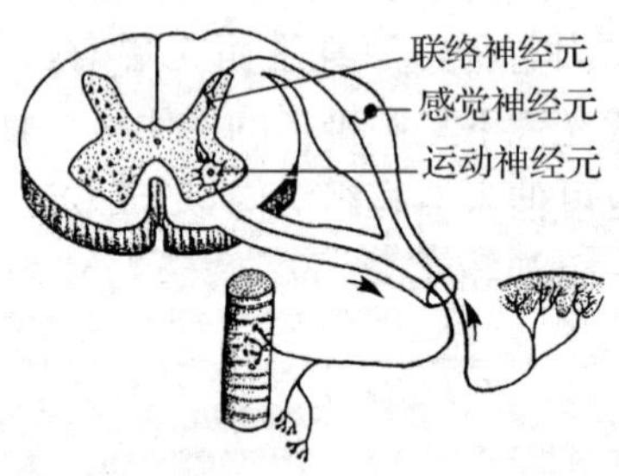

图 1-39　神经元的功能分类

3)按神经元释放的神经递质和神经调质的化学性质分类

(1)胆碱能神经元:位于中枢神经系统和部分内脏神经中,释放乙酰胆碱。

(2)去甲肾上腺素能神经元:释放去甲肾上腺素。

(3)胺能神经元:释放多巴胺、5-羟色胺等,广泛存在于中枢和周围神经系统。

(4)氨基酸能神经元:释放 γ-氨基丁酸、甘氨酸、谷氨酸等,主要分布于中枢神经系统。

(5)肽能神经元:释放脑啡肽、P 物质、神经降压素等,统称神经肽,肽能神经元广泛存在于中枢和周围神经系统。

1.5.2 突触

突触是神经元之间或神经元与效应器细胞之间的一种特化的细胞连接。

1. 突触的分类

突触可根据一神经冲动传导方向和方式进行分类(见图 1-40a)。

1)根据神经冲动在突触传导的方向分类

根据神经冲动在突触传导的方向,神经元突触可分为轴-树突触、轴-体突触、轴-轴突触等。

2)根据神经冲动传导方式分类

根据神经冲动传导方式,神经元突触可分为电突触和化学突触。电突触是指神经元和神经元之间的缝隙连接,它可将一个神经元的电位变化通过经缝隙连接直接影响另一个神经元的电位变化的结构。化学突触是指一个神经元通过释放神经递质影响下一个神经元电位变化的结构。

2. 化学突触的构造

电镜下化学突触由突触前膜、突触后膜和突触间隙三部分组成(见图 1-40b)。

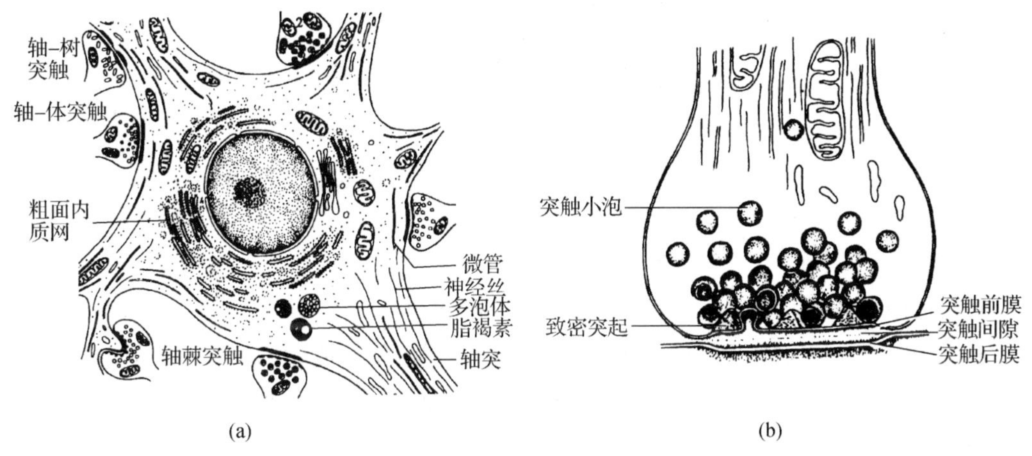

图 1-40 突触的分类及化学突触的超微结构模式图

1)突触前膜

突触前膜一般为轴突末端特化的细胞膜,能释放神经递质。突触前膜内侧的细胞质内有突触小泡、线粒体和微丝。突触小泡内含有神经递质,这些神经递质可以是乙酰胆碱、单胺类、氨基酸类等。当突触小泡接触突触前膜时,能将神经递质释放入突触间隙。

2)突触后膜

突触后膜为后一个神经元与突触前膜相接触的细胞膜增厚部分,突触后膜上存在着与神经递质结合的特异性受体及离子通道,受体是镶嵌在细胞膜类脂双分子层之间的蛋白质。

3)突触间隙

突触间隙为突触前、后膜之间的间隙,宽 15～30 nm。当神经冲动传导到突触前膜时,可引起突触前膜上的 Ca^{2+} 通道开放，Ca^{2+} 由细胞外进入突触小泡，在 ATP 的参与下，突触小泡向突触前膜移动并与之融合，通过出胞作用将神经递质释放到突触间隙，神经递质与突触后膜上的受体结合，导致突触后膜上的离子通道开放，引起 Na^{+} 或 Cl^{-} 内流，使突触后神经元出现兴奋或抑制效应。

1.5.3 神经胶质细胞

神经胶质细胞(见图 1-41)又称神经胶质，数量较多，约为神经元的 10～50 倍。神经胶质细胞分布在神经元之间及神经元与非神经细胞之间，构成网状支架，以使神经元彼此隔离，只在突触处相互接触。

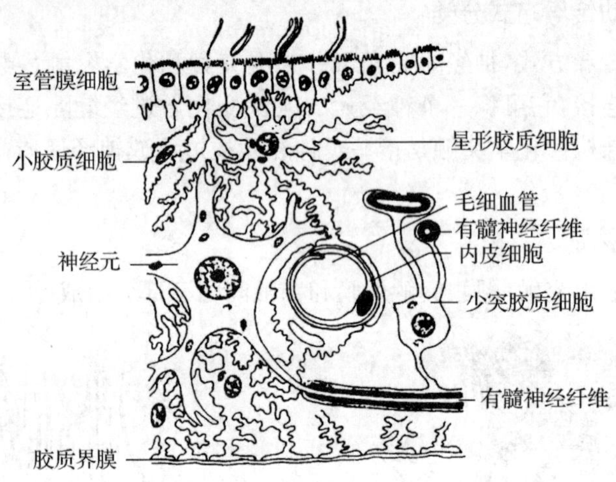

图 1-41　中枢神经系统的神经胶质细胞

1. 中枢神经系统的神经胶质细胞

1)星形胶质细胞

星形胶质细胞在 HE 染色标本上，胞体呈星形，核呈圆形或卵圆形，体积较大，染色质疏松，染色较浅。根据星形胶质细胞突起的形状，又可把它分为以下两种。

(1)纤维性星形胶质细胞：细胞突起长而直，分支较少，表面平滑，细胞质内有许多胶质丝，主要分布于中枢神经系统的白质内。

(2)原浆性星形胶质细胞：细胞突起短而弯曲，分支很多，表面粗糙，主要分布于中枢神经系统的灰质内。

星形胶质细胞的胞突分支交织成网，对神经元起支持和绝缘的作用。星形胶质细胞的胞突一边与神经元密切接触；另一边与血管接触，可以作为血液和神经元进行物质交换的媒介。星形胶质细胞能分泌神经营养因子和多种生长因子，对神经元的分化以及创伤后神经组织的修复和瘢痕形成具有重要意义。

2)少突胶质细胞

少突胶质细胞在 HE 染色标本上，细胞核呈圆形，体积较小，染色质较密，故染色较深。少突胶质细胞分布于中枢神经系统白质纤维之间和灰质神经元细胞体的周围，具有形成髓鞘的作用。

3)小胶质细胞

小胶质细胞在HE染色标本上，细胞核呈三角形、肾形或椭圆形，体积最小，染色质较密，着色较深。在镀银标本上，可见其细胞体积很小，突起细长，有分支，表面有小棘。小胶质细胞多分布于大、小脑和脊髓的灰质内，具有吞噬功能。

4)室管膜细胞

室管膜细胞也属于胶质细胞，贴附在各脑室和脊髓中央管腔面，其功能是帮助神经组织与脑室腔内的脑脊液之间完成物质交换。

2. 周围神经系统的神经胶质细胞

1)施万细胞

施万细胞又称神经膜细胞，包绕神经元的突起，参与周围神经的组成，具有形成髓鞘和神经膜的作用，在神经纤维再生过程中也起到重要作用。

2)卫星细胞

卫星细胞为神经节内包被神经元胞体的一层扁平或立方形细胞，故又称被囊细胞。核呈圆形或椭圆形，染色质较浓密。

1.5.4 神经纤维和神经

1. 神经纤维

神经纤维是指神经元发出的细长突起，一般由运动神经元的轴突或感觉神经元的长树突(统称轴索)及其外围的神经胶质细胞所构成。通常将神经纤维分为有髓神经纤维和无髓神经纤维两大类。

1)有髓神经纤维

轴索外面有施万细胞包绕，并由神经胶质细胞形成节段性的髓鞘。每一节相当于一个神经胶质细胞，相邻两节段之间无髓鞘的狭窄处，称神经纤维结，又称郎飞结。相邻两个郎飞结之间的一段神经纤维称结间体。因郎飞结处无髓鞘，轴索呈裸露状态，故神经冲动在有髓纤维中以跳跃的方式传导，即从一个郎飞结跳到下一个郎飞结，故传导速度快。结间体越长，传导速度也就越快。

2)无髓神经纤维

植物神经的节后纤维、嗅神经和部分感觉神经纤维属无髓神经纤维。这种神经纤维的直径较细，轴索外面的神经膜细胞鞘较薄，不形成髓鞘结构。因无髓神经纤维无髓鞘和郎飞结，神经冲动沿细胞膜连续传导，故其传导速度比有髓神经纤维慢得多。

2. 神经

周围神经系统中功能相关的神经纤维集合成束，并被结缔组织聚集在一起构成神经，又称神经干。包裹在神经表面的结缔组织称神经外膜。一条神经通常含若干条神经纤维束，包裹每束神经纤维的结缔组织称神经束膜。神经纤维束内的每条神经纤维又有薄层疏松结缔组织包裹，称神经内膜。

1.5.5　神经末梢

神经末梢是神经纤维的末端在各组织、器官内形成的特殊结构。根据功能的不同，可将它分成感觉神经末梢和运动神经末梢两类。

1. 感觉神经末梢

感觉神经末梢又称感受器，由感觉神经元周围突的末梢和周围组织共同形成，能感受内、外环境的刺激，并能将刺激转化为神经冲动，再经感觉神经纤维传入中枢。主要的感觉神经末梢有下列两种(见图 1-42)。

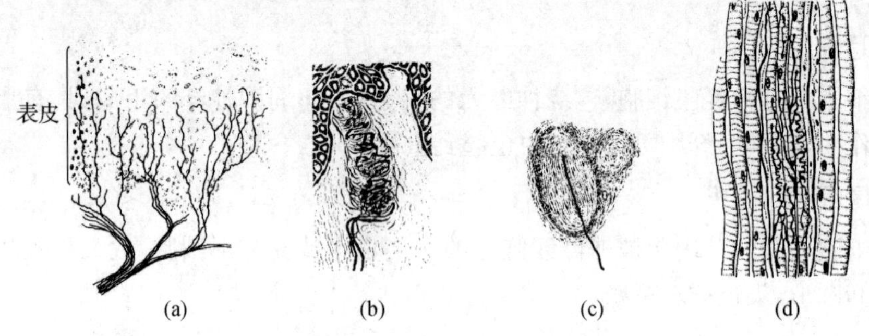

图 1-42　感觉神经末梢示意图

(a)游离神经末梢　(b)触觉小体　(c)环层小体　(d)肌梭

1)游离神经末梢

神经纤维的末端失去神经胶质细胞鞘，暴露的轴索分支分布在上皮细胞之间，称游离神经末梢。游离神经末梢分布于表皮、角膜、黏膜上皮、骨膜、肌组织及结缔组织内，具有感受痛、冷、热刺激的作用。

2)被囊神经末梢

被囊神经末梢的结构特点是其外面都包有结缔组织被囊。神经纤维到达被囊时，失去髓鞘，暴露的轴索伸入结缔组织被囊内。常见的被囊神经末梢有以下三种。

(1)触觉小体：多为卵圆形，外包结缔组织被囊，内含少数横列的扁平细胞，暴露的轴索分支在细胞之间穿行盘绕，触觉小体主要分布于真皮乳头内，以手指掌侧皮肤内最多，参与触觉感受的形成。

(2)环层小体：为卵圆形的白色小体，大小不一，大的肉眼可见。其被囊由许多同心圆排列的板层结构组成，中央为一条裸露的轴索。环层小体分布于皮肤深层、胸膜、腹膜、肠系膜和韧带、关节囊等处，可以感受较强的应力刺激，参与产生压觉和振动觉。

(3)肌梭：是分布于骨骼肌内的梭形小体，外有结缔组织被囊，内有几条细小的肌纤维，细胞核集中在肌纤维的中段；裸露的神经纤维分支伸入被囊后包绕肌纤维。肌梭的功能是感受肌肉的牵张刺激，为本体感受器之一。

2. 运动神经末梢

运动神经末梢又称效应器，由运动神经元的轴突末端形成，分布于骨骼肌、平滑肌和腺体等处。按其分布的部位和来源的不同，可分为躯体运动神经末梢和内脏运动神经末梢。

1)躯体运动神经末梢

躯体运动神经末梢为支配骨骼肌的运动神经末梢。来自脊髓灰质前角或脑干的躯体运动神经元,轴突到达所支配的骨骼肌时失去髓鞘,发出许多分支,末端膨大呈花朵状,贴附在骨骼肌细胞的表面,形成化学突触性连接,称运动终板或神经肌连接。一个神经元的轴突可分支连接许多骨骼肌细胞,形成多个运动终板(见图 1-43)。

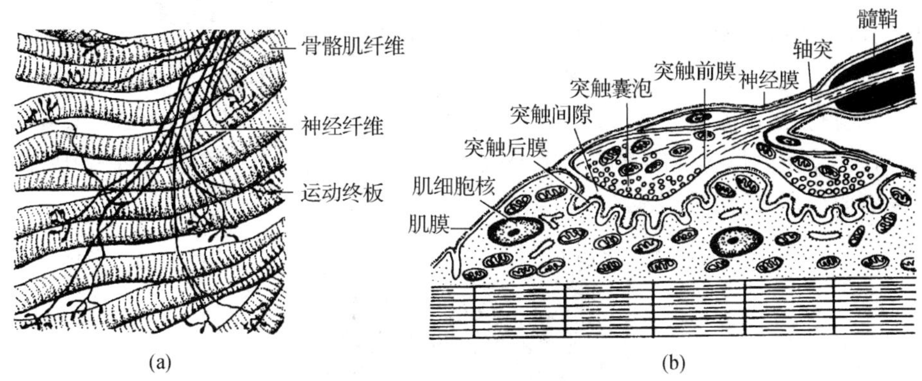

图 1-43 运动终板模式图
(a)运动终板光镜图 (b)运动终板超微结构模式图

2)内脏运动神经末梢

内脏运动神经末梢分布于平滑肌和腺上皮。

1.6 皮 肤

皮肤覆盖体表,是人体面积最大的器官,由表皮和真皮组成,具有保护、吸收、排泄、感觉、调节体温等作用。表皮属于复层扁平上皮,与上皮组织联系紧密,故将其内容放在本节讲授。

1.6.1 皮肤的结构

1. 表皮

表皮(见图 1-44)由角化的复层扁平上皮构成,基底面起伏不平,借基膜与真皮相连。身体各部的表皮厚薄不均,手掌、足跖部最厚。表皮细胞可分为角质形成细胞和非角质形成细胞两类。

1)角质形成细胞

表皮由多层角质形成细胞组成,由上皮的基底层至表层依次分为以下五层。

(1)基底层:附着于基膜上,是一层矮柱状或立方形细胞,称基底细胞。基底细胞是一种未分化细胞,具有很强的增殖和分化能力。新生的细胞向浅层推移,逐渐分化成其余几层细胞,故基底层又称生发层。

(2)棘层:位于基底层上方,由 5～10 层细胞组成。细胞体积较大,呈多边形,表面有许多棘状突起，故称棘细胞。细胞胞质丰富，嗜碱性，内有许多卵圆形的板层颗粒，颗粒内含糖脂和固醇。

(3)颗粒层：位于棘层上方，由3～5层较扁的梭形细胞组成。细胞质内含许多强嗜碱性、无单位膜包裹的不规则颗粒，称透明角质颗粒；板层颗粒增多，并移至细胞周边将其内容物释放到细胞间隙内，形成多层膜状结构，构成阻止物质透过表皮的主要屏障。

(4)透明层：位于颗粒层上方，由几层更扁平的梭形细胞组成，在无毛厚表皮中可见到细胞界限不清，呈均质透明状，细胞核及细胞器均已消失。

(5)角质层：由透明层的细胞分化而来，为多层扁平的角质细胞。细胞轮廓不清，呈均质状，红染。细胞膜内面附有厚约12 nm的不溶性蛋白质，故厚而坚固。细胞间充满了板层颗粒释放的脂类物质。最表面的细胞连接松散，逐渐脱落形成皮屑。在薄的表皮中，颗粒层和透明层常不明显，角质层也很薄。

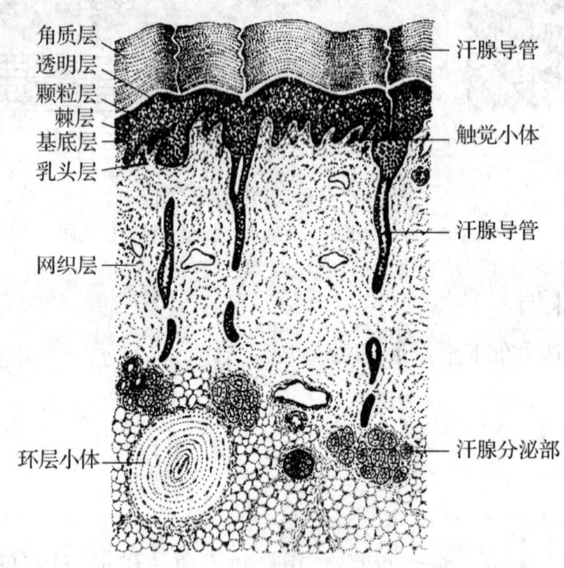

图1-44 手指皮肤低倍光镜结构

表皮由基底层到角质层是角质形成细胞增殖、分化、向表面逐层推移和脱落的动态变化过程。角质层的细胞不断脱落，而深层的细胞不断增殖分化补充，以保持表皮的正常厚度。更新周期一般为3～4周。

2)非角质形成细胞

非角质形成细胞包括黑素细胞、朗格汉斯细胞、梅克尔细胞三种。

(1)黑素细胞：散在分布于基底细胞之间，数量少，体积较大，细胞质内含许多单位膜包裹的长圆形小体，称黑素体。黑素体内充满黑色素，黑色素是决定皮肤颜色的主要成分，能吸收和散射紫外线，保护表皮深层幼稚细胞免受损伤。

(2)朗格汉斯细胞：主要分布于棘层，具有树突状的突起，是一种免疫辅助细胞，能捕捉、处理、呈递抗原给淋巴细胞，参与机体的免疫应答。

(3)梅克尔细胞：是一种有短突起的、圆形或椭圆形细胞，散在分布于毛囊附近的表皮基底细胞之间，可能是一种接受机械刺激的感觉细胞。

皮试及皮内注射

皮内注射是将药液注射于表皮与真皮之间的方法，主要用于皮肤过敏试验、预防接种及局部麻醉的先驱步骤。皮肤过敏试验注射部位多选择在前臂掌侧下段处；预防接种注射部位常选择在上臂三角肌下缘处，局部麻醉则选择麻醉处。皮内注射穿经结构有浅入深依次为表皮角质层、透明层、颗粒层、棘层、基底层，最后至表皮与真皮之间。

皮试是皮肤(或皮内)敏感试验的简称。某些药物在临床使用过程中容易发生过敏反应，常见的过敏反应包括皮疹、荨麻疹、皮炎、发热、血管神经性水肿、哮喘、过敏性休克等，其中以过敏性休克最为严重，甚至可导致死亡。为了防止过敏反应的发生，特别是严重过敏反应的发生，规定一些容易发生过敏反应的药物在使用前需要做皮肤敏感试验，皮试阴性的药物可以给患者使用，皮试阳性则禁止使用。皮试的最常用部位是前臂曲侧，因此处皮肤较为光滑细腻，而且便于试验操作和结果观察。按正规做法，两臂一侧做试验，另一侧作对照。

操作要点：①根据需要选择不同的注射部位；②消毒皮肤；③左手绷紧皮肤，右手持注射器，针尖斜面向上，与皮肤成5°～15°夹角刺入皮内，针尖斜面刺入皮内；④待针头斜面进入皮内后，放平注射器，注入药液；⑤注射完毕，迅速拔出针头，切勿按揉，清理用物，按时观察反应。

2. 真皮

真皮位于表皮深层，分为乳头层和网织层。

1)乳头层

乳头层借基膜与表皮相连，并向表皮底部突出形成许多嵴状或乳头状隆起，称真皮乳头。乳头内的结缔组织较疏松，内含丰富的毛细血管、游离神经末梢和触觉小体。

2)网织层

网织层位于乳头层下方，是真皮的主要部分。由不规则的致密结缔组织组成，内含粗大的、交织成网的胶原纤维束和弹性纤维束，使皮肤既具有韧性，又有弹性。此层还有较多的血管、淋巴管和神经。毛囊、皮脂腺、汗腺也可伸至网织层，并有较多环层小体。

皮下组织即解剖学所称的浅筋膜，是皮肤以下连接皮肤与肌的疏松结缔组织和脂肪组织。皮下组织的厚度随个体、年龄、性别及部位的不同而有所差别，一般以腹部和臀部的脂肪组织最为丰富。眼睑、手背、足背和阴茎处最薄，不含脂肪组织。皮下组织对体温的维持和机械的压力具有一定的调节和缓冲作用。

1.6.2 皮肤附属器

皮肤附属器包括毛发、皮脂腺、汗腺、指(趾)甲等(见图1-45)。

1. 毛发

除手掌及足底外，毛发广泛分布于全身表面。伸出皮肤外面的部分称毛干，埋在皮肤内

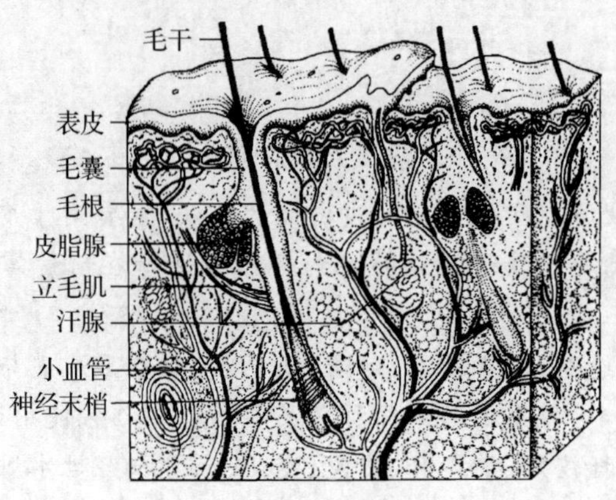

图 1-45　皮肤附属器模式图

的部分称毛根。毛根周围包有上皮和结缔组织组成的毛囊。毛根和毛囊下端合为一膨大的毛球。毛球处的细胞是一种幼稚细胞，称为毛母质细胞，是毛和毛囊的生长点。毛球底部凹陷，内为富含血管和神经的结缔组织，称毛乳头。毛乳头对毛的生长起诱导作用。毛和毛囊与皮肤表面成钝角的一侧有一束斜行的平滑肌，称立毛肌，其一端附于毛囊，另一端终止于真皮浅部。立毛肌收缩，可使毛发直立。

2. 皮脂腺

皮脂腺为泡状腺，由 2～5 个腺泡(分泌部)和一个共同的短导管(导管部)组成。除手掌、足跖外，其余部位的皮肤均有皮脂腺存在。

1)分泌部

分泌部呈泡状，大多位于立毛肌和毛囊之间，腺泡周围(外层)的细胞较小而幼稚，具有很强的增殖和分化能力，分化的细胞长大并向腺泡中央移动。细胞质内充满了大小不等的脂滴。腺细胞成熟后，整个细胞解体，连同脂滴一同排出，即为皮脂。皮脂具有润滑和保护皮肤与毛发的作用。

2)导管部

导管部由复层扁平上皮围成，较短而粗，开口于毛囊上 1/3 处。

3. 汗腺

汗腺几乎分布于人的全身皮肤，以手掌、足跖和腋窝处最多。汗腺为单曲管状腺，由分泌部和导管部组成。

1)分泌部

分泌部位于真皮深层及皮下组织，由单层矮柱状细胞组成，周围基膜较厚而明显。汗腺腺细胞和基膜之间有肌上皮细胞，其收缩时有助于分泌物的排出。汗液无色无味，除包含大量水分外，还包含多种代谢产物及一些离子。汗液分泌(出汗)可散发机体热量，调节体温。

2)导管部

导管部由两层染色较深的立方细胞围成，从真皮深部上行，蜿蜒穿过表皮，开口于皮肤表面的汗孔。

大汗腺主要分布于腋窝、乳晕、脐周、外阴部、肛门周围等处，其腺腔较大，为分支管状腺，导管开口于毛囊。分泌物为浓稠的乳状液，被细菌分解后可产生异味，即通常所说的狐臭。

4. 指(趾)甲

指(趾)甲由甲体、甲床、甲根组成。甲体是长在指(趾)末节背面的外露部分，为坚硬透明的长方形角质板，由多层连接牢固的角化细胞构成，细胞内充满角蛋白丝。甲体下面的组织称甲床，由非角化的复层扁平上皮和真皮组成。甲体的近端埋在皮肤所成的深凹内，称甲根。甲体两侧嵌在皮肤所成的甲襞内。甲根周围为复层扁平上皮，其基底层细胞分裂活跃，称甲母质，是甲体的生长区。甲母质新生的细胞发生角化，并向甲体方向移动，成为构成甲体的细胞，使甲体生长。指(趾)甲受损或拔除后，如甲母质保留，甲仍能再生。各指(趾)的甲的生长速度并不相同，受年龄、外界湿度和其他因素的影响。

皮下注射

皮下注射是将药液注入皮下疏松结缔组织中的方法，常用于需迅速达到药效或不宜口服给药时局部供药以及预防接种等。操作要点：选择正确的注射部位，一般以上臂外侧三角肌下缘为宜，避免在炎症或瘢痕部位注射；用2%碘酊和75%乙醇消毒皮肤，待干；以左手绷紧皮肤，过瘦者可捏起皮肤，针头与皮肤成30°～40°夹角斜向刺入皮下，左手放松，稍稍抽动活塞，无回血即可推注药液；药液推毕，迅速拔出针头，用无菌棉球或棉签压迫片刻。

拓展与思考

1. 为什么说皮肤是人体最大的器官？
2. 在皮肤损伤后的修复过程中有哪些影响因素？
3. 在日常生活中怎样才能正确护理皮肤？

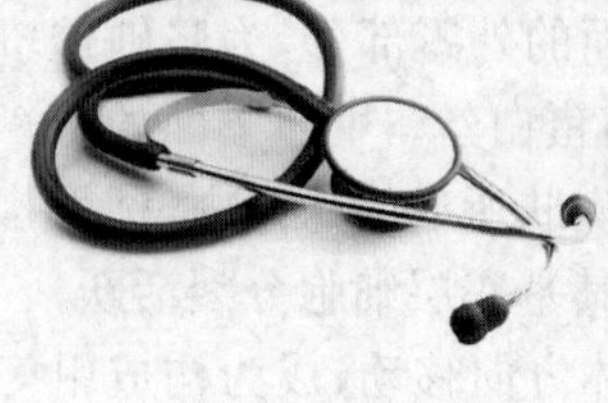

第2章 运动系统

运动系统由骨、骨连结和骨骼肌三部分组成。全身各骨和骨连结构成人体的支架称骨骼，骨骼肌附着于骨骼上，并围成体腔。骨是运动的杠杆，关节是运动的枢纽，骨骼肌是运动的动力。一些骨的突起、凹陷或骨骼肌的隆起，在体表可以看到或摸到，称为体表标志，包括骨性标志和肌性标志。体表标志对于确定内脏器官的位置，判断血管和神经的走行以及确定手术切口等，都具有重要的实用价值。

护理操作要求

1. 正确选择婴幼儿前、后囟穿刺术及成人骶管麻醉穿刺术、骨髓穿刺术的穿刺部位，能以恰当的角度进针，掌握穿刺层次和进针深度。

2. 准确选择三角肌注射术、臀大肌注射术的注射区，掌握进针的角度和深度。

正常人体结构问题

运动系统由哪几部分构成？临床上进行肌肉注射技术操作的人体结构基础是什么？

2.1 骨和骨连结

2.1.1 概述

1. 骨

成人骨共有206块(见图2-1)，按其所在部位可分为躯干骨(51块)，颅骨(23块)，上肢骨(64块)，下肢骨(62块)四类，另有6块听小骨位于中耳内。每块骨都有特定的形态，并有丰富的血管、神经和淋巴管分布，因此每块骨都是一个器官。经常参加体育锻炼的人，骨发育坚实而粗壮；长期不活动的人，就会导致骨质疏松或细小。

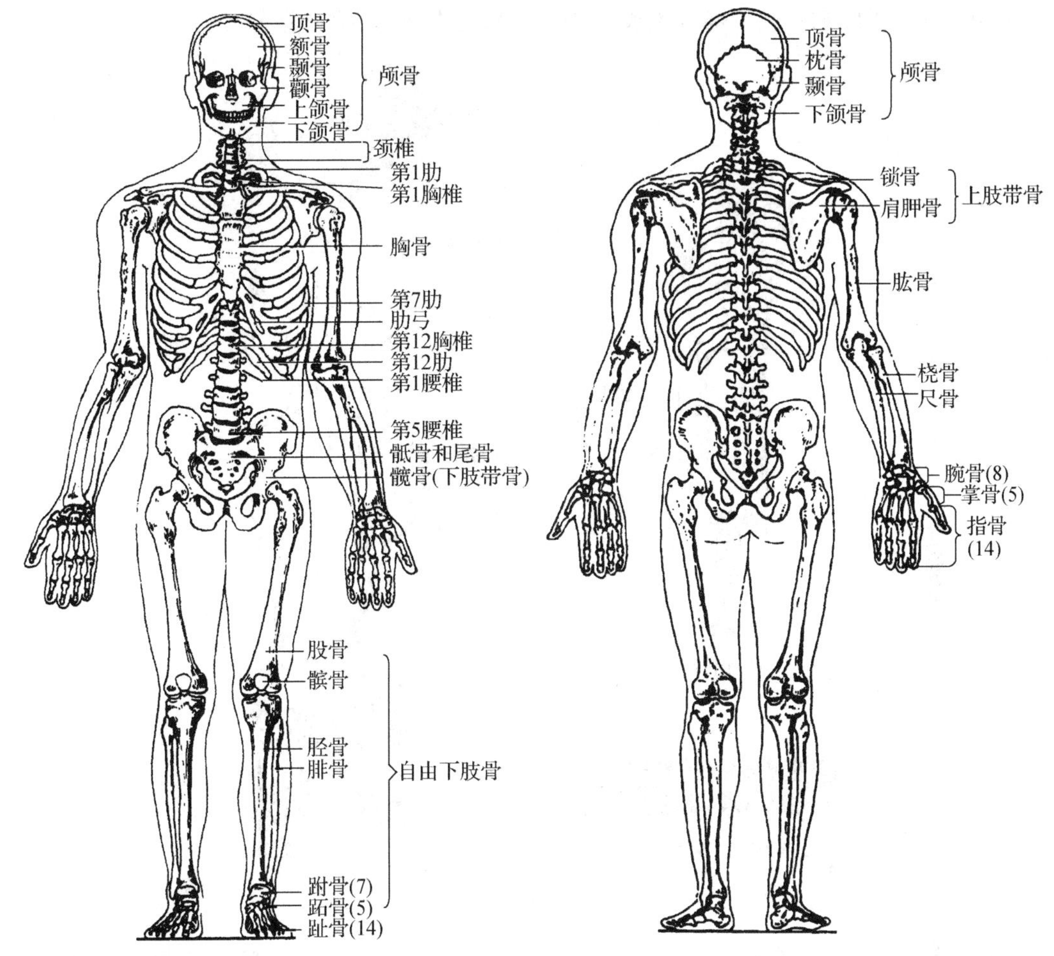

图 2-1　全身骨骼

1)骨的形态和分类

按照形态，骨可分为长骨、短骨、扁骨和不规则骨四类。

(1)长骨：呈长管状，多分布于四肢，可分一体两端。体又称骨干，位于中部，较细长，内有骨髓腔，容纳骨髓。两端膨大称骺，骺的表面为有关节软骨附着的光滑的关节面。骨干与骨骺相邻的部位称干骺端，幼年时有骺软骨使长骨不断生长；成年后骺软骨骨化，干骺融合，融合处形成骺线，长骨停止生长，如肱骨、股骨等。

(2)短骨：形似立方体，多成群分布于承受压力较大、运动较复杂的部位，如腕骨、跗骨等。

(3)扁骨：呈板状，主要构成体腔的壁，如颅腔的顶骨、胸腔的胸骨及肋骨等，对腔内器官起保护作用。

(4)不规则骨：形状不规则，主要分布于躯干、颅底和面部，如躯干的椎骨、颅的上颌骨等。有些不规则骨内含有与外界相通的空腔，称含气骨，如上颌骨、额骨等，它们对发音起共鸣作用，同时可减轻颅骨的重量。

2)骨的构造

骨由骨质、骨膜和骨髓三部分构成(见图 2-2),并有血管、神经分布。

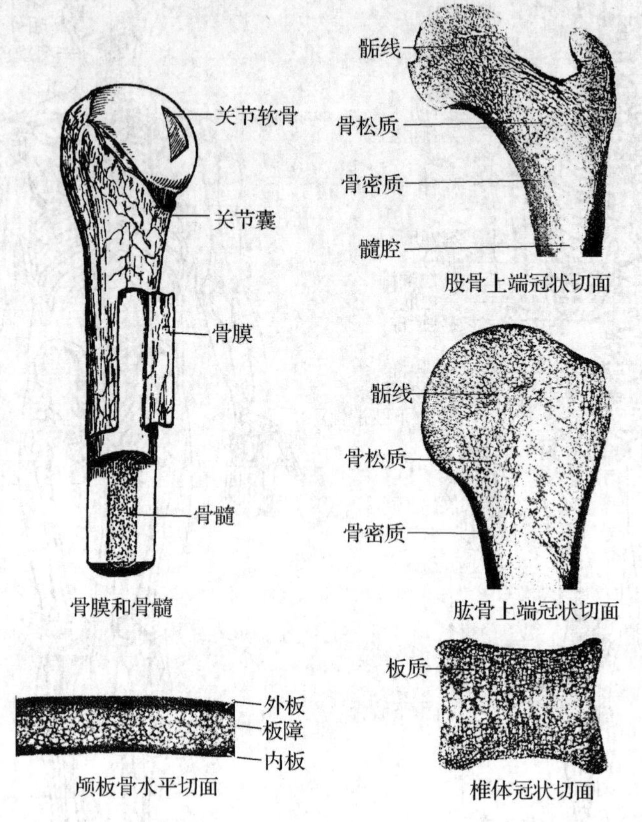

图 2-2 骨的构造

(1)骨质:是骨的主要成分,分为骨密质和骨松质。骨密质由排列紧密的骨板构成,分布于骨的外表面,致密坚硬,抗压性强。骨松质分布于骨的内部及长骨两端,由排列疏松的骨板构成,呈海绵状。

(2)骨膜:是一层致密结缔组织膜,富有血管、神经和淋巴管,覆盖于除关节面以外的骨内外表面。骨膜对骨的营养、生长和感觉起着重要作用。骨膜含有大量的成骨细胞和破骨细胞,对骨的生长、再生、修复和愈合具有重要作用,因而在剥离骨膜后,骨不易修复,甚至发生坏死。骨膜的神经末梢丰富,骨发生损伤和炎症时疼痛明显。

(3)骨髓:充填于骨髓腔和骨松质内,分为红骨髓和黄骨髓两种,红骨髓具有造血功能;黄骨髓内含大量脂肪组织而呈黄色,已不具备造血功能。5～7 岁后,长骨骨髓腔内的红骨髓逐渐被黄骨髓代替,但当慢性大量失血或重度贫血时,黄骨髓可转化为红骨髓,恢复造血功能。成人髂骨、椎骨和胸骨内的骨髓终生都存在红骨髓,临床疑有造血功能疾患时,常在髂骨或胸骨处进行骨髓穿刺,检查骨髓象。

3)骨的化学成分和物理特性

成人骨质的化学成分主要由有机质和无机质组成。有机质约占 1/3,使骨具有韧性和弹性;无机质约占 2/3,使骨坚实、具有硬度。儿童骨的有机质和无机质约各占 1/2,故弹性大、硬度小、易变形，在外力作用下不易骨折或折而不断；成年人的骨有机质和无机质的比例最为合适，具有很大硬度和一定弹性，也较坚韧；老年人的骨无机质比例更大，脆性较大，易发生骨折。

2. 骨连结

骨与骨之间的连结装置称骨连结。按照骨连结的方式和机能不同，可分为直接连结和间接连结两种。

1)直接连结

骨与骨之间借致密结缔组织、软骨或骨直接相连，称为直接连结。这类连结其间没有腔隙，运动性能很小或完全不能运动。直接连结包括以下三种形式。

(1)纤维连结：骨与骨之间借致密结缔组织直接相连称纤维连结，如颅骨间的缝，几乎不能活动。

(2)软骨连结：骨与骨之间借软骨组织直接相连称软骨连结，如椎间盘和耻骨联合等。某些幼年时期的软骨连接，随着年龄的增长，软骨组织发生骨化，骨与骨融合在一起，软骨连结则转变成骨性结合，如长骨干和骺之间的骺软骨、蝶骨和枕骨之间的连结等。

(3)骨性结合：两骨间以骨组织连结，常由纤维连结或透明软骨骨化而成，如骶椎之间的连接等。

2)间接连结

间接连结又称滑膜关节，简称关节，骨与骨之间借膜性的结缔组织囊互相连结而成。囊内有腔隙，这类连结，具有较大的活动性，它是骨连结的高级分化形式，也是连接的主要方式。

(1)关节的基本结构：关节的基本结构包括关节面、关节囊和关节腔(见图 2-3)。关节面是构成关节的各骨的接触面，表面无骨膜，覆盖一层透明软骨称关节软骨，其表面光滑，有弹性，可减少运动时的摩擦，并有缓冲作用。关节囊为包绕关节周围的结缔组织膜囊，分为内、外两层。外层为纤维膜，由致密结缔组织构成，厚而坚韧，两端附着于关节面周缘，并与骨膜相延续。内层为滑膜层，由疏松结缔组织构成，薄而光滑，有丰富的血管网，可分泌滑液，两端附着于关节软骨周缘。滑膜内衬于纤维层内面，包被着关节内除软骨以外的结构，具有减少摩擦和营养作用。关节腔是由关节软骨与滑膜围成的密闭腔隙，在正常状态下，内含少量滑液，有润滑关节、减少摩擦的作用。关节腔内为负压，对维持关节稳定有一定的作用。

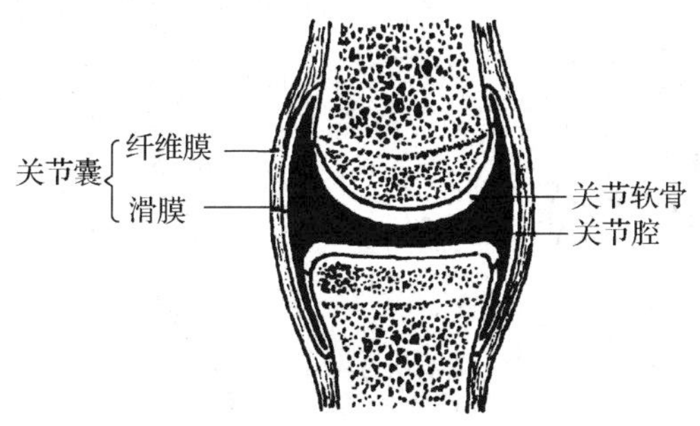

图 2-3 关节的基本结构模式图

(2)关节的辅助结构：有些关节除具备上述基本结构外，还有一些辅助结构，以增加关节的稳固性和灵活性。关节的辅助结构有:韧带是连于两骨间的致密结缔组织束,分囊内韧带和囊外韧带,囊内韧带位于关节囊内,如膝关节内的交叉韧带,囊外韧带位于关节囊外,如髋关节的髂股韧带,对关节起加固和限制其过度活动的作用;关节盘是垫于两骨关节面之间的纤维软骨板,中央稍薄,周缘略厚,使两骨关节面更为合适,并增加了运动形式和范围,关节盘既增加了关节的稳固性和灵活性,又可缓解外力对关节的冲击和震荡,特殊形状的关节盘,如膝关节的关节盘呈半月形称关节半月板;关节唇是附着于关节窝周缘的纤维软骨环,可加深关节窝、增大关节面接触面积,增加关节的稳固性。

(3)关节的运动形式:关节的运动一般都是围绕一定的轴而运动,围绕某一运动轴可产生两种方向相反的运动形式。根据运动轴的方位不同,关节的运动形式可分为五组:移动是指一个关节面在另一个关节面上的滑动;屈和伸是围绕冠状轴进行的运动,运动时相关节的两骨互相靠拢为屈,反之为伸;内收和外展是围绕矢状轴进行的运动,骨向正中矢状面靠拢为内收,反之为外展;旋转是围绕垂直轴进行的运动,骨的前面转向内侧称旋内,反之称旋外,在前臂则称旋前和旋后,手背转向前方称旋前,反之称旋后;环转是指骨的近端在原位转动,远端做圆周运动,整个骨的运动轨迹是一圆锥形。这实际上是矢状轴和冠状轴连续变换,屈、收、伸、展四种形式不断转换的连续动作。

2.1.2 躯干骨及其连结

躯干骨包括椎骨、肋和胸骨三部分,借助骨连结构成脊柱和胸廓。

1. 脊柱

1)椎骨

椎骨在未成年时有32～34块,即颈椎7块、胸椎12块、腰椎5块、骶椎5块和尾椎3～5块。青春期后5块骶椎融合成1块骶骨,3～5块尾椎融合成1块尾骨,因而成年人椎骨共有26块。

(1)椎骨的一般形态:椎骨为不规则骨,由椎体和椎弓两部分组成(见图2-4)。椎体位于椎骨的前方,呈短圆柱状,表面密质较薄,内部充满松质。上、下面粗糙,借椎间盘与相邻椎骨相连结。

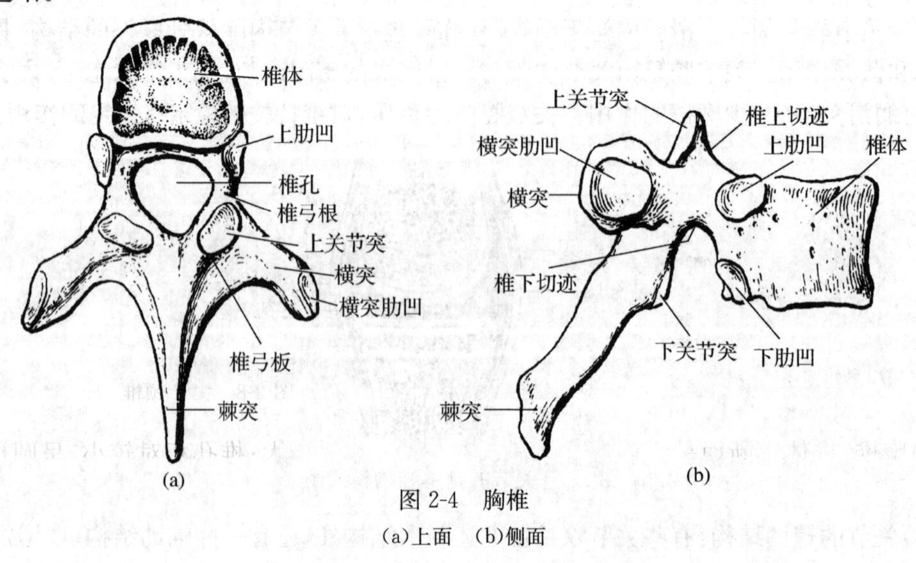

图2-4 胸椎

(a)上面 (b)侧面

椎弓是附在椎体后方的弓状骨板，它与椎体共同围成椎孔，所有椎孔相互连通形成椎管，容纳脊髓。椎弓与椎体相连接的部分较细称椎弓根，其上方浅切迹称椎上切迹，其下方深切迹称椎下切迹。相邻椎骨的上、下切迹围成椎间孔，孔内有脊神经和血管通过。椎弓后部宽厚呈板状称椎弓板，从椎弓板上发出7个突起，即棘突1个，正中向后突起；横突1对，向两侧突起；上关节突1对，从椎弓根和椎弓板结合处向上突起；下关节突1对，从椎弓根和椎弓板结合处向下突起。

(2)颈椎：椎体相对较小，横断面呈椭圆形，椎孔相对较大，呈三角形；横突根部有横突孔(见图2-5)，其中上6位颈椎的横突孔内有椎动脉和椎静脉通过。除第1颈椎和第7颈椎外，其他颈椎棘突末端分叉。第1颈椎又称寰椎(见图2-6)，呈环状，无椎体、棘突和关节突，由前弓、后弓和两个侧块组成。前弓较短，后弓较长。侧块上面各有一椭圆形的关节面，与颅骨枕髁形成寰枕关节。第2颈椎又称枢椎(见图2-7)，在椎体上方伸出一指状突起称齿突，齿突原为寰椎的椎体，发育过程中脱离寰椎而与枢椎体融合。第7颈椎又称隆椎(见图2-8)，棘突长，末端不分叉，稍低头时，在颈后正中线上很容易看到和摸到，常作为记数椎骨序数的体表标志。

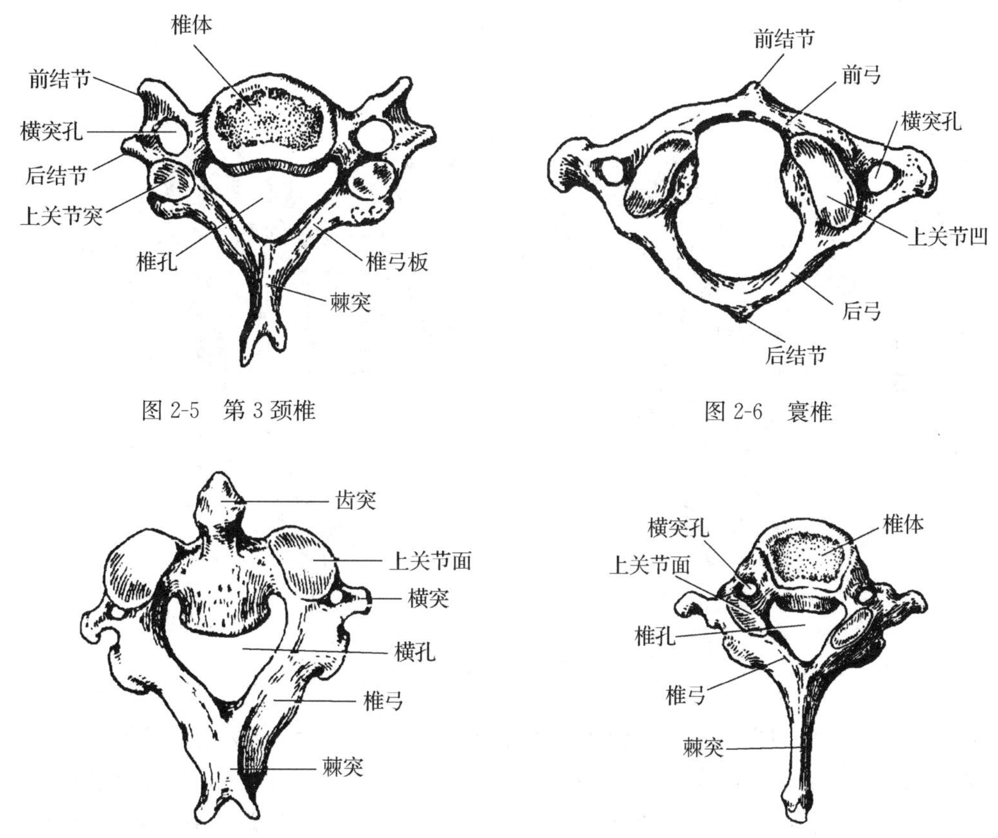

图2-5 第3颈椎

图2-6 寰椎

图2-7 枢椎

图2-8 第7颈椎

(3)胸椎：椎体横断面呈心形，12个椎体从上向下逐渐增大；椎孔相对较小，呈圆形；棘突细长向后下方倾斜，呈叠瓦状排列；胸椎两侧与肋骨相连接，故椎体两侧的上、下和横突末端均有小的关节面，分别称上肋凹、下肋凹和横突肋凹。

(4)腰椎:椎体粗大,横断面呈肾形(见图 2-9);椎弓发达,椎孔较大呈三角形;上、下关节突粗大,关节面基本呈矢状位;棘突宽大呈板状,几乎水平后伸,末端圆钝,棘突间隙较宽,临床上利用此间隙行腰椎穿刺术。

(5)骶骨:成人骶骨呈倒三角形(见图 2-10),由 5 块骶椎融合而成。分骶骨底、侧部、骶骨尖、盆面和背侧面。

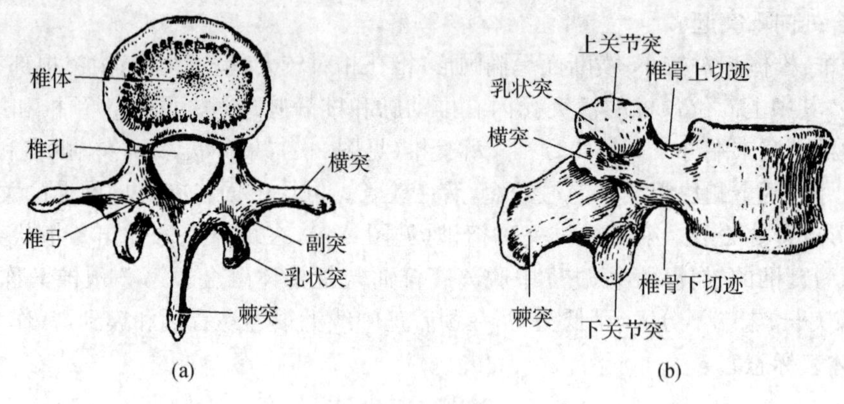

图 2-9　腰椎

(a)上面　(b)侧面

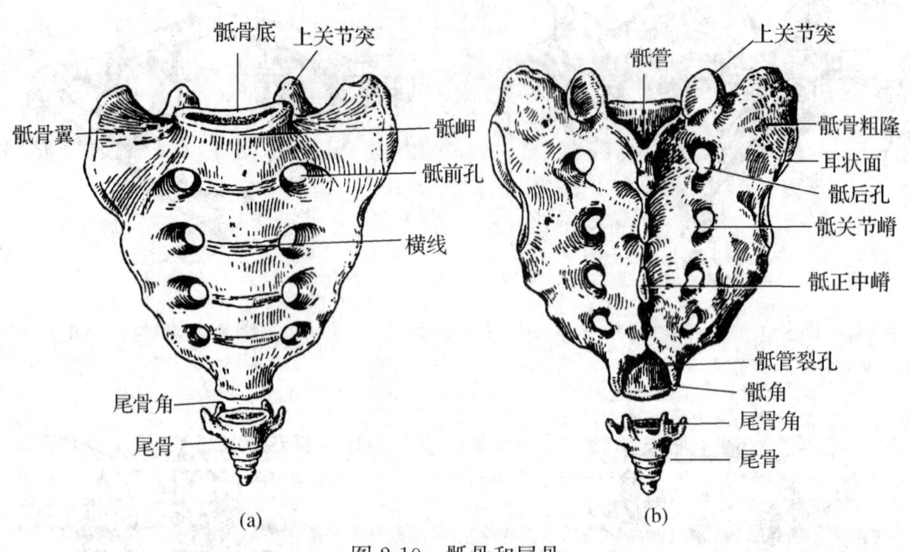

图 2-10　骶骨和尾骨

(a)前面　(b)后面

骶骨底位于上方,即第 1 骶椎体的上面,其前缘突出称骶骨岬,女性骶骨岬是产科测量骨盆入口大小的重要标志。侧部的外侧有耳状面,与髂骨的耳状面相对应,形成骶髂关节,耳状面后方有骶粗隆。盆面凹向前下,有 4 对骶前孔。背侧面凸向后上,中线处有棘突融合而成的纵形骶正中嵴,其两侧有 4 对骶后孔,与骶前孔相通,其下方有形状不整齐的骶管裂孔,向上通骶管,此孔两侧有明显的突起称骶角,临床上以骶角为标志定位骶管裂孔以进行骶管麻醉。骶骨尖向下与尾骨相连。骶骨具有明显的性别差异,男性骶骨长而窄;女性骶骨短而宽,是为了适应女性分娩的需要。

(6)尾骨:由 3~5 块退化的尾椎融合而成,一般 30~40 岁才融合完成。尾骨形体较小,上与骶骨尖相连接,下端游离称尾骨尖。跌倒或外力撞击易致尾骨骨折。

骶管穿刺麻醉术

先以示指触摸到尾骨尖,用拇指尖从尾骨沿中线向上触摸,触及骶骨末端呈倒"V"形的骶管裂孔,两侧可触到的结节是骶角。在骶裂孔中心,用局麻药做一皮丘,穿刺针与皮肤成 70°~80°角向上穿刺,当穿透骶尾韧带时可有典型的落空感,此时应将针体放平,几乎与骶骨轴线一致,继续进针 1~2 cm 即可。当确定刺入骶管后,注入麻醉药。骶管穿刺时,针尖不得超过第 2 骶椎水平,以防误入蛛网膜下隙。因骶管裂孔变异较多,所以穿刺困难或失败的机会较多。骶管裂孔辨认不清时,可选用腰麻或硬膜外麻醉。

2)椎骨的连结

(1)椎体间的连结:椎体间借椎间盘、前纵韧带和后纵韧带相连结(见图 2-11,图 2-12)。

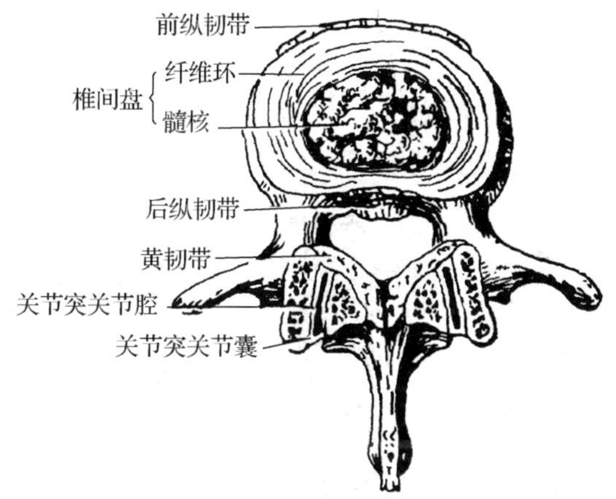

图 2-11 椎间盘

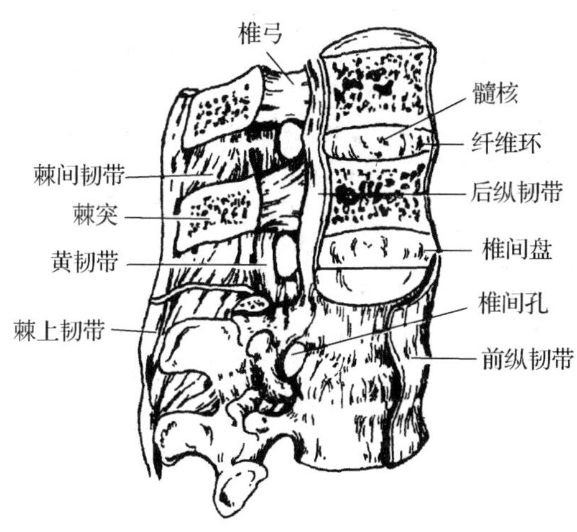

图 2-12 椎骨间的连结

椎间盘是连结相邻两个椎体的纤维软骨盘,由髓核和纤维环两部分构成。髓核位于椎间盘的中央,是柔软富有弹性的胶状物。纤维环环绕在髓核周围,由数层同心圆排列的纤维软骨环构成,牢固连结相邻椎体,并保护和限制髓核向外膨出。脊柱向前弯时,椎间盘前部受压变薄,后部因弹性而增厚,脊柱伸直时复原。椎间盘厚薄不一,腰部最厚,颈部次之,中胸部最薄,故脊柱腰部活动度最大,损伤最多。当椎间盘纤维环破裂时,髓核容易向后外侧脱出,突入椎管或椎间孔,压迫脊髓或脊神经根,产生相应的临床症状,称椎间盘突出症。

前纵韧带是紧密附着于所有椎体及椎间盘前面的扁带状、坚固的纤维束,有限制脊柱过度后伸的作用。后纵韧带为附着于所有椎体及椎间盘后面的纵长韧带,并形成椎管的前壁,有限制脊柱过度前屈的作用。

(2)椎弓间的连结:主要是韧带和关节。黄韧带为连结相邻椎弓板间的短韧带,与椎弓板一起共同构成椎管后壁。它由黄色的弹性纤维构成,坚韧有弹性,有限制脊柱过度前屈的作用。棘间韧带为连结相邻棘突间的短韧带,前接黄韧带,后接棘上韧带,具有限制脊柱过度前屈的作用。棘上韧带为附着于各棘突末端的纵行韧带,也有限制脊柱过度前屈的作用。关节突关节是相邻椎骨的上、下关节突构成的联合关节,属于微动关节。

(3)寰枕关节和寰枢关节:寰枕关节由寰椎侧块与枕髁构成,可使头前俯、后仰和侧屈。寰枢关节由寰椎和枢椎构成,可使头左右旋转。

3)脊柱的整体观

脊柱(见图 2-13)因年龄、性别和发育不同而有差异。成年男性脊柱长约 70 cm,女性约为 60 cm,椎间盘总厚度占脊柱总长度的 1/4。

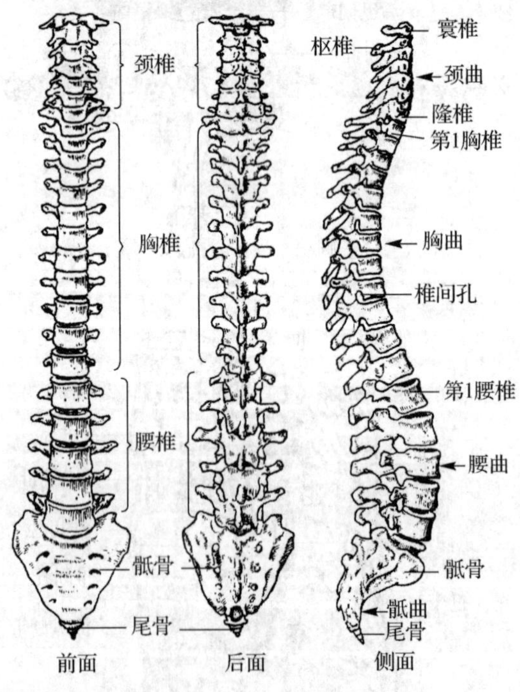

图 2-13　脊柱的整体观

(1)脊柱前面观:椎体自上而下逐渐增大,到骶骨上端最宽,并可见前纵韧带纵贯脊柱。

(2)脊柱后面观:棘突纵列成一条直线,各部棘突形态各异。颈椎棘突短,末端分叉,但隆椎棘突长而突出,末端不分叉;胸椎棘突长,斜向后下方,并呈叠瓦状排列;腰椎棘突呈板状,水平向后伸,棘突间隙较宽。

(3)脊柱侧面观:可见脊柱有四个生理弯曲,即颈曲和腰曲凸向前,是出生后在发育过程中,随着抬头和坐立而形成的;胸曲和骶曲凸向后,在胚胎时期已形成。脊柱的生理弯曲增大了脊柱的弹性,利于维持身体平衡及缓冲重力和反弹力。

4)脊柱的功能

脊柱具有支持体重、传递重力和缓冲震动的作用;具有保护脊髓、脑和内脏器官的作用;并具有多种运动功能。

2. 胸廓

胸廓由12个胸椎、12对肋骨、胸骨及关节、软骨连结组成(见图2-14)。

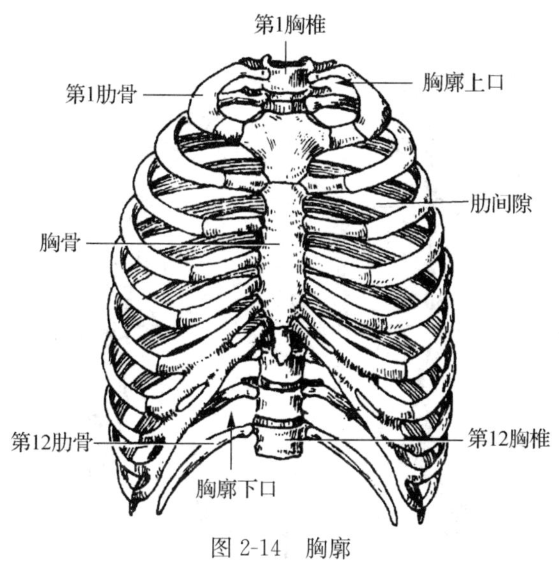

图2-14 胸廓

1)肋

肋由肋骨和肋软骨两部分组成,共12对。

(1)肋骨:呈细长弓状(见图2-15),属扁骨。肋骨后端稍膨大称肋头,与相应胸椎椎体的上、下肋凹相关节;肋头外侧稍细的部分称肋颈,再转向前方为肋体,颈、体交界处的后外侧有一粗糙突起称肋结节,其上有关节面与胸椎的横突肋凹相关节。肋体长而扁,分内、外两面和上、下两缘,内面近下缘处有一浅沟称肋沟,肋间血管、神经行于其中,肋体后部的急转角称肋角。

(2)肋软骨:位于各肋骨的前端,由透明软骨构成,终生不骨化。

2)胸骨

胸骨长而扁,位于胸前壁正中皮下,全部可从体表摸到(见图2-16)。前面微凸,后面微凹,自上而下由胸骨柄、胸骨体和剑突组成。胸骨柄上部宽厚,下部窄薄,上缘中间的凹陷称颈静脉切迹，两侧分别与第1肋相连结。柄体相连处稍向前突称胸骨角，是确定第2肋位置的重要体表标志。胸骨体外侧缘分别与第2～7肋软骨相关节。剑突薄而窄，形状变化较大，上连胸骨体，下端游离。

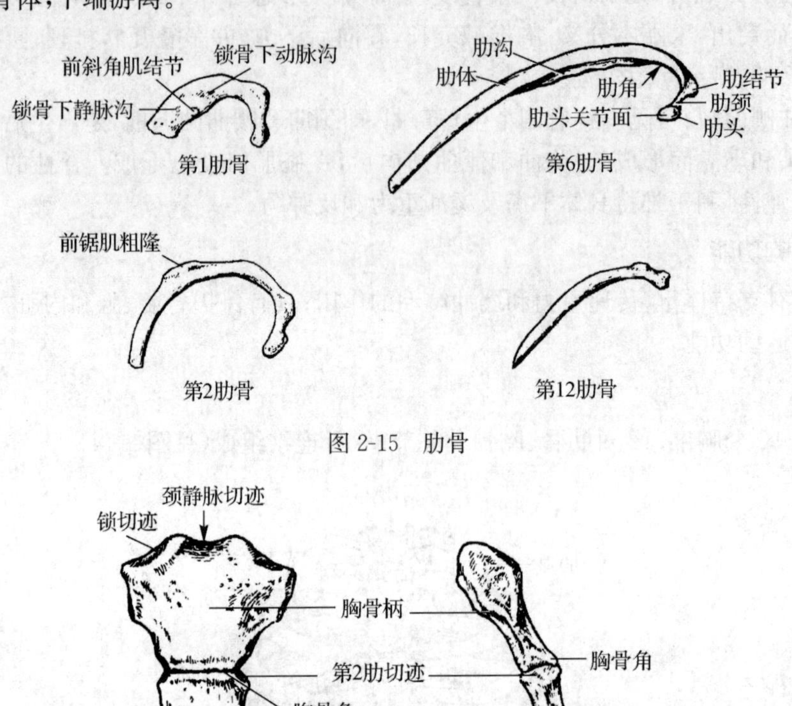

图 2-15 肋骨

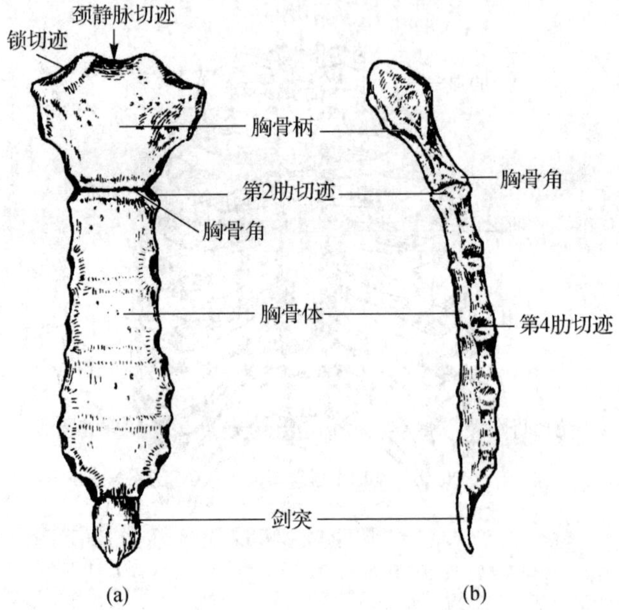

颈静脉切迹
锁切迹
胸骨柄
第2肋切迹
胸骨角
胸骨体
第4肋切迹
剑突
(a)
(b)

图 2-16 胸骨
(a)前面 (b)侧面

3)肋骨的连结

(1)肋椎连结：肋后端与胸椎之间形成两个关节，一是肋头与相邻椎体上、下肋凹构成的肋头关节，二是肋结节与横突肋凹构成的肋横突关节，两者合称肋椎关节。

(2)肋前端的连结：第1肋与胸骨柄相连，第2～7肋与体相连，第8～10肋前端借肋软骨与上位的肋软骨依次相连形成肋弓，第11～12肋前端游离于腹壁肌层中称浮肋。

4)胸廓的整体观

成人胸廓呈前后略扁的圆锥形，胸廓上口较小，向前下倾斜，由第1胸椎体、第1肋和胸骨柄上缘围成，是颈部与胸腔之间的通道。胸廓下口较大，由第12胸椎体、第12肋和第11

肋前端、肋弓和剑突围成。相邻两肋之间的间隙称肋间隙，共 11 对。两侧肋弓之间的夹角称胸骨下角。

胸廓的形状和大小与年龄、性别、体形、健康状况等因素有关。新生儿的胸廓呈桶状，老年人的胸廓则扁长，成年女性的胸廓短而圆。佝偻病患儿的胸廓前后径大，胸骨向前突出，形成所谓“鸡胸”。肺气肿患者的胸廓各径线都增大，形成“桶状胸”。

5)胸廓的功能

胸廓参与胸壁的构成，对胸腔内器官起保护和支持的作用。胸廓参与呼吸运动，在呼吸运动中，肋是呼吸运动的杠杆，肋椎关节是呼吸运动的枢纽。吸气时，在呼吸肌的作用下，肋前端上提，胸骨抬高并前移，肋体向外扩展，胸廓前后径和横径都增大，胸腔容积扩大，肺被动扩张，气体吸入；呼气时则相反。

2.1.3 颅骨及其连结

颅位于脊柱上方，由 23 块不同形状、不同大小的颅骨组成，另外有 3 对听小骨位于颞骨内。成人颅骨除下颌骨和舌骨外，其余各颅骨相互连成一个整体，对脑、感觉器官以及消化器官和呼吸器官的起始部分起保护和支持的作用。

1. 颅的组成

按颅骨所在的部位，颅骨分为脑颅骨和面颅骨两部分。

1)脑颅骨

脑颅骨位于颅的后上部分，共有 8 块，它们共同围成颅腔，容纳脑。脑颅包括：额骨 1 块，突出向前；顶骨 1 对，位于头顶两侧；枕骨 1 块，突出向后；颞骨 1 对，位于颅两侧；蝶骨 1 块，呈蝴蝶形，位于颅底中部；筛骨 1 块，位于颅底前部。

2)面颅骨

面颅骨位于颅的前下部分，有 15 块，它们构成面部支架，并围成眶、骨性鼻腔和骨性口腔，容纳视器、嗅觉和味觉器官。面颅包括：下颌骨 1 块，位于面部下方，可活动，有牙槽；上颌骨 1 对，位于面颅中央，与下颌骨相对应，有牙槽；腭骨 1 对，位于上颌骨之后；鼻骨 1 对，位于两上颌骨之间形成鼻背；颧骨 1 对，位于上颌骨外上方，形成面颊部的骨性突起；犁骨 1 块，位于鼻腔正中后下方，参与鼻中隔的形成；下鼻甲骨 1 对，位于鼻腔外侧壁下方；泪骨 1 对，位于两眶内侧壁；舌骨 1 块，游离于喉上方的舌肌群中。

(1)下颌骨：呈蹄铁形，分为中部的下颌体及两侧的下颌支，两者相交于下颌角(见图 2-17)。下颌体上缘为牙槽弓，有容纳牙根的牙槽。下颌体前外侧有一对颏孔，体后正中有突起称颏棘。下颌支向上有两个突起，前方尖锐者称冠突，后方宽大者称髁突，髁突上端膨大称下颌头。下颌支内面中央有一开口向后上的下颌孔，向下经下颌管通颏孔。

(2)舌骨：位于喉上方，借肌连于下颌骨及颅底。其中部称为舌骨体，自体向后伸出一对大角，体与大角结合处向上伸出一对小角(见图 2-18)。

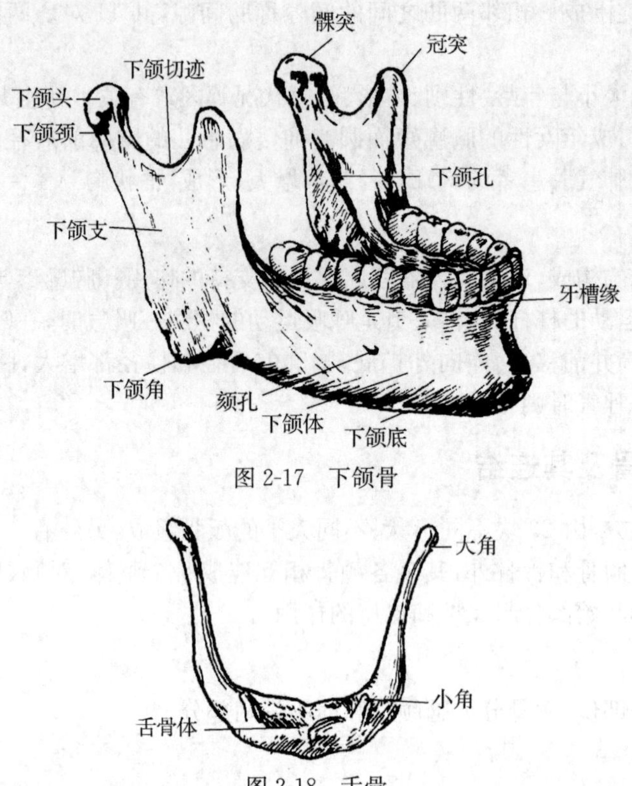

图 2-17　下颌骨

图 2-18　舌骨

2. 颅的整体观

1)颅的上面观

颅的上面称颅顶，呈卵圆形，由顶骨、额骨及部分颞骨和枕骨构成。有三条缝：冠状缝位于额骨与顶骨之间；矢状缝位于两顶骨之间；人字缝位于顶骨与枕骨之间。这些缝一般40岁以后逐渐融合。

2)颅的侧面观

颅的侧面中部有外耳门，向内通外耳道(见图2-19)。外耳门前方有颧弓，后下方有一突起称乳突。颧弓内上方大而浅的凹陷称颞窝，窝内侧面的前下部有额骨、顶骨、颞骨和蝶骨大翼四骨相交而成的“H”形缝称为翼点，此区域骨质薄弱，其内表面有脑膜中动脉前支通过，当此区外伤或骨折时，易损伤该血管引起颅内出血，形成硬膜外血肿，可压迫脑组织。

3)颅的前面观

颅的前面上部两侧眉弓外下方各有一对腔称眶，眶的内下方为骨性鼻腔，骨性鼻腔的下方是不完整的骨性口腔(见图2-20)。

(1)眶：为四棱锥体形腔，容纳眼球及附属结构。眶口略呈四边形，朝向前下，口的上、下缘分别称眶上缘和眶下缘，眶上缘的内、中1/3交界处有一眶上切迹或眶上孔，眶下缘的中点下方有眶下孔，分别有同名血管和神经通过。眶尖朝向后内，有一圆孔称视神经管，通入颅中窝。眶有四个壁：上壁与颅前窝相邻，其前外侧面有一深窝称泪腺窝，容纳泪腺；下壁中部有眶下沟，向前导入眶下管通眶下孔；内侧壁最薄，其前下部有泪囊窝，容纳泪囊，此窝向下经鼻泪管通向鼻腔；外侧壁较厚，眶上壁与外侧壁间的后部交界处有眶上裂，通颅中窝。

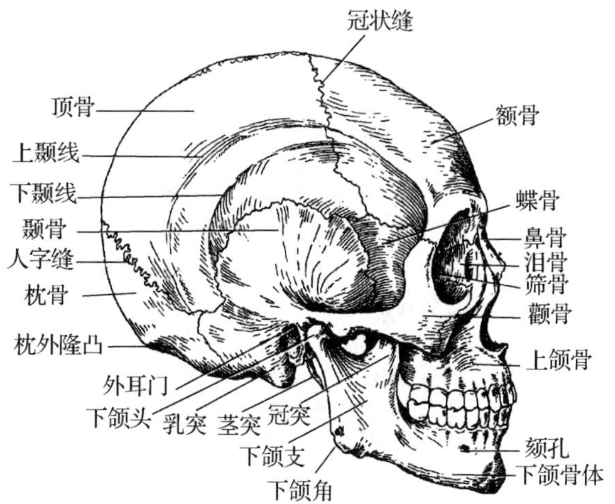

图 2-19　颅的侧面

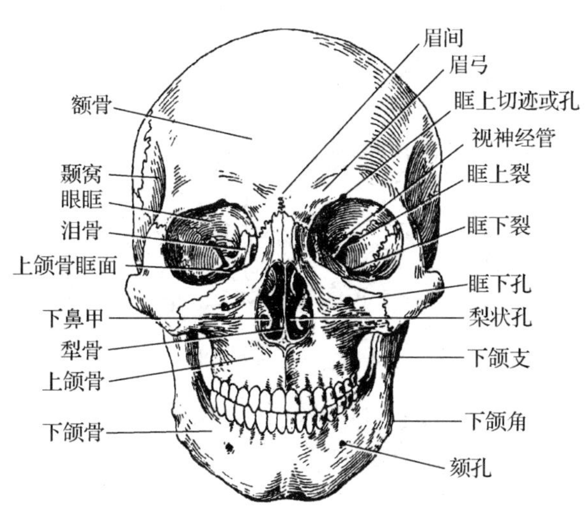

图 2-20　颅的前面

(2)骨性鼻腔：位于面颅中央，上至颅底，经筛骨的筛孔通颅前窝，下邻口腔。骨性鼻腔内有正中矢状位的骨性鼻中隔将骨性鼻腔分为左、右两部分。骨性鼻中隔由筛骨垂直板和犁骨构成(见图 2-21)，多稍偏向于左侧。左、右鼻腔共同的前口称梨状孔，通向外界；后口有两个称鼻后孔，通向鼻咽部。每侧鼻腔的外侧壁自上而下有 3 个向下弯曲的骨片，分别称上鼻甲、中鼻甲和下鼻甲，鼻甲的下方都有相应的鼻道，分别称上鼻道、中鼻道和下鼻道(见图 2-22)。上鼻甲的后上方与蝶骨体之间有一浅窝称蝶筛隐窝。

(3)鼻旁窦：又称副鼻窦，包括上颌窦、额窦、蝶窦和筛窦，是位于上颌骨、额骨、蝶骨和筛骨内的含气空腔，它们都位于鼻腔周围，并开口于鼻腔。上颌窦，容积最大，窦口高于窦底，人体直立时窦内积液不宜引流，开口于中鼻道；额窦，位于眉弓深面，左右各一，窦口向下开口于中鼻道；蝶窦，位于蝶骨体内，有骨板分为两腔，向前开口于蝶筛隐窝；筛窦，是筛骨内蜂窝状小房的总称，分前、中、后三群，前、中群开口于中鼻道，后群开口于上鼻道。鼻旁窦对发音共鸣、减轻颅骨重量有一定作用。

(4)骨性口腔:由上颌骨、腭骨和下颌骨围成。顶为骨腭,前壁及外侧壁由上、下颌骨的牙槽和牙齿构成,底缺如,由软组织封闭。

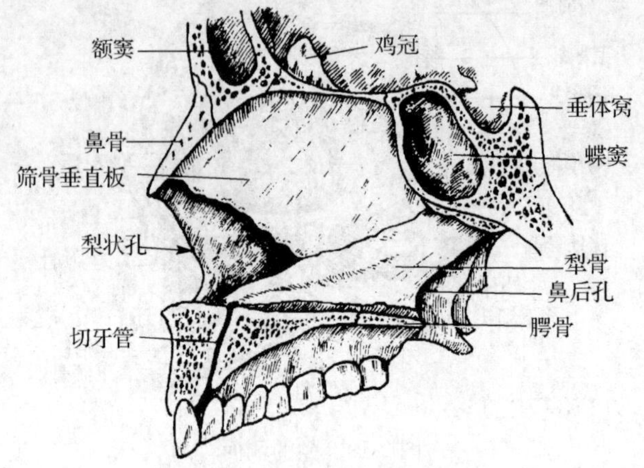

图 2-21　骨性鼻中隔及鼻旁窦

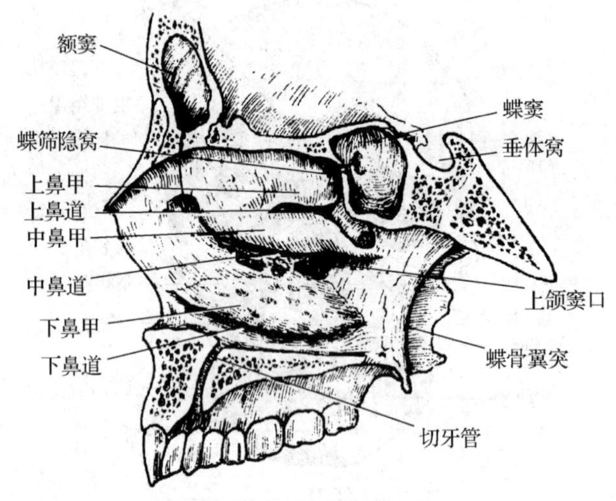

图 2-22　鼻腔的外侧壁

4)颅底内面观

颅底内面凹凸不平,前部最高,后部最低,由前向后呈三级阶梯状的三个窝,分别称颅前窝、颅中窝和颅后窝(见图 2-23)。

(1)颅前窝:由额骨、筛骨、蝶骨的部分构成,容纳大脑额叶。窝底正中有一向上突起称鸡冠,其两侧的水平骨板称筛板,板上有许多小孔称筛孔,向下通鼻腔。

(2)颅中窝:由蝶骨、颞骨的部分构成,容纳大脑颞叶。中央有马蹄形的结构称蝶鞍,鞍的正中有垂体窝,容纳垂体,窝前是横行的交叉前沟,此沟向两侧通行视神经管,窝后的横位隆起称鞍背,垂体窝和鞍背合称蝶鞍,其两侧有浅沟称颈动脉沟,此沟向前外通眶上裂,向后通破裂孔,续于孔内的颈动脉管。在蝶鞍两侧,由前内向后外依次排列有圆孔、卵圆孔和棘孔。卵圆孔和棘孔的后方有三棱锥状的骨突称颞骨岩部。岩部外侧较平坦称鼓室盖,为中耳鼓室的上壁。

(3)颅后窝:由枕骨和颞骨岩部构成,容纳小脑和脑干。此窝位置最低,中央有枕骨大孔,孔前上方的平坦斜面称斜坡,孔后的十字隆起称枕内隆凸,由此凸向上的浅沟延伸为上矢状窦沟,向两侧续于横窦沟,转向前续为乙状窦沟,再经颈静脉孔出颅。颅后窝的前外侧,颞骨岩部后面中央有一开口称内耳门,通内耳道。

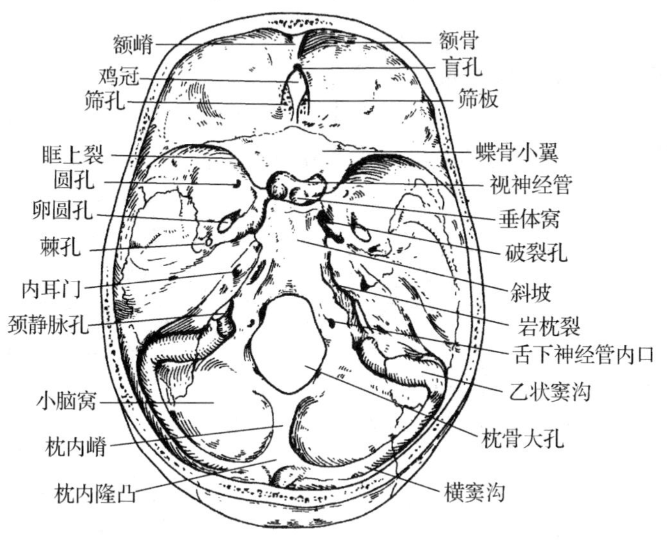

图 2-23　颅底内面观

5)颅底外面观

颅底外面高低不平,孔裂甚多。后部正中有枕骨大孔(见图 2-24),其正后方的突起称枕外隆凸,它的两侧有弓形骨嵴称上项线。枕骨大孔两侧有椭圆形关节面称枕髁,与寰椎形成关节。髁前有一边缘不整齐的孔称破裂孔,髁的前外侧有颈静脉孔。在颈静脉孔前方有颈动脉管外口,向内通颈动脉管续于破裂孔。枕髁外侧有明显骨突称乳突,其前内侧有细长茎突,两突间有一小孔称茎乳孔,向内通面神经管。枕髁根部有一向前外方的开口称舌下神经管外口。茎突前外侧有明显的关节窝称下颌窝,窝前的横行突起称关节结节。

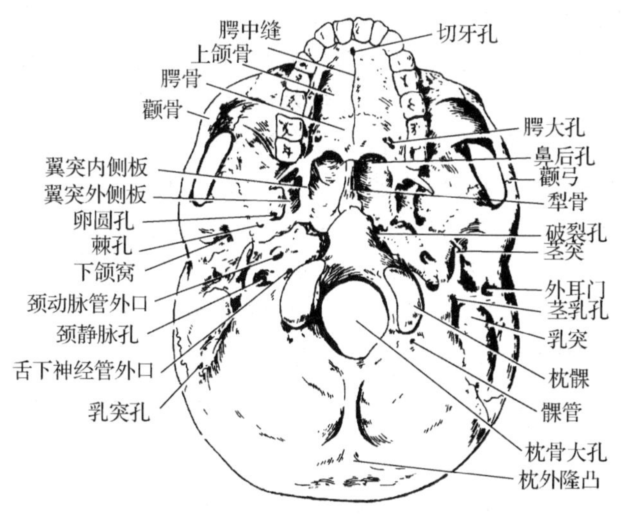

图 2-24　颅底外面观

6)新生儿颅的特征及其生后的变化

新生儿颅骨(见图 2-25)的高度与身高之比相对较大,约为身高的 1/4,而成人约占身高的 1/7。由于牙齿未萌出,鼻窦未发育,咀嚼功能不健全;而胎儿脑及感觉器官发育较早,所以脑颅大于面颅,新生儿面颅约为全颅的 1/7~1/8,到成年期,由于牙齿和鼻窦的发育,使面颅迅速扩大,约占 1/4;老年人骨质因吸收变薄,牙齿磨损脱落,面颅再次变小。新生儿颅顶各骨间有一定的缝隙,由结缔组织膜封闭,缝隙交接处的膜称囟,其中有较大的前囟和后囟,两者分别位于矢状缝的前和后。前囟一般于 1~2 岁闭合,后囟于生后不久即闭合。前囟闭合的早晚可作为婴儿发育的标志和颅内压力变化的测试窗口。

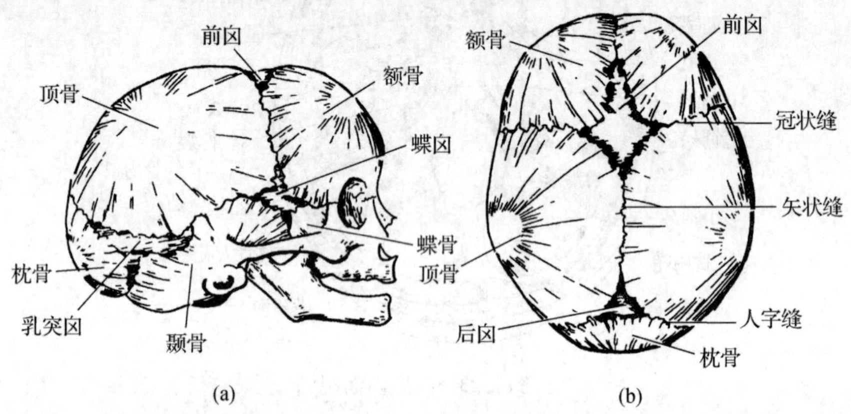

图 2-25 新生儿的颅

(a)侧面 (b)上面

新生儿颅盖只有一层骨板,一般于 4 岁开始逐渐分内、外两层,其间夹有松质称板障。

前、后囟穿刺术

前囟的穿刺点选择在前囟的后角正中,后囟的穿刺点选择在后囟正中。前囟穿刺取仰卧位,后囟穿刺取俯卧位,操作者站在患儿头侧,助手右手托着颈部,左手固定头部,使上矢状窦与操作台面垂直。可用执笔式持注射器刺入,前囟穿刺时在穿刺点针与头皮间斜向 45°进针,针尖指向眉间。后囟穿刺时在穿刺点刺向颅顶方向,针与头皮角度成 35°~40°。穿刺针穿经皮肤、浅筋膜、帽状腱膜及囟的膜性结构达上矢状窦。穿刺深度 4~5 cm,不超过 10 cm。新生儿后囟穿刺易于成功,稍大的婴幼儿应选前囟穿刺。前囟处上矢状窦较细,穿刺难度较大。穿刺时进针方向应沿头颅正中矢状方向,不可偏向两侧,以免损伤脑组织。要边进针边回抽,有落空感后即停止进针。针头不宜过粗,拔针后针眼不会立即自行闭合,应行局部压迫片刻,以减少出血。

3. 颅骨的连结

1)颅骨的纤维连结

颅顶各骨之间,大多借结缔组织膜相连结构成缝;颅底各骨之间则为软骨连结。随着年龄的增长,有些缝和软骨可转化成骨性结合。

2)颞下颌关节

颞下颌关节又称下颌关节(见图 2-26),由颞骨的下颌窝、关节结节与下颌头构成。关节囊松弛,前部较薄弱,外侧有韧带加强。关节囊内有椭圆形的关节盘,将关节腔分隔成上、下两部分。颞下颌关节必须两侧同时运动,可使上颌骨上提、下降、向前、向后和侧方运动。由于关节囊较松弛,当张口过大时,下颌头有可能向前滑脱,离开关节窝,进入颞下窝而不能退回关节窝,造成颞下颌关节脱位。

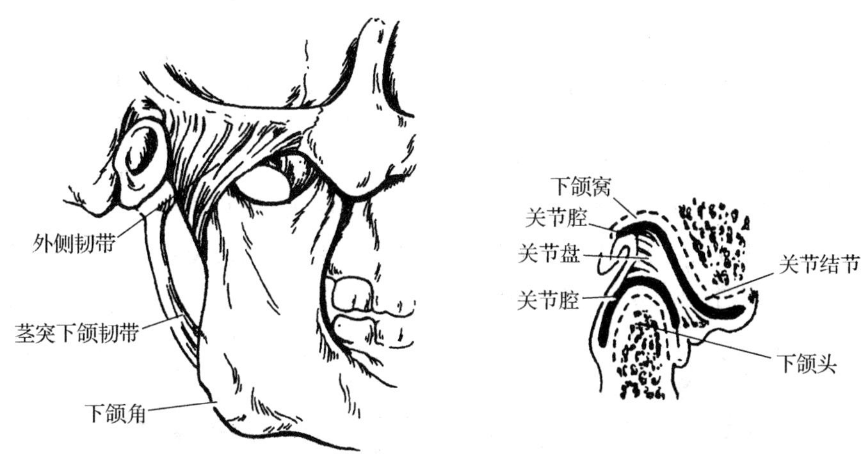

图 2-26　颞下颌关节

颞下颌关节脱位

下颌骨下颌头由于外力作用或关系结构异常,使下颌头超越正常的运动限度,脱离关节窝而不能自行复位,称为颞下颌关节脱位,临床表现主要有言语不清,下颌运动失常,关节窝空虚。本病有单侧、双侧脱位;急性、陈归性和复发性脱位。按下颌头脱出的方向,位置又可分为前脱位、后脱位和侧方脱位。从下颌关节的构造及其与周围的关系可知前脱位为常见。急性、复发性脱位应用手法复位,疗效较佳。

2.1.4　四肢骨及其连结

1. 上肢骨及其连结

1)上肢骨

上肢骨包括锁骨、肩胛骨、肱骨、尺骨、桡骨和手骨。

(1)锁骨:呈“~”形弯曲(见图 2-27),位于胸廓前上部两侧,全长均可在体表触及。锁骨分一体两端,体的上面光滑,下面粗糙,内侧 2/3 凸向前,呈三棱棒形,外侧 1/3 凸向后,呈扁平形,锁骨的外、中 1/3 交界处较细易骨折;内侧端粗大,胸骨柄形成胸锁关节;外侧端扁平,与肩峰形成关节。

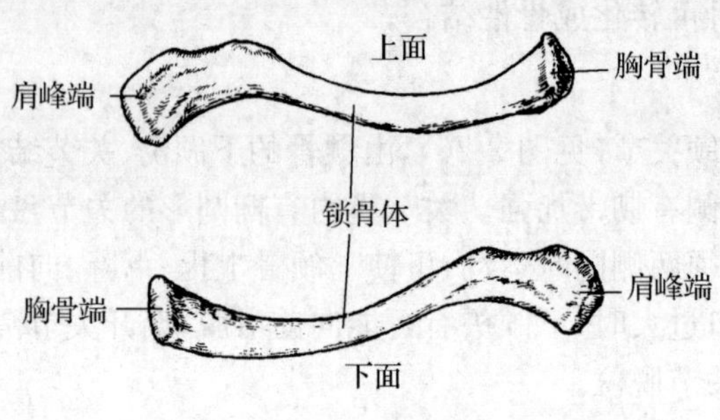

图 2-27 锁骨

(2)肩胛骨:为三角形扁骨(见图 2-28),贴于胸廓的后外侧上部,介于第 2~7 肋之间。分为两面、三缘和三角。前面为一大而浅的窝称肩胛下窝;后面上方有一横位的骨嵴称肩胛冈,冈的外侧端较平宽称肩峰,为肩部最高点,冈的上、下各有一窝,分别称冈上窝和冈下窝。肩胛骨内侧缘薄而锐利,外侧缘肥厚。上缘短而薄,外侧向前伸出一曲指状突起称喙突。肩胛上角在内上方,平对第 2 肋;肩胛下角为内、外侧缘会合处,对应第 7 肋,体表易于摸到;外侧角膨大,有一微凹朝外的关节面称关节盂,与肱骨头相关节。

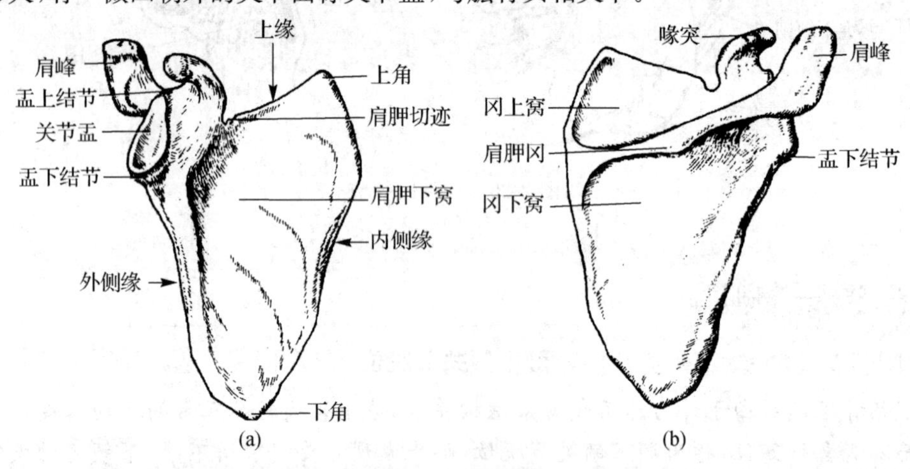

图 2-28 肩胛骨

(a)前面 (b)背面

(3)肱骨:位于上臂,是典型长骨,分上、下两端及一体(见图 2-29)。上端呈半球形,称肱骨头,朝向内后上方,与肩胛骨的关节盂构成肩关节,头周围的环状浅沟称解剖颈,头外侧的隆起称大结节,前面的隆起称小结节。肱骨上端与肱骨体交界处称外科颈,因此处易骨折而得名。肱骨体中部外侧有较大的粗糙面称三角肌粗隆,是三角肌的附着处;在粗隆的后内侧有一螺旋状浅沟称桡神经沟,桡神经沿沟通过,因此肱骨中段骨折易损伤桡神经。下端有两个关节面,内侧的形如滑车称肱骨滑车,与尺骨相关节;外侧的半球形称肱骨小头,与桡骨相关节;肱骨滑车和肱骨小头的前上方有一小窝称冠突窝,滑车的后上方有一大窝称鹰嘴窝。下端的两侧各有一突起，分别称内上髁和外上髁，两者在体表均易摸到，内上髁后面有尺神经沟，其内有尺神经通过。

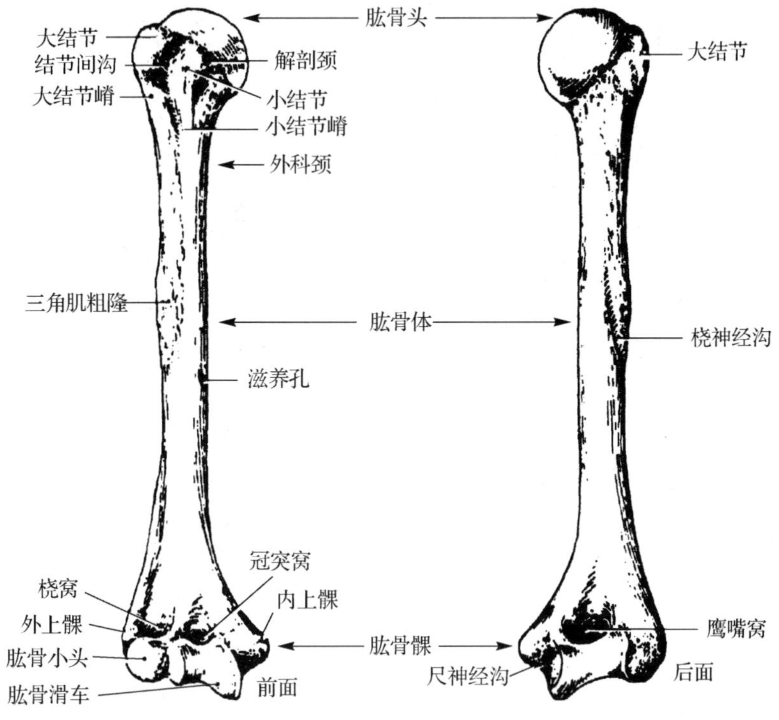

图 2-29 肱骨

(4)尺骨：位于前臂的内侧，分一体两端(见图 2-30)。尺骨上端粗大，有一向前的深凹称滑车切迹，与肱骨滑车相关节；切迹上方较大的突起称鹰嘴，前下方较小的突起称冠突；在滑车切迹的下外侧有一小关节面称桡切迹，与桡骨头相关节；冠突下方有一粗糙隆起称尺骨粗隆。尺骨下端有球形的尺骨头，其后内侧有向下的突起称尺骨茎突，是腕部重要的体表标志。

(5)桡骨：位于前臂的外侧，分一体两端(见图 2-30)。上端细小，有圆柱形的桡骨头，头上面的关节凹与肱骨小头相关节，头周围的环状关节面与尺骨相关节；头下方略细为桡骨颈，颈下方前内侧有桡骨粗隆。桡骨体呈三棱柱形，下端外侧向下突起称桡骨茎突，是重要的体表标志，内侧有关节凹称尺切迹，与尺骨头相关节，下面有腕关节面，与腕骨形成桡腕关节。

(6)手骨：包括腕骨、掌骨和指骨(见图 2-31)。腕骨共 8 块，均属短骨，排成近远两列由桡侧向尺侧排列，近侧列依次为手舟骨、月骨、三角骨和豌豆骨；远侧列依次为大多角骨、小多角骨、头状骨和钩骨。掌骨共 5 块，属长骨。从桡侧向尺侧，分别称为第 1～5 掌骨。指骨共 14 块，属长骨。除拇指为 2 节外，其余均为 3 节，有近侧及远侧依次称近节指骨、中节指骨和远节指骨。

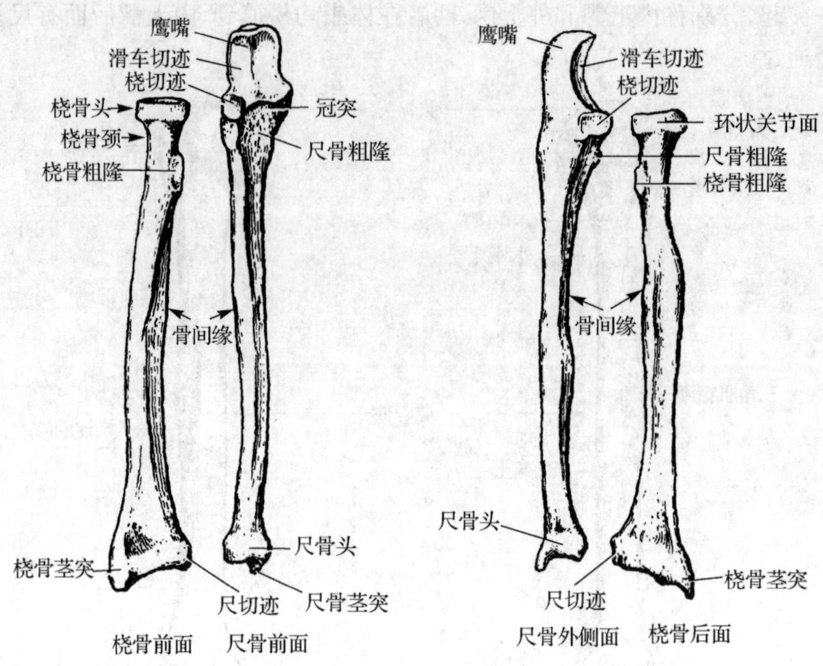

图 2-30 尺骨和桡骨

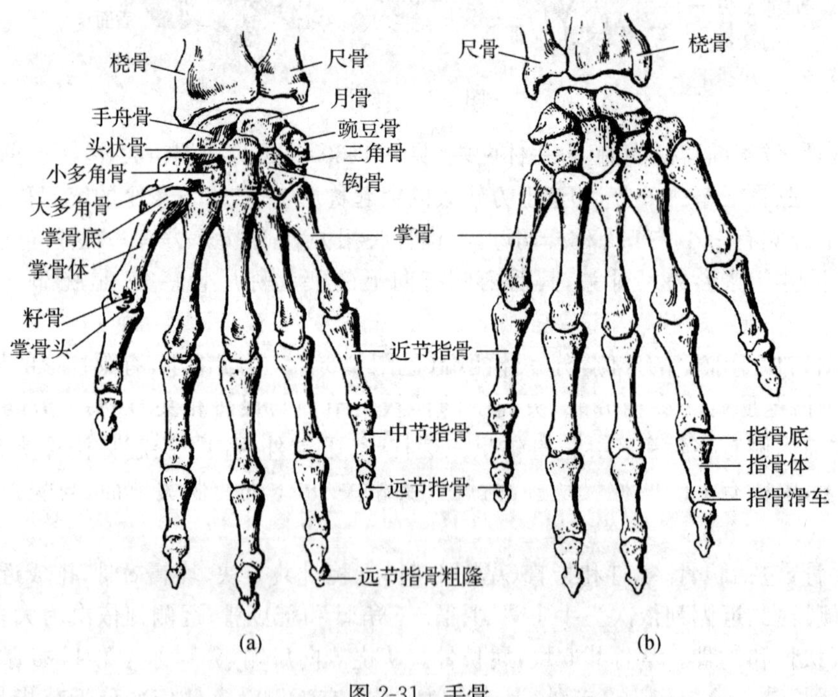

图 2-31 手骨

(a)前面 (b)后面

2)上肢骨的连结

(1)胸锁关节：是上肢骨与躯干骨之间唯一相连结的关节，由胸骨的锁切迹与锁骨的胸骨端及第1肋软骨的上面构成。其关节囊坚韧,并有韧带加强,囊内有关节盘。此关节可使锁骨外侧端小幅度地向上、下、前、后运动以及旋转和环转运动。

(2)肩锁关节:由肩胛骨的肩峰关节面与锁骨的肩峰端构成,属于平面微动关节。

(3)肩关节:由肱骨头与肩胛骨的关节盂构成(见图2-32)。关节盂小而浅,关节囊薄而松弛,囊下部无韧带和肌加强,最为薄弱,故肩关节脱位时,肱骨头常从下部脱出,脱向前下方,表现为方肩畸形。肩关节是全身运动幅度最大、运动形式最多、最灵活的关节。可做屈、伸、内收、外展、旋内、旋外和环转运动。

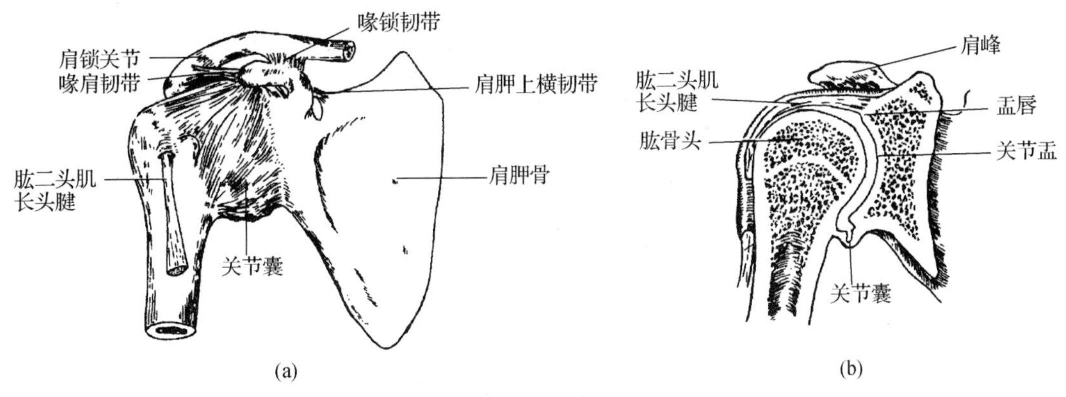

图2-32 肩关节

(a)前面 (b)冠状切面

(4)肘关节:由肱骨下端与尺骨、桡骨上端构成(见图2-33),包括三个关节:肱尺关节由肱骨滑车与尺骨的滑车切迹所构成;肱桡关节由肱骨小头与桡骨上关节凹所构成;桡尺近侧关节由桡骨头环状关节面与尺骨桡切迹构成。三个关节包在一个关节囊内;关节囊的前、后部薄而松弛,后部最为薄弱,故肘关节脱位时,常见桡、尺二骨向后脱位;关节囊两侧壁厚而紧张,并有尺侧副韧带和桡侧副韧带加强。此外,环绕在桡骨环状关节面周围的有桡骨环状韧带,可防止桡骨头脱出。幼儿的桡骨头发育不全,桡骨环状韧带较宽松,在前臂伸直位受到猛力牵拉时,有可能发生桡骨头半脱位。

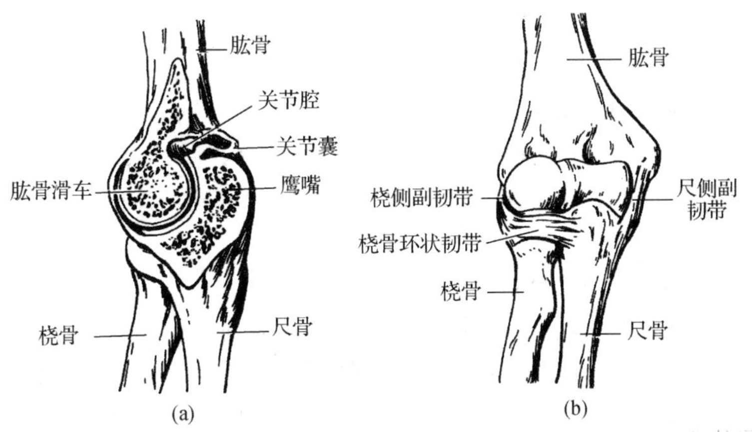

图2-33 肘关节

(a)矢状切面 (b)前面

肘关节可做屈、伸运动。当肘关节伸直时，肱骨内、外上髁与尺骨鹰嘴三点位于一条直线上；当肘关节屈 90°时，以上三点的连线组成一等腰三角形。肘关节脱位时，三点的位置关系便发生改变。

(5)前臂骨连结：前臂的尺骨和桡骨借桡尺近侧关节、前臂骨间膜、桡尺远侧关节相连。前臂骨间膜是坚韧的致密结缔组织膜，连于桡、尺骨体的相对缘。桡尺远侧关节由尺骨头环状关节面作为关节头，与由桡骨的尺切迹和自桡骨的尺切迹下缘向内侧伸出的三角形关节盘构成关节窝而构成。桡尺近侧关节和桡尺远侧关节是联合关节，可使前臂做旋前和旋后动作。

(6)手关节：手关节包括桡腕关节、腕骨间关节、腕掌关节、掌骨间关节、掌指关节和指骨间关节(见图 2-34)。其中桡腕关节又称腕关节，由手舟骨、月骨和三角骨近侧的关节面共同组成的关节头，与桡骨腕关节面和尺骨头下方关节盘共同构成的关节窝组成。关节囊松弛，周围有韧带加强。可做屈、伸、收、展、环转运动。

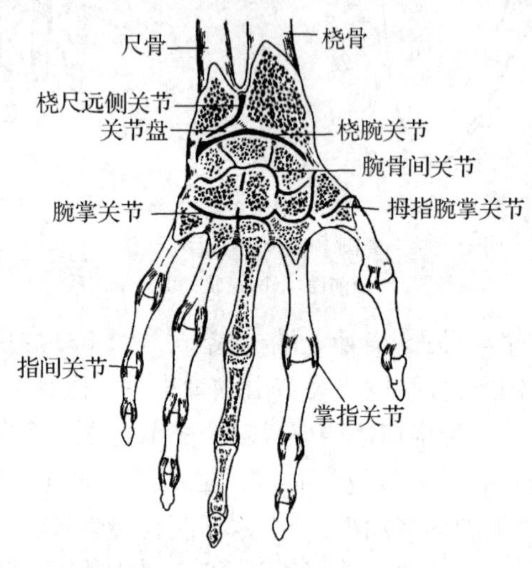

图 2-34　手关节

2. 下肢骨及其连结

1)下肢骨

下肢骨包括髋骨、股骨、髌骨、胫骨、腓骨和足骨。

(1)髋骨：是不规则扁骨(见图 2-35)。上部扁阔，中部窄厚，下部有一大孔称闭孔。髋骨由髂骨、耻骨和坐骨融合而成，融合处为一大而深的窝称髋臼，朝向外下方，与股骨头相关节。

髂骨构成髋骨的上部，分为体和翼两部。髂骨翼位于体上方，为宽阔的骨板，中部较薄，上缘肥厚弯曲成弓形称髂嵴，髂嵴的前、后突起分别称髂前上棘和髂后上棘，两棘下方又各有一突起分别称髂前下棘和髂后下棘；髂嵴外缘距髂前上棘 5～7 cm 处向外有一突起称髂结节，是重要的体表标志，临床上进行骨髓穿刺术常选择于此。髂骨翼内面平滑稍凹称髂窝，髂窝下界为一骨嵴称弓状线，窝后部上方粗糙称髂粗隆，其下为耳状面，与骶骨耳状面相关节。

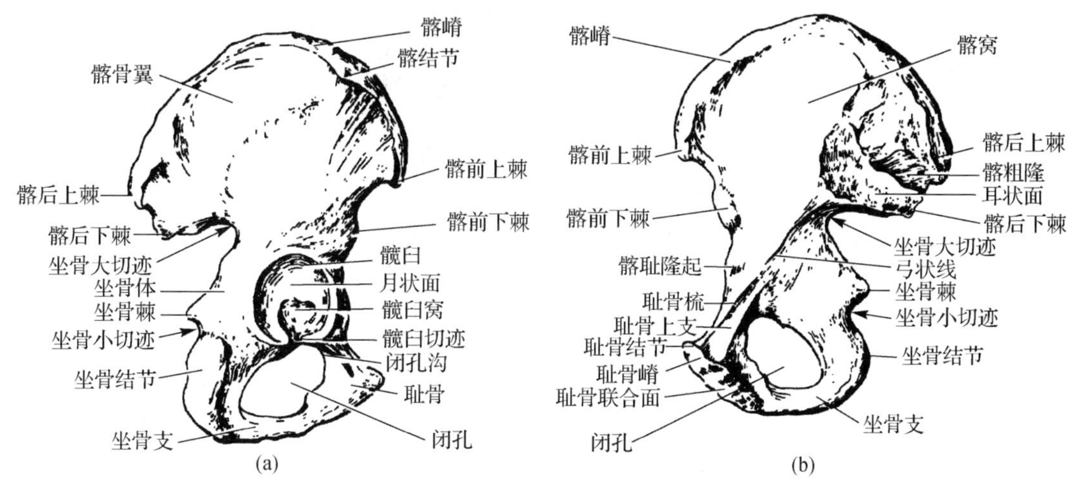

图 2-35 髋骨
(a)外侧面 (b)内侧面

耻骨位于髋骨前下部，分体和上、下两支。耻骨体向前下延伸为耻骨上支，支上有一条较锐利的骨嵴称耻骨梳，耻骨梳向后与弓状线相连，向前终于一突起，称耻骨结节；耻骨体向后下为耻骨下支，耻骨下支后伸与坐骨支结合。耻骨上、下支移行处的内侧，有一椭圆形的粗糙面称耻骨联合面，耻骨联合面有年龄和性别差异，两侧联合面相结合形成耻骨联合。耻骨与坐骨共同围成闭孔。

坐骨位于髋骨后下部，分体和支。坐骨体后下部的粗大隆起称坐骨结节，是坐骨最低部，体表可以摸到。髂后下棘与坐骨结节之间的突起称坐骨棘，其上下各有一切迹，坐骨棘上方切迹大而深称坐骨大切迹，其下方切迹小而浅称坐骨小切迹。

骨髓穿刺术

骨髓穿刺术适用于各类血液病的诊断，或某些传染病需行骨髓细菌培养者，及骨髓增殖性疾病等。常用胸骨柄穿刺术和髂结节穿刺术。胸骨柄穿刺术时，患者仰卧并充分暴露颈静脉切迹，术者立于患者头侧，先用左手拇指摸清颈静脉切迹，并紧贴胸骨柄上缘将皮肤向下压紧，右手持针由切迹中央沿胸骨柄水平方向进针，慢慢旋转刺入，达胸骨柄上缘骨板之正中，深度约1～1.5 cm。髂结节穿刺术时，患者仰卧，以髂前上棘后上的一段较宽髂缘(髂结节)为穿刺点，术者左手拇指及示指分别在髂前上棘内外固定皮肤，右手持穿刺针，垂直刺入达骨膜后再进1 cm有落空感时，即达骨髓腔。

(2)股骨：位于大腿内，是人体最长、最粗和最结实的长骨，其长度约为身高的1/4，分为一体和两端(见图2-36)。

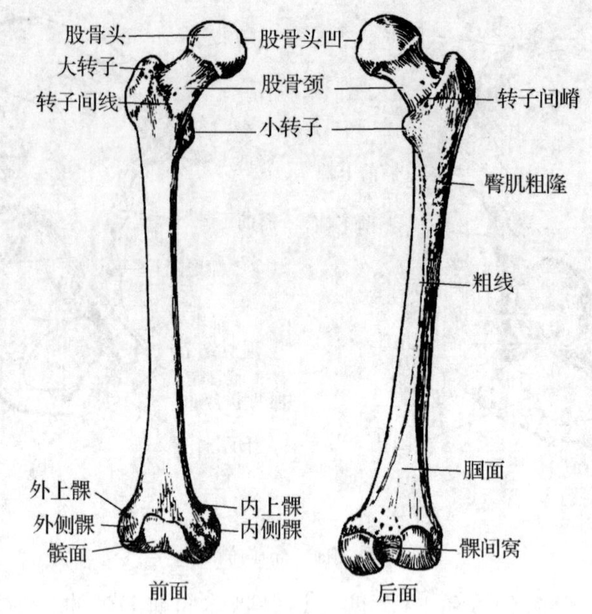

图 2-36 股骨

股骨上端有朝向内上方呈球状的股骨头，其与髋臼相关节，头中央稍下有一小凹称股骨头凹，有股骨头韧带附着。头外下缩细部分称股骨颈，它与股骨体之间形成一钝角称颈体角，此角男性平均约为 132°，女性约为 127°，儿童约为 150°～160°。颈与体交界处的上外侧有粗糙隆起称大转子，后内侧有一隆起称小转子，都有肌附着。

股骨体粗壮结实，略向前弓，上端呈圆柱形，下端前后较扁。股骨体后面有纵形的骨嵴称粗线，粗线向上延续为粗糙的突起称臀肌粗隆，由臀大肌附着。下端向左右两侧膨大且向后突出形成内侧髁和外侧髁，其间有深窝称髁间窝，两髁侧面上方分别有较小的突起称内上髁和外上髁，是重要的体表标志。

(3)髌骨：略呈倒三角形，前面粗糙，后面光滑有关节面，与股骨髌面相关节。在膝关节前方，股四头肌腱包裹髌骨并向下延续为髌韧带。

(4)胫骨：是三棱柱形的粗大长骨(见图 2-37)，位于小腿内侧，主要起支持体重的作用，分为一体和两端。上端粗大，形成与股骨内、外侧髁相对应的内侧髁和外侧髁，其上有关节面，两髁之间有向上的髁间隆起。外侧髁的后下方有一小关节面称腓关节面，与腓骨头相关节。上端与体移行处的前面有粗糙隆起称胫骨粗隆，体表可以触及。胫骨体呈三棱柱形，前缘锐利，体表可以触及。下端稍膨大，内侧有一向下的突起称内踝，是重要的体表标志；下端的下面有关节面与距骨相关节；外侧有一关节面称腓切迹，与腓骨相接。

(5)腓骨：细长，位于小腿的后外侧，不承受体重，主要作为小腿肌的附着部位，可分一体和两端(见图 2-37)。上端膨大称腓骨头，与胫骨相关节，头下方缩细称腓骨颈。体较细，内侧有骨间缘。下端膨大称外踝，较内踝低，内侧有关节面参与形成距小腿关节。临床上常截取一段带血管的腓骨，进行自身移植。

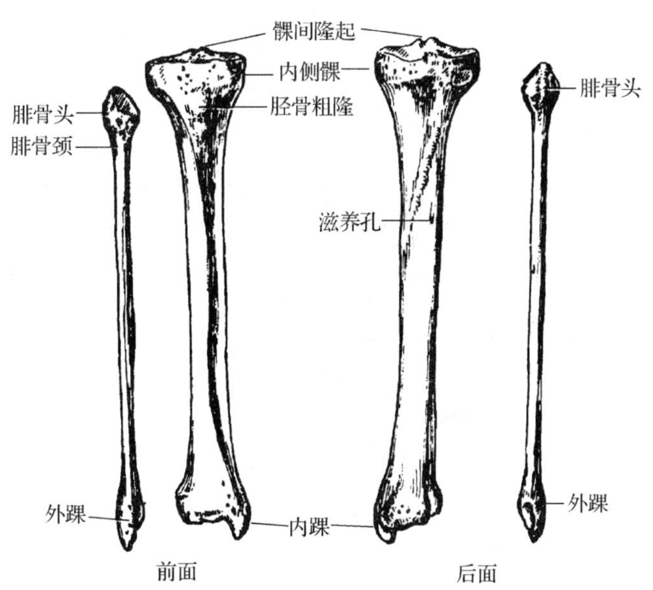

图 2-37　胫骨和腓骨

(6)足骨:包括跗骨、跖骨和趾骨(见图 2-38)。跗骨共 7 块,排列为前、中、后三列。后列有距骨,与胫、腓骨形成关节,距骨下方为跟骨;中列为足舟骨,位于距骨前方偏内侧;前列由内侧向外侧,依次为内侧楔骨、中间楔骨、外侧楔骨和骰骨,3 块楔骨位于足舟骨之前,骰骨位于前外侧。跖骨共 5 块,由内侧向外侧依次称第 1～5 跖骨。趾骨共 14 块,一般踇趾为 2 节,其他各趾为 3 节。

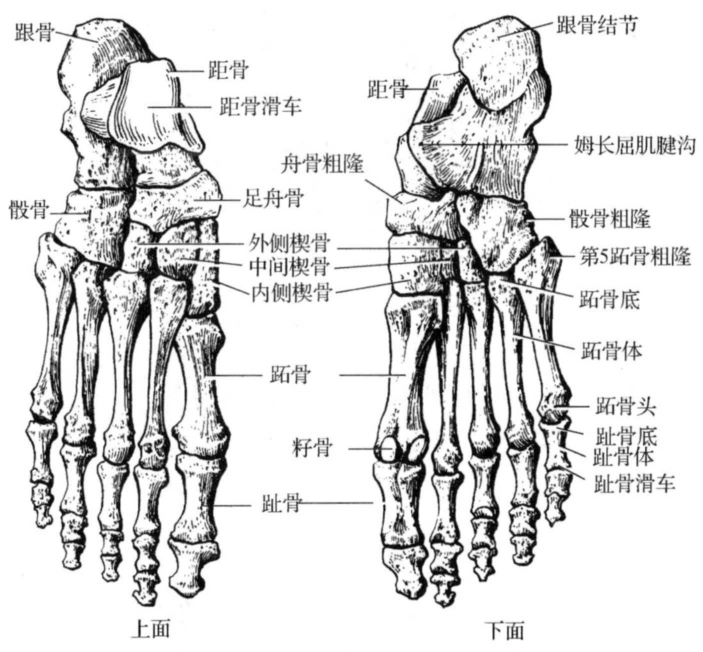

图 2-38　足骨

2)下肢骨的连结

(1)骨盆:由骶骨、尾骨和左、右髋骨及其间的骨连接构成。骨盆各骨间主要靠骶髂关节以及韧带连结(见图 2-39)。

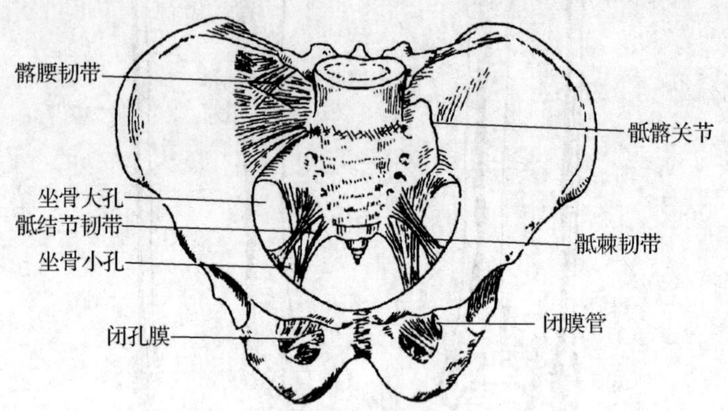

图 2-39 骨盆各骨间的连结(前面)

骶髂关节由骶骨与髂骨的耳状面构成。关节面对合紧密,关节囊紧张,周围有强厚韧带加强,连接牢固,活动性甚微。骶骨与坐骨之间有两条韧带(见图 2-40)相连:骶结节韧带从骶、尾骨侧缘连至坐骨结节,呈扇形;骶棘韧带位于骶结节韧带前方,从骶、尾骨侧缘连至坐骨棘,呈三角形。这两条韧带与坐骨大切迹围成坐骨大孔,与坐骨小切迹围成坐骨小孔。

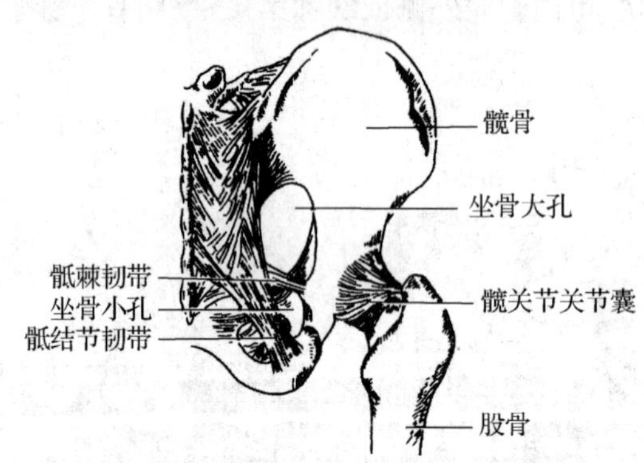

图 2-40 骨盆各骨间的连结(后面)

耻骨联合由两侧耻骨联合面借耻骨间盘连结而成,耻骨间盘由纤维软骨构成,间盘内有一矢状位裂隙。女性耻骨间盘较厚,裂隙较宽,分娩时稍分离,有利于胎儿的娩出。耻骨联合上、下缘都有韧带附着。

另外,髋骨的闭孔由致密结缔组织膜所构成的闭孔膜封闭,仅上部留有一孔称闭膜管,有血管、神经通行。

在骨盆,由骶骨岬经两侧弓状线、耻骨梳、耻骨结节、耻骨嵴至耻骨联合上缘连成的环形线称界线。骨盆以界线为界分为上部的大骨盆和下部的小骨盆。大骨盆较宽大,向前开放,参与腹腔的构成。小骨盆的上口称骨盆上口,由界线围成;骨盆下口由尾骨尖、骶结节韧带、坐骨结节、坐骨支、耻骨支和耻骨联合下缘围成。两侧耻骨下支之间的夹角称耻骨下角。骨盆上、下口之间的小骨盆内腔称骨盆腔。平常所说骨盆即指小骨盆。

骨盆具有承受、传递重力和保护盆内器官的作用。对女性骨盆而言，它还是胎儿娩出的通道。成年女性的骨盆，由于在功能上与妊娠和分娩相适应，所以在形态上与男性骨盆存在明显差异(见图 2-41 和表 2-1)。

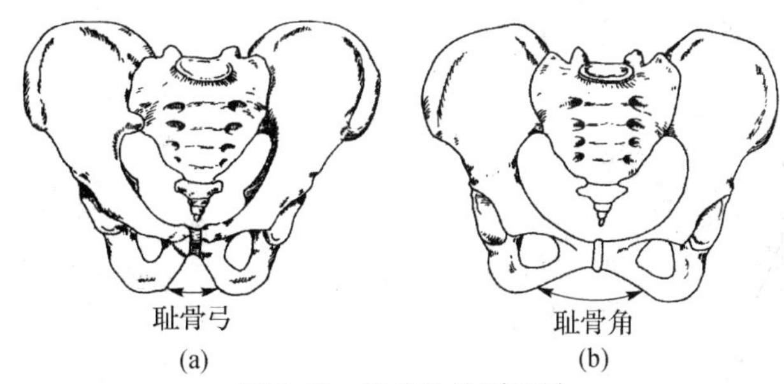

图 2-41 骨盆的性别差异

(a)男性骨盆 (b)女性骨盆

表 2-1 骨盆的性别差异

	男 性	女 性
骨盆形状	窄而长	宽而短
骨盆上口	心形	椭圆形
骨盆下口	狭小	宽大
骨盆腔	漏斗形	圆桶形
耻骨下角	70°～75°	90°～100°
骶骨	窄长、曲度大	宽短、曲度小
骶骨岬	突出明显	突出不明显

(2)髋关节：由髋臼与股骨头构成(见图 2-42)。髋臼深，其周缘附有髋臼唇。关节囊厚而坚韧，周围有韧带加强，以其前方的髂股韧带最为强厚，它起自髂前上棘，止于转子间线，可加强关节囊前部，并限制髋关节过伸。关节囊的前下有耻股韧带，后部有坐股韧带。髋关节关节囊后下部较为薄弱，髋关节发生脱位时，股骨头大多脱向后下方。关节囊内有股骨头韧带，它连于股骨头凹与髋臼横韧带之间，内含营养股骨头的血管，与关节的稳固性无关。髋关节可做屈、伸、收、展、旋内、旋外和环转运动，运动幅度不及肩关节，但稳固性较大。

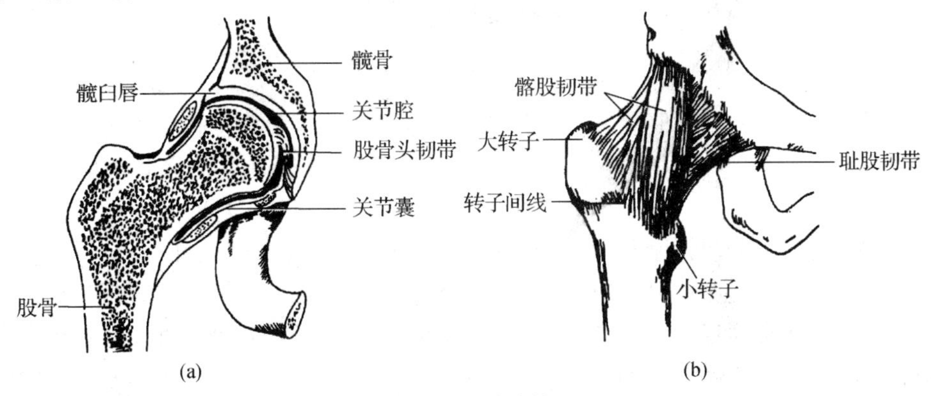

图 2-42 髋关节

(a)冠状切面 (b)前面

(3)膝关节:为人体最大、最复杂的关节,由股骨下端、胫骨上端和髌骨构成(见图 2-43)。髌骨与股骨髌面相对,股骨内、外侧髁与胫骨内、外侧髁相对。

关节囊宽阔而松弛,其前方有股四头肌腱及其延续而成的髌韧带,此韧带厚而坚韧,从髌骨下缘止于胫骨粗隆;关节囊两侧分别有胫侧副韧带和腓侧副韧带;关节囊内有前交叉韧带和后交叉韧带,可防止胫骨向前和向后移动。

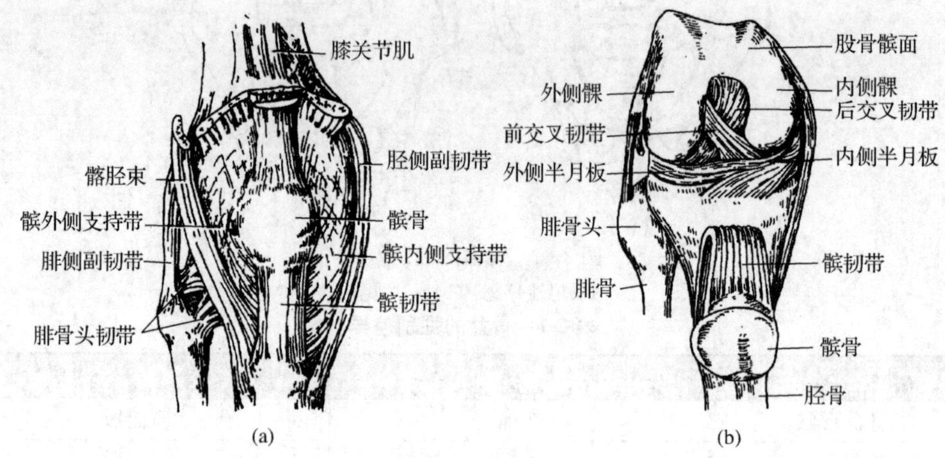

图 2-43 膝关节

(a)前面 (b)后面

在关节腔内,股骨与胫骨相对关节面之间垫有两块纤维软骨板,分别称内侧半月板和外侧半月板(见图 2-44)。内侧半月板较大,呈“C”形;外侧半月板较小,近似“O”形。半月板外缘厚,内缘薄。下面平坦,上面凹陷,分别与胫骨、股骨的关节面相适应,增强了关节的稳固性,还可起缓冲作用。

膝关节主要做屈、伸运动,在半屈位时,还可做小幅度的旋内和旋外运动。

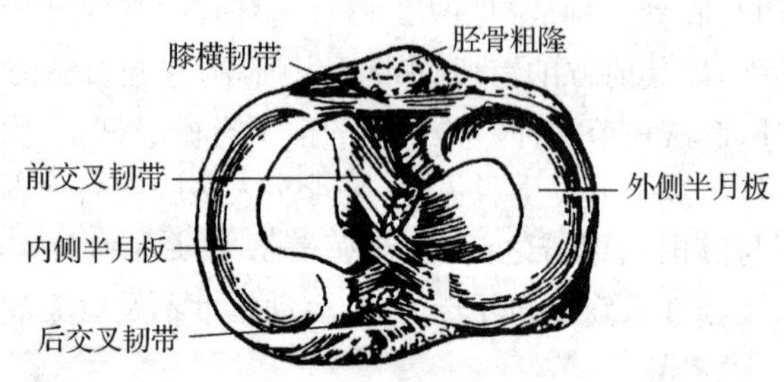

图 2-44 膝关节半月板

(4)胫骨和腓骨的连结:胫骨和腓骨的连结包括三部分:上端有胫骨的腓关节面与腓骨头构成胫腓关节;两骨干之间由小腿骨间膜相连;下端借韧带相连。胫骨和腓骨间活动度很小。

(5)足关节:足关节包括距小腿关节、跗骨间关节、跗跖关节、跖骨间关节、跖趾关节、趾骨间关节(见图 2-45)。其中,距小腿关节又称踝关节,由胫、腓骨下端与距骨构成。关节囊前、后部松弛,两侧有韧带加强。内侧韧带较厚,外侧韧带较薄弱,足过度内翻易引起外侧韧带扭伤。距小腿关节能做背屈和跖屈运动。足尖向上称背屈,足尖向下称跖屈。跗骨间关节为各跗骨之间的关节,可使足内翻或外翻。足内、外翻常与踝关节的跖屈、背屈协同运动,内翻常伴以跖屈，外翻常伴以背屈。跗跖关节由3块楔骨及骰骨前端与5块跖骨底构成。跖骨间关节由2～5跖骨底的毗邻面借韧带连结构成，属平面微动关节。跖趾关节由跖骨头与近节趾骨底构成，可做屈、伸、收、展运动。趾骨间关节同指骨间关节，只能做屈、伸运动。

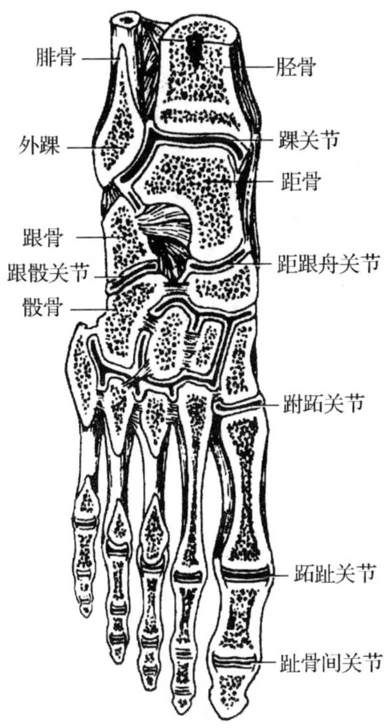

图2-45　足关节

足弓是跗骨和跖骨借关节和韧带紧密连结而成的凸向上的弓形结构。足弓增加了足的弹性，有利于行走和跳跃，并能缓冲震荡，还可保护足底血管、神经免受压迫。当足底的韧带、肌和腱发育不良、萎缩或损伤时，可导致足弓低平或消失，足底平坦，称为扁平足，影响正常功能。

2.2　骨　骼　肌

2.2.1　概述

运动系统的肌均属骨骼肌，每块肌都是一个器官，都有一定的形态、结构和功能，并有神经支配和血管营养。如果支配肌的神经损伤，可引起肌肉瘫痪；若肌的血液供应受阻，可导致肌肉缺血坏死；长期不活动，则肌肉萎缩或退化。

1. 肌的形态与构造

1)肌的形态

根据肌的外形不同，可将其分为长肌、短肌、扁肌和轮匝肌四种(见图2-46)。长肌呈长带状或梭形，有些起端有 2 个以上的头并聚合成一个肌腹，称二头肌、三头肌或四头肌，还有些有 2 个或 2 个以上的肌腹，称二腹肌或多腹肌，长肌多分布于四肢；短肌短小，多见于躯干深层；扁肌呈宽阔的薄片状，多见于胸、腹壁；轮匝肌呈环状，位于裂孔周围，收缩时可关闭孔、裂。

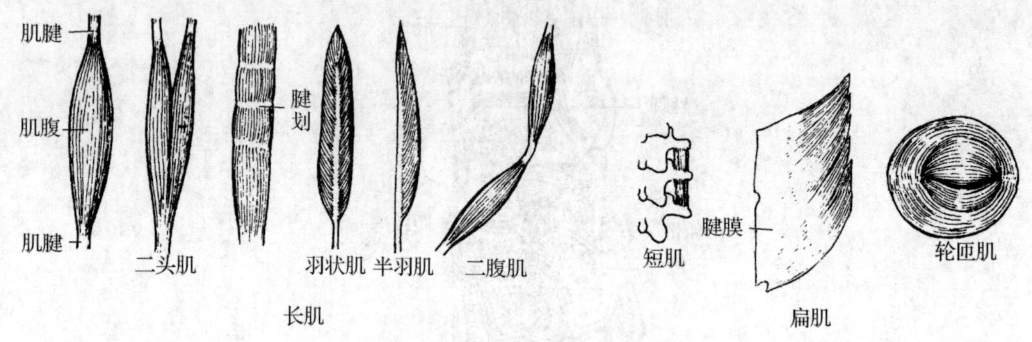

图 2-46　肌的形态与构造

2)肌的构造

每块肌都由肌腹和肌腱构成，肌腹借肌腱附着于骨骼。肌腹主要由骨骼肌纤维组成，有收缩能力；肌腱是由致密结缔组织构成，无收缩能力，多位于肌腹的两端，扁肌的肌腱呈膜状，又称腱膜。

2. 肌的起止和作用

每块肌的两端均借肌腱附着于两块或两块以上的骨，跨越一个或多个关节。肌收缩时，相对固定的附着点称为起点或定点，在移动骨上的附着点称为止点或动点。通常将靠近躯干正中面或四肢近端的附着点作为起点，反之则为止点。肌的作用有两种：一种是动力作用，使整个机体或某一部分产生运动，如行走、跳跃或伸手取物等；另一种是静力作用，即通过肌内少量肌纤维的轮流收缩，保持一定的肌张力，以维持身体的平衡，维持某种姿势，如站立、下蹲等。

3. 肌的配布和命名

肌的配布规律与关节的运动相一致，一个关节至少配布两群肌，如肘关节，前方有屈肌后方有伸肌。一个关节两群作用完全相反的肌称拮抗肌，一群肌中作用相同的肌称协同肌。

肌的名称很多，有根据肌的形状命名的，如三角肌、斜方肌等；有根据肌的位置命名的，如冈上肌、冈下肌、胫骨前肌等；有根据肌的起止点命名的，如胸锁乳突肌、肱桡肌等；有根据肌的作用命名的，如咬肌、旋后肌、竖脊肌等；有根据肌的纤维方向命名的，如腹直肌、腹横肌等；也有综合命名的，如桡侧腕长伸肌、拇长展肌、趾长屈肌等。

4. 肌的辅助结构

肌周围的结缔组织形成某些辅助结构，具有保护和协助肌活动的作用。

1)筋膜

筋膜分为浅筋膜和深筋膜两种(见图 2-47)。

(1)浅筋膜：位于真皮深面，又称皮下筋膜，包被身体各部，由疏松结缔组织构成，内含浅动脉、浅静脉、皮神经、淋巴管和脂肪组织等，具有维持体温和保护深部结构的作用。

(2)深筋膜：又称固有筋膜，位于浅筋膜的深面，由致密结缔组织构成，包裹肌、肌群和体壁以及血管、神经等，遍布全身且互相连续。在四肢，深筋膜伸入肌群之间，并附于骨上，形成肌间隔。深筋膜具有约束和保护肌的作用。

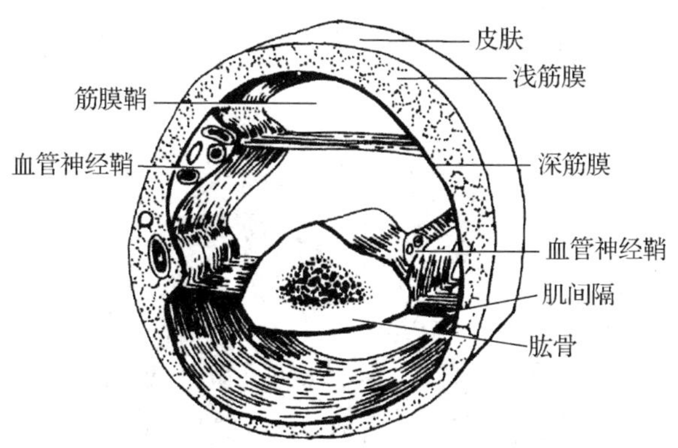

图 2-47　臂部横断面(示筋膜)

2)滑膜囊

滑膜囊为封闭的结缔组织小囊，形扁壁薄，内含滑液，多存在于肌腱与骨面接触处，起到减少两者间摩擦和协助肌腱灵活运动的作用。

3)腱鞘

手、足部的一些长肌腱，活动性大，腱鞘为包套在这些长肌腱表面的结缔组织鞘管，可保持腱的位置和减少运动时与骨面的摩擦。腱鞘分内、外两部分(见图 2-48)，外部是深筋膜增厚而成的纤维层；内部为双层套管状的滑膜层，一层紧贴在纤维层内面为壁层，另一层包被在腱的表面为脏层，两层的移行部称腱系膜，供应腱的血管、神经由此通过。滑膜层内含有少量滑液，使腱在鞘内能自由滑动。

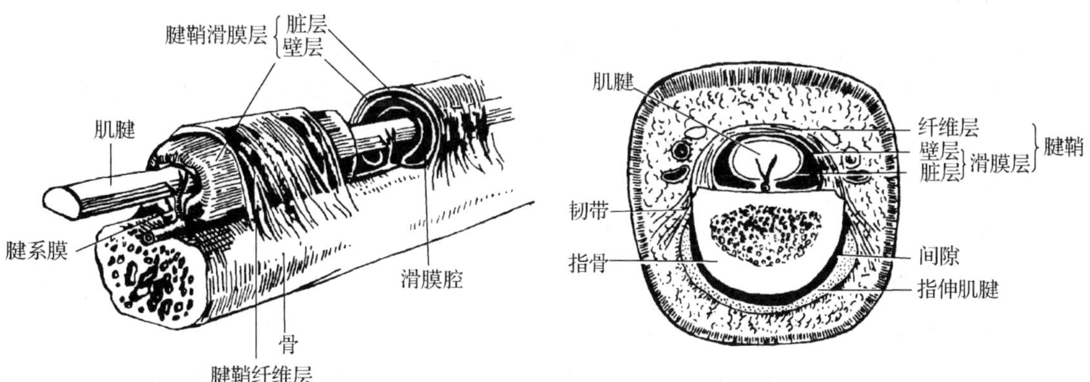

图 2-48　腱鞘示意图

2.2.2 头肌

头肌分为面肌和咀嚼肌两部分。

1. 面肌

面肌大部分属于皮肌，肌束起自颅骨的表面或筋膜，止于皮肤(见图 2-49)。主要分布于口裂、眼裂等孔裂周围，收缩可牵动皮肤开大和闭合上述孔裂，产生各种不同的表情，故又称为表情肌。

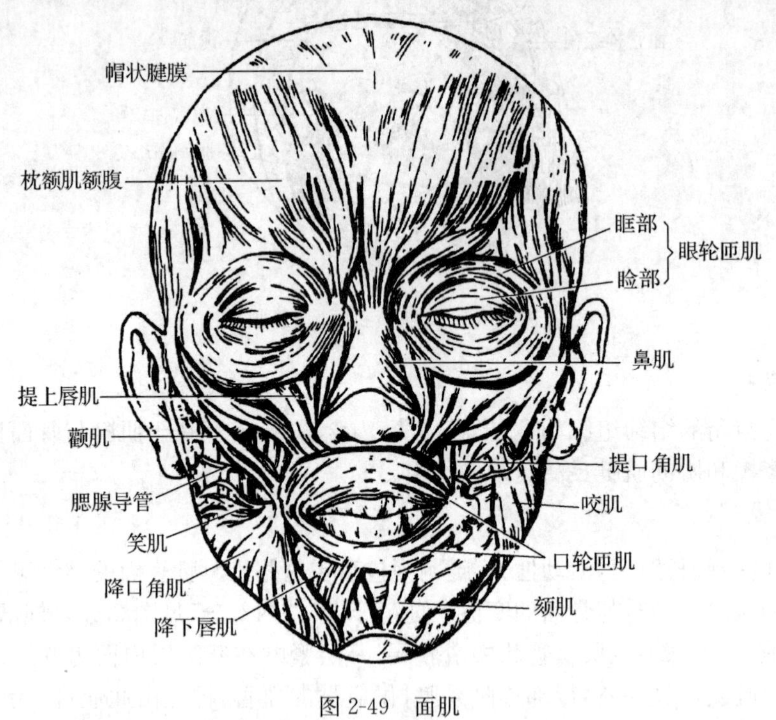

图 2-49 面肌

1)颅顶肌

颅顶肌即枕额肌，由位于额部的额肌和枕部的枕肌以及其间的帽状腱膜构成。帽状腱膜坚韧并与头皮紧密结合，与深部的骨膜间隔以疏松结缔组织。额肌收缩时提睑扬眉，形成额纹，枕肌收缩时向后牵拉帽状腱膜。

2)眼轮匝肌

眼轮匝肌呈扁圆形，环绕眼裂周围，收缩时使眼裂闭合。

3)口周围肌

口周围肌位于口裂周围，包括辐射状肌和环行肌。辐射状肌收缩时能提上或降下唇和口角。在面颊的深部有一对颊肌，此肌紧贴口腔侧壁的颊黏膜，收缩时可使唇、颊紧贴牙齿，帮助咀嚼和吸吮。环行肌为口轮匝肌，环绕口裂周围，收缩时使口裂闭合。

2. 咀嚼肌

咀嚼肌包括咬肌、颞肌、翼内肌和翼外肌(见图 2-50)。咬肌起自颧弓,止于下颌骨的咬肌粗隆。颞肌起自颞窝,肌束呈扇形向下会聚,经颧弓深面,止于下颌骨的冠突。翼内肌起自蝶骨翼突窝,止于下颌角内侧面的翼肌粗隆。翼外肌起自蝶骨大翼下面和翼突外侧,向后外方止于下颌颈。咬肌、颞肌和翼内肌可上提下颌骨,使牙咬合,做闭口动作;翼外肌两侧同时收缩,可使下颌颈向前至关节结节下方,以助张口;两侧翼内、外肌交替收缩,可使下颌骨向左右移动,做研磨食物的动作。

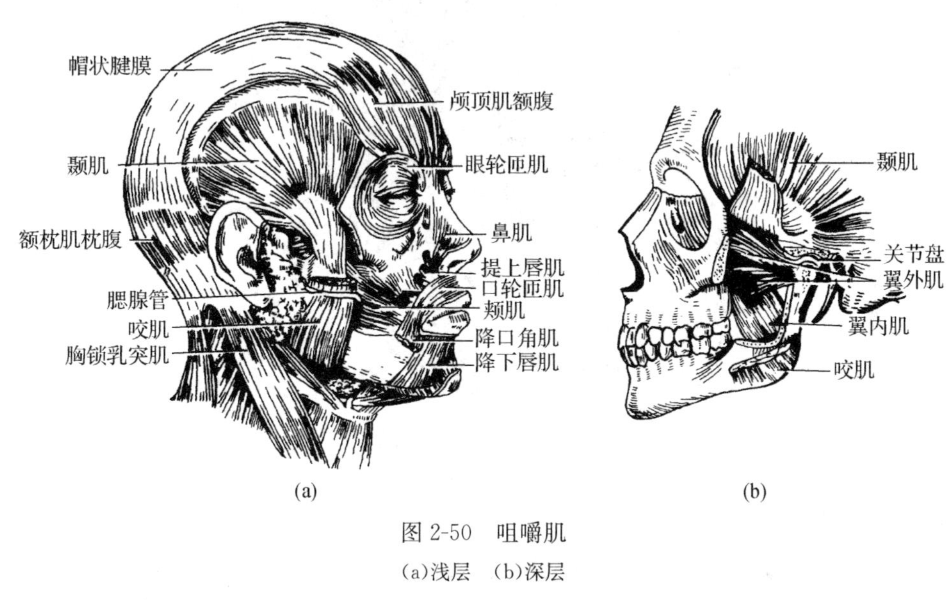

图 2-50　咀嚼肌

(a)浅层　(b)深层

2.2.3　颈肌

颈肌依其所在的位置分为颈浅肌群和颈深肌群(见图 2-51)。

1. 颈浅肌群

1)颈阔肌

颈阔肌位于颈浅筋膜中,为皮肌,薄而宽阔,该肌收缩时,可拉口角向下,并使颈部皮肤出现皱褶。

2)胸锁乳突肌

胸锁乳突肌位于颈部的两侧,大部分被颈阔肌所覆盖,起自胸骨柄和锁骨的胸骨端,两头会合斜向后上方,止于颞骨的乳突。胸锁乳突肌的作用是:一侧胸锁乳突肌收缩使头屈向同侧,面部转向对侧;两侧同时收缩可使头后仰。

3)舌骨肌群

舌骨上肌群位于舌骨、下颌骨和颅底之间,舌骨下肌群位于颈前正中线两侧,覆盖于喉、气管、甲状腺的前方。舌骨上、下肌群有固定舌骨和喉并使之上、下移动的作用,同时参与完成张口、吞咽和发音等。

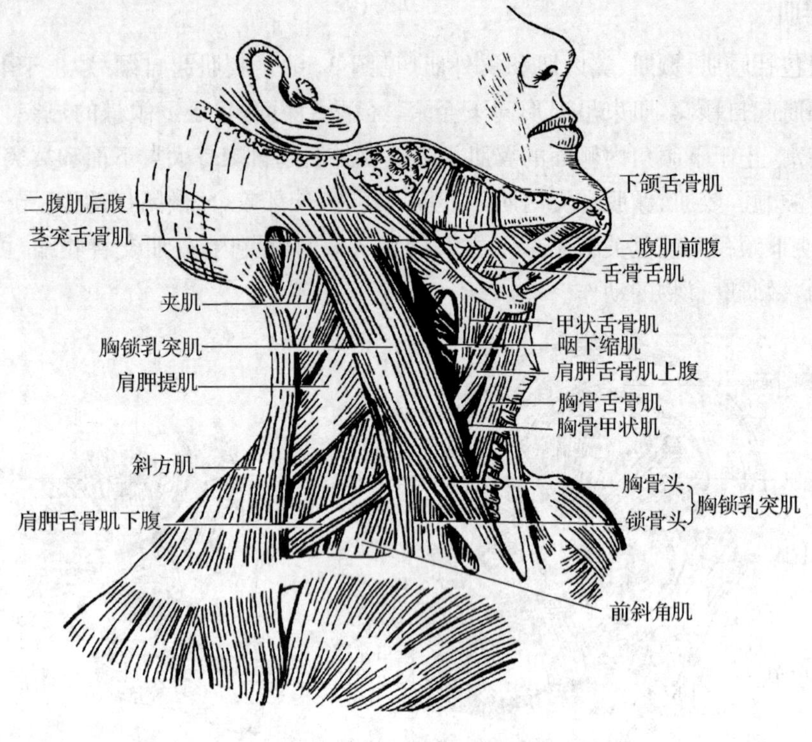

图 2-51　颈肌(侧面)

2. 颈深肌群

颈深肌群主要有前、中、后斜角肌，它们均起自颈椎横突，前、中斜角肌止于第 1 肋，并与第 1 肋围成三角形间隙，称斜角肌间隙，锁骨下动脉和臂丛神经由此进入腋窝。后斜角肌止于第 2 肋。颈部固定时，斜角肌双侧同时收缩可上提第 1～2 肋，协助深吸气，单侧收缩可使颈侧屈。

2.2.4　躯干肌

躯干肌包括背肌、胸肌、膈、腹肌和会阴肌。

1. 背肌

背肌分为浅、深两群(见图 2-52)，浅层多为扁肌，主要有斜方肌、背阔肌、肩胛提肌和菱形肌等，深层主要为竖脊肌。

1)浅群肌

(1)斜方肌：位于项部和背上部的浅层，一侧呈三角形，两侧合并为斜方形。起自上项线、枕外隆凸、项韧带、第 7 颈椎和全部胸椎棘突，肌束向外集中止于锁骨外侧 1/3、肩峰和肩胛冈。收缩时可使肩胛骨向脊柱靠拢，上部肌束收缩提肩胛骨，下部肌束收缩降肩胛骨。

(2)背阔肌：为全身最大的扁肌，位于背下部和胸后外侧。起自第 6 胸椎以下胸腰椎的棘突、骶正中棘和髂嵴的后部，肌束向外上方集中，止于肱骨小结节嵴，收缩时使臂内收、旋内和后伸，如背手姿势。

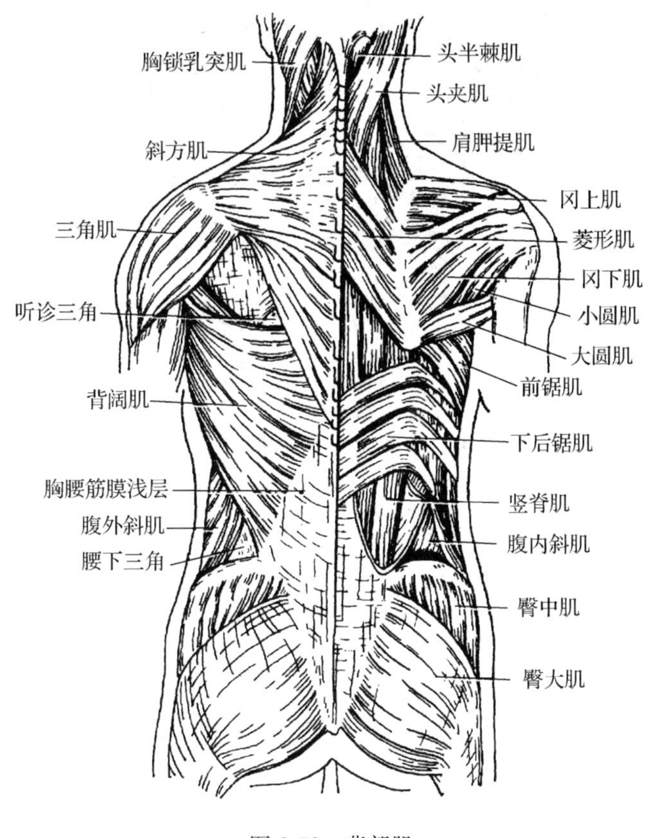

图 2-52　背部肌

(3)肩胛提肌：呈带状位于项部两侧，斜方肌的深面，收缩时上提肩胛骨。

(4)菱形肌：位于斜方肌中部深面，呈菱形，收缩时牵拉肩胛骨移向内上方。

2)深群肌

深群肌主要为竖脊肌，位于背部深层全部椎骨棘突两侧的纵沟内，起自骶骨背面和髂嵴后部，向上分出多条肌束分别止于椎骨、肋骨和枕骨。竖脊肌收缩时可使脊柱后伸，是维持人体直立的重要肌。胸腰筋膜包绕竖脊肌形成竖脊肌的鞘，其分前、后两层，后层在腰部显著增厚，并与背阔肌起始处腱膜紧密结合。

2. 胸肌

胸肌分两部分(见图 2-53)，一部分起自胸廓，止于上肢骨，收缩时可运动上肢，称为胸上肢肌；另一部分起、止点均在胸廓，收缩时可运动胸廓，称为胸固有肌。

1)胸上肢肌

(1)胸大肌：位于胸壁浅层，起自锁骨、胸骨和上 6 个肋软骨，肌束向外集中，止于肱骨大结节下方。收缩时可使肩关节内收、旋内和前屈。当上肢固定时，可上提躯干，并协助吸气。

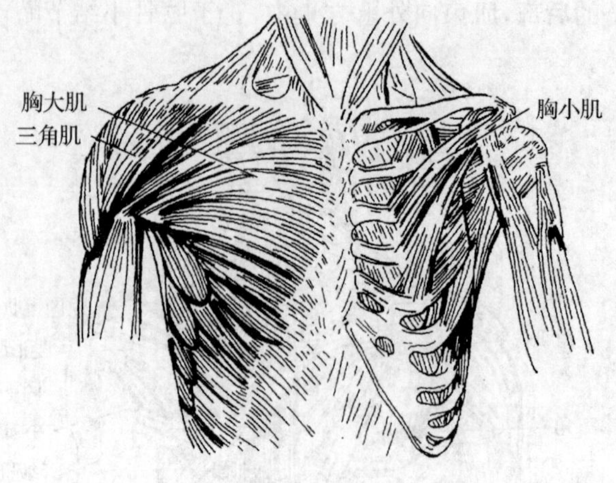

图 2-53　胸肌

(2)胸小肌:位于胸大肌的深面,起自第 3～5 肋,止于肩胛骨喙突。收缩时拉肩胛骨向前下方。

(3)前锯肌:位于胸廓侧壁,起于第 1～8 肋,止于肩胛骨的内侧缘和下角。收缩时拉肩胛骨向前,其下部肌束可使肩胛骨下角外旋,助臂上举。

2)胸固有肌

胸固有肌位于肋间隙内,参与胸壁的形成,包括肋间外肌和肋间内肌(见图 2-54)。

(1)肋间外肌:位于浅层,起自肋骨下缘,肌束斜向前下,止于下一肋骨上缘。

(2)肋间内肌:位于肋间外肌的深面,起于下位肋骨上缘,肌束斜向前上,止于上一肋骨下缘。

肋间肌是呼吸肌。其中,肋间外肌收缩,提肋助吸气;肋间内肌收缩,降肋助呼气。

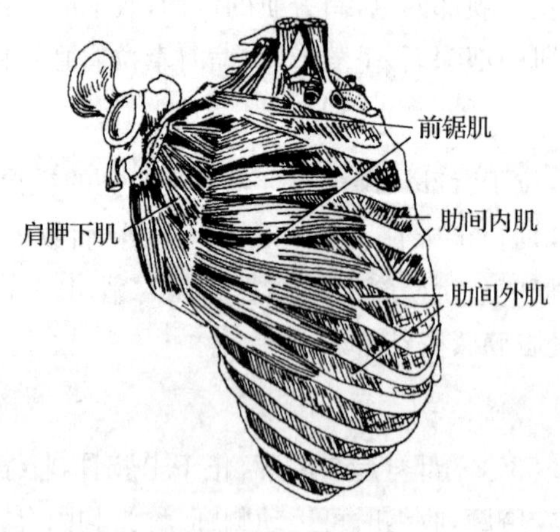

图 2-54　肋间肌

3. 膈

1)膈的位置与形态

膈(见图 2-55)为向上膨隆呈穹隆形的扁肌,位于胸腹腔之间,构成胸腔的底和腹腔的顶。其周围部为肌质,分为胸骨部、肋部和腰部。胸骨部起自剑突后面;肋部起自第 7～12 肋内面;腰部以左、右两个膈脚起自上 2～3 个腰椎体前面。中央部为腱膜,称为中心腱。肌纤维向中央集中,止于中心腱。

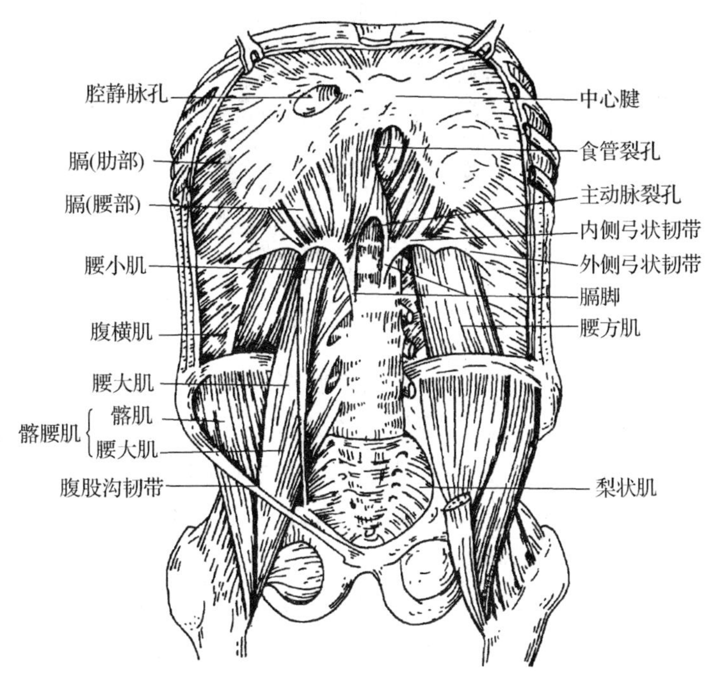

图 2-55　膈

2)膈的裂孔

膈有三个裂孔:在第 12 胸椎前方有主动脉裂孔,内有主动脉和胸导管通过;约平第 10 胸椎水平有食管裂孔,内有食管和迷走神经通过;在中心腱上约平第 8 胸椎水平有腔静脉孔,内有下腔静脉通过。

3)膈的作用

膈是主要的呼吸肌。收缩时,膈穹隆下降,胸腔容积扩大,助吸气;舒张时,膈穹隆上升恢复原位,胸腔容积缩小,助呼气。膈与腹肌同时收缩,则能增加腹压,可协助排便、呕吐及分娩等活动。

4. 腹肌

腹肌参与构成腹腔的前壁、侧壁和后壁,分为前外侧群和后群(见图 2-56)。

1)前外侧群

(1)腹直肌:为位于中线两侧的一对长带状肌,起自耻骨联合和耻骨嵴,向上止于剑突和第 5～7 肋软骨。腹直肌表面被腹直肌鞘包裹，纤维被 3～4 条横行腱划分隔，腱划与腹直肌鞘前层紧密结合。

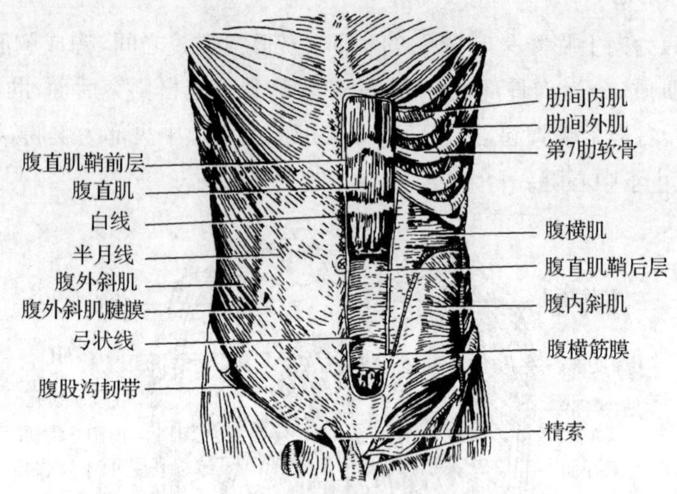

图 2-56　腹肌

(2)腹外斜肌：为一宽阔的扁肌，位于腹前外侧壁的浅层，起端呈锯齿状，起自下 8 个肋骨的外面，肌束斜向前下，近腹直肌的外侧移行为腱膜，经腹直肌的前面，参与构成腹直肌鞘的前层，止于腹前壁正中的白线。腹外斜肌腱膜下缘增厚卷曲，附着于髂前上棘和耻骨结节之间，称为腹股沟韧带。在腹股沟韧带内侧端上方，腹外斜肌腱膜分裂形成一近似三角形的裂隙，称为腹股沟管浅环(皮下环)。

(3)腹内斜肌：位于腹外斜肌的深面，起自胸腰筋膜、髂嵴、腹股沟韧带的外侧半，肌束呈扇形展开，至腹直肌外侧移行为腱膜并分为两层，包绕腹直肌，止于白线。

腹内斜肌下部肌束呈弓形，跨越男性的精索和女性的子宫圆韧带，与腹横肌腱膜结合止于耻骨梳。此部纤维为腹股沟镰，又称联合腱。

(4)腹横肌：位于腹内斜肌的深面，肌纤维横行，起自下 6 个肋骨、胸腰筋膜、髂嵴和腹股沟韧带的外侧部，肌束向前延续为腱膜，经腹直肌后面参与构成腹直肌鞘的后层，止于白线。

腹前外侧群具有保护、固定腹腔脏器的作用；收缩时缩小腹腔，增加腹压，以协助排便、呕吐和分娩；腹压增加还可使膈穹隆上升，协助呼气。腹肌又是背部伸肌的拮抗肌，收缩时可使脊柱前屈、侧屈和旋转。

2)后群

后群主要为腰方肌和腰大肌。腰方肌位于腹后壁腰椎两侧，起自髂嵴，止于第 12 肋，收缩时牵拉第 12 肋，使脊柱侧屈。腰大肌将在下肢肌中叙述。

3)腹肌的肌间结构

(1)腹直肌鞘：包裹腹直肌，分前、后两层(见图 2-57)。前层由腹外斜肌腱膜和腹内斜肌腱膜前层构成；后层由腹内斜肌腱膜的后层和腹横肌腱膜构成。在脐下 4～5 cm 处三层扁肌的腱膜全部移至腹直肌前面，共同构成腹直肌鞘前层，后层下缘形成一凹向下的游离缘，称为弓状线。弓状线以下的腹直肌内面直接与腹横筋膜相贴。

(2)白线:由腹前外侧壁三层扁肌的腱膜在腹前正中线上交织而成。白线血管较少,中部有一脐环,是腹壁薄弱处,易发生脐疝。

(3)腹股沟管:位于腹股沟韧带内侧半上方,为腹前壁三层扁肌和腱之间的一条斜行肌间裂隙(见图 2-58),长 4～5 cm,男性的精索、女性的子宫圆韧带由此通过。

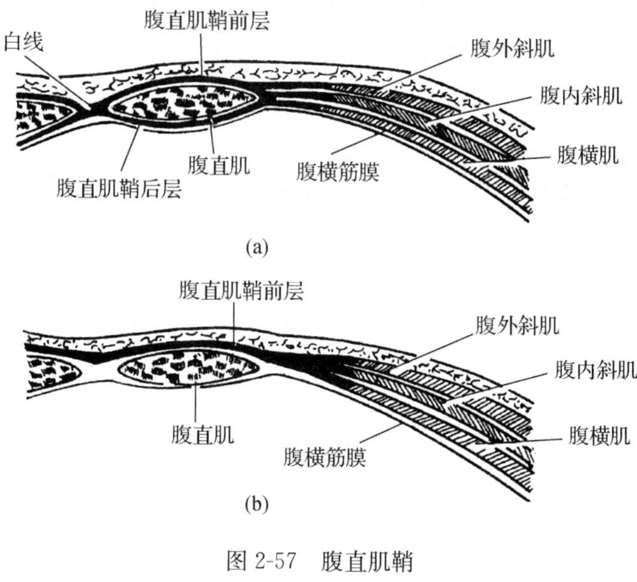

图 2-57 腹直肌鞘

(a)弓状线以上 (b)弓状线以下

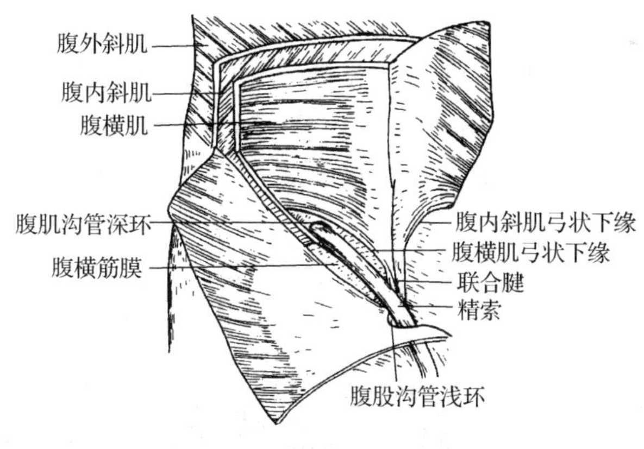

图 2-58 腹股沟管

腹股沟管有两口和四壁。两口:内口称为腹股沟管深(腹)环,位于腹股沟韧带中点上方约一横指处,为腹横筋膜向外突出而成;外口即腹股沟管浅(皮下)环。四壁:前壁为腹外斜肌腱膜和腹内斜肌,后壁为腹横筋膜和腹股沟镰,上壁是腹内斜肌和腹横肌的弓状下缘,下壁为腹股沟韧带。腹股沟管是腹壁的薄弱区,为斜疝的易发部位。

腹部手术切口

临床上腹部常用手术切口类型有纵切口、斜切口和横切口，手术切口选择应视病人当时的情况，结合腹腔脏器在体表的投影、腹壁的层次结构、肌肉的配布、神经和血管的行程和分布进行选择。①正中切口：在腹前正中线切开，经过层次为皮肤、浅筋膜、腹白线、腹横筋膜、腹膜外筋膜、壁腹膜。此伤口损伤血管神经少、层次简单，故常用。但白线处血液供应差，缺乏肌肉保护，术后可发生切口疝或切口裂开；②旁正中切口：在前正中线旁开1～2 cm处纵行切开，经过层次为皮肤、浅筋膜、腹直肌鞘前层、腹直肌（游离其内侧缘后拉向外侧）、腹直肌鞘后层（弓状线以下没有此层）、腹横筋膜、腹膜外筋膜、壁腹膜，术中损伤血管、神经和肌肉少，切口血液供应好，且有肌肉保护；③经腹直肌切口：在腹直肌鞘的中央纵行切开，切口层次除经腹直肌正中裂分腹直肌外，余同旁正中切口，切口损伤血管、神经和肌肉较多；④肋缘下斜切口：沿肋弓下方2～3 cm处切开皮肤及各层阔肌，此切口损伤肌肉、血管和神经较多；⑤麦氏斜切口：在右髂前上棘与脐的连线中、外1/3交点处切开，切口与腹外斜肌纤维走行一致，至肌层时，顺肌纤维方向分开三层扁肌，常用于阑尾炎手术；⑥横切口：位于肋弓与髂嵴之间的区域内，顺皮纹切开两侧腹前外侧壁的全部肌肉，暴露手术视野范围大，缝合后张力小，但损伤肌肉较多。

5. 会阴肌

会阴肌是指封闭小骨盆下口的诸肌。主要有肛提肌、会阴深横肌和尿道括约肌等（见图2-59，图2-60）。肛提肌的上、下面分别被盆膈上、下筋膜覆盖，共同构成盆膈，有直肠通过。会阴深横肌和尿道括约肌的上、下两面被尿生殖膈上、下筋膜覆盖，构成尿生殖膈，男性有尿道通过，女性有尿道和阴道通过。

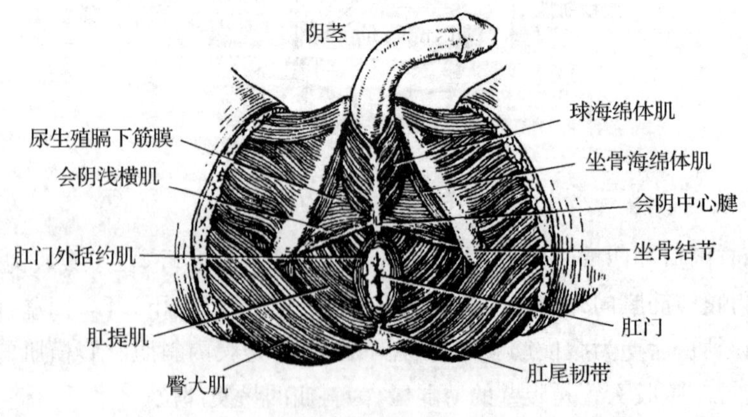

图2-59　男性会阴肌

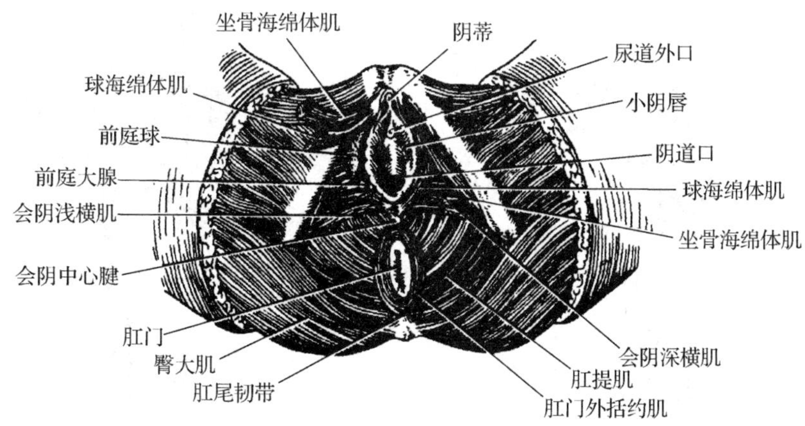

图 2-60　女性会阴肌

1)肛提肌

肛提肌呈漏斗形,封闭小骨盆下口的大部分。肛提肌起自小骨盆的前壁和外侧壁的内面,肌束向内、向后止于直肠壁、阴道壁和尾骨尖。肛提肌构成盆底,承托盆腔脏器,并对肛管、阴道有括约作用。

2)会阴深横肌

会阴深横肌位于小骨盆下口的前下部,肌束横行附着于两侧的坐骨支。

3)尿道括约肌

尿道括约肌位于会阴深横肌的前方,在男性环绕在尿道膜部周围,形成尿道膜部括约肌,在女性环绕尿道和阴道,称尿道阴道括约肌。

2.2.5　四肢肌

1. 上肢肌

上肢肌按部位分为上肢带肌、臂肌、前臂肌和手肌。

1)上肢带肌

上肢带肌配布在肩关节周围,均起自上肢带骨,止于肱骨(见图 2-61,图 2-62)。既能运动肩关节,又能增强肩关节的稳固性。

(1)三角肌:呈三角形,起自锁骨外侧段、肩峰和肩胛冈,从前、后和外侧三面包围肩关节,止于肱骨的三角肌粗隆。三角肌收缩时,主要使肩关节外展。三角肌是临床上肌内注射的常用部位(见图 2-63)。

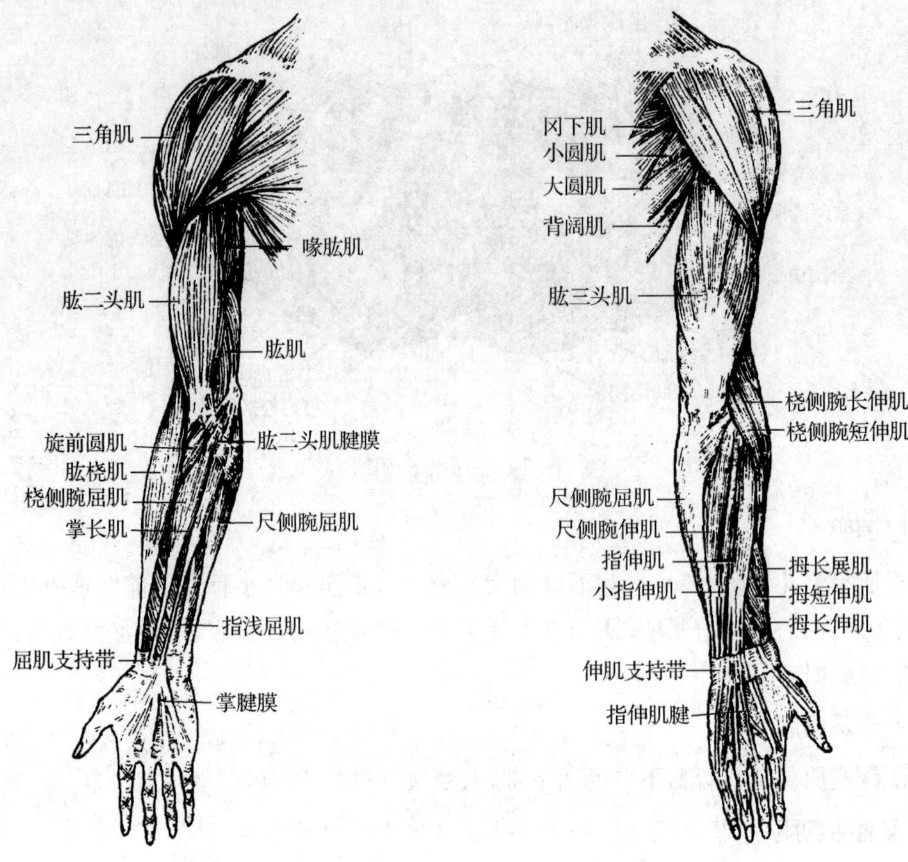

图 2-61　上肢前面浅层肌

图 2-62　上肢背面浅层肌

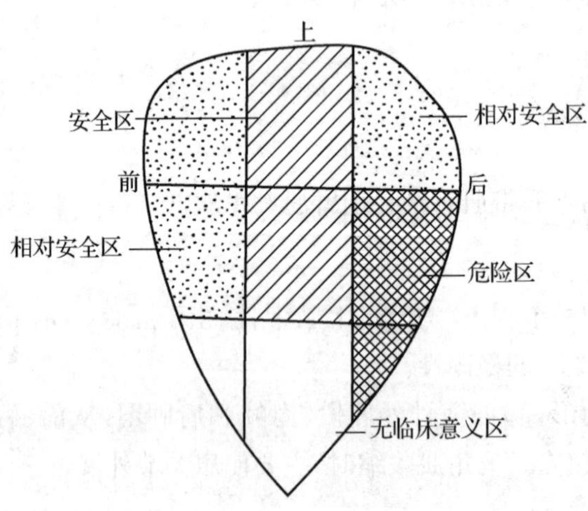

图 2-63　三角肌注射常用部位

三角肌注射术

三角肌安全注射部位多为中上2/3,此处肌质相对肥厚。注射时患者取坐位或卧位。注射针经过皮肤、浅筋膜、深筋膜至三角肌内。做三角肌注射时应注意以下几点:①三角肌不发达者不宜做肌肉注射,以免刺至骨面,造成折针,必要时可提捏起三角肌斜刺进针;②在三角肌区注射时,针尖勿向前内斜刺,以免伤及腋窝内的血管及臂丛神经;③在三角肌后区注射时,针头切勿向后下偏斜,以免损伤桡神经。

(2)冈上肌:位于肩胛骨冈上窝内,收缩时使肩关节外展。

(3)冈下肌:位于冈下窝内,收缩时使肩关节旋外。

(4)小圆肌:位于冈下肌的下方,收缩时使肩关节旋外。

(5)大圆肌:位于小圆肌的下方,收缩时使肩关节内收、旋内。

(6)肩胛下肌:位于肩胛下窝,收缩时使肩关节内收、旋内。

2)臂肌

臂肌覆盖肱骨,分前群的屈肌和后群的伸肌。

(1)前群:包括肱二头肌、喙肱肌和肱肌。肱二头肌位于臂前面浅层,呈梭形,起端有长、短两头,长头起自肩胛骨关节盂上结节,短头起自肩胛骨喙突,两头合并成一个肌腹下行,移行为肌腱止于桡骨粗隆。主要起到屈肘关节、协助屈肩关节的作用。喙肱肌在肱二头肌的内侧,作用为前屈和内收肩关节。肱肌位于肱二头肌下半的深面,其作用为屈肘关节。

(2)后群:为肱头三肌,长头起自肩胛骨盂下结节;外侧头和内侧头均起自肱骨背面。三头合成肌腹,以扁腱止于尺骨鹰嘴。主要作用是收缩时伸肘关节,其长头还可使肩关节后伸和内收。

3)前臂肌

前臂肌包绕尺骨和桡骨,分前、后两群。

(1)前群:共有9块,分浅、深两层。

浅层有6块,从桡侧向尺侧依次为肱桡肌、旋前圆肌、桡侧腕屈肌、掌长肌、指浅屈肌和尺侧腕屈肌。肱桡肌起自肱骨外上髁的上方,止于桡骨茎突,有屈肘作用。其余各肌均起自肱骨内上髁,以长腱分别止于桡骨、掌骨和指骨。掌长肌屈腕关节,指浅屈肌屈腕,屈掌指关节和近节指间关节,旋前圆肌、桡侧腕屈肌和尺侧腕屈肌作用与名称一致。

深层有3块,即拇长屈肌、指深屈肌、旋前方肌。拇长屈肌和指深屈肌除屈腕、屈掌指关节外,拇长屈肌还可屈拇指,指深屈肌可屈2～5指各节。旋前方肌使前臂旋前。

(2)后群:共有10块,分浅、深两层。

浅层有5块,由桡侧向尺侧,依次为桡侧腕长伸肌、桡侧腕短伸肌、指伸肌、小指伸肌和尺侧腕伸肌,各肌的功能与名称一致。深层也有5块,从上到下,由桡侧向尺侧依次为旋后肌、拇长展肌,拇短伸肌、拇长伸肌和示指伸肌,各肌的作用与名称一致。

4)手肌

手肌全部位于手的掌侧面，主要运动手指，分外侧群、内侧群和中间群。外侧群位于拇指侧，形成明显的隆起，称大鱼际。内侧群位于小指侧，形成手掌小指侧的隆起，称小鱼际。中间群位于掌心和掌骨之间，包括 4 块蚓状肌和 7 块骨间肌。

2. 下肢肌

下肢肌按部位分为髋肌、大腿肌、小腿肌和足肌。

1)髋肌

髋肌分布于髋关节周围，主要运动髋关节。分前、后两群。

(1)前群：包括髂腰肌和阔筋膜张肌(见图 2-64)。髂腰肌由腰大肌和髂肌结合而成，作用是屈髋关节并可外旋大腿，当下肢固定时，可前屈躯干。阔筋膜张肌位于股骨上部前侧，可起到紧张阔筋膜和屈髋关节的作用。

(2)后群：又称臀肌，包括臀大肌、臀中肌、臀小肌和梨状肌等。臀大肌(见图 2-65)起自髂骨翼外面和骶骨后面，斜向下外，止于髂胫束和股骨的臀肌粗隆。其主要作用为后伸和外旋髋关节，并在人体直立时防止身体前倾，维持身体平衡。臀大肌宽厚，和皮下组织形成臀部隆起，在臀部外上 1/4 处为临床常用的肌内注射部位。臀中肌位于臀大肌的深面，臀小肌位于臀中肌的深面，两肌均起于髂骨翼外面，止于股骨大转子。两肌共同使髋关节外展。梨状肌(见图 2-66)起自骶骨的前面，向外经坐骨大孔出骨盆入臀部，止于股骨大转子的顶部。可使髋关节外展和外旋。

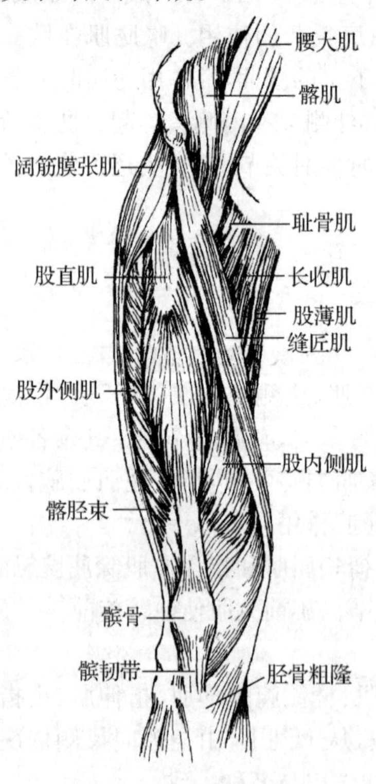

图 2-64　大腿前群肌

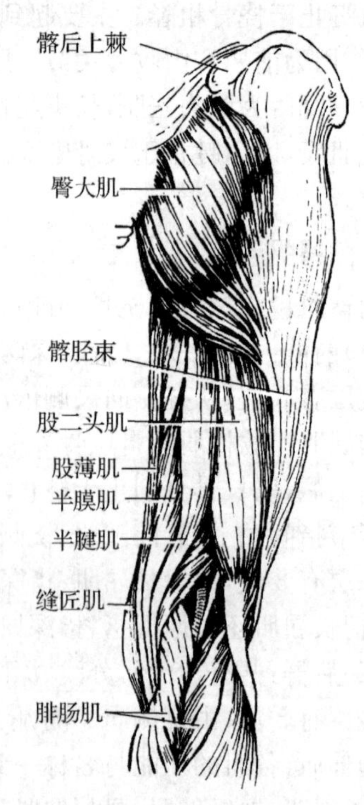

图 2-65　臀部浅层肌和大腿后群肌

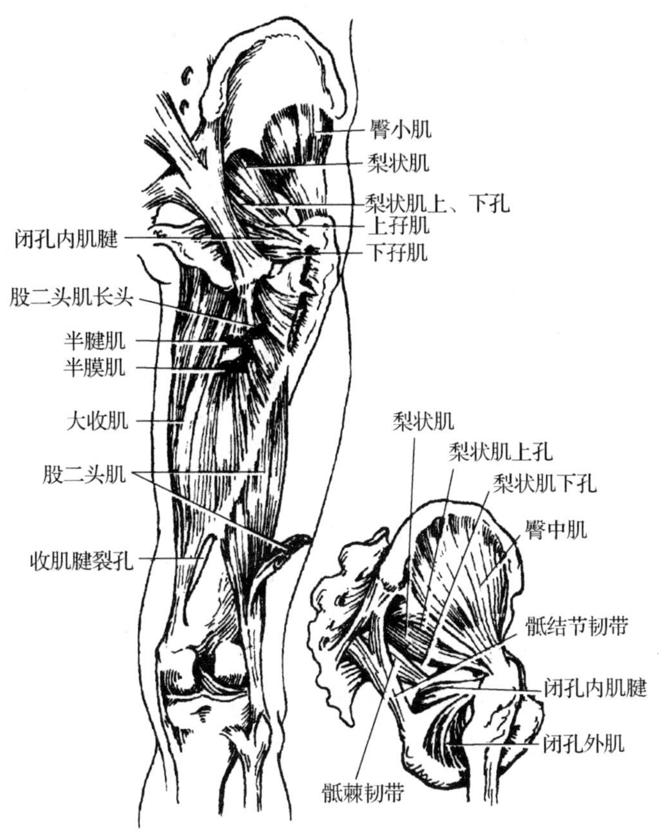

图 2-66 臀部深层肌

坐骨大孔被梨状肌分隔为梨状肌上孔和梨状肌下孔，孔内有血管、神经通过。

臀大肌注射术

臀大肌注射区的定位方法一般有两种，一是十字法：从臀裂顶点向外画一水平横线，再通过髂嵴最高点向下作一垂线，两线十字交叉，将臀区分为四区。臀部外上 1/4 区为臀肌注射最佳部位；二是连线法：将髂前上棘至骶尾连结处作一连线，将此线分为三等分，其外上 1/3 为注射区。注射时，患者多取侧卧位，下方的腿微弯曲，上方的腿自然伸直，或取俯卧位，足尖相对，足跟分开，亦可取坐位。选准注射部位，术者左手绷紧注射区皮肤，右手持注射器，使针头与皮肤垂直，快速刺入 2.5～3.0 cm，注射针依次穿经皮肤、浅筋膜、臀肌筋膜至臀大肌。臀大肌注射术注意事项如下。

(1)选准注射部位，防止损伤大神经及血管，用十字法选区时，因臀外上 1/4 区的内下角靠近臀下血管、神经及坐骨神经，故选注射点时应避开此区的内下角，为避免损伤血管、大神经，进针时针尖勿向下倾斜。

(2)防止折针，因臀大肌发达，在肌肉紧张时易发生折针。预防折针的方法是在肌肉松弛的情况下快速进针，针梗应垂直刺入，不可在肌肉内撬动及改变方向。为确保安全，切勿将针梗全部刺入，一般针梗的 1/3 应保留在体外，以防针梗从根部焊接处折断。万一折断，应保持局部与肢体不动，速用止血钳夹住断端取出。

(3)注意并针深度，注射的深度因人而异，因臀区皮下组织较厚，成年人臀大肌注射时针梗不应短于 4.5 cm，注射过浅或针尖达不到肌肉时，易引起皮下硬结及疼痛。

(4)婴儿不宜做臀肌注射，婴儿臀区较小，肌肉不发达，不宜做臀肌注射。小儿开始行走后臀肌逐渐发达，方可用于注射。

(5)防止药液直接入血，进针后应回抽活塞，无回血后方可注射。

2)大腿肌

大腿肌位于股骨周围，分为前群、内侧群和后群。

(1)前群：位于大腿前面，有缝匠肌和股四头肌。缝匠肌呈扁带状，是人体最长的肌，起自髂前上棘，斜向内下方，经膝关节内侧，止于胫骨上端内侧面，其作用为屈髋关节和屈膝关节。股四头肌是全身中体积最大的肌，该肌有四个头，分别称为股直肌、股内侧肌、股外侧肌和股中间肌。除股直肌起于髂前下棘外，其余均起自股骨，四个头合并向下移行为肌腱，包绕髌骨的前面和两侧，并下延为髌韧带，止于胫骨粗隆。其作用为伸膝关节，股直肌还可屈髋关节。

(2)内侧群：共有 5 块肌，位于大腿的内侧，分三层排列。该肌群浅层自外向内有耻骨肌、长收肌和股薄肌。在耻骨肌和长收肌的深面有短收肌。在上述肌的深面有一块呈三角形宽而厚的大收肌。内收肌群均起自闭孔周围的耻骨支、坐骨支和坐骨结节等骨面。内侧群肌的作用主要是使大腿内收和外旋。

(3)后群：位于股骨后方，包括股二头肌、半腱肌和半膜肌。股二头肌位于股后部的外侧，有长、短两头。长头起自坐骨结节，短头起自股骨粗线，两头合并以长腱止于腓骨头。半腱肌位于股后部的内侧，肌腱细长，几乎占肌的一半。它与股二头肌长头一同起自坐骨结节，止于胫骨上端的内侧。半膜肌在半腱肌的深面，以膜状扁腱起自坐骨结节。膜状腱膜几乎占肌全长的 1/2，下端止于胫骨内侧髁。大腿后群肌可以屈膝关节，伸髋关节。当半屈膝位时，股二头肌可使小腿旋外，半腱肌和半膜肌可使小腿旋内。

3)小腿肌

小腿肌位于胫、腓骨周围，分为前群、后群和外侧群(见图 2-67)。

(1)前群：位于小腿前面，有三块肌，从胫侧向腓侧依次为胫骨前肌、䠃长伸肌和趾长伸肌。三肌均可伸(背屈)踝关节，趾长伸肌和䠃长伸肌还分别伸第 2～5 足趾和䠃趾，胫骨前肌还可使足内翻。

(2)外侧群：位于小腿外侧，包括腓骨长肌和腓骨短肌，二肌可使足外翻，并使踝关节跖屈。

(3)后群：位于小腿后方，分为浅层和深层(见图 2-68)。

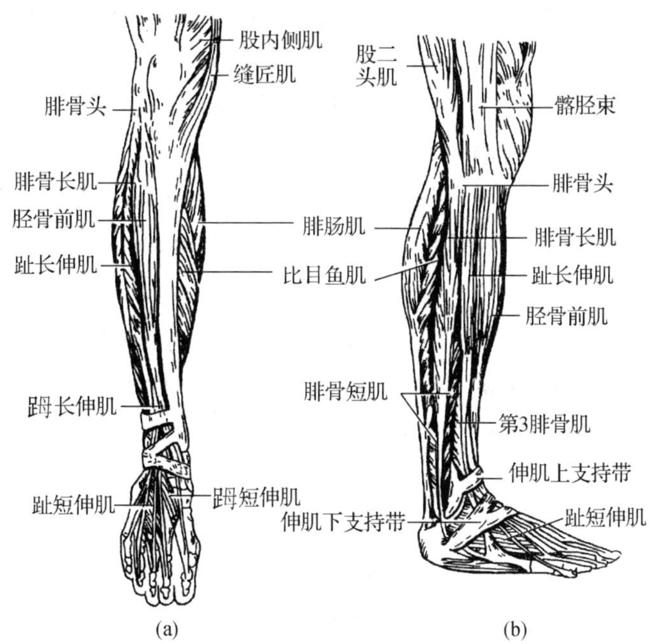

图 2-67 小腿前、外侧群肌

(a)前群 (b)外侧群

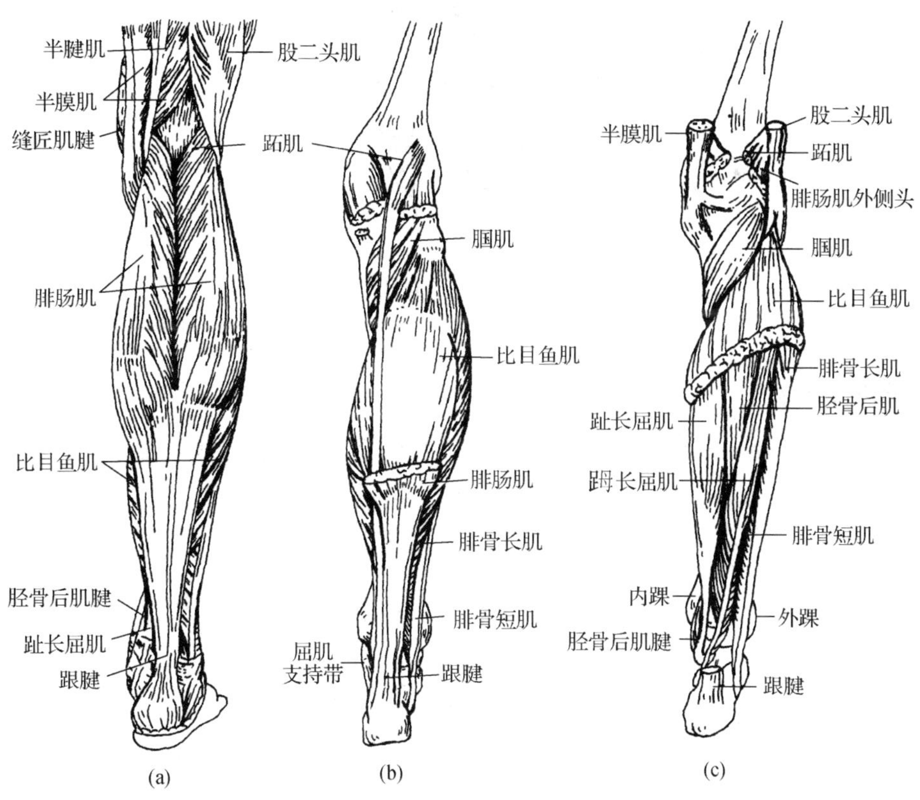

图 2-68 小腿后群肌

(a)浅层 (b)中层 (c)深层

浅层有腓肠肌和比目鱼肌两肌合称为小腿三头肌。腓肠肌以内、外侧头分别起自股骨内、外侧髁上面;深面的比目鱼肌起自胫、腓骨上端的后面,两肌在小腿中部会合并移行为粗大的跟腱,止于跟骨结节。小腿三头肌可跖屈踝关节,屈小腿和上提足跟。站立时,能固定踝关节和膝关节,以防止身体前倾。

深层自胫侧向腓侧依次为趾长屈肌、胫骨后肌和𧿹长屈肌。胫骨后肌可跖屈踝关节和使足内翻;趾长屈肌、𧿹长屈肌分别屈相应的足趾,并使足跖屈。

4)足肌

足肌分为足背肌和足底肌。足背肌包括𧿹短伸肌和趾短伸肌,助伸趾。足底肌的配布和作用与手肌相似,也可分为内侧群、外侧群和中间群,但缺乏对掌肌。另外还有趾短屈肌和足底方肌,有屈足趾和维持足弓的作用(见图 2-69)。

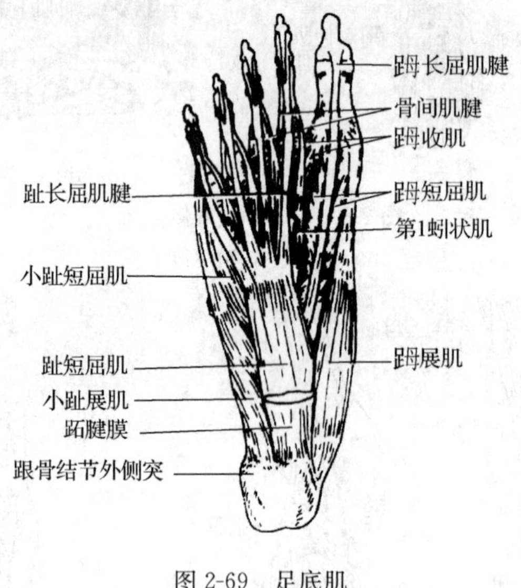

图 2-69　足底肌

拓展与思考

1. 临床常见的颞下颌关节脱位、肩关节脱位及桡骨小头半脱位怎样进行手法复位?

2. 除了三角肌、臀大肌外,还有哪些肌肉可用作注射药物?

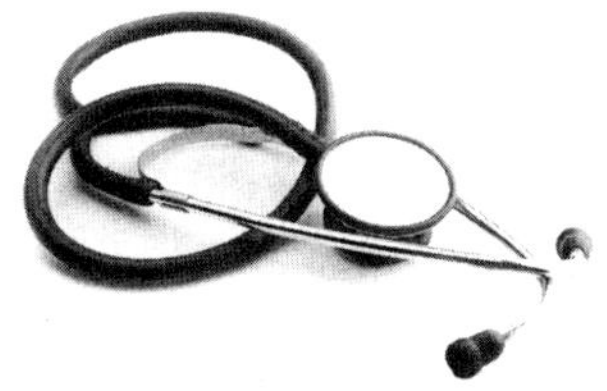

第3章 消化系统

消化系统由消化管和消化腺组成，其基本生理功能是摄取、转运、消化食物和吸收营养、排泄代谢废物。掌握消化系统的基本结构有助于临床上对患者相关症状的判断和鉴别。腹膜与腹腔内的消化管和消化腺关系密切，故在本章讲述。

护理操作要求

1. 选择正确的方法经鼻腔或口腔插管入胃、十二指肠，准确掌握插管深度，注意插管过程中经过的狭窄部位。正确选择腹膜腔穿刺的部位，掌握进针的角度和深度，掌握穿刺层次。

2. 选择正确的体位插管至直肠，掌握直肠插管深度和灌肠液容量。

正常人体结构问题

消化系统由哪些器官构成？腹膜腔与腹腔有什么区别？临床上进行胃肠道插管技术操作和腹膜腔穿刺术的人体结构基础是什么？

3.1 概　　述

3.1.1 消化系统的组成

消化系统由消化管和消化腺两部分组成(见图3-1)。消化管长而迂曲，包括口腔、咽、食管、胃、小肠(十二指肠、空肠和回肠)和大肠(盲肠、阑尾、结肠、直肠和肛管)。临床上常把从口腔到十二指肠这段消化管称为上消化道，空肠以下的消化管称为下消化道。消化腺的主要作用为分泌消化液，包括口腔腺、肝、胰及消化管壁内的小腺体，它们都开口于消化管。消化系统的主要功能是消化食物、吸收营养物质和排出食物残渣。

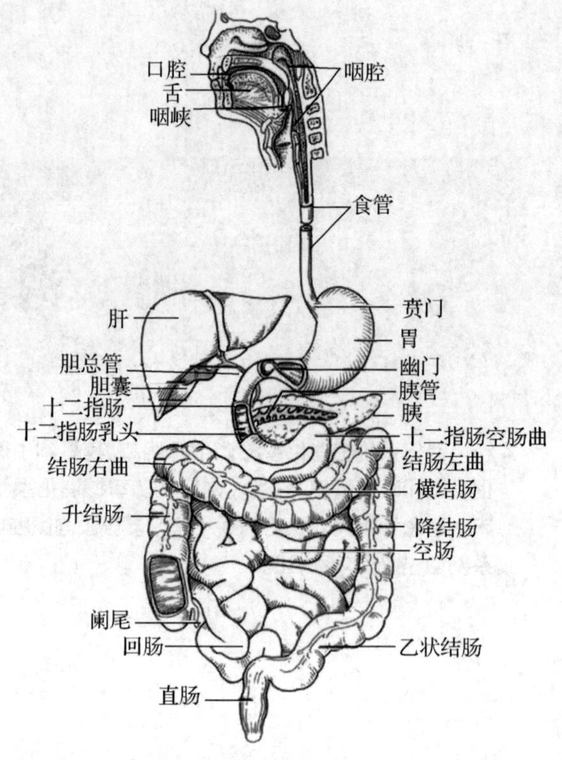

图 3-1 消化系统概观

3.1.2 胸部标志线和腹部分区

为了便于描述各器官的位置和体表投影，通常在胸部和腹部体表确定若干标志线，将腹部分成若干区域(见图 3-2)。

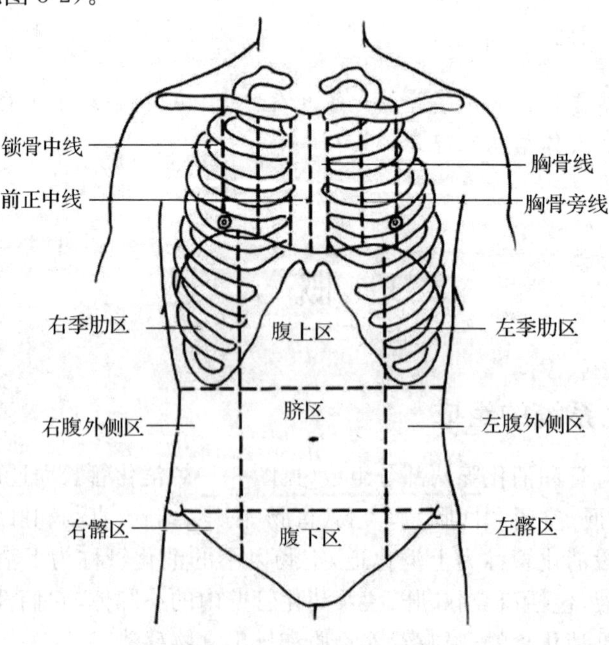

图 3-2 胸部标志线和腹部分区

1. 胸部的标志线

(1)前正中线:沿人体前面正中线所作的垂直线。

(2)胸骨线:沿胸骨最宽处外侧缘所作的垂直线。

(3)锁骨中线:通过锁骨中点所作的垂直线。

(4)腋前线:沿腋前襞向下所作的垂直线。

(5)腋后线:沿腋后襞向下所作的垂直线。

(6)腋中线:通过腋前线和腋后线之间的中点所作的垂直线。

(7)肩胛线:经肩胛骨下角所作的垂直线。

(8)后正中线:沿人体后面正中线所作的垂直线。

2. 腹部的分区

通常用两条横线和两条纵线,将腹部分为 9 个区。两条横线分别是两侧肋弓最低点之间的连线和两侧髂结节之间的连线;两条纵线分别是通过左、右腹股沟韧带中点所作的垂线。以此将腹部分成 9 个区,即左季肋区、腹上区、右季肋区、左腹外侧(腰)区、脐区、右腹外侧(腰)区、左腹股沟区、腹下(耻)区和右腹股沟区。

临床工作中还常用到以前正中线和通过脐的水平线,将腹部分为左上腹部、右上腹部、左下腹部、右下腹部 4 个区的分区方法。

3.2 消　化　管

3.2.1 消化管壁的一般结构

除口腔与咽外,消化管壁由内向外分为黏膜、黏膜下层、肌层与外膜四层结构(见图 3-3)。

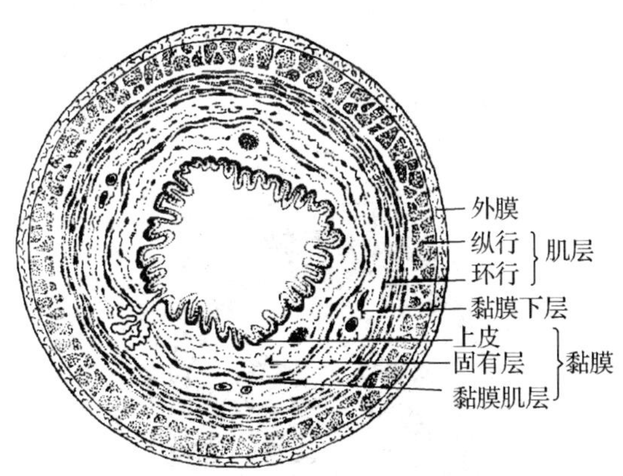

图 3-3　消化管壁一般结构模式图

1. 黏膜

黏膜位于管壁最内层,功能重要,结构差异大。由上皮、固有层和黏膜肌层组成,是消化管进行消化、吸收的重要结构。

1)上皮

胃、小肠和大肠的上皮为单层柱状上皮,以消化、吸收功能为主。口腔、咽、食管和肛门为复层扁平上皮,以保护功能为主。

2)固有层

固有层位于上皮下,由疏松结缔组织组成,内含毛细血管、神经和淋巴组织。胃、肠固有层内还有小消化腺,开口于上皮。

3)黏膜肌层

黏膜肌层位于固有层下,由 1～2 层平滑肌组成。其舒缩可促进固有层内腺体分泌物的排出和血液、淋巴的运行,利于食物消化和营养物质的吸收。

2. 黏膜下层

由疏松缔组织构成,内含小血管、淋巴管和黏膜下神经丛。在食管及十二指肠的黏膜下层内分别有食管腺和十二指肠腺。在消化管的某些部位,黏膜与黏膜下层共同向管腔内突起,形成纵行或环行的皱襞,扩大了黏膜的表面积。

3. 肌层

一般由内侧的环形肌和外侧的纵形肌两层构成,肌层间有肌间神经丛。除口腔、咽、食管上段与肛门外括约肌为骨骼肌外,消化管肌层其余部分均为平滑肌。

4. 外膜

在食管和直肠下部等处的外膜由薄层结缔组织构成,称纤维膜。其余大部分消化管的外膜由结缔组织及表面的间皮共同构成,称浆膜,其表面光滑,可在器官活动时减少摩擦。

3.2.2 口腔

口腔是消化管的起始部,前借口裂与外界相通,后经咽峡通咽腔。口腔的上壁为腭,以此与鼻腔分界,下壁为口腔底,前壁为上、下唇,后为咽峡,侧壁为颊(见图 3-4)。口腔以上、下牙弓为界分为前方的口腔前庭和后方的固有口腔。

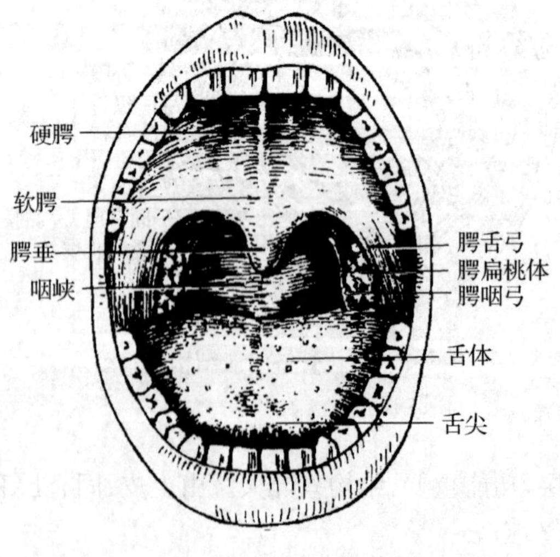

图 3-4 口腔与咽峡

1. 口唇

口唇是由口轮匝肌外覆皮肤和皮下组织、内衬黏膜而成。口唇分为上唇和下唇，两唇之间的裂隙称口裂，两侧结合处为口角。上唇外面正中有一纵行浅沟，称人中。上唇两侧以弧形的鼻唇沟与颊分界。上、下两唇的游离缘含有丰富的毛细血管，呈红色，当机体缺氧时，可变为暗红色至紫色，临床称紫绀。

2. 颊

颊位于口腔两侧，由颊肌外覆皮肤及内衬黏膜构成。腮腺导管在平对上颌第二磨牙牙冠的颊黏膜处有开口。

3. 腭

腭是口腔的上壁，分隔鼻腔和口腔。腭的前 2/3 以骨腭为基础，称硬腭；后 1/3 由骨骼肌被覆黏膜构成，称软腭。软腭斜向后下，后部正中部有垂向下方的乳头状突起，称腭垂或悬雍垂。软腭两侧各有一对黏膜皱襞：前方的称腭舌弓，后方的称腭咽弓。腭垂、软腭的游离缘，两侧的腭舌弓和舌根共同围成咽峡，咽峡是口腔与咽的分界。

4. 牙

牙是人体最坚硬的器官，嵌在上、下颌骨的牙槽内，分别排列成上牙弓和下牙弓。

1)牙的形态和结构

牙分牙冠、牙颈、牙根三部分。牙冠露于口腔内；牙根嵌于牙槽内；牙颈介于牙冠和牙根之间(见图 3-5)。牙主要由牙质、釉质、牙骨质和牙髓构成。牙质构成牙的大部分。牙冠部牙质的表面覆有釉质；在牙颈、牙根的牙质表面包有牙骨质。牙的中央有一空腔，称牙腔或牙髓腔，腔内容纳牙髓。牙髓由结缔组织、神经、血管和淋巴管组成。贯穿牙根的小管，称为牙根管。牙根尖端有牙根尖孔，牙腔借牙根管经牙根尖孔与牙槽相通。

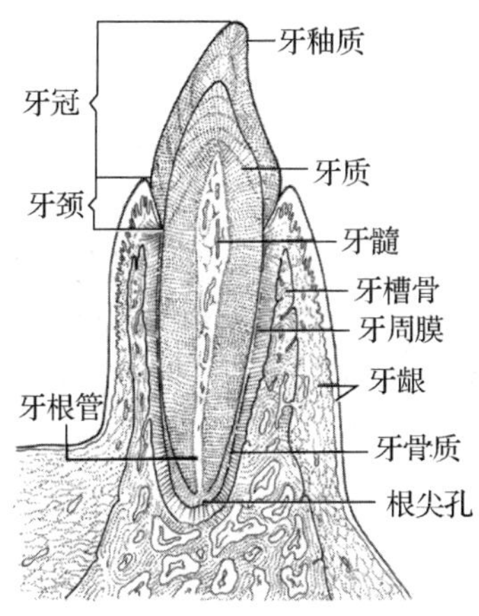

图 3-5　牙的形态结构模式图

2)牙的分类

人的牙齿按萌出先后，可分为乳牙(见图 3-6)和恒牙(见图 3-7)。乳牙是在生后 6 个月开始萌出，6～7 岁开始脱落，共 20 个；恒牙是在 6～7 岁开始萌出，替代乳牙，其中第三磨牙，又称迟牙或智牙，一般在17～25岁才萌出，有的人可能萌出时间更迟甚至终生不出。所以，恒牙数在28～32个。牙按其功能，可分为具有咬切功能的切牙、具有撕裂功能的尖牙和具有磨碎作用的前磨牙和磨牙。

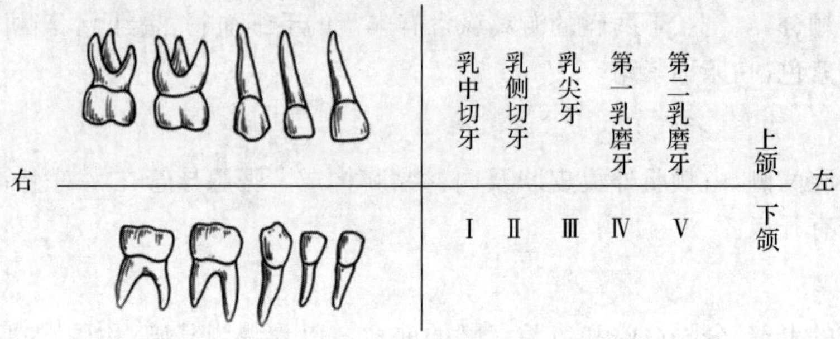

图3-6 乳牙的名称与位置排列

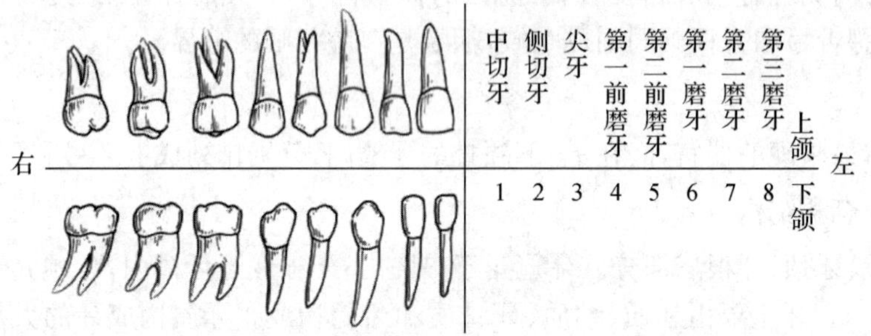

图3-7 恒牙的名称与位置排列

3)牙的排列

临床上为了记录方便，乳牙的牙式排列常以罗马数字表示，恒牙的牙式排列常以阿拉伯数字表示。以横线表示上、下牙列的分界，以纵线表示左、右侧的分界。例如5|表示右上颌第二前磨牙，依此类推。

4)牙周组织

牙周组织位于牙的周围，对牙具有保护、支持和固定的作用，包括牙槽骨、牙周膜和牙龈三部分。牙槽骨即构成牙槽的骨质，牙周膜是连于牙根与牙槽骨之间的致密结缔组织，牙龈是覆盖在牙槽弓和牙颈表面的口腔黏膜，富含血管，色淡红，与牙槽骨的骨膜连接紧密。

5. 舌

舌由骨骼肌被覆黏膜构成，有协助咀嚼、搅拌、吞咽食物，感受味觉和辅助发音等功能。

1)舌的形态

舌以上面“∧”形的界沟为界，将舌分为前2/3的舌体和后1/3的舌根两部分。舌体的前端较窄，称舌尖。舌的上面，称舌背(见图3-8)。

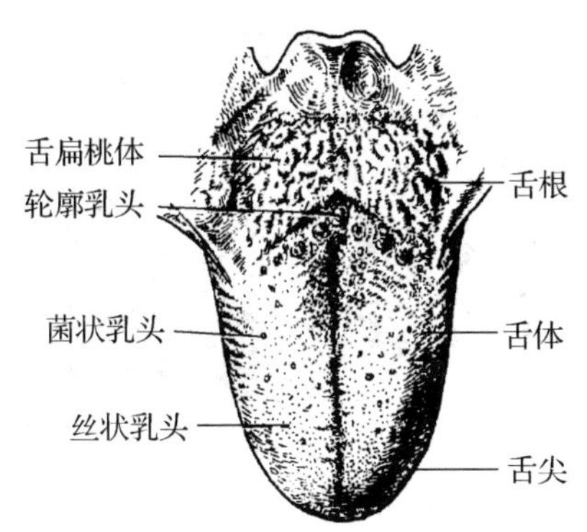

图 3-8　舌背面结构图

2)舌黏膜

舌黏膜呈淡红色，在舌体背面的黏膜有许多乳突状小突起，称舌乳头。舌乳头主要有丝状乳头、菌状乳头、叶状乳头和轮廓乳头：①丝状乳头遍布于舌背前2/3，呈白色丝绒状，具有感受触觉的功能；②菌状乳头外观呈红色，散在于丝状乳头之间；③叶状乳头位于舌侧缘的后部腭，舌弓前方，小儿常见；④轮廓乳头位于舌体的后部界沟的前方。菌状乳头和轮廓乳头内均含有味觉感受器，称味蕾，具有感受酸、甜、苦、咸等味觉功能。舌背根部的黏膜内，有许多丘状隆起，其深部有淋巴组织构成的结节，称舌扁桃体。

舌下面(见图3-9)黏膜在舌的中线上形成一皱襞，向下连于口底，称舌系带。舌系带根部的两侧有1对小圆形隆起，称舌下阜。舌下阜向口腔底外侧延续为舌下襞，其深面有舌下腺。

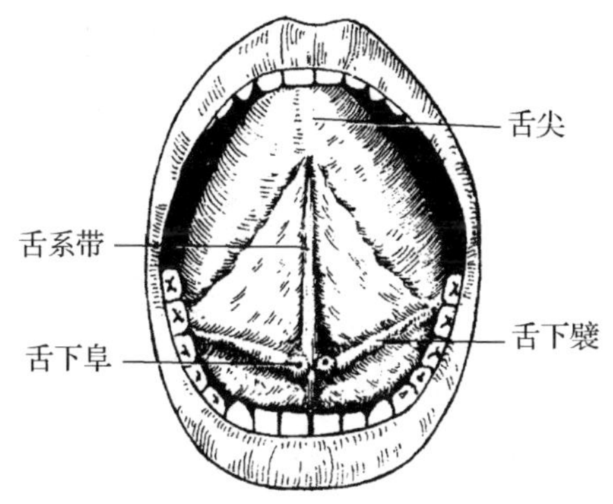

图 3-9　口腔底及舌下面观

3)舌肌

舌肌为骨骼肌，分舌内肌和舌外肌两部分。舌内肌的起、止点均在舌内，构成舌的主体，肌束呈纵、横、垂直三个方向排列，其共同作用是收缩时可改变舌的形态。舌外肌起自舌外止于舌内，主要有颏舌肌(见图3-10)，它是一对强有力的肌，起自下颌体后面的颏棘，肌纤维呈扇形向后上方止于舌正中线两侧，两侧同时收缩使舌前伸，一侧收缩使舌尖伸向对侧。

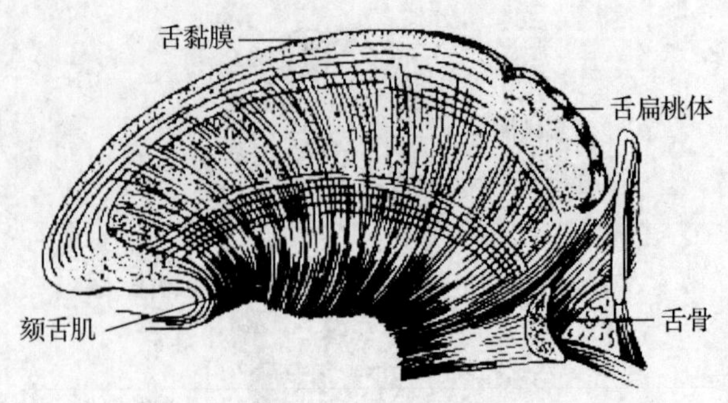

图 3-10　舌正中矢状面示意图

6. 口腔腺

口腔腺又称唾液腺，位于口腔周围，具有分泌唾液、湿润和清洁口腔黏膜、混合和消化食物等作用。唾液腺主要有三对：腮腺、下颌下腺和舌下腺（见图 3-11）。

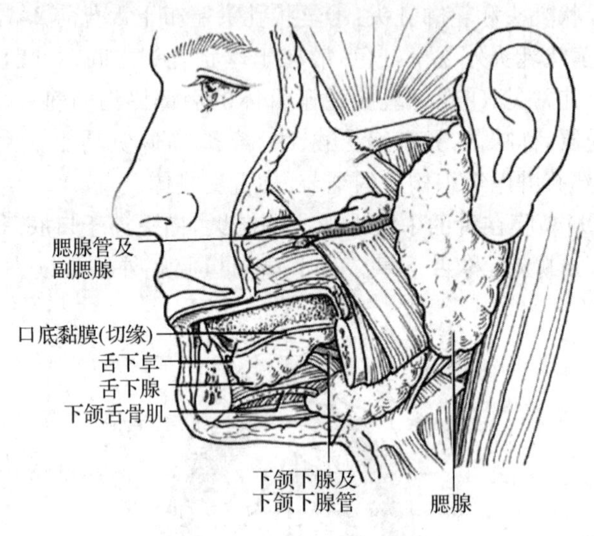

图 3-11　口腔腺

1)腮腺

腮腺略呈三角形，位于耳郭的前下方、下颌支与胸锁乳突肌之间。腮腺导管从腮腺前缘穿出，在颧弓下方一横指处，横过咬肌表面，在咬肌前缘处以直角转向内，穿过颊部，开口于平对上颌第二磨牙的颊黏膜处。

2)下颌下腺

下颌下腺位于下颌骨体深面的下颌下腺窝内，略呈卵圆形，其导管自内侧面发出，沿舌下腺内侧前行，开口于舌下阜。

3)舌下腺

舌下腺比较小，位于舌下襞的深面，其导管有大、小两种，大导管仅有一条开口于舌下阜，小导管约 10 条，开口于舌下襞表面。

3.2.3 咽

咽是呼吸道和消化道的共同通道(见图 3-12)。为上宽下窄前后略扁的肌性管道,位于第 1～6 颈椎前方,上起于颅底,下至第 6 颈椎体下缘处与食管相续,长约 12 cm。咽的后壁与颈椎的椎前筋膜相连,两侧与颈部大血管和神经相邻,前壁不完整,分别与鼻腔、口腔和喉腔相通,因此,咽腔依其位置自上而下分为鼻咽、口咽和喉咽三部分。

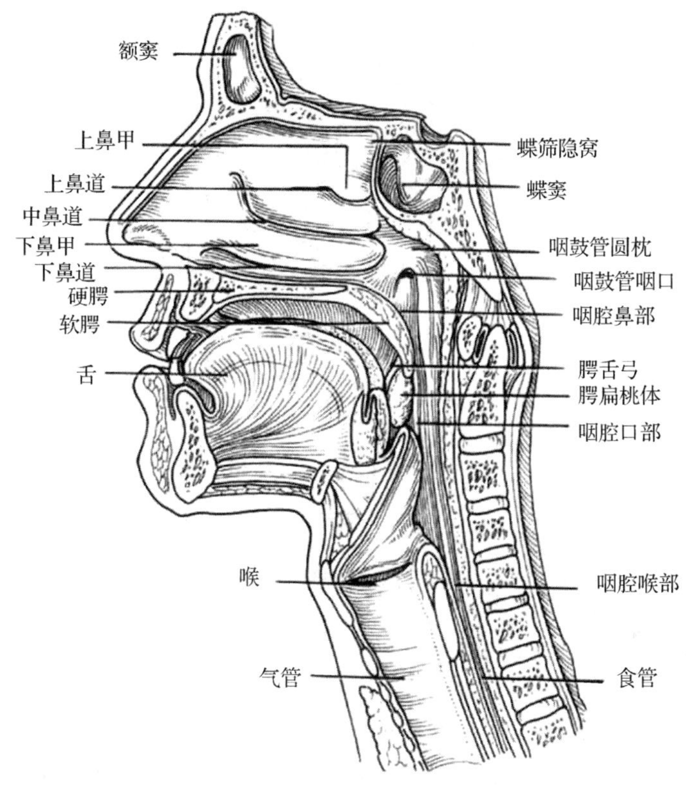

图 3-12 咽的正中矢切面

1. 鼻咽

鼻咽介于颅底与软腭平面之间,向前经鼻后孔与鼻腔相通。在鼻咽的两侧壁,下鼻甲后方约 1 cm 处,有咽鼓管咽口,鼻咽腔经此口与中耳鼓室相通。咽鼓管咽口的前、上、后方形成明显的隆起,称咽鼓管圆枕,它是寻找咽鼓管咽口的标志。咽鼓管圆枕后方与咽后壁之间有一纵行凹陷,称咽隐窝,是鼻咽癌的好发部位。鼻咽顶壁后部黏膜下有丰富的淋巴组织,称咽扁桃体,婴幼儿时期发达,10 岁后几乎完全退化。

2. 口咽

口咽位于软腭与会厌上缘平面之间,口腔后方的咽腔部分。上通鼻咽,下通喉咽。向前经咽峡与口腔相通。外侧壁上腭舌弓与腭咽弓之间有一凹陷称扁桃体窝,容纳腭扁桃体。腭扁桃体主要由淋巴组织构成,呈卵圆形,内侧面朝向咽腔,表面被覆黏膜。黏膜上皮向深部陷入形成许多小凹,是食物残渣、脓液易于滞留的部位。

舌扁桃体、腭扁桃体、咽扁桃体等共同围成咽淋巴环，是消化道和呼吸道上端的重要防御结构。

3. 喉咽

喉咽位于会厌上缘与第 6 颈椎下缘平面之间，喉腔后方的部分。喉咽向前经喉口与喉腔相通，向下通食管。在喉口的两侧与咽侧壁之间各有一个深窝，称梨状隐窝，常为异物滞留的部位(见图 3-13)。

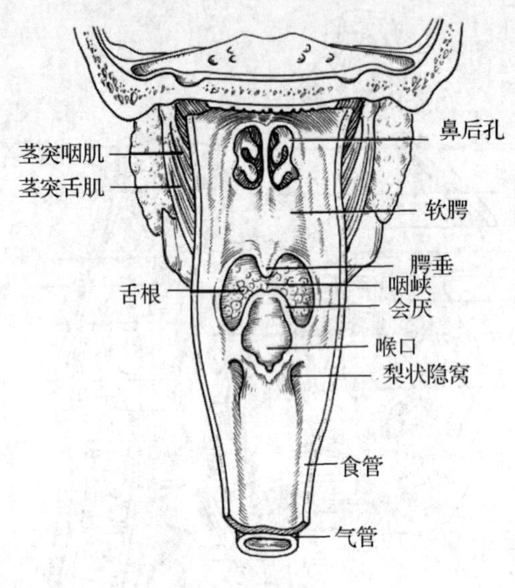

图 3-13　咽后面观

3.2.4　食管

1. 食管的位置、分部和毗邻

食管为扁长的肌性管道，上端在第 6 颈椎下缘与咽相接，沿脊柱前面下行，约平第 10 胸椎体的左侧，穿膈的食管裂孔进入腹腔，与胃的贲门相续，全长约 25 cm。食管依其所在部位，分为颈、胸、腹三部(见图 3-14)。颈部较短，自起始端至胸骨颈静脉切迹平面，长约5 cm，其前壁与气管相贴，后与脊柱相邻，两侧有甲状腺侧叶和颈部大血管；胸部较长，位于胸骨颈静脉切迹平面至膈的食管裂孔，长约 18～20 cm，其前方自上而下依次与气管、左主支气管和心包相邻，后与脊柱相邻，上部位于胸主动脉右侧，下部逐渐转向胸主动脉前方；腹部最短，自膈的食管裂孔至胃的贲门，长仅 1～2 cm，其前与肝左叶相邻。

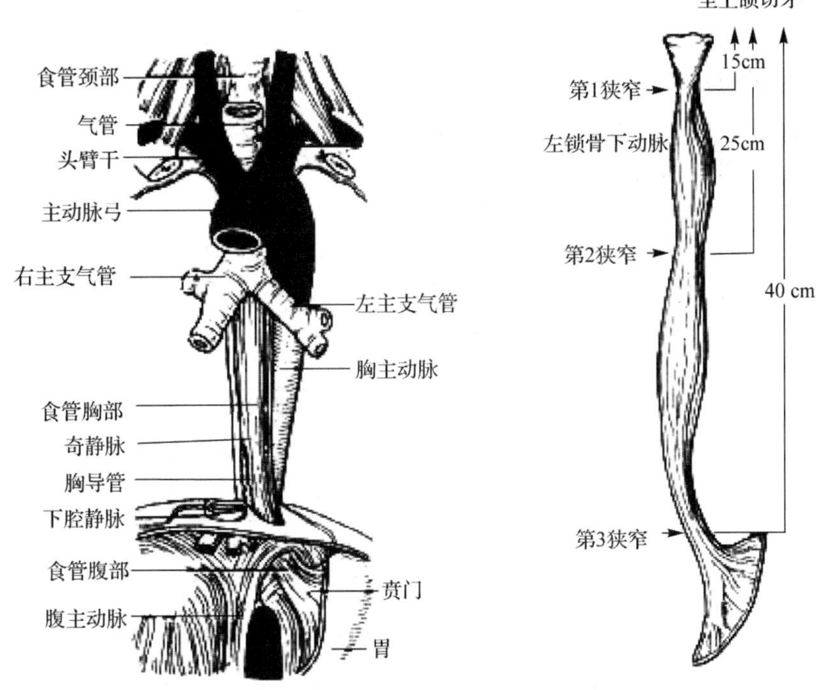

图 3-14　食管的位置和 3 个狭窄

2. 食管的狭窄

食管的全长有三处狭窄：第一处狭窄位于食管的起始处，距中切牙约 15 cm；第二处狭窄位于食管与左主支气管交叉处，相当于胸骨角水平，距中切牙约 25 cm；第三处狭窄位于食管穿过膈的食管裂孔处，相当于第 10 胸椎水平，距中切牙约 40 cm。这些狭窄是异物易停留的地方，也是食管癌的好发部位，尤以第二处狭窄为甚。

3. 食管的组织结构

食管具有消化管典型的四层结构（见图 3-15），其黏膜向腔内突起形成数条纵行的皱襞，以利食物通过时扩张。食管黏膜上皮为复层扁平上皮，对深层结构有保护作用。黏膜下层含有血管、神经丛、淋巴管和大量食管腺。肌层在食管各段分布不同，其上段为骨骼肌，中段由骨骼肌与平滑肌混合组成，下段为平滑肌。外膜大部分为纤维膜，食管腹部为浆膜。

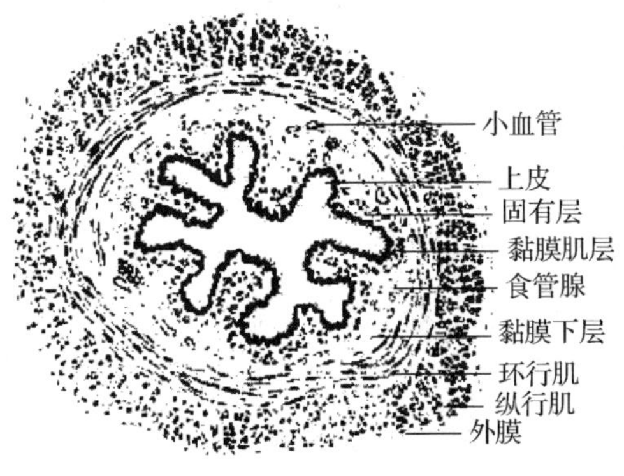

图 3-15　食管的组织结构

3.2.5 胃

1. 胃的形态和分部

胃是消化管中最膨大的部分，可暂时储存食物，将食物与胃液混合形成食糜，并能初步消化蛋白质，吸收部分水、无机盐和醇类。

胃有两壁、两口和两缘。两壁：前壁和后壁。两口：入口称贲门，与食管相续；出口称幽门，与十二指肠相接。在幽门的前方可见清晰的幽门前静脉，是手术时确认幽门的重要标志。两缘：上缘凹而短，朝向右上方，称胃小弯，其最低处弯曲成角状称角切迹；下缘凸而长，朝向左下方，称胃大弯(见图 3-16)。

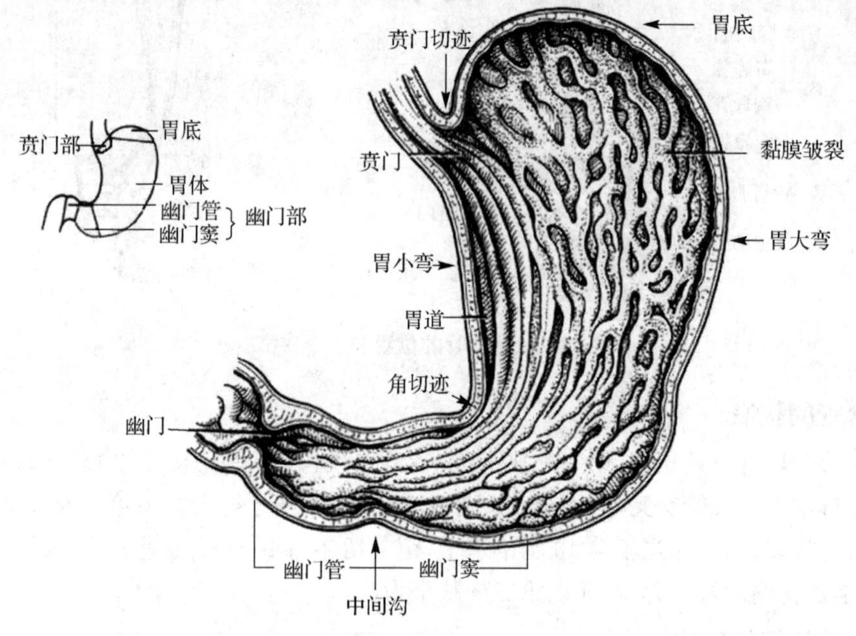

图 3-16　胃的形态和分部

胃可分为四部：①贲门部：在贲门附近，与其他部无明显界限；②胃底：指贲门平面以上，向左上方膨出的部分；③胃体：指胃底与角切迹之间的部分；④幽门部：自角切迹向右至幽门(临床常称此部为胃窦)。幽门部的大弯侧有一不太明显的浅沟称中间沟，此沟把幽门部又分为左侧的幽门窦和右侧的幽门管。幽门窦近胃小弯处是胃溃疡和胃癌的易发部位。

胃插管术

胃插管术是经口腔或鼻腔入路，将导管经咽、食管插入胃内，主要用于洗胃、鼻饲、抽取胃液及胃肠减压等。根据患者情况选择经口腔或鼻腔插管。经鼻腔插管可避免张口疲劳，因无咽部刺激可减少恶心、呕吐，故临床较常用。插管依次经口(或鼻)、咽、食管进入胃。经口腔插胃管时，若患者牙关紧闭，应从第三磨牙后方的间隙插入。插胃管要严格掌握适应证和禁忌证，做好充分准备。插管长度成人插胃管一般 45～55 cm，婴幼儿为 14～18 cm；临床上一般以患者发际线到剑突的距离来估算插胃管的长度。经鼻插管时，先沿选定的鼻孔插入胃管，稍向上而后平行再向后下缓慢轻轻地插入，缓慢插入到咽喉部(14～16 cm)，嘱患者做吞咽动作，当患者吞咽时顺势将胃管向前推进，直至预定长度。初步固定胃管，检查胃管是否在胃内。通常在胃管插入到预定长度时，就用 20 mL 或 30 mL 的空针回抽，看是否有胃液，昏迷患者插管时，应将患者头向后仰，当胃管插入约 15 cm(会厌部)时，左手托起头部，使下颌靠近胸骨柄，加大咽部通道的弧度，使管端沿后壁滑行，插至所需长度。

2. 胃的位置和毗邻

胃的位置随体位、胃的充盈程度和体型的不同而有所变化。平卧位和中等充盈时，胃大部分位于左季肋区，小部分位于腹上区(见图 3-17)。胃前壁的右侧份与肝左叶相邻，左侧份与膈相邻，并为左肋弓所遮掩；中间部在剑突下直接与腹前壁相贴，是胃的触诊部位。胃后壁邻近左肾、左肾上腺及胰。胃底与膈和脾相邻。胃大弯的后下方有横结肠横过。胃壁的肌张力较低，在饱食后高度充盈的状态下，胃大弯的最低点可达髂嵴平面。

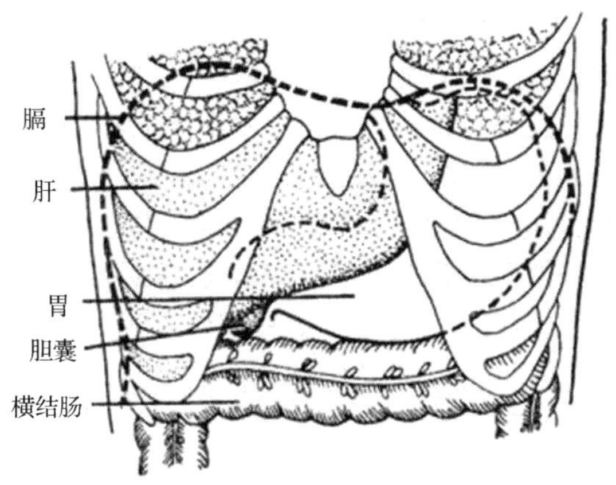

图 3-17　胃前面的毗邻

3. 胃的组织结构

胃壁自内而外由黏膜、黏膜下层、肌层和浆膜四层结构组成(见图 3-18)。胃收缩时腔面可见黏膜和部分黏膜下层形成的许多纵行皱襞，在胃充盈时这些皱襞几乎消失。

1)黏膜

胃黏膜由胃上皮、固有层和黏膜肌层组成，黏膜表面遍布许多不规则的小孔，称胃小凹，每个胃小凹底部与 3～5 条胃腺通连。

(1)上皮：为单层柱状上皮，主要由黏液细胞组成，分泌黏液覆盖于上皮细胞游离面。

(2)固有层：固有层内有大量紧密排列的管状胃腺，根据所在部位和结构的不同，分为胃底腺、贲门腺和幽门腺。

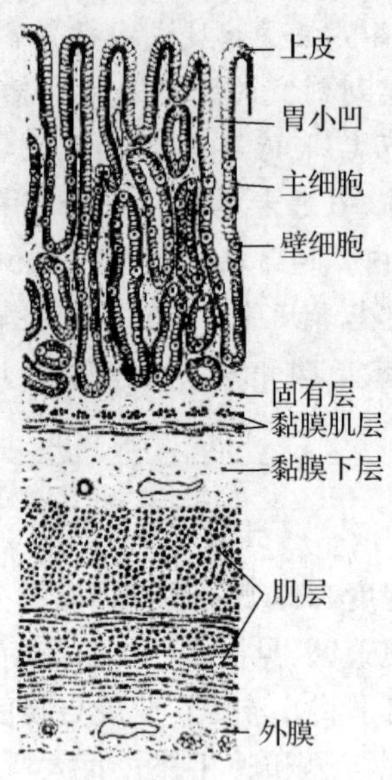

图 3-18 胃壁的组织结构

胃底腺(见图 3-19)分布于胃底和胃体部,是数量最多、功能最重要的胃腺。主要由主细胞、壁细胞和颈黏液细胞组成。①主细胞又称胃酶细胞,数量最多,主要分布于腺底部。细胞呈柱状,核圆形,位于基部,胞质呈强嗜碱性,主细胞分泌无活性的胃蛋白酶原。②壁细胞又称泌酸细胞,分布于腺的中、上部。细胞体积大,多呈圆锥形,核圆而深染居中,胞质呈明显的嗜酸性。壁细胞分泌盐酸,盐酸能激活胃蛋白酶原,使之转变为胃蛋白酶;盐酸还有杀菌作用。此外,壁细胞还分泌内因子,促进回肠吸收维生素 B_{12} 入血,供红细胞生成所需。③颈黏液细胞较少,位于胃底腺顶部,其分泌物为酸性黏液,主要成分为糖蛋白。黏液覆盖在胃黏膜表面,起保护和润滑胃黏膜的作用。

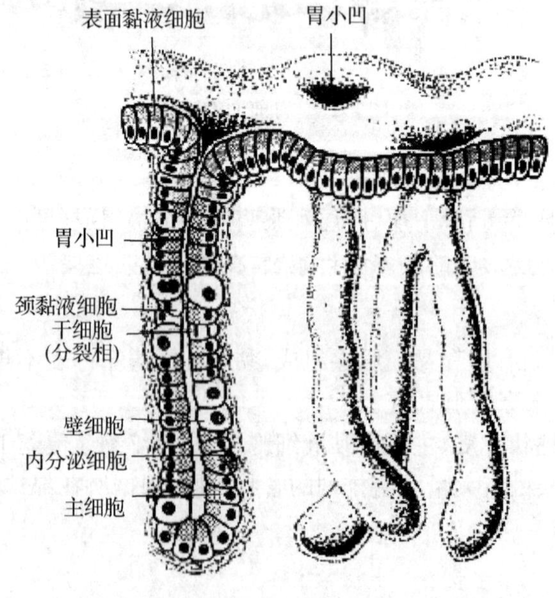

图 3-19 胃底腺

贲门腺分布于近贲门部，为黏液性腺。

幽门腺分布于幽门部，此区胃小凹甚深，为管状黏液性腺。幽门腺中有许多G细胞，产生胃泌素，可刺激壁细胞分泌盐酸，还能促进胃肠黏膜细胞增殖，使黏膜增厚。

2)黏膜下层

胃黏膜下层为较致密的结缔组织，内含较粗的血管、淋巴管和神经。

3)肌层

胃肌层较厚，一般由内斜行、中环行和外纵行三层平滑肌构成。环行肌在幽门部增厚，形成幽门括约肌。

4)外膜

胃的外膜为浆膜。

3.2.6 小肠

小肠为消化管中最长的一段，也是消化吸收的主要场所。小肠上接幽门，下续盲肠，成人全长约5～7 m。分为十二指肠、空肠和回肠三部分。

1. 十二指肠

十二指肠为小肠的首段，上接胃的幽门，下续空肠，成人长约25 cm。除起始部和终端外，其余部分都紧贴腹后壁。十二指肠呈"C"字形从右侧包绕胰头，全长分为上部、降部、水平部和升部四部分(见图3-20)。

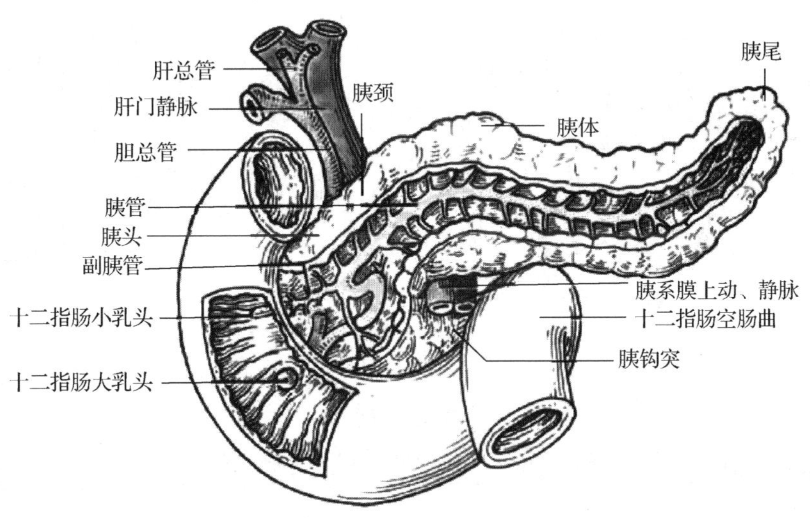

图3-20 十二指肠和胰

1)上部

十二指肠上部又称球部，于第1腰椎的右侧起自幽门，行向右后方，至肝门下方胆囊颈附近急转向下移行为降部，转折处称十二指肠上曲。上部靠近幽门约2.5 cm的一段肠管，肠壁较薄，黏膜较平滑无皱襞，称十二指肠壶腹，又称十二指肠球。

2)降部

十二指肠上曲沿第1～3腰椎体的右侧下降，至第3腰椎水平急转向左连接水平部，转折处称十二指肠下曲。降部的黏膜形成许多环形襞，在其后内侧壁上，有一纵行的黏膜皱襞，称十二指肠纵襞。纵襞的下端有一隆起，称十二指肠大乳头，为肝胰壶腹开口处。在大乳头上方1～2 cm处有时可见有十二指肠小乳头，是副胰管的开口处。

3)水平部

十二指肠水平部自十二指肠下曲水平向左横行，越过下腔静脉、腹主动脉的前方，于第3腰椎的左前侧移行为升部。

4)升部

十二指肠升部自第3腰椎的左侧接水平部，斜向左前上方至第2腰椎体左侧，再向前下方弯曲续于空肠，此弯曲又称十二指肠空肠曲。十二指肠下曲被十二指肠悬肌固定于右膈脚。十二指肠悬肌和其表面的腹膜皱襞共同构成十二指肠悬韧带，又称Treitz韧带，是确认空肠起始端的标志。

2.空肠和回肠

空肠和回肠(见图3-21)借小肠系膜根连于腹后壁，上起自十二指肠空肠曲，下接盲肠，迂回盘曲成肠袢，位于腹腔的中、下部，周围有大肠环绕。通常空肠约占空、回肠全长的近侧2/5，位于腹腔的左上部；回肠占空、回肠全长的远侧3/5，位于腹腔的右下部(见表3-1)。

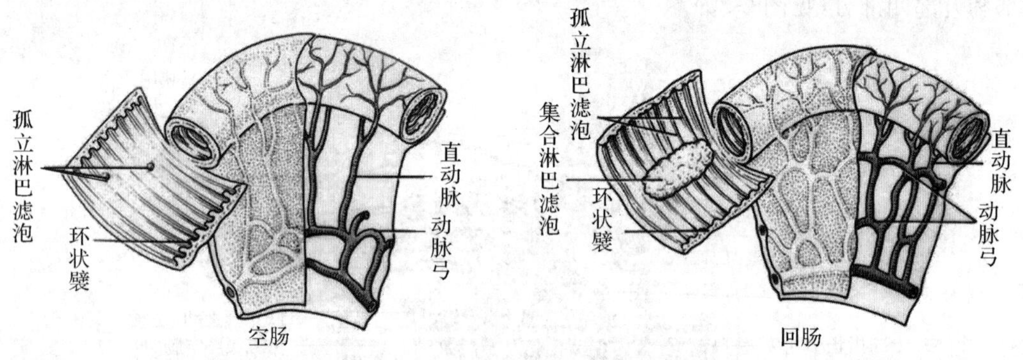

图3-21　空肠与回肠的比较

表3-1　空肠与回肠的比较

项　目	空　肠	回　肠
长度	占空、回肠全长的前2/5	占空、回肠全长的后3/5
位置	腹腔的左上部	腹腔的右下部
管径	较大	较小
管壁	较厚	较薄
血管	丰富	较少
颜色	活体呈淡红色	较淡

（续表）

项目	空肠	回肠
环状襞	高而密	低而疏
肠绒毛	高而密	低而疏
淋巴滤泡	散在孤立淋巴滤泡	常形成集合淋巴滤泡

3. 小肠的组织结构

小肠各段的管壁均有 4 层构成，但十二指肠、空肠和回肠又各有不同的结构特点。

1)黏膜

自幽门约 5 cm 处以下，小肠黏膜和黏膜下层共同向腔面突起形成环状襞（见图 3-22），由近侧向远侧逐渐由高变低、由多变少，至回肠中段以下基本消失。黏膜表面有很多细小的指状突起，称肠绒毛，是小肠特有的结构，由黏膜的上皮和固有层向肠腔内突出而成，在十二指肠和空肠头段最发达。环形皱襞和绒毛使小肠表面积扩大了 20～30 倍，有利于小肠对营养物质的吸收。绒毛根部的上皮下陷至固有层形成管状的小肠腺，腺与肠绒毛上皮相连续，故小肠腺直接开口于肠腔。

（1）上皮：覆盖在肠绒毛的表面，为单层柱状上皮，主要由吸收细胞和杯状细胞构成，小肠腺上皮还有潘氏细胞（见图 3-23）。吸收细胞又称柱状细胞，数量最多，细胞呈高柱状，核椭圆形位于基底部。细胞的游离面有密集而规则排列的微绒毛，是消化吸收的重要部位。杯状细胞散在于吸收细胞之间，分泌黏液，对小肠黏膜起润滑和保护作用。潘氏细胞（帕内特细胞）是小肠腺的特征性细胞。细胞呈锥体形，胞质内含粗大的嗜酸性颗粒，可分泌防御素、溶菌酶等，具有一定的灭菌作用。

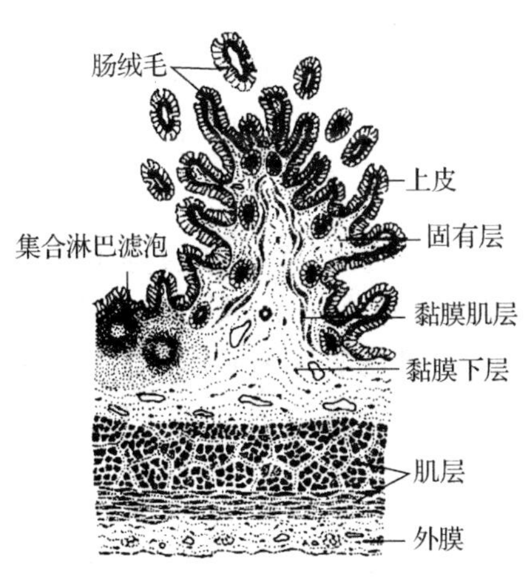

图 3-22　回肠壁的组织结构

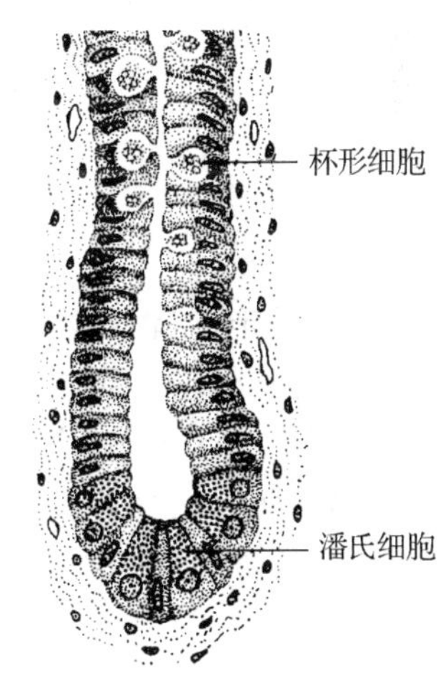

图 3-23　小肠腺纵切模式图

（2）固有层：形成小绒毛的中轴，在结缔组织中除有大量的小肠腺外，还有丰富的淋巴细胞、浆细胞、巨噬细胞和嗜酸性粒细胞等。淋巴细胞在十二指肠和空肠多为孤立淋巴滤泡，在回肠多为集合淋巴滤泡。绒毛中轴的固有结缔组织内有 1～2 条纵行的毛细淋巴管，称中央乳糜管。此管管腔较大，内皮细胞间隙宽，无基膜，故通透性大。吸收细胞释放的乳糜微粒入中央乳糜管后输出。中央乳糜管周围有丰富的有孔毛细血管和散在的纵行平滑肌纤维。平滑肌纤维的舒缩，可使肠绒毛产生伸缩运动，有助于营养物质的吸收和淋巴、血液的运行。

2)黏膜下层

小肠黏膜下层为疏松结缔组织，含较多的血管和淋巴管。十二指肠的黏膜下层内有十二指肠腺，其导管开口于小肠腺底部。小肠腺分泌碱性黏液，可保护十二指肠黏膜免受酸性胃液的侵蚀。

3)肌层

肌层由内环行与外纵行两层平滑肌组成。两层平滑肌之间有肌间神经丛调节肌层的收缩。

4)外膜

小肠管壁外膜在十二指肠后壁为纤维膜，小肠其余部分为浆膜。

3.2.7 大肠

大肠起始段在右髂窝处与回肠相接，末端终于肛门，长约 1.5 m，分为盲肠、阑尾、结肠、直肠和肛管五部分(见图 3-24)。

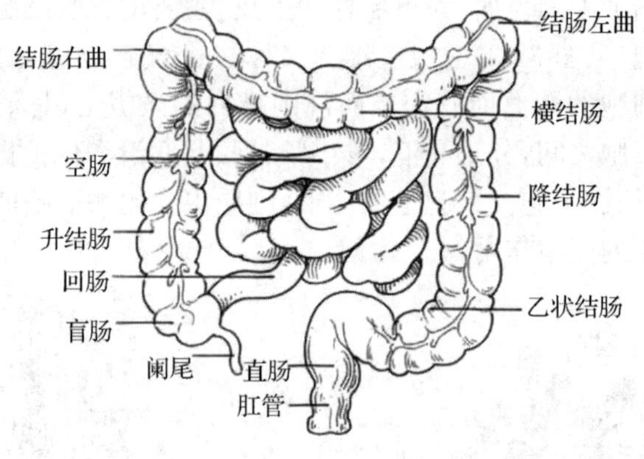

图 3-24 大肠

盲肠和结肠在外形上有三个特征(见图 3-25)：①结肠带：共三条，是肠壁的纵行肌聚集而成的带状结构，起于阑尾根部，沿肠管的表面纵行排列，止于乙状结肠末端；②结肠袋：指肠壁向外的袋状膨出，是由于结肠带短于肠管的长度使肠管皱缩而形成的；③肠脂垂：附于结肠带的边缘，是脂肪组织及浆膜聚集成的大小不等、形状各异的突起。上述三种结构是肉眼区别大肠和小肠的重要依据。

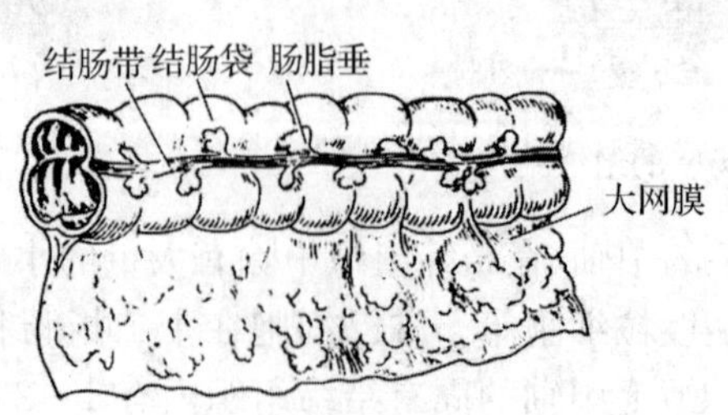

图 3-25 结肠形态特征示意图

1. 盲肠和阑尾

盲肠位于右髂窝内，呈囊袋状，长 6～8 cm。盲肠上续结肠，左接回肠。回肠在盲肠的开口处，形成唇状皱襞，称回盲瓣。此瓣可阻止小肠内容物过快流入大肠，又可防止盲肠内容物逆流到回肠。在盲肠后内侧壁上的蚓状盲管称阑尾。阑尾末端游离，一般长 6～8 cm。末端的位置个体间变化较大，但根部的位置较恒定(见图 3-26)。阑尾根部的体表投影，约在脐与右髂前上棘连线的中、外 1/3 交点处，此点称为麦氏点，急性阑尾炎时，此处常有明显压痛。

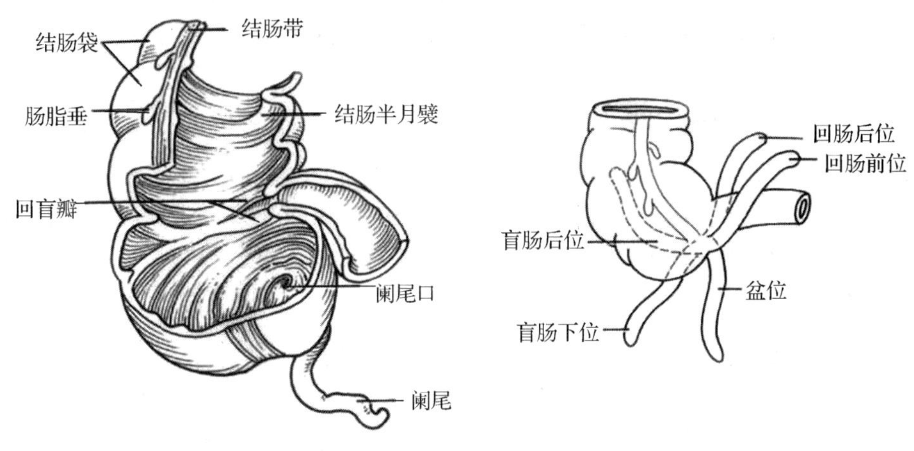

图 3-26　盲肠和阑尾

急性阑尾炎术后护理要点

急性阑尾炎是一种常见疾病，居各种急腹症的首位。常急性发病，腹痛多起于上腹或脐周，开始疼痛不重，位置不固定，数小时后腹痛转移并固定于右下腹，持续性加重。部分患者病起即出现右下腹痛。右下腹(麦氏点多见)固定压痛、反跳痛、肌紧张，肠鸣音减弱或消失。急性阑尾炎阑尾破裂穿孔时，可导致腹膜炎，腹部疼痛加剧、恶心、呕吐及板状腹，此时应进行手术治疗。阑尾炎术后护理要点如下：①根据不同麻醉，选择适当卧位，如腰椎麻醉患者应去枕平卧 6～12 小时，防止脑脊液外漏而引起头痛，连续硬膜外麻醉患者可低枕平卧；②观察生命体征，每 1 个小时测量血压、脉搏 1 次，连续测量 3 次，至平稳，如脉搏加快或血压下降，则考虑有出血，应及时观察伤口，采取必要措施；③术后若置有引流管，待血压平稳后应改为半卧或低姿半卧位，以利于引流和防止炎性渗出液流入腹腔；④手术当天禁食，术后第 1 天流质，第 2 天进软食，在正常情况下，第 3～4 天可进普食；⑤术后 3～5 天禁用强泻剂和刺激性强的肥皂水灌肠，以免增加肠蠕动，而使阑尾残端结扎线脱落或缝合伤口裂开，如术后便秘可口服轻泻剂；⑥术后 24 小时可起床活动，促进肠蠕动恢复，防止肠粘连发生，同时可增进血液循环，加速伤口愈合。

2. 结肠

1)结肠的位置和分部

结肠在右髂窝内起于盲肠，呈“M”形围绕在空、回肠的周围。结肠按部位分为升结肠、横结肠、降结肠和乙状结肠四部分。升结肠是盲肠的直接延续，在右腹外侧区上升至肝右叶下方，弯向左前方移行为横结肠，弯曲部称结肠右曲或称肝曲。横结肠向左行至左季肋区，在脾的下方，以锐角与降结肠相连，弯曲部称结肠左曲或称脾曲，其位置比结肠右曲要高，接近脾和胰尾，故左曲的位置较高较深。横结肠的活动度较大，常下垂成弓形，其最低点可达脐平面或脐下方。降结肠在左腹外侧区下降，至左髂嵴处续于乙状结肠。乙状结肠呈乙字形弯曲，活动度较大，向下至第 3 骶椎平面，移行于直肠。

2)结肠黏膜的形态和组织结构特点

结肠黏膜游离面平滑，无肠绒毛，有半环形结肠半月襞。黏膜上皮为单层柱状上皮，上皮内有许多柱状细胞和杯状细胞。固有层内含有密集排列的管状大肠腺，腺上皮内有大量的杯状细胞和柱状细胞，无潘氏细胞。固有层内有散在孤立的淋巴小结。

3. 直肠

直肠位于骨盆腔内，全长约 10～14 cm。在第 3 骶椎水平接乙状结肠，向下沿第 4～5 骶椎和尾骨前面下降，穿过盆膈移行为肛管。直肠在矢状面上有两个弯曲(见图 3-27)：直肠骶曲凸向后，与骶、尾骨前面弯曲一致，距肛门约 7～9 cm；直肠会阴曲凸向前，距肛门约 3～5 cm，是直肠绕过尾骨尖形成的弯曲。临床上进行直肠、乙状结肠镜检时，应注意这些弯曲，以免损伤肠壁。直肠上端与乙状结肠交接处管径较细，直肠下部由于储存粪便而显著膨大，称直肠壶腹。直肠内面有三个直肠横襞，中间的直肠横襞位于直肠前右壁上，位置最恒定，距肛门约 7 cm。

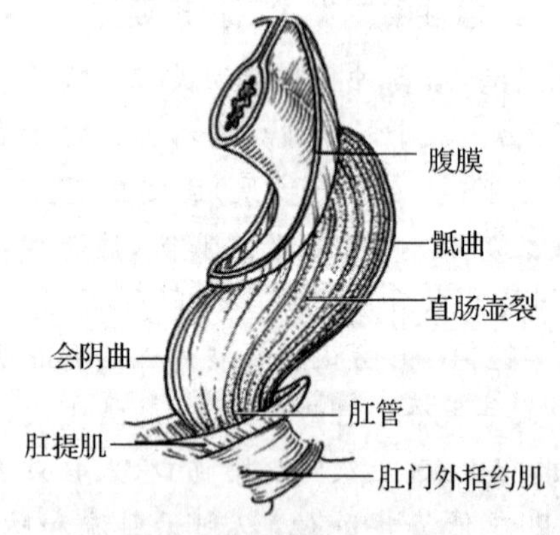

图 3-27　直肠和肛管的形态

4. 肛管

肛管在盆膈平面与直肠相接，终止于会阴部的肛门(见图 3-28)，长约 4～5 cm，为肛门括约肌所包绕。

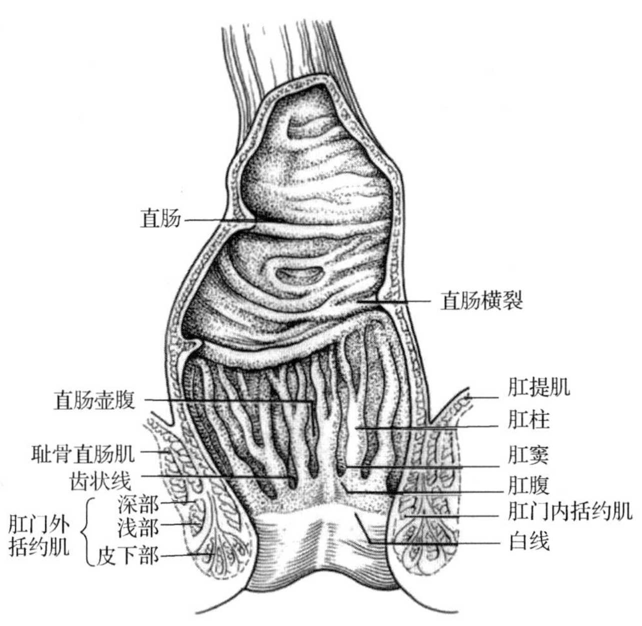

图 3-28 直肠和肛管腔面的形态

肛管黏膜形成 6～10 条纵行的黏膜皱襞，称肛柱，相邻肛柱下端之间，彼此连有半月形的黏膜皱襞称肛瓣。肛瓣与肛柱下端共同围成的小隐窝称肛窦，窦口向上，肛门腺开口于此，窦内常积存粪屑，易于感染。肛柱下端与肛瓣边缘共同围成锯齿状环行线，环绕肠管内面，称齿状线。

齿状线以上的上皮为单层柱状上皮；齿状线以下的上皮为复层扁平上皮。齿状线上方由内脏神经分布，下方由躯体神经分布。齿状线也是直肠动脉供应、静脉和淋巴回流的分界线。在齿状线下方，由于肛门内括约肌紧缩，而形成一宽约 1 cm 略微凸起的环形带，称肛梳。肛梳下缘有一不甚明显的环形线，称白线。

环绕肛管周围的肌有肛门内括约肌和肛门外括约肌。肛门内括约肌属平滑肌，由肠壁环行肌增厚而成，有协助排便的作用，对控制排便的作用不大。肛门外括约肌为骨骼肌，围绕肛门内括约肌的外面。肛门外括约肌具有括约肛门、控制排便的重要作用，如损伤可致大便失禁。

大量不保留灌肠术

大量不保留灌肠术适用于便秘、细菌性痢疾、肠胀气、高烧、肠道感染性疾病，以及手术检查、分娩前准备等。灌肠前，协助患者取侧卧位，脱裤至膝部，移臀部靠近床沿，将尿垫垫于臀下，弯盘置臀旁。灌肠筒挂于输液架上，液面距肛门约 40～60 cm。润滑肛管前端，排尽管内气体，夹紧橡胶管。分开患者臀部，暴露肛门，将灌肠管轻轻插入直肠内 7～10 cm 后固定。松开血管钳，使溶液缓慢流入，并观察反应。如溶液流入受阻，可移动或挤压肛管,检查有无粪块阻塞。如患者有便意,嘱其做深呼吸,同时适当调低灌肠筒,减慢流速。待溶液将要灌完时,夹紧橡胶管,拔出肛管放入弯盘内。擦净肛门,嘱患者平卧,尽可能忍耐10分钟后再排便,以利粪便软化。灌肠时注意患者保暖,防止受凉。掌握好灌肠溶液的量、温度、浓度、流速和压力。

3.3 消 化 腺

3.3.1 肝

肝是人体最大的消化腺,肝细胞可产生胆汁,参与蛋白质、脂类、糖类和维生素等物质的合成、转化与分解。此外,肝还有解毒、防御等功能,胚胎时期的肝还有造血功能。

1. 肝的形态和分部

肝呈红褐色,质软而脆,呈楔形,可分为前、后两缘和上、下两面。肝前缘锐利,后缘钝圆。肝的上面膨隆,与膈相对,称为膈面(见图3-29),借矢状位的镰状韧带将肝分成肝右叶和肝左叶。肝的下面凹陷,邻接腹腔器官称为脏面(见图3-30),中部有一呈“H”形的两纵沟和一横沟。右纵沟前部为容纳胆囊的胆囊窝,后部为下腔静脉通过的腔静脉沟。左纵沟前部有肝圆韧带,是脐静脉闭锁后的遗迹;后部有静脉韧带,是胎儿时期静脉导管的遗迹。横沟连接左右纵沟,是肝管、肝固有动脉、肝门静脉及神经、淋巴管等出入肝的部位,称为肝门。出入肝门的这些结构被结缔组织所包裹,称为肝蒂。此外,在腔静脉沟上端有左、中、右三条肝静脉出肝注入下腔静脉,此处称第二肝门。肝的脏面借“H”形的沟将其分为四叶:左叶位于左纵沟的左侧;方叶位于肝门之前,肝圆韧带和胆囊窝之间;尾状叶位于肝门之后,静脉韧带和腔静脉窝之间;右叶位于右纵沟的右侧。

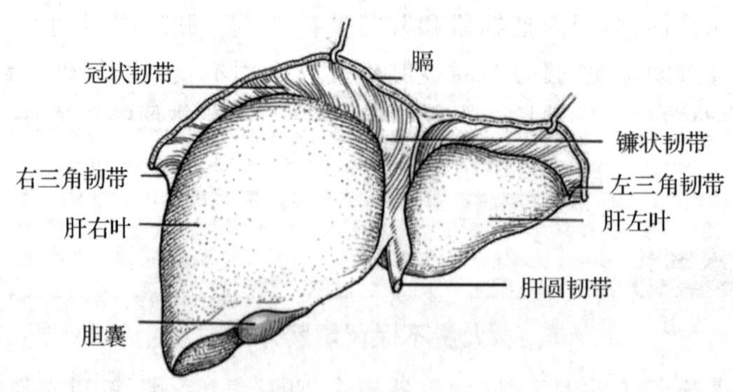

图3-29 肝的膈面

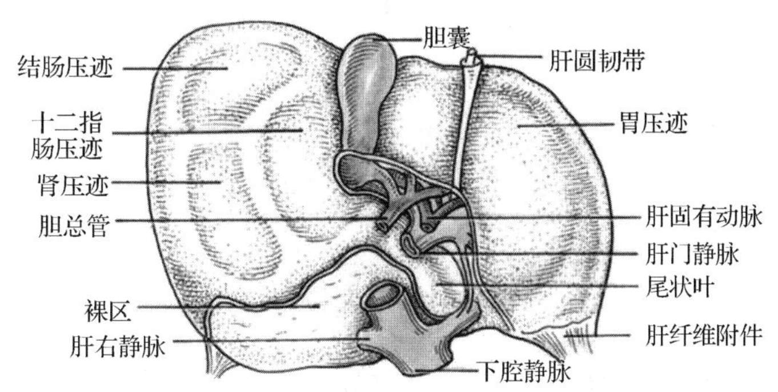

图 3-30　肝的脏面

2. 肝的位置和毗邻

肝大部分位于右季肋区和腹上区，小部分位于左季肋区。肝上面与膈和腹前壁相贴，肝下面与邻近的腹腔器官相接触。其左叶下面大部与胃前壁相接触；方叶下面接触幽门；右叶下面前端邻接结肠右曲，右叶下面中部近肝门处邻接十二指肠；右叶下面后部紧邻右肾和右肾上腺。肝的位置可随呼吸、内脏活动及体位的不同而产生一定范围的改变。肝在站立及吸气时稍有下降，仰位和呼气时稍上升。在平静呼吸时其升降之差约 2～3 cm。女性及小儿肝的位置略低。

3. 肝的体表投影

肝上界与膈穹窿一致，其最高点在右侧相当于右锁骨中线与右第 5 肋相交点。左侧相当于左锁骨中线与第 5 肋间隙的交点。肝下界与右肋弓大体一致，故体检时，在右肋弓下不能触及肝，但在剑突下约 3 cm 处可触及。呼吸时，肝可随膈上下移动。

4. 肝的微细结构

肝表面被覆致密结缔组织被膜。肝门处的结缔组织随肝门静脉、肝固有动脉和肝管的分支伸入肝内，将肝实质隔成许多形态相似、功能相同的肝小叶。

1)肝小叶

肝小叶是肝的基本结构和功能单位，呈多面棱柱状(见图 3-31)，长约 2 mm，宽约 1 mm。肝小叶中央有一条沿其长轴走行的中央静脉，肝细胞以中央静脉为中心单行排列成凹凸不平的有孔板状结构称肝板，断面呈索状，因此又称肝索(见图 3-32)。肝板之间为肝血窦，血窦经肝板上的孔相通连。

(1)肝细胞：呈多面体形，体积较大，核 1～2 个，大而圆，居中央，核仁明显。胞质呈嗜酸性，内含丰富的细胞器：①线粒体：遍布于胞质内，为肝细胞的功能活动提供能量；②溶酶体：可消化分解细胞内的代谢产物和退化的细胞器，以保持肝细胞结构的自我更新；③粗面内质网：合成多种血浆蛋白，如白蛋白、纤维蛋白原、凝血酶原、脂蛋白和补体等；④滑面内质网膜：上有多种酶系分布，可对细胞摄取的各种有机物进行合成、分解、结合和转化等反应，包括脂类、糖、激素代谢和胆汁合成，以及对从肠道吸收的大量有机异物进行生物转化(如药物、腐败产物等)和解毒等。肝细胞中的糖原是血糖的储存库，受胰岛素和高血糖素的调节，摄食后增多，饥饿时减少。

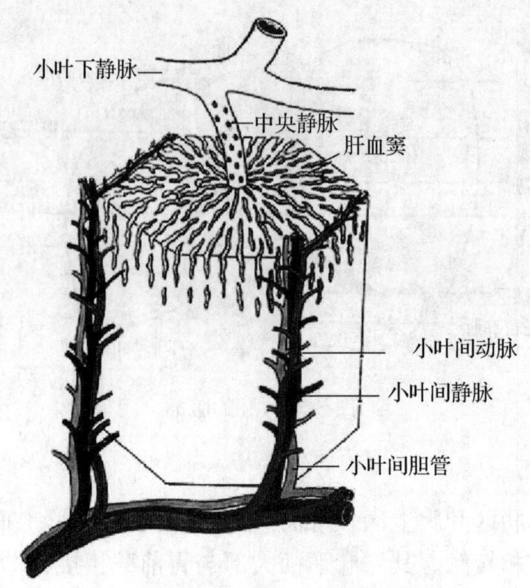

图 3-31　肝小叶立体结构模式图

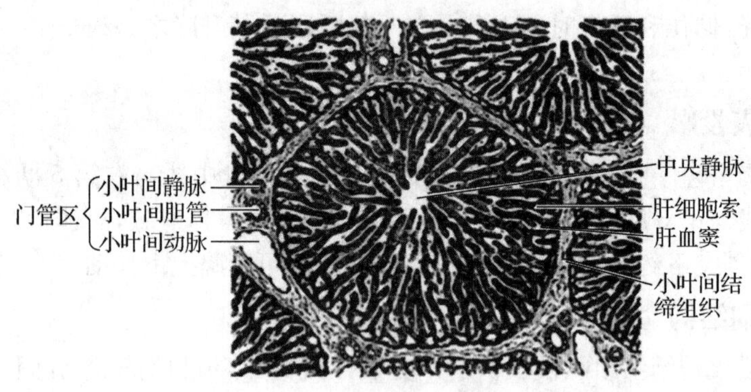

图 3-32　肝小叶与门管区

(2)肝血窦:位于肝板之间,腔大而不规则,窦壁由内皮细胞围成,窦内有肝巨噬细胞。血窦内含有来自肝门静脉、肝固有动脉的分支小叶间静脉、小叶间动脉的血液,血流缓慢,在此与肝细胞进行充分的物质交换后,从小叶周边流向中央静脉。

肝血窦壁的内皮细胞扁而薄,有许多大小不等的窗孔形成筛样结构,孔上无隔膜,故通透性大,除血细胞和乳糜微粒外,血浆的其他成分及肝细胞产生的脂蛋白均可自由出入。肝血窦腔内含有肝巨噬细胞,又称库普弗细胞,是来自血液中的单核细胞。肝巨噬细胞具有变形运动和活跃的吞饮与吞噬能力,还可监视、抑制和杀伤体内的肿瘤细胞,特别是肝癌细胞,并能吞噬和清除衰老、破碎的红细胞和血小板等。

(3)窦周隙:又称 Disse 隙,为肝血窦内皮细胞与肝细胞之间的狭小间隙。窦周隙内充满由肝血窦渗出的血浆,肝细胞血窦面的微绒毛伸入窦周隙,所以,窦周隙是肝细胞与血液之间进行物质交换的场所。窦周隙内还有贮脂细胞,此种细胞具有贮存维生素 A 和产生胶原的功能。

(4)胆小管:是相邻肝细胞之间的局部凹陷形成的微细管道(见图 3-33)。靠近胆小管的相邻肝细胞膜形成紧密连接复合体，可封闭胆小管周围的细胞间隙，防止胆汁外溢至细胞间或窦周隙。当肝细胞发生变性、坏死或胆小管堵塞致内压增大时，胆小管正常密封结构被破坏，胆汁溢入窦周隙，继而进入血窦，发生黄疸。胆小管内的胆汁从肝小叶中央部流向周边，汇入肝门管区内的小叶间胆管。

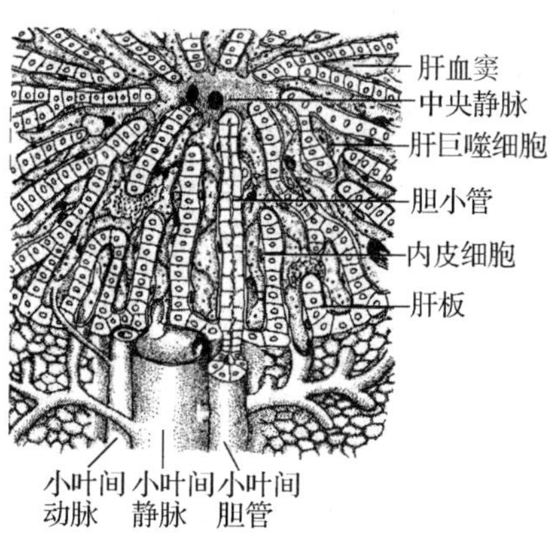

图 3-33 肝索和胆小管的关系模式图

2)肝门管区

相邻肝小叶之间呈三角形或椭圆形的结缔组织小区，称肝门管区。肝门管区内有三种伴行管道：小叶间动脉、小叶间静脉、小叶间胆管。小叶间静脉是肝门静脉在肝内的分支，管腔大而不规则，管壁薄；小叶间动脉是肝固有动脉的分支，管腔小，管壁相对较厚。小叶间胆管为胆小管汇集而成，管壁为单层立方上皮，管腔小。小叶间胆管向肝门方向汇集，最后形成左、右肝管出肝。若干中央静脉汇成的小叶下静脉在非门管区的小叶间结缔组织中单独走行，则汇合成 2～3 支肝静脉，出肝后汇入下腔静脉。

5. 肝的血液循环

肝的血液供应丰富，有入肝和出肝两组血管。

1)入肝的血管

入肝的血管主要有肝固有动脉和肝门静脉。肝固有动脉在入肝之前已分出肝左动脉和肝右动脉两支，入肝后反复分支，形成小叶间动脉，再反复分支形成毛细血管，穿过肝小叶周围，注入肝血窦。肝门静脉入肝后反复分支，在肝小叶之间形成小叶间静脉，再反复分支形成毛细血管，穿过肝小叶周围，注入肝血窦。肝门静脉血液内含有来自肠道吸收的丰富营养物质，在肝血窦内被肝细胞吸收、加工后汇入中央静脉。因此，肝门静脉是肝的机能血管，而肝固有动脉则是肝的营养血管。

2)出肝的血管

出肝的血管是肝静脉。来自肝血窦的血液经过肝细胞的加工和物质交换后，入中央静脉，出小叶后又汇入小叶下静脉。该静脉反复汇合，最后形成肝左、肝中和肝右三条静脉，出第二肝门汇入下腔静脉。

6. 胆囊和输胆管道

1)胆囊

胆囊位于胆囊窝内，上面借结缔组织与肝相连，下面游离于横结肠的始部和十二指肠上部相邻。胆囊有贮存和浓缩胆汁的作用。

胆囊呈梨形，分为底、体、颈、管四部分：前端圆钝，称胆囊底；胆囊底常露出于肝的前缘，可与腹前壁相贴，其体表投影在右锁骨中线与右肋弓交点处的稍下方。胆囊炎时，此处常有明显的压痛。与胆囊底相连的膨大部分为胆囊体；后部稍细为胆囊颈；由颈弯向左下的部分称胆囊管。胆囊管、肝总管和肝的脏面围成的三角区域，称胆囊三角(Calot 三角)。三角内有胆囊动脉通过。

2)输胆管道

输胆管道简称胆道，是将胆汁输送至十二指肠的管道，胆道分肝内和肝外两部分(见图 3-34)。

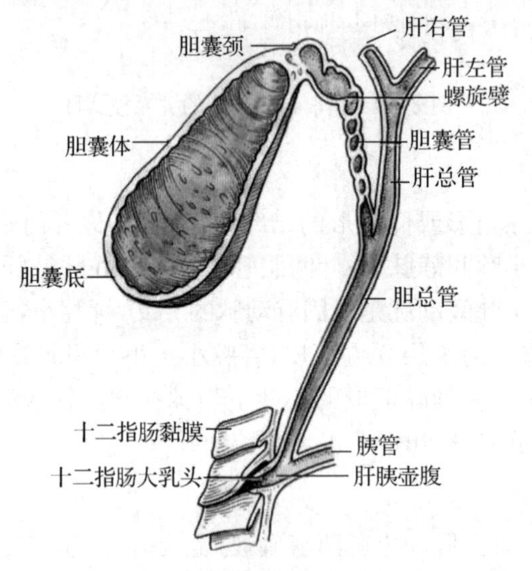

图 3-34　胆囊与输胆管道模式图

(1)肝内胆道：胆小管汇合成小叶间胆管，小叶间胆管再逐渐合成左、右肝管出肝门。

(2)肝外胆道：左、右肝管出肝门后，汇合成肝总管。肝总管与胆囊管汇合成约 4～8 cm 长的胆总管。胆总管与胰管汇合成略膨大的肝胰壶腹，开口于十二指肠降部后内侧壁的十二指肠大乳头。在肝胰壶腹周围有增厚的肝胰壶腹括约肌(Oddi 括约肌)包绕，可控制胆汁和胰液进入十二指肠。在正常情况下，肝胰壶腹括约肌保持收缩状态，胆囊扩张，使肝细胞分泌的胆汁由左、右肝管、肝总管、胆囊管进入胆囊贮存并浓缩；进食后，尤其进高脂肪食物，胆囊收缩，肝胰壶腹括约肌舒张，胆囊内的胆汁经胆囊管、胆总管、肝胰壶腹、十二指肠大乳头，排入十二指肠。

胆汁的排泄途径(见图 3-35)。

肝细胞产生胆汁→胆小管→小叶间胆管→肝左、右管→肝总管→胆总管→十二指肠

胆囊

图 3-35　胆汁的排泄途径图

3.3.2 胰

1. 胰的位置和形态

胰位于胃的后方，在第 1、2 腰椎水平横贴于腹后壁，其前面被有腹膜。胰质软，色灰红，分头、体、尾三部分：胰的右端膨大，称胰头，位于第 2 腰椎右侧，被十二指肠包绕；中部呈棱柱状，为胰体，约居第 1 腰椎平面，前邻胃后壁，后邻下腔静脉、腹主动脉、左肾和左肾上腺；介于胰头和胰体之间的狭窄部分称胰颈，长约 2～2.5 cm，肠系膜上静脉和脾静脉在其后方汇合成肝门静脉。左端较细，伸向脾门，称胰尾。

在胰的实质内，有一条自胰尾沿胰长轴右行的管道，称胰管，沿途有许多小管汇入，其与胆总管汇合后，共同开口于十二指肠大乳头。在胰头上部，常存在副胰管，开口于十二指肠小乳头。

2. 胰的组织结构

胰表面覆以薄层结缔组织被膜，被膜伸入实质内，将其分为许多小叶。胰腺实质由外分泌部和内分泌部组成(见图 3-36)。

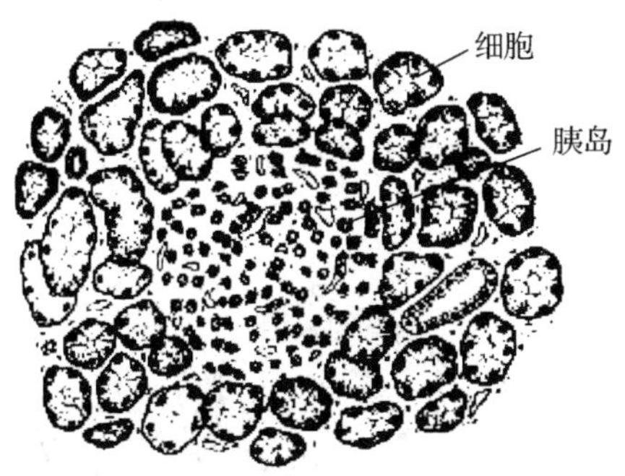

图 3-36 胰的组织结构

1)外分泌部

外分泌部为浆液性腺，由腺泡和导管组成。腺泡由浆液性腺细胞围成。腺细胞呈锥体形，核圆，位于细胞基底部。腺泡腔内常有着色浅淡的泡心细胞。导管为上皮性管道，由闰管、小叶内导管、小叶间导管、叶间导管和主导管(胰管)组成。胰的外分泌部分泌胰液，含多种消化酶，如胰蛋白酶原、胰糜蛋白酶原、胰淀粉酶、胰脂肪酶等。胰液经导管排入十二指肠，参与糖、蛋白质、脂肪的消化。

2)内分泌部

内分泌部又称胰岛，是由内分泌细胞组成的球形细胞团，散在于外分泌部的腺泡之间。胰岛细胞呈团索状分布，细胞间有丰富的有孔毛细血管，细胞合成的激素由此释放入血。人胰岛主要有 A、B、D 三种细胞。

(1)A 细胞：约占胰岛细胞总数的 20%。细胞体积大，多分布在胰岛的外周部，A 细胞分泌胰高血糖素，能促进肝细胞的糖原分解为葡萄糖，并抑制糖原合成，使血糖升高；促进储存脂肪的分解和脂肪酸氧化，异生为糖；促进蛋白质分解和抑制其合成。

(2)B 细胞：数量最多，约占细胞总数的 75%，主要位于胰岛的中央部。B 细胞体积较小，胞质呈橘黄色，核小而居中。B 细胞分泌胰岛素，能促进肝细胞、脂肪细胞等吸收血液内的葡萄糖，合成糖原或转化为脂肪储存，并抑制糖原分解和糖异生，故使血糖浓度降低。如果胰岛素分泌不足，可使糖正常代谢及糖原合成发生障碍，致血糖浓度增高，超过肾糖阈而随尿排出，称糖尿病。

(3)D 细胞：数量少，约占细胞总数的 5%，散在于 A、B 细胞之间。D 细胞分泌生长抑素，调节 A、B 细胞的分泌活动。此外，还有数量很少的 PP 细胞，可分泌胰多肽，影响以上三种细胞的分泌。

3.4 腹 膜

3.4.1 腹膜的分布与腹膜腔

1. 腹膜的分布

腹膜是衬贴于腹、盆壁内面和覆盖于腹盆腔各脏器的表面的浆膜，是人体内面积最大和配布最复杂的浆膜，由间皮和少量的结缔组织构成，薄而光滑，呈半透明状。其中，衬贴于腹、盆壁内面的腹膜称为壁腹膜，覆盖于脏器表面的腹膜称为脏腹膜。壁腹膜和脏腹膜相互移行，形成一个不规则的潜在间隙，称为腹膜腔(见图 3-37)男性腹膜腔完全密闭，与外界不通；女性腹膜腔可经输卵管、子宫和阴道与外界相通，故女性生殖道感染可扩散至腹膜腔，导致盆腔炎和腹膜炎的发生。

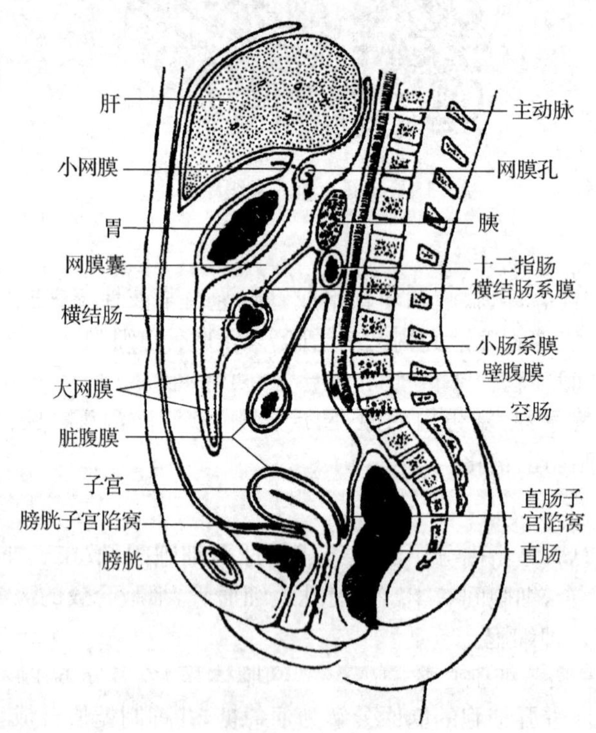

图 3-37 腹膜腔矢状切面模式图(女性)

2. 腹腔与腹膜腔的区别

腹腔与腹膜腔是两个完全不同的概念。腹腔是指小骨盆上口以上由腹壁和膈围成的腔，而腹膜腔则是壁腹膜和脏腹膜之间的潜在间隙。实际上，腹腔内的脏器均位于腹膜腔之外。

3. 腹膜的功能

腹膜对脏器具有支持、固定、吸收、分泌、保护、防御和修复等功能。正常情况下，腹膜可分泌少量浆液，以湿润脏器并减少脏器之间或脏器与腹壁之间的摩擦。另外，腹膜还具有很强的吸收功能，使腹膜分泌的浆液不断更新，保持动态平衡。腹膜各部的吸收能力有所不同，一般认为，腹上部的腹膜吸收能力较强，而下部的吸收能力则较差。因此，腹膜炎和腹腔手术后的患者多采取半卧位，以减少对腹膜渗出液和毒素的吸收。

3.4.2 腹膜与腹盆腔脏器的关系

脏腹膜构成多个脏器的外膜，但各脏器表面的被覆情况不完全相同(见图 3-38)。根据腹膜包被脏器的程度不同，可将腹、盆腔脏器分为三类。

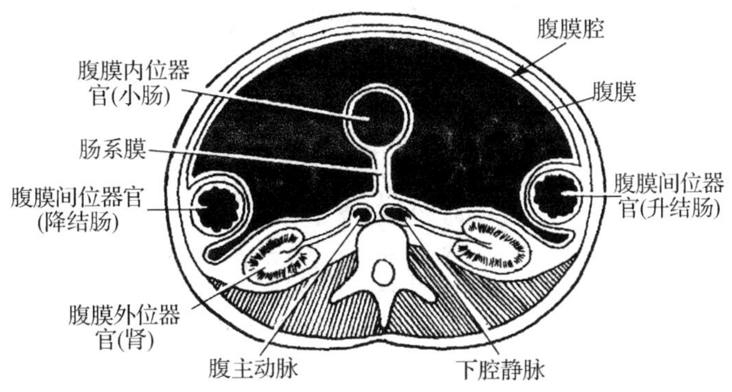

图 3-38 腹膜与脏器的关系示意图(水平切面)

1. 腹膜内位器官

腹膜内位器官是指脏器表面均被腹膜包被的器官，如胃、十二指肠上部、空肠、回肠、盲肠、阑尾、横结肠、乙状结肠、脾、卵巢和输卵管等。腹膜内位器官一般活动性较大。

2. 腹膜间位器官

腹膜间位器官是指脏器表面大部分被腹膜包被的器官，如肝、胆囊、升结肠、降结肠、直肠上部、膀胱和子宫等。

3. 腹膜外位器官

腹膜外位器官又称腹膜后位器官，是指仅有一面被覆腹膜的器官，如十二指肠的降部和水平部、胰、肾上腺、肾、输尿管及直肠下部等。

了解脏器被覆腹膜的情况，有重要的临床意义。腹膜内位器官的手术，如胃大部切除、阑尾切除术等，必须经腹膜腔才能进行；腹膜外位器官，如肾、输尿管的手术则可在腹膜腔外进行，以避免腹膜腔感染和术后脏器的粘连。

3.4.3 腹膜形成的结构

壁腹膜与脏腹膜相互移行，脏腹膜从一个器官移行到另一个器官，其移行部分常形成一些结构，如网膜、系膜和韧带等。这些结构不仅对器官起连接和固定作用，也是血管、神经等出入器官的路径。

1. 网膜

网膜由双层腹膜构成，薄而透明，两层腹膜间夹有血管、神经、淋巴管和结缔组织等，包括大网膜、小网膜和网膜囊(见图 3-39)。

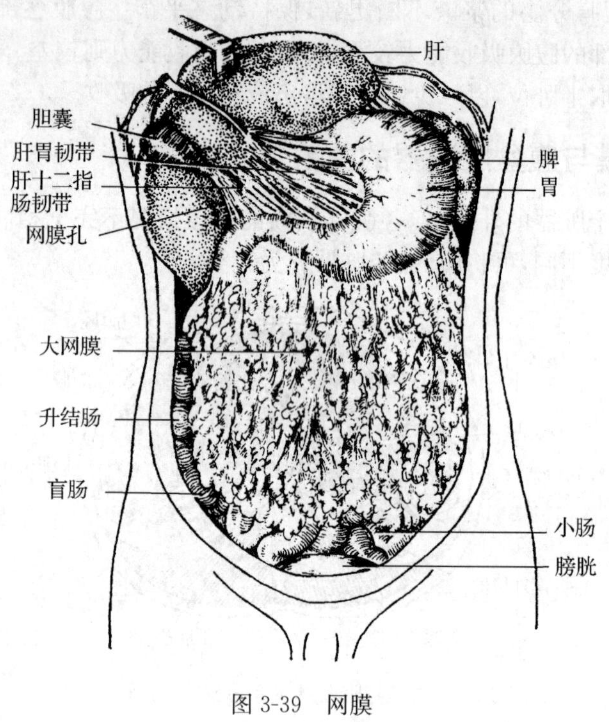

图 3-39 网膜

1)大网膜

大网膜连于胃大弯与横结肠之间，形似围裙悬垂于小肠和结肠前面。大网膜由四层腹膜构成，前两层起于胃大弯，是胃前、后面脏腹膜的延续，当下垂至腹下部后返折向上形成后两层，再向后上包裹横结肠并与横结肠系膜相延续。大网膜的前、后两层常融合为一体，其中从胃大弯至横结肠的前两层大网膜称为胃结肠韧带。大网膜内含丰富的血管、脂肪等，其中含有许多巨噬细胞，有重要的防御功能。大网膜具有包围炎性病灶、防止炎症蔓延的作用，有“腹腔卫士”之称。但小儿大网膜较短，当阑尾炎穿孔时易形成弥漫性腹膜炎。随着显微外科和整形外科的发展，大网膜作为移植材料，被广泛应用于临床。

2)小网膜

小网膜是连于肝门至胃小弯和十二指肠上部之间的双层腹膜结构。其中连于肝门与胃小弯的部分称肝胃韧带，两层间的胃小弯附近有胃左、右动脉。连于肝门与十二指肠之间的部分称肝十二指肠韧带，内含胆总管、肝固有动脉和肝门静脉。肝十二指肠韧带右侧缘为游离缘，该缘的后方为网膜孔。通过网膜孔可进入胃后方的网膜囊。

3)网膜囊

网膜囊是位于小网膜和胃后方的扁窄间隙(见图 3-40)。网膜囊的前壁为小网膜、胃后壁和大网膜的前两层；后壁为大网膜的后两层、横结肠及其系膜以及覆盖于胰、左肾和左肾上腺前面的腹后壁腹膜；上壁是肝和膈下面的腹膜；下壁是大网膜前、后两层的愈着处；左壁是胃脾韧带和脾肾韧带及脾；右壁上部有网膜孔，此孔是网膜囊与大腹膜腔的唯一通道，成人可容 1～2 指。手术时常经网膜孔探查胆道和网膜囊。

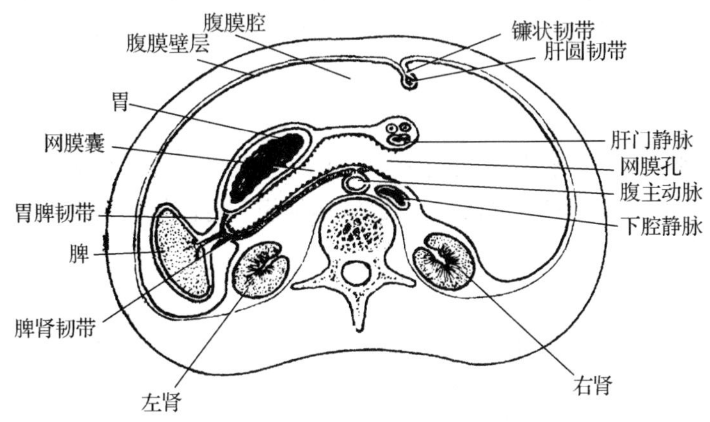

图 3-40　网膜孔和网膜囊

2. 系膜

系膜是壁、脏腹膜相互延续移行，形成许多将肠管连至腹后壁的双层腹膜结构（见图 3-41），其内含有进出器官的血管、神经、淋巴管、淋巴结和脂肪等。主要的系膜有肠系膜、阑尾系膜、横结肠系膜和乙状结肠系膜等。

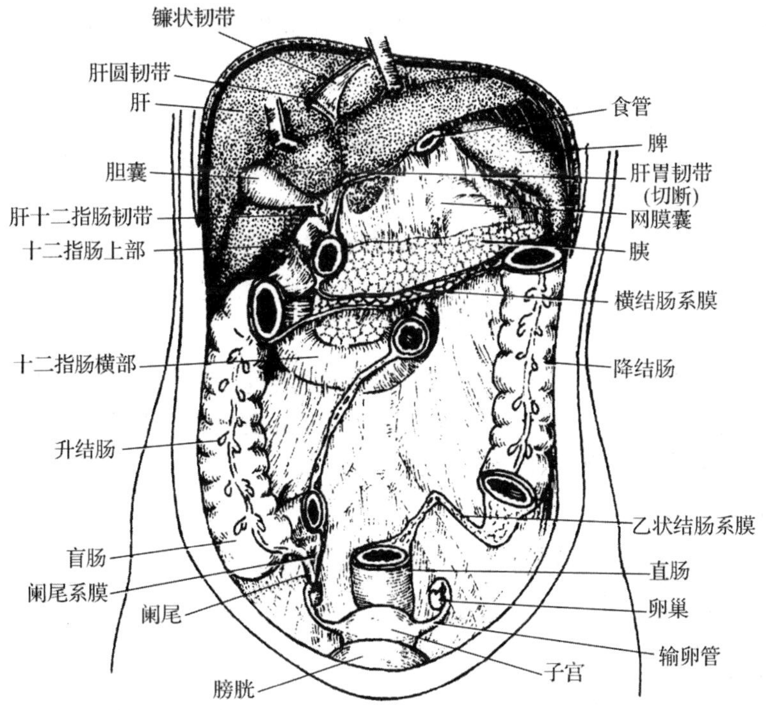

图 3-41　腹膜形成的结构

1)肠系膜

肠系膜是连接空、回肠与腹后壁之间的双层腹膜结构,整体呈褶扇状。其附于腹后壁的部分称小肠系膜根,起自第 2 腰椎左侧,斜向右下方,至右侧骶髂关节的前方,长约 15 cm。因肠系膜长而宽阔,故空、回肠活动性较大,有利于食物的消化和吸收,但也是发生肠扭转的解剖学基础。系膜两层之间含有肠系膜上血管的分支和属支、淋巴管和神经、脂肪及大量的肠系膜淋巴结。

2)阑尾系膜

阑尾系膜是阑尾与小肠系膜下端之间的三角形腹膜皱襞,一边附着于阑尾全长,另一边游离。阑尾系膜的游离缘内有阑尾血管、淋巴管和神经。行阑尾切除术时,应从系膜的游离缘进行血管结扎。

3)横结肠系膜

横结肠系膜是连接横结肠与腹后壁之间的双层腹膜结构,其根部自结肠右曲起始,向左经右肾中部、十二指肠降部和胰的前方,沿胰前缘到左肾中部,止于结肠左曲。系膜两层间含有横结肠血管、淋巴管、淋巴结和神经丛等。

4)乙状结肠系膜

乙状结肠系膜是乙状结肠与左髂窝之间的双层腹膜结构,其内含有乙状结肠血管、直肠上血管、淋巴管、淋巴结和神经丛等。该系膜较长,乙状结肠的活动性较大,故易发生乙状结肠扭转。

3. 韧带

韧带是连于腹、盆壁与脏器之间或连接相邻脏器之间的腹膜结构,对脏器起固定作用。

1)肝的韧带

肝的韧带除肝胃韧带和肝十二指肠韧带外,还有肝镰状韧带和肝冠状韧带。

(1)肝镰状韧带:是位于膈穹隆与肝上面之间的呈矢状位的双层腹膜结构,偏前正中线右侧,其游离缘内含有肝圆韧带。

(2)肝冠状韧带:是膈下与肝上面的腹膜结构,呈冠状位,分前、后两层,之间为肝裸区,此区直接与膈相连。

2)脾的韧带

脾的韧带主要有胃脾韧带和脾肾韧带。胃脾韧带是自脾门至胃底的双层腹膜皱襞,其内有胃短血管、胃网膜左血管、胰的淋巴管和淋巴结等。脾肾韧带是自脾门连至左肾前面的双层腹膜结构,其内含有脾血管、淋巴管和胰尾等。

3)胃的韧带

胃的韧带包括肝胃韧带、胃结肠韧带、胃脾韧带和胃膈韧带等。

4. 隐窝与陷凹

1)肝肾隐窝

肝肾隐窝位于肝右叶下面与右肾和结肠右曲之间,仰卧时为腹膜腔的最低处,是液体易于聚积的部位。

2)陷凹

陷凹主要位于盆腔内，是盆腔脏器表面的腹膜互相移行返折形成的凹窝。在男性，直肠与膀胱之间有深而较大的直肠膀胱陷凹，是男性腹膜腔的最低点。在女性，位于膀胱与子宫之间有浅而较小的膀胱子宫陷凹；位于直肠与子宫之间有较大而深的直肠子宫陷凹，为女性腹膜腔的最低点，是液体易于聚积的部位。

腹腔穿刺术

腹腔穿刺术是借助穿刺针直接从腹前壁刺入腹膜腔的一项诊疗技术，确切的名称为腹膜腔穿刺术。穿刺点可选择以下三处：①脐与耻骨联合上缘间连线的中点上方 1 cm 偏左或有 1～2 cm，此处无重要器官，穿刺较安全；②左下腹部穿刺点位于脐与左髂前上棘连线的中、外 1/3 交界处，此处可避免损伤腹壁下动脉，肠管较游离不易损伤；③侧卧位穿刺点，脐平面与腋前线或腋中线交点处，此处穿刺多适于腹膜腔内少量积液的诊断性穿刺。穿刺时根据病情和需要可取坐位、半卧位、平卧位，尽量使患者舒适，以便能够耐受较长的操作时间。对疑为腹腔内出血或腹水量少者行实验性穿刺，取侧卧位为宜。不同穿刺点穿经层次的差别主要在肌层。下腹部正中旁穿刺点层次：皮肤、浅筋膜、腹白线或腹直肌内缘(如旁开 2 cm，也有可能涉及腹直肌鞘前层、腹直肌)、腹横筋膜、腹膜外脂肪、壁腹膜，进入腹膜腔。左下腹部穿刺点层次：皮肤、浅筋膜、腹外斜肌、腹内斜肌、腹横肌、腹横筋膜、腹膜外脂肪、壁腹膜，进入腹膜腔。侧卧位穿刺点层次同左下腹部穿刺点层次。对诊断性穿刺及腹膜腔内药物注射，选好穿刺点后，穿刺针垂直刺入即可。但对腹水量多者的放液，穿刺针自穿刺点斜行方向刺入皮下，然后再使穿刺针与腹壁呈垂直方向刺入腹膜腔，以防腹水自穿刺点滑出。进针速度不宜过快，以免刺破漂浮在腹水中的乙状结肠、空肠和回肠，进针深度视患者具体情况而定。

拓展与思考

1. 临床上哪些疾病需要进行插胃管洗胃，洗胃的意义是什么？插胃管的长度怎样计算？
2. 肝有什么功能，临床化验肝功能的主要指标有哪些？

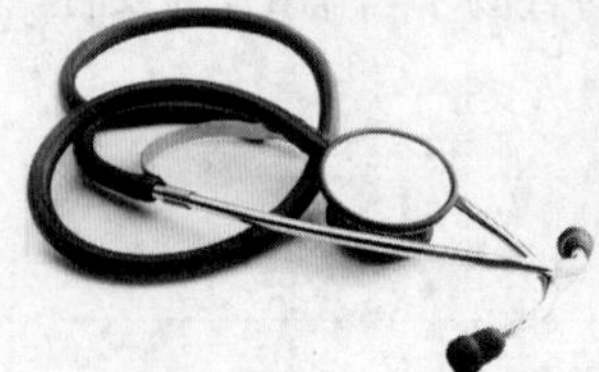

第 4 章 呼吸系统

呼吸系统由呼吸道和肺两部分组成(见图 4-1)。呼吸道是输送气体的管道,包括鼻、咽、喉、气管、支气管及各级支气管分支。临床上通常把鼻、咽、喉称为上呼吸道,把气管、主支气管及各级支气管分支称为下呼吸道。肺是进行气体交换的器官,由肺实质及肺间质组成。呼吸系统的功能是完成人体与外界的气体交换,即不断地吸入外界的新鲜氧气,呼出体内的二氧化碳,以保证人体新陈代谢的顺利进行。

护理操作要求

1. 以适当的体位进行鼻腔滴药术和上颌窦穿刺冲洗术的操作,将药物滴入或注入鼻旁窦。

2. 准确选择环甲膜穿刺术、胸膜腔穿刺术的穿刺部位,能以恰当的角度刺入,掌握穿刺层次和进针深度。能以人工呼吸法挽救呼吸骤停的患者。

正常人体结构问题

呼吸系统由哪些器官组成,临床上进行鼻腔滴药术、上颌窦穿刺冲洗术、环甲膜穿刺术、气管切开术和胸膜腔穿刺术操作的人体结构基础是什么?

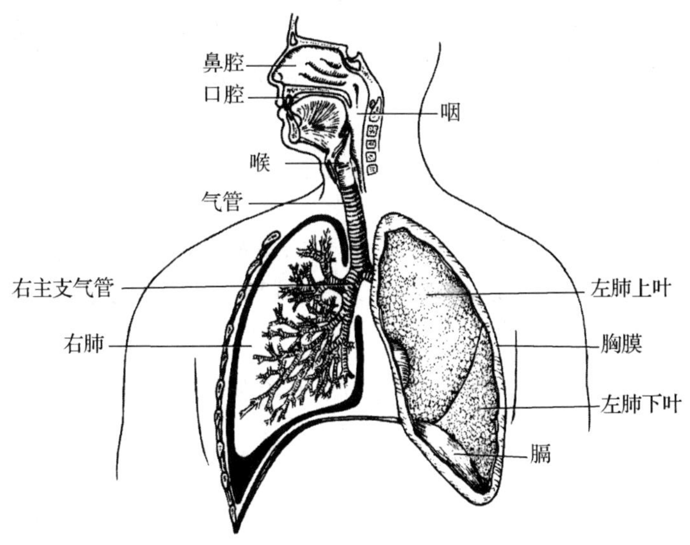

图 4-1　呼吸系统概观

4.1　呼　吸　道

4.1.1　鼻

鼻是呼吸道的起始部,也是嗅觉器官,并辅助发音。由外鼻、鼻腔和鼻旁窦三部分组成。

1. 外鼻

外鼻呈锥体形,位于颜面中央。由骨和软骨作为支架,外覆皮肤和少量皮下组织。外鼻上端位于两眶之间狭窄的部分称鼻根。鼻根向下延伸称鼻背,其末端为鼻尖。鼻尖两侧呈弧状扩大称鼻翼。从鼻翼向外下方到口角的浅沟称鼻唇沟,面肌瘫痪时,患侧的鼻唇沟变浅或消失。

人工呼吸法

人工呼吸法对于外伤、触电、溺水、中暑或中毒等意外事故引起的呼吸骤停的抢救非常重要。实践表明,伤病员呼吸停止后,若能及时采用人工呼吸法,往往会收到起死回生的效果。常用的人工呼吸法为口对口人工呼吸法:伤病员平卧,头部尽量后仰,急救者一手托起伤病员下巴,另一手捏住伤病员的鼻孔以防气体由鼻孔逸出。急救者先深吸一口气,然后对准伤病员的口腔,用力吹气,吹气后,如有回气声,即表示气道通畅,可再吹气。吹完一口气后,要放松伤病员鼻孔,让其“呼”气。每分钟 16～20 次,直到伤病员恢复自主呼吸或确诊死亡为止。如果遇到伤病员牙关紧闭,可采用口对鼻人工呼吸法:将气由伤病员的鼻孔吹入,同时将伤病员的嘴捏紧,防止漏气。若患者为小儿或婴幼儿,则可以口对鼻吹气。

2. 鼻腔

鼻腔由骨和软骨为基础,内面覆以黏膜或皮肤,被鼻中隔分为左、右两部分。鼻腔向前经鼻孔与外界相通,向后经鼻后孔通鼻咽部。每侧鼻腔可分为鼻前庭和固有鼻腔两部分。

1)鼻前庭

鼻前庭是被鼻翼遮盖的部分,内面衬以皮肤,长有粗硬的鼻毛,具有过滤灰尘和净化吸入空气的作用。

2)固有鼻腔

固有鼻腔是鼻腔的主要部分。在其外侧壁自上而下有上鼻甲、中鼻甲和下鼻甲,鼻甲下方的裂隙分别为上鼻道、中鼻道和下鼻道,在上鼻甲的后上方有一凹陷称蝶筛隐窝(见图 4-2)。上、中鼻道及蝶筛隐窝分别有鼻旁窦的开口,下鼻道的前部有鼻泪管的开口(见图 4-3)。左、右两侧鼻腔共同的内侧壁是鼻中隔,由筛骨垂直板、犁骨和鼻中隔软骨覆以黏膜而成。鼻中隔一般不完全居正中矢状位,往往偏向一侧。鼻中隔前下部有一易出血区(Little 区),此区血管丰富而位置表浅,受外伤或干燥空气刺激,血管易破裂出血。临床上 90%左右的鼻出血均发生于此区。

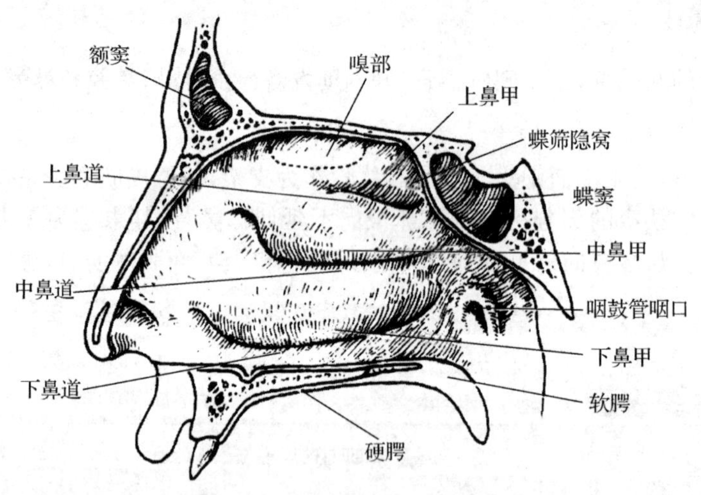

图 4-2 鼻腔外侧壁(右侧)

鼻腔的黏膜按其生理功能分为嗅区和呼吸区。嗅区位于上鼻甲内侧面以及与其相对的鼻中隔以上的黏膜,活体呈浅黄色,含嗅细胞,能感受嗅觉刺激。呼吸区鼻黏膜覆盖除嗅区以外的大部分,活体呈淡红色,黏膜表面被覆假复层纤毛柱状上皮,固有层为疏松结缔组织,内有混合腺及丰富的静脉丛,它们对吸入的空气起加温、湿润作用。病理状态下,静脉丛充血,黏膜肿胀,分泌物增多,鼻道变窄,影响通气。鼻腔的黏膜与鼻旁窦黏膜相延续。

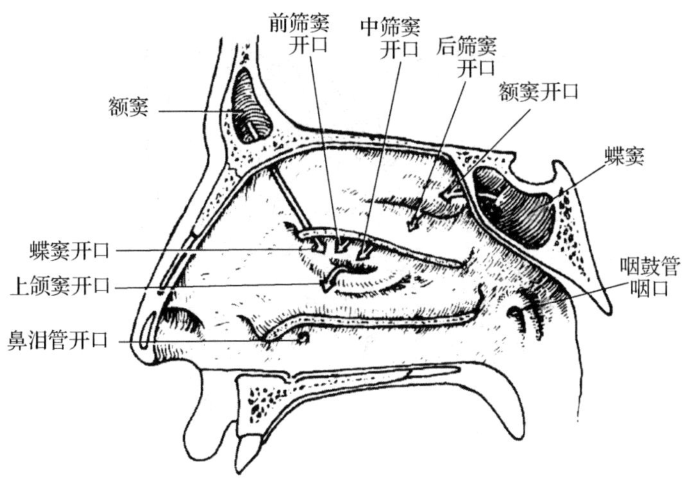

图 4-3　鼻旁窦及鼻泪管的开口

鼻腔滴药法

鼻腔滴药法适用于收缩或湿润鼻腔黏膜，改善鼻腔黏膜状况，达到引流、消炎、通气的作用。仰头位适用于后组鼻旁窦发炎时：滴药前先让患者排出鼻内分泌物；患者仰卧，颈伸直，肩下垫一枕，头伸出床边向下垂，使外耳道口和颏部连线与地面垂直；准备好棉球拿在手中，以手指轻轻掀起鼻尖使鼻孔扩张，另一手持滴管，将药液滴入每侧 2～3 滴，然后用手指捏鼻，使药液散布鼻腔并将棉球轻轻塞入前鼻孔内；如有药液流出，用棉球擦净流出的药液，放入污棉球罐，让患者头部略向两侧轻轻摆动；滴药后应保持原姿势3～5 分钟后坐起。侧头位适用于前组鼻旁窦发炎时：使患者卧向患侧，肩下垫一枕，使头侧位下垂；将药液滴入下方鼻腔 2～3 滴；保持侧卧位 3～5 分钟后再起床。

3. 鼻旁窦

鼻旁窦又称副鼻窦，由鼻腔周围含气骨腔覆以黏膜而成，共四对，包括上颌窦、额窦、蝶窦和筛窦（见图 4-4），筛窦又分前、中、后三群小房。上颌窦、额窦和筛窦的前、中群小房开口于中鼻道；筛窦的后群小房开口于上鼻道；蝶窦开口于蝶筛隐窝。上颌窦是鼻旁窦中最大的一对，因开口位于上颌窦内侧壁最高处，窦口高于窦底，所以上颌窦炎症引流不畅，易引发慢性炎症。同时窦底邻近上颌磨牙牙根，此处骨质菲薄，牙根感染常波及上颌窦，引起牙源性上颌窦炎。临床上鼻旁窦的炎症中以上颌窦炎最为多见。鼻旁窦在协助调节吸入空气的温度、湿度上起重要作用，且对发音起共鸣作用。由于鼻旁窦黏膜与鼻黏膜连续，故鼻腔感染时，可蔓延至鼻旁窦引起鼻窦炎。

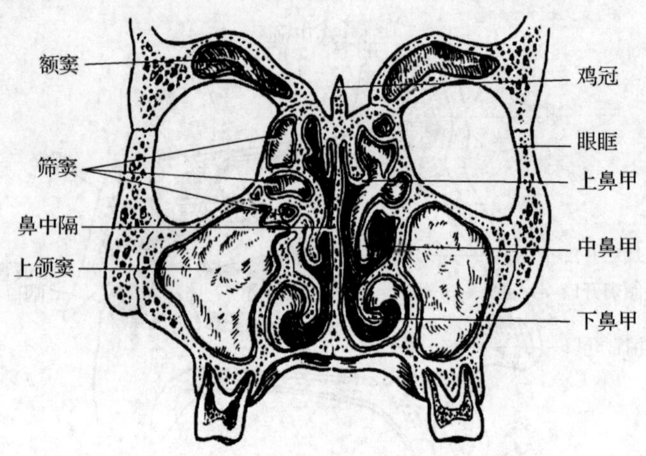

图 4-4　鼻旁窦

上颌窦穿刺冲洗术

上颌窦穿刺冲洗术适用于上颌窦内炎症需要排除脓液或注入抗生素的患者，亦适用于临床怀疑上颌窦内有肿物需穿刺活检进行瘤细胞检查的患者等。患者取坐位，头部保持正中，用扩鼻镜扩鼻，将穿刺针置于距下鼻甲前端 1.0～1.5 cm 下鼻道靠近下鼻甲处，此处恰位于鼻泪管开口的后方，骨壁最薄，利于穿刺。穿刺针朝外上方，指向同侧外眦方向。此时取出扩鼻镜，一手固定头部，一手拇指与示指固定穿刺针，针尾抵住大鱼际，轻轻推针或经旋捻后刺透骨壁，进入窦腔后有空腔感。确定穿刺针进入窦腔后即抽出针芯，将连有橡皮管的 20 mL 注射器内吸入消毒生理盐水，连接于穿刺针上。先回抽，若有空气及脓液则证实穿刺针在上颌窦腔内，此时嘱患者头向前倾，缓缓注入生理盐水，即有脓液自中鼻道上颌窦自然开口处流出，至洗净为止，继续注入抗生素，放入针芯，拔出穿刺针，下鼻道敷以麻黄素棉片。

4.1.2　喉

喉以软骨为基础，借关节、韧带和肌肉连接而成，既是呼吸器官，又是发音器官。

1. 喉的位置

喉位于颈前部正中，成人喉上界平对第 4、5 颈椎体之间，下界约平第 6 颈椎体下缘，女性和小儿喉的位置较高。喉上借甲状舌骨膜与舌骨相连，下接气管，前方被皮肤、筋膜和舌骨下肌群所覆盖，后方紧邻喉咽部，两侧邻颈部大血管、神经和甲状腺侧叶等。喉的活动性较大，当吞咽和发音时，可上下移动。

2. 喉软骨

喉软骨构成喉的支架，包括不成对的甲状软骨、环状软骨、会厌软骨和成对的杓状软骨（见图 4-5）。

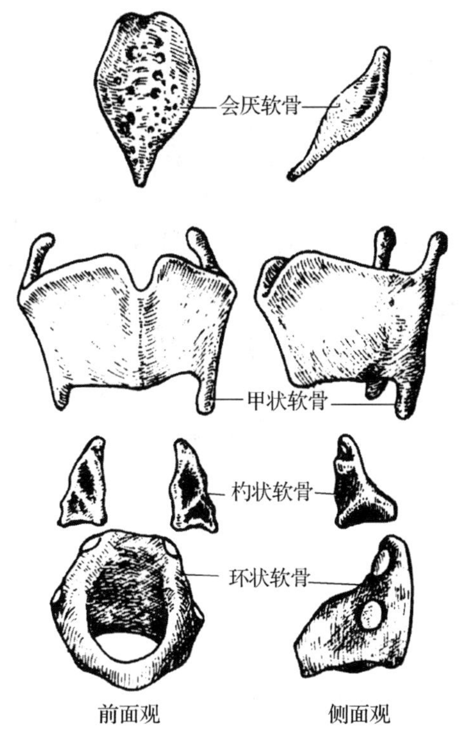

图 4-5 喉软骨

1)甲状软骨

甲状软骨是最大的一块喉软骨,位于舌骨下方,环状软骨的上方,组成喉的前外侧壁。甲状软骨由左右两块近似方形软骨板在前方合成。两板前缘相连形成前角,前角的上端向前突出,称喉结。成年男性特别明显。两板后缘游离,向上、下各伸出一对突起,上方的一对细长,称上角,借韧带连于舌骨;下方的一对较粗短,称下角,其内侧面有关节面,与环状软骨构成环甲关节。

2)环状软骨

环状软骨位于甲状软骨下方,向下接气管,前部窄低,称环状软骨弓,平对第 6 颈椎,是颈部的重要标志之一;后部高而宽阔,称环状软骨板,板上缘两侧各有小关节面与杓状软骨构成环杓关节。环状软骨是喉和气管中唯一完整的环形软骨,对保持呼吸道的畅通有重要作用,损伤后易引起喉狭窄。

3)杓状软骨

杓状软骨位于环状软骨板上缘之上,左右各一。杓状软骨略呈三棱锥体形,尖向上,底朝下与环状软骨板相关节。底向前方的突起有声韧带附着,称为声带突;向外侧较钝的突起是喉肌的附着处,称为肌突。

4)会厌软骨

会厌软骨位于甲状软骨的后上方,喉入口的前方。形似树叶,上宽下窄。上端游离,下端借韧带连于喉结的后下方。当吞咽时,喉上提,会厌软骨遮盖喉口,防止食物误入喉腔。

3. 喉的连结

喉的连结包括喉软骨之间及喉软骨与舌骨、气管间的连结(见图 4-6)。

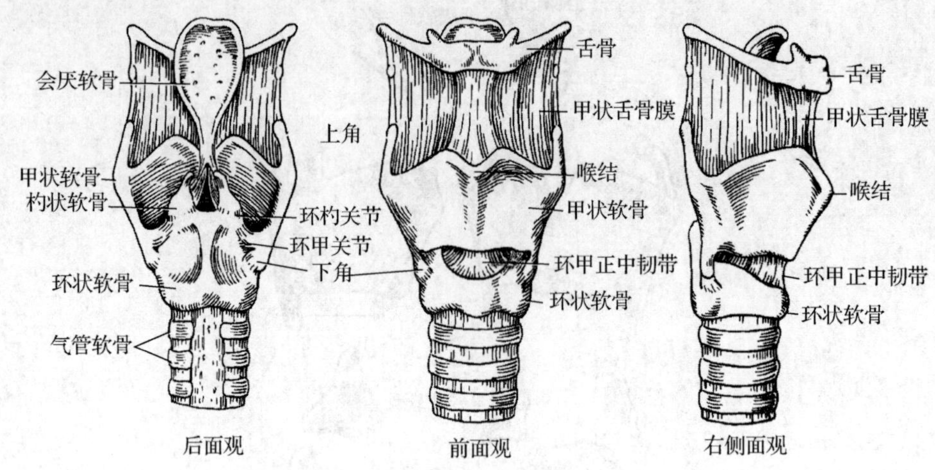

图 4-6 喉软骨及其连结

1)环甲关节

环甲关节由甲状软骨下角与环状软骨两侧的关节面构成,可做前倾和复位运动。前倾时,声带紧张;复位时,声带松弛。

2)环杓关节

环杓关节由杓状软骨底和环状软骨板上缘的关节面连结构成,可做旋内或者旋外运动,使声带突向互相靠近或者分开,缩小或扩大声门裂。

3)环甲膜

环甲膜为圆锥形弹性纤维组成的膜性结构,故又称弹性圆锥。其前部正中有环甲正中韧带,位于甲状软骨下缘和环状软骨弓上缘之间,位置表浅,从体表易于触及,是急性喉阻塞时切开或穿刺的部位。

4)甲状舌骨膜

甲状舌骨膜是连于甲状软骨上缘与舌骨之间的结缔组织膜。

环甲膜穿刺术

环甲膜穿刺术适用于注射表面麻醉药,为喉、气管内其他操作做准备,注射治疗药物,导引支气管留置给药管,缓解喉梗阻,湿化痰液等。穿刺步骤:患者平卧或斜坡卧位,头后仰;环甲膜前的皮肤按常规用碘酊及乙醇消毒;左手示指和拇指固定环甲膜处的皮肤,右手持注射器垂直刺入环甲膜,到达喉腔时有落空感,回抽注射器有空气抽出;固定注射器于垂直位置,注 1%丁卡因溶液 2 mL,然后迅速拔出注射器;再按照穿刺目的进行其他操作;穿刺点用消毒干棉球压迫片刻;若经针头导入支气管留置给药管,则在针头退出后,用纱布包裹并固定。

注意事项：穿刺时进针不要过深，避免损伤喉后壁黏膜；必须回抽有空气，确定针尖在喉腔内才能注射药物；注射药物时嘱患者勿吞咽及咳嗽，注射速度要快，注射完迅速拔出注射器及针头，以消毒干棉球压迫穿刺点片刻，针头拔出以前应防止喉部上下运动，否则容易损伤咽部的黏膜；注入药物应以等渗盐水配制，pH 要适宜，以减少对气管黏膜的刺激；如穿刺点皮肤出血，干棉球压迫的时间可适当延长；术后如患者咳出带血的分泌物，嘱患者勿紧张，一般均在 1～2 天内即消失。

4. 喉腔

喉腔(见图 4-7)向上借喉口通喉咽部，向下与气管相通。腔壁覆以黏膜，与咽和气管的黏膜相延续。

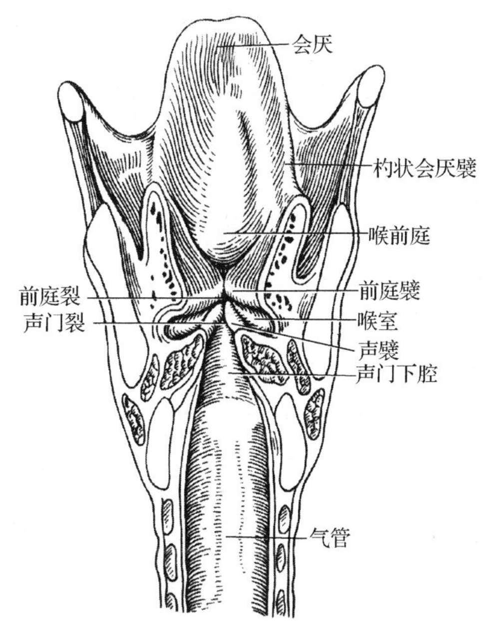

图 4-7　喉的冠状断面

1)喉腔结构

喉的入口称喉口，朝向后上方，由会厌上缘、两侧的杓状会厌襞和杓间切迹围成。喉腔中部的侧壁上，有上、下两对呈矢状位的黏膜皱襞突入腔内。上方一对黏膜皱襞称前庭襞，活体呈粉红色，与发音无直接关系，两侧前庭襞间的裂隙，称前庭裂；下方一对黏膜皱襞称声襞，在活体颜色较苍白，比前庭襞更为突向喉腔。左右声襞及杓状软骨基底部之间的裂隙，称声门裂，是喉腔最狭窄的部位。通常所称的声带由声襞以及其覆盖的声韧带和声带肌三者共同构成。

2)喉腔的分部

喉腔可借前庭襞和声襞分为以下三部分。

(1)喉前庭：喉口至前庭裂平面间的部分称喉前庭，上宽下窄，前壁主要由会厌的喉面

构成。

(2)喉中间腔:前庭裂平面至声门裂平面间的部分称喉中间腔,在喉腔的三部分中,喉中间腔容积最狭小。其向两侧突出的梭形隐窝称喉室。

(3)声门下腔:声门裂平面至环状软骨下缘平面之间的部分称声门下腔,向下通气管。声门下腔处黏膜下组织比较疏松,故炎症时易引起喉水肿;婴幼儿因喉腔较窄小,发生水肿时易引起喉阻塞,造成呼吸困难。

5. 喉肌

喉肌均为骨骼肌,肌块细小,附着于喉软骨的内面和外面(见图 4-8)。根据喉肌的功能可分为两群,喉肌的运动可控制发音的强弱和调节音调的高低。

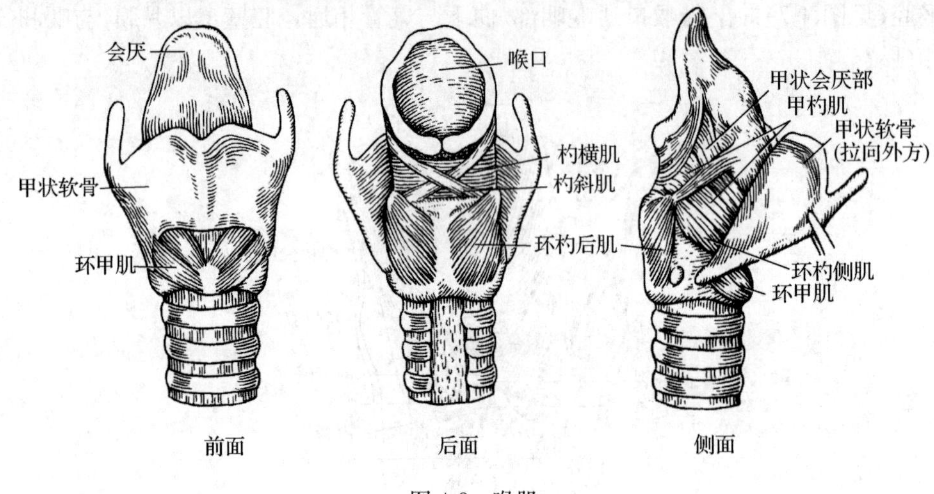

图 4-8 喉肌

1)作用于环甲关节的肌

作用于环甲关节的肌使甲状软骨产生前倾和复位的运动,以紧张或松弛声韧带。其中,环甲肌起自环状软骨弓前外侧面,向后上止于甲状软骨下缘和下角,收缩时可紧张声带。

2)作用于环杓关节的肌

作用于环杓关节的肌使杓状软骨沿垂直轴旋转,从而扩大或缩小声门裂。其中,环杓后肌起自环状软骨板后面,向外上止于杓状软骨肌突,收缩时可起到开大声门裂并紧张声带作用。

4.1.3 气管和主支气管

气管和主支气管是连接喉与肺之间的管道,管壁均由黏膜、气管软骨、平滑肌和结缔组织所构成。气管软骨以"C"形的透明软骨为支架,以保持其开放状态,各软骨间彼此都以结缔组织相连,各透明软骨缺口都朝向后方,被平滑肌和结缔组织构成的膜壁所封闭,所以管的后壁呈扁平状。

1. 气管

1)气管位置与形态

气管位于食管前方,上端在平第 6 颈椎下缘附近连接环状软骨,经颈部正中,向下进入胸腔，在胸骨角平面分为左、右主支气管（见图 4-9），气管分叉处称气管杈，其内面形成向上凸的半月形气管隆嵴，是支气管镜检查的定位标志。气管通常由 16～20 个“C”形气管软骨借结缔组织相连，内面衬以黏膜构成。

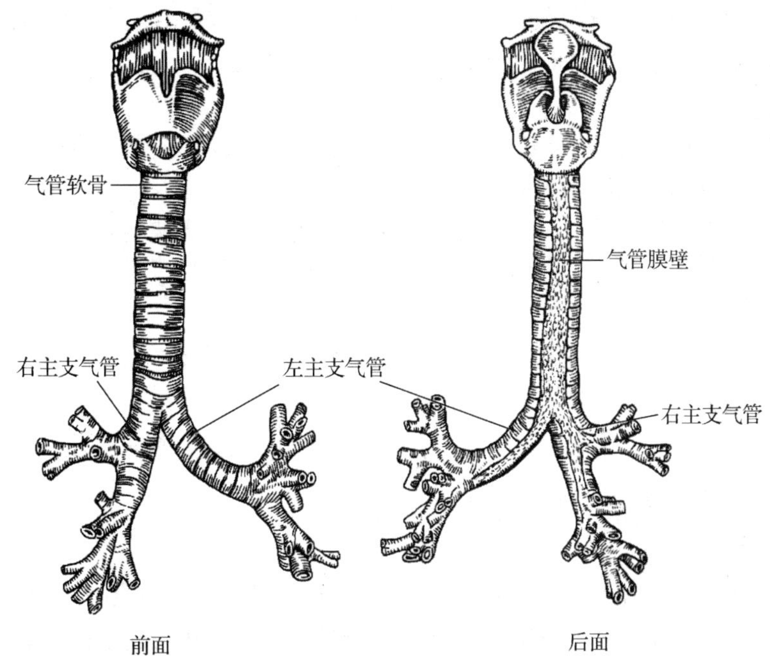

图 4-9 气管与支气管

2)气管的分部

根据气管的行程和位置，气管可分为颈、胸两部。

(1)颈部：较粗，位置表浅，沿前正中线下行，在颈静脉切迹上方可以摸到。前面除舌骨下肌群外，在第 2～4 气管软骨的前方有甲状腺峡，两侧邻近颈部大血管和甲状腺侧叶，后方与食管相邻。行气管切开术时，切开部位常选取第 3～5 气管软骨处。

(2)胸部：较长，位于上纵隔内，两侧有重要的血管、神经。前面与胸骨之间有胸腺和大血管；后方仍紧贴食管。

气管切开术

气管切开术系切开颈段气管前壁，插入气管套管，以解除喉源性呼吸困难、呼吸机能失常或下呼吸道分泌物潴留所致呼吸困难的一种急救手术。临床上气管切开时，一般在环状软骨下方 2～3 cm 处，常选取在第 3～5 气管软骨处施行。气管切开术经过的层次由浅入深为皮肤、浅筋膜、深筋膜、舌骨下肌群、气管前筋膜和气管环。第 2～4 气管软骨前方有甲状腺峡，手术过程中应向上推开甲状腺峡，暴露气管前壁。术后护理要点如下。

(1)室内保持清洁，空气新鲜，温度在 22 ℃左右，相对湿度 50%左右。每日更换两层湿盐水纱布遮盖套管口，防止灰尘及异物吸入，防止干痂形成。

(2)根据需要向气管内滴入抗生素、α糜蛋白酶和蒸汽吸入15分钟，每日3～4次。体位不宜变动过度，翻身时，头、颈、躯干保持在同一轴线转动，避免套管活动或脱出造成的刺激或呼吸困难。小儿或神志不清患者有可能自行拔除套管者，要固定其手臂。

(3)密切注意有无呼吸困难，呼吸次数增多和阻力增大，套管内有无出血等，并及时寻找原因，予以处理。

(4)呼吸相关问题得到解决后应及早拔管，拔管前先吸尽气管内分泌物，然后松开固定带，顺套管弯度慢慢拔出。

(5)拔管后不需缝合伤口，可用油纱布包扎或用蝶形胶布拉拢伤口。

2. 主支气管

左、右主支气管由气管分出后，各自斜向外下方走行，分别经左、右肺门进入左、右肺。

1)左主支气管

左主支气管细而长，平均长4～5 cm，走行较倾斜，与气管中线的延长线形成35°～36°的角，约在平第6胸椎高度处经肺门入左肺。

2)右主支气管

右主支气管短而粗，平均长2～3 cm，走行较陡直，与气管中线的延长线形成22°～25°的角，约在平第5胸椎体高度处经肺门入右肺。因此临床上气管内异物多坠入右主支气管。

3. 气管和主支气管的结构特点

气管和主支气管壁结构相似，由内向外依次由黏膜、黏膜下层和外膜构成(见图4-10)。

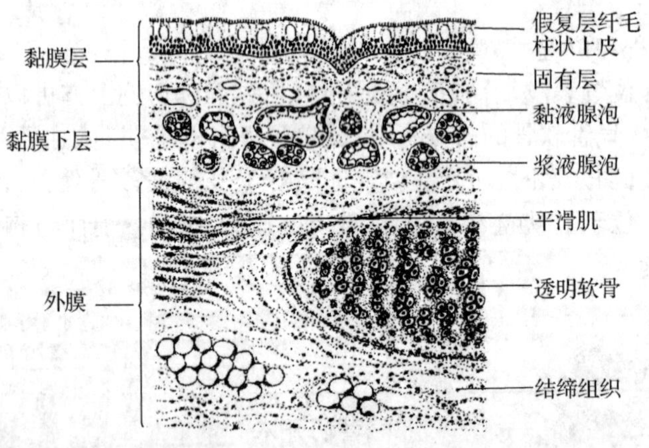

图4-10 气管壁切面(高倍)

1)黏膜

黏膜由上皮和固有层组成。

(1)上皮：为假复层纤毛柱状上皮，纤毛细胞数量最多，呈柱状，游离面有密集的纤毛。纤毛向咽部摆动，可将黏液及其黏附的灰尘颗粒等运送到咽部，以痰的形式咳出。

(2)固有层：位于上皮深面，与上皮之间有明显的基膜。固有层结缔组织中有较多的弹性纤维，还含有小血管及散在的淋巴组织等，具有免疫防御功能。

2)黏膜下层

黏膜下层由疏松结缔组织构成,内含有血管、淋巴管、神经及丰富的混合性气管腺。气管腺的导管穿过固有层开口于上皮表面。

3)外膜

外膜较厚,由结缔组织和透明软骨构成。软骨缺口处的结缔组织中有弹性纤维组成的韧带和平滑肌束,构成气管后壁。

4.2 肺

4.2.1 肺的位置和形态

1.肺的位置

肺位于胸腔内,膈的上方,纵隔两侧,左、右各一(见图 4-11)。右肺因受肝位置的影响,较宽短。左肺因受心偏向左侧的影响,较狭长。

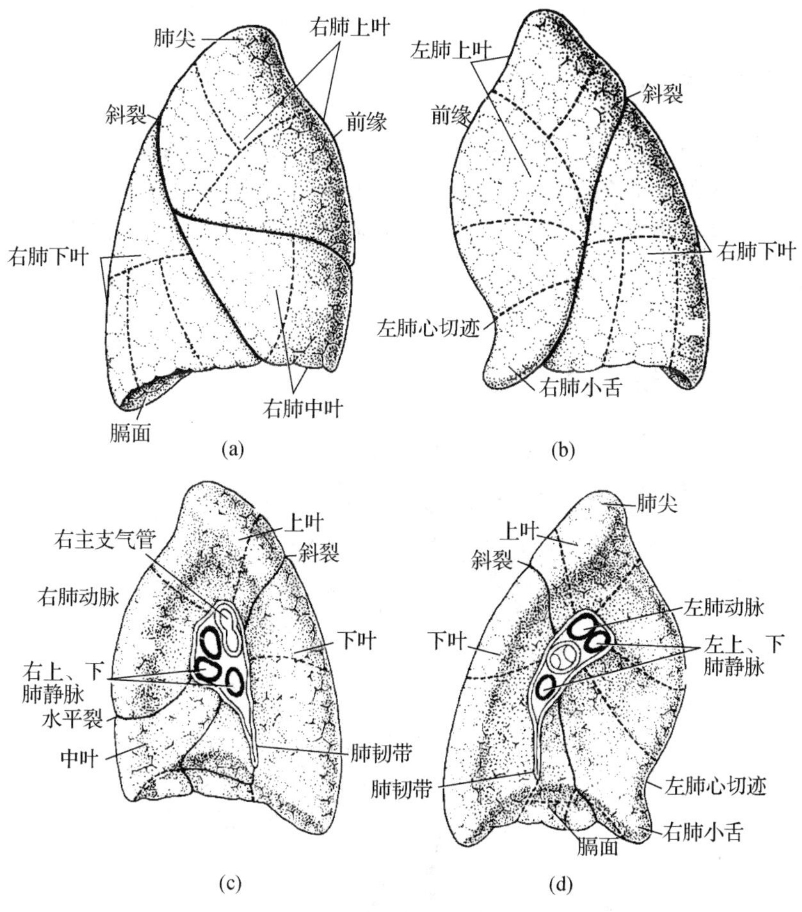

图 4-11 肺的形态

(a)右肺前面 (b)左肺前面 (c)右肺内侧面 (d)左肺内侧面

2. 肺的形态

肺表面覆以浆膜，为胸膜脏层，光滑湿润，透过脏胸膜可见许多多边形的肺小叶轮廓。幼儿肺呈淡红色，随年龄增长，由于吸入空气中灰尘的不断沉积，颜色逐渐变灰暗甚至蓝黑色。部分可呈棕黑色斑，吸烟者尤甚。肺组织质软而轻，富有弹性，呈海绵状。肺呈半圆锥形，具有一尖、一底、二面和三缘。

(1)肺尖：呈钝圆形，向上经胸廓上口突至颈根部，高出锁骨中内侧 1/3 交界处 2～3 cm。

(2)肺底：与膈相贴，又称膈面，向上方凹陷，与膈穹隆相一致。

(3)外侧面：圆凸而广阔，邻接胸廓的前、后和外侧壁，又称肋面。

(4)内侧面：邻贴纵隔，又称纵隔面。此面中部有一凹陷，称肺门，是主支气管、肺动脉、肺静脉、淋巴管和神经等出入肺的部位。这些出入肺门的结构，被结缔组织包绕在一起，构成肺根。

(5)前缘：肺的前缘薄锐，右肺前缘近于垂直，左肺前缘下部有左肺心切迹。

(6)后缘：肺的后缘圆钝。

(7)下缘：肺的下缘也较薄锐，其位置可随呼吸上下移动。

3. 肺的分叶

左肺被自后上方斜向前下方的斜裂分为上、下两个叶。右肺除有斜裂外，还有一条近于水平方向的水平裂，将右肺分为上、中、下三个叶。

4.2.2 肺内支气管

主支气管从肺门入肺后分支为肺叶支气管，肺叶支气管分支为肺段支气管，肺段支气管以下的多次分支，统称为小支气管，其管径在 1 mm 以下时称细支气管，细支气管继续分支至直径 0.5 mm 时则称终末细支气管。支气管在肺内的反复分支呈树枝状，故称支气管树。每根细支气管及其各级分支和所属肺泡构成一个肺小叶。临床上所谓小叶性肺炎，就是指肺小叶的感染。

4.2.3 肺的组织结构

肺组织(见图 4-12)可分肺实质和肺间质两部分。

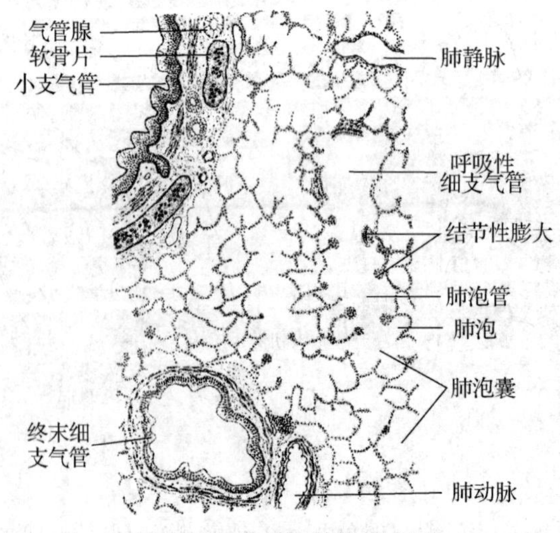

图 4-12　肺组织结构模式图

1. 肺实质

肺实质即肺内支气管的各级分支及其终末的大量肺泡，根据其功能的不同又可分为导气部和呼吸部。

1)导气部

导气部包括肺叶支气管、肺段支气管、小支气管、细支气管及终末细支气管，仅能传导气体，不能进行气体交换。导气部各级支气管管壁的组织结构与主支气管基本相似，但随着管腔的变小和管壁的变薄，其结构也相应发生改变。

(1)肺叶支气管至细支气管：管壁结构的主要变化包括几个方面：假复层纤毛柱状上皮逐渐变薄，杯状细胞逐渐减少；腺体逐渐减少甚至消失；软骨呈不规则片状，并逐渐减少，甚至消失；平滑肌则相对增多。

(2)终末细支气管：管壁薄，分层不明显，黏膜皱襞明显，上皮已移行为单层纤毛柱状上皮或单层柱状上皮，杯状细胞、腺体和软骨片均消失，平滑肌增多，形成完整的环行肌层。由于细支气管、终末细支气管失去软骨支撑，管壁上平滑肌相对增多，因此，细支气管尤其是终末细支气管管壁上的平滑肌收缩或舒张可改变管径，以调节进入肺泡内的气体流量。在某些病理情况下，如支气管哮喘时，终末细支气管平滑肌发生痉挛性收缩，使出入肺泡的气流量减少，引起呼吸困难。

2)呼吸部

呼吸部包括呼吸性细支气管、肺泡管、肺泡囊和肺泡。呼吸部具有气体交换的功能。

(1)呼吸性细支气管：是终末细支气管的分支。管壁被以单层立方上皮，上皮下的结缔组织内有少量平滑肌纤维。管壁上有少量肺泡开口，故具有气体交换功能。

(2)肺泡管：是呼吸性细支气管的分支，管壁上有许多肺泡和肺泡囊的开口，故自身的管壁结构很少，只存在于相邻肺泡开口之间部分，此处呈结节状膨大，膨大表面覆有单层立方或扁平上皮，上皮下有薄层结缔组织和少量环行平滑肌纤维。

(3)肺泡囊：连接于肺泡管的末端，为数个肺泡的共同开口的腔隙。在相邻肺泡开口之间的壁中无平滑肌，故切片中，此处无明显的结节状膨大。

(4)肺泡：呈多面形囊泡状，一面开口于肺泡囊、肺泡管或呼吸性细支气管，其他各面与相邻的肺泡借肺间质连接(见图 4-13)，肺泡是肺进行气体交换的部位。肺泡的壁极薄，内面衬有单层上皮，称肺泡上皮，外被基膜。肺泡上皮由Ⅰ型肺泡细胞和Ⅱ型肺泡细胞共同组成。

①Ⅰ型肺泡细胞：覆盖了肺泡 95%的表面积，细胞呈扁平形，表面光滑，胞核呈扁椭圆形，无胞核部分胞质菲薄，相邻细胞之间有紧密连接，此型细胞为气体交换提供了一个广而薄的面，使气体易于通过，是进行气体交换的主要部位。

②Ⅱ型肺泡细胞：体积较小，细胞呈立方形或圆形，位于Ⅰ型肺泡细胞之间，凸向肺泡腔，胞核大而圆，胞质着色浅，呈泡沫状。胞质有许多分泌颗粒，颗粒内含有二棕榈酰卵磷脂等，以胞吐的方式释放后，在肺泡上皮表面形成一层薄膜，又称肺泡表面活性物质，该物质有降低肺泡表面张力，防止肺泡塌陷及肺泡过度扩张，起到稳定肺泡直径的作用。创伤、休克、中毒或感染时，肺泡表面活性物质的合成与分泌受到抑制或破坏，可引起肺泡塌陷，影响肺泡的气体交换功能。

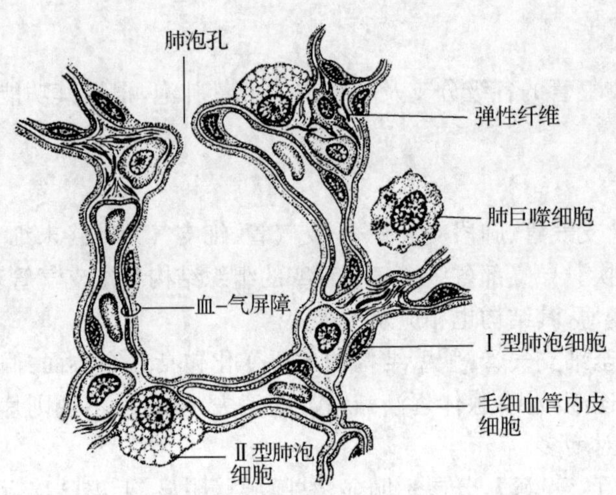

图 4-13　肺泡结构模式图

相邻肺泡间有小孔相通，称肺泡孔。肺泡孔是沟通相邻肺泡的孔道，空气可借肺泡孔相互流通。当某个终末细支气管或呼吸性细支气管阻塞时，肺泡孔起侧支通气作用，防止肺泡萎缩。但在肺部感染时，病菌也可借此孔扩散，使感染蔓延。

2. 肺间质

肺表面的浆膜在肺门处增多，并伴随血管、淋巴管和神经等进入肺内，共同形成肺的间质。相邻肺叶、肺小叶之间，甚至肺泡之间均由肺间质分隔。

1)肺泡隔

肺泡隔是指肺泡与肺泡之间的薄层结缔组织，其内含有丰富的毛细血管网、大量的弹性纤维、成纤维细胞、肺巨噬细胞及肥大细胞等。肺泡隔中的毛细血管网紧贴肺泡上皮，有利于肺泡内的 O_2 与血液中的 CO_2 进行交换。肺泡隔内的弹性纤维有助于保持肺泡的弹性，当肺泡隔内的弹性纤维变性时，可使肺泡弹性减弱，肺泡过度扩张，导致肺气肿。隔内的肺巨噬细胞是构成机体防御体系的重要成分之一，能吞噬吸入的灰尘、细菌、异物及渗出的红细胞，吞噬了较多灰尘后的巨噬细胞称尘细胞。

2)血-气屏障

肺泡与血液之间气体交换所通过的结构，称血-气屏障。它由下列结构组成：肺泡表面液体层、Ⅰ型肺泡细胞及基膜、薄层结缔组织、连续型毛细血管的基膜及内皮(见图 4-14)。有的部位两层基膜之间无结缔组织，直接相贴而融合在一起。血-气屏障很薄，其厚度约 0.2～0.5 μm。屏障中任何一层发生病理改变，均会影响气体交换。

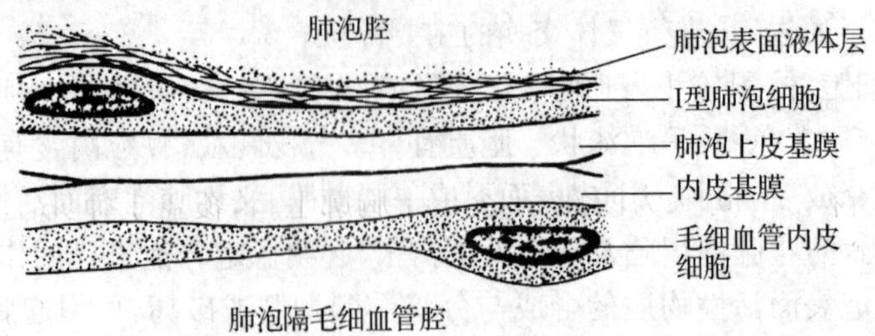

图 4-14　血-气屏障的组成示意图

4.2.4 肺的血液循环

肺有两套血管，即功能性血管和营养性血管。

(1)功能性血管包括肺动脉和肺静脉，参与气体交换。肺动脉自肺门进入肺后，其分支与各级支气管伴行，直至肺泡隔内形成毛细血管网。毛细血管内的血液与肺泡进行气体交换后，汇入小静脉；小静脉行于肺小叶间结缔组织内，不与肺动脉的分支伴行；当汇集成较大的静脉后，才与支气管及肺动脉分支伴行，最终汇合成肺静脉出肺。

(2)营养性血管包括支气管动脉和支气管静脉，支气管动脉供给肺氧气和营养物质。支气管动脉起自胸主动脉或肋间后动脉，与支气管的分支伴行，其终末支至呼吸性细支气管时，一部分毛细血管网与肺动脉的毛细血管网吻合，汇入肺静脉；另一部分则汇成支气管静脉，与支气管伴行，经肺门出肺。

4.3 胸膜和纵隔

4.3.1 胸膜

胸膜是一层薄而光滑的浆膜，可分为脏胸膜和壁胸膜两部分。脏胸膜紧贴于肺的表面，并折入左、右肺斜裂和右肺水平裂内。壁胸膜衬贴于胸壁内面、膈上面和纵隔侧面(见图4-15)。

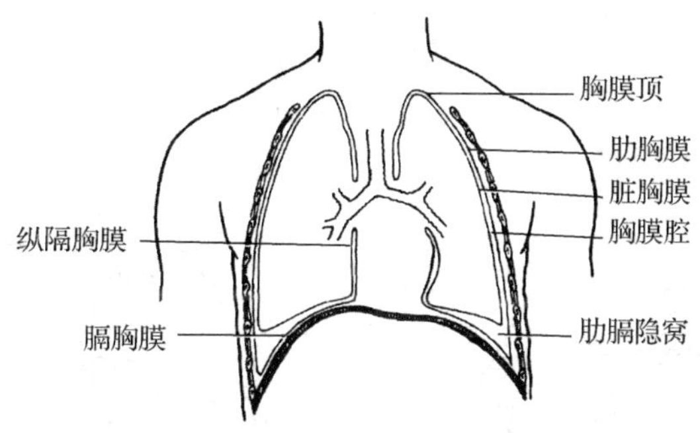

图4-15 胸膜与胸膜腔示意图(冠状切面)

胸膜腔是脏、壁两层胸膜在肺根部互相移行，共同围成一个封闭的腔隙，左、右各一，互不相通，正常胸膜腔内为负压，脏、壁两层胸膜相互贴附在一起，所以胸膜腔实际上是两个潜在性的腔隙。腔内仅有少量浆液，可减少呼吸时脏、壁两层胸膜间的摩擦。

胸腔由胸廓与膈围成，上界为胸廓上口与颈部相连，下界借膈与腹腔分隔。胸腔内可分为三部分，即左、右两侧为胸膜腔和肺，中间为纵隔。

1. 胸膜的分部

壁胸膜根据所在位置可分为四部分：突出于胸廓上口，覆盖于肺尖上方的部分，称胸膜顶；衬于肋骨与肋间肌内面的部分，称肋胸膜；贴附于膈上面的部分，称膈胸膜；呈矢状位衬附于纵隔两侧的部分，称纵隔胸膜。肋胸膜与膈胸膜相互转折处形成肋膈隐窝，在人体直立时为胸膜腔最低的部位，胸膜腔积液首先积聚于此。

2. 肺及胸膜的体表投影

1)肺的体表投影

两肺前缘的投影起自锁骨内中、内 1/3 交界处上方 2～3 cm 处的肺尖,向内下方斜行,经胸锁关节后方至胸骨柄后面,约在第 2 胸肋关节水平,左右靠拢并垂直下降。右肺前缘由此再下行至第 6 胸肋关节处弯向外下方,移行于右肺下缘;左肺前缘因有心切迹,故在第 4 胸肋关节处即沿第 4 肋软骨向外下方,至第 6 肋软骨中点处移行于左肺下缘。平静呼吸时,两肺下缘各沿第 6 肋向外后走行,在锁骨中线处与第 6 肋相交,在腋中线处与第 8 肋相交,在肩胛线处与第 10 肋相交,在接近脊柱时平第 10 胸椎棘突高度(见图 4-16,图 4-17)。当深呼吸时,两肺下缘均可向上、下各移动 2～3 cm。

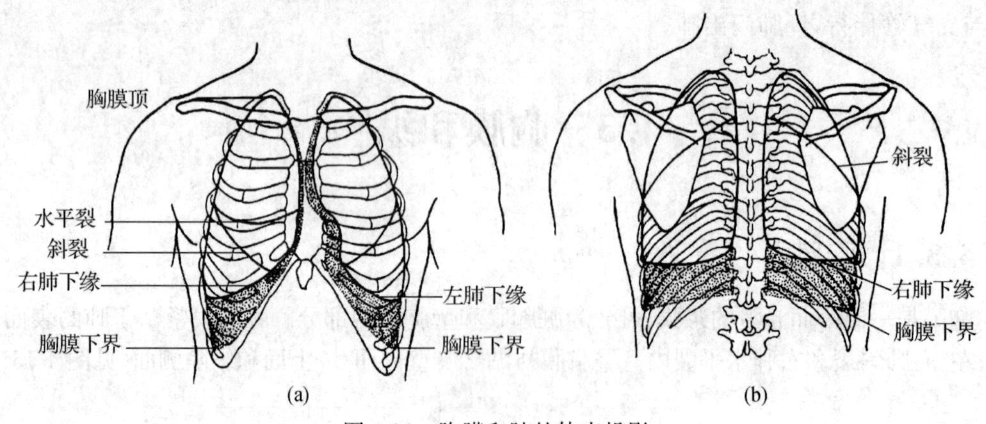

图 4-16 胸膜和肺的体表投影

(a)前面 (b)后面

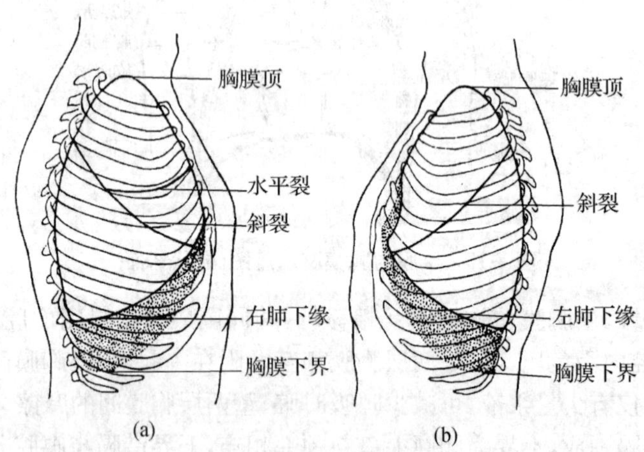

图 4-17 胸膜和肺的体表投影

(a)右侧面 (b)左侧面

2)胸膜的体表投影

两侧胸膜顶和胸膜前界的投影,基本与肺尖和肺前缘一致。两侧胸膜下界的体表投影,比两肺下缘的投影约低 2 个肋骨,即在锁骨中线处与第 8 肋相交,在腋中线处与第 10 肋相交,在肩胛线处与第 11 肋相交,在脊柱旁平第 12 胸椎棘突高度。肺下界与胸膜下界的体表投影对比，见表 4-1。

表 4-1 肺和胸膜下界的体表投影

体表标志线	锁骨中线	腋中线	肩胛线	后正中线
肺下界	第 6 肋	第 8 肋	第 10 肋	第 10 胸椎棘突
胸膜下界	第 8 肋	第 10 肋	第 11 肋	第 12 胸椎棘突

胸膜腔穿刺术

胸膜腔穿刺术是用于检查胸腔积液的性质，抽液、抽气减压或通过穿刺向胸腔内给药的一种诊疗技术。胸膜腔积液的穿刺部位应在胸部叩诊实音最明显处。常选取肩胛线或腋后线第 7、8 肋间；有时也选腋中线第 6、7 肋间或腋前线第 5 肋间隙为穿刺点。包裹性积液可结合 X 线或超声波检查研究。胸膜腔积气穿刺点通常选在锁骨中线第 2、3 肋间隙。胸膜腔穿刺术穿刺所经过结构由浅入深依次为：皮肤、浅筋膜、深筋膜、胸壁肌层、肋间隙和肋间结构、胸内筋膜和壁腹膜进入胸膜腔。胸壁肌层因部位不同而有差异，胸前外侧壁的肌有胸大肌和胸小肌；胸外侧壁有前锯肌和腹外斜肌；胸后壁有斜方肌、背阔肌和肩部诸肌。为避免对肋间血管和肋间神经造成损伤，胸后外侧部胸膜腔穿刺时，穿刺针应沿下位肋骨的上缘进针；胸前部穿刺时，穿刺针应在上、下肋之间进针为妥。注意事项为：操作前应向患者说明穿刺目的，消除顾虑，取得配合，对精神紧张者，术前可口服镇静药物；应尽量避免在第 9 肋间以下穿刺，以免穿透膈肌，损伤腹腔脏器；穿刺针应垂直进针，不可斜向上方，以免损伤肋骨下缘处的神经和血管；术中助手用止血钳固定穿刺针，防止针头摆动而损伤肺组织；穿刺中患者应避免咳嗽、打喷嚏、深呼吸及转动身体，以免穿刺针损伤肺组织；严格无菌操作，操作中要防止空气进入胸腔。

4.3.2 纵隔

1. 纵隔的概念和境界

纵隔是左、右纵隔胸膜之间的全部器官、结构和结缔组织的总称。纵隔的境界：前界为胸骨，后界为脊柱胸段，两侧界为纵隔胸膜，上界达胸廓上口，下界为膈。

2. 纵隔的分部

通常以胸骨角平面（平对第 4 胸椎体下缘）为界，将纵隔分为上纵隔和下纵隔两部分（见图 4-18）。下纵隔再以心包为界分为前、中、后三部分，即胸骨与心包前壁之间的前纵隔，心包、心以及与其相连大血管根部所占据的中纵隔，心包后壁与脊柱胸段之间的后纵隔。

1）上纵隔

上纵隔内主要含有胸腺、头臂静脉、上腔静脉、主动脉弓及其分支、迷走神经、膈神经、喉返神经、食管胸部、气管胸部及胸导管和淋巴结等。

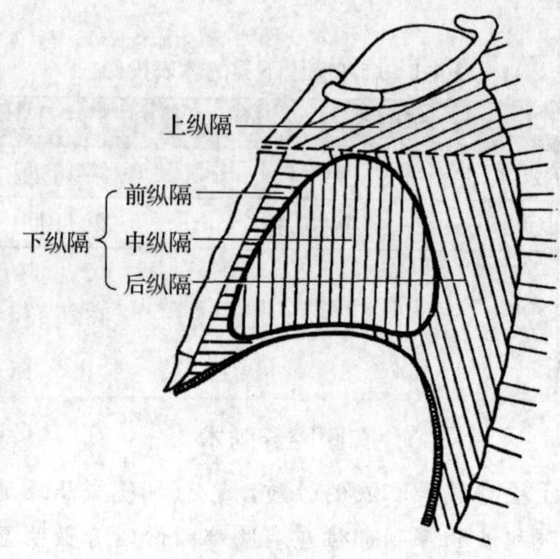

图 4-18 纵隔的分部

2)前纵隔

前纵隔内有胸腺下部、少量淋巴结和疏松结缔组织。

3)中纵隔

中纵隔为纵隔下部最宽阔的部分,其内有心包、心和心相连的大血管(升主动脉、肺动脉干及其分支、上腔静脉、左和右肺静脉)、膈神经、奇静脉弓等。

4)后纵隔

后纵隔内有主支气管、食管胸部、胸主动脉、胸导管、奇静脉和半奇静脉、迷走神经、胸交感干、淋巴结等。

拓展与思考

1. 常见的呼吸道异物有哪些临床表现?
2. 急性喉痉挛引起呼吸困难可进行哪些急救措施?
3. 上呼吸道感染的临床表现有哪些?应怎样防治?

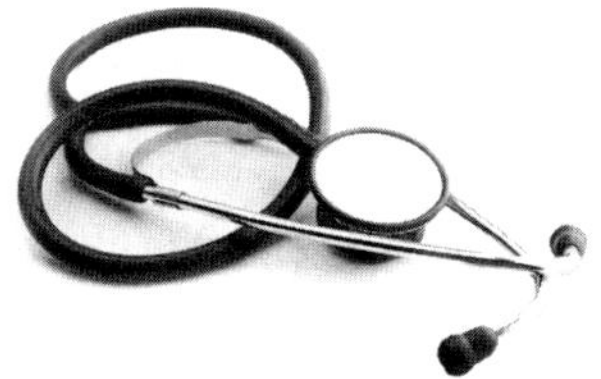

第5章

泌尿系统

泌尿系统由肾、输尿管、膀胱及尿道组成(见图5-1),主要功能是排出机体在新陈代谢中所产生能溶于水的废物(如尿素、尿酸、肌酐等)以及多余的水和某些无机盐类等。肾是产生尿液的器官,尿液经输尿管输送到膀胱暂时储存,当尿液达到一定量后,在神经系统的调节下,经尿道排出体外。若肾功能发生障碍,代谢产物蓄积于体内,改变了内环境的理化性质,则导致相应的病变,严重时可导致尿毒症,甚至危及生命。

护理操作要求

正确选择膀胱穿刺术、肾囊封闭术的穿刺部位,能以恰当的角度刺入,掌握穿刺层次和进针深度。

正常人体结构问题

泌尿系统由哪几部分构成?临床上进行膀胱穿刺术、肾囊封闭术操作的人体结构基础是什么?

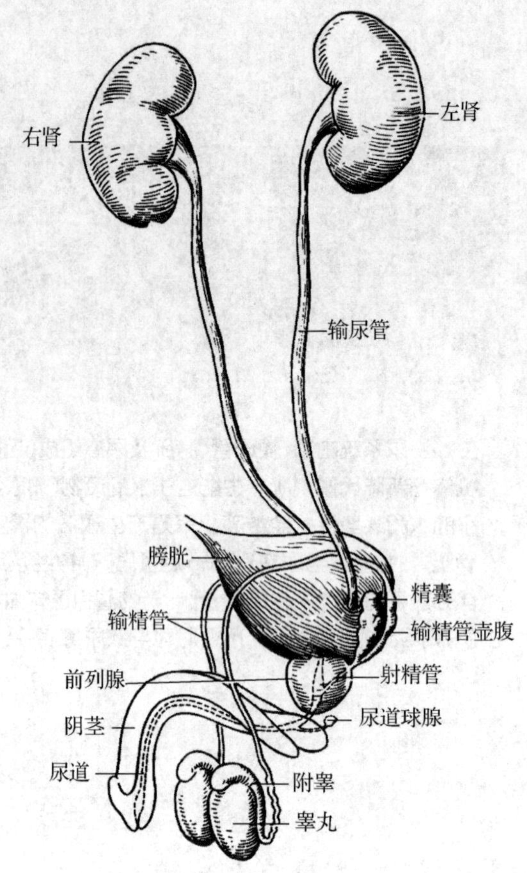

图 5-1　男性泌尿生殖系统模式图

5.1　肾

5.1.1　肾的形态

肾形似蚕豆，是成对的实质性器官，新鲜的肾为红褐色，质柔软，表面光滑。肾的大小因人而异，男性一侧肾重 120～150 g，平均长约 10 cm，宽约 5 cm，厚约 4 cm，一般女性肾略小于男性。肾可分为上、下两端，前、后两面和内、外侧两缘。肾的上内侧有肾上腺，下端较钝圆；前面较凸，朝向前外侧；后面较扁平，紧贴腹后壁；肾外侧缘隆凸；内侧缘中部凹陷称肾门。肾门为肾的血管、神经、淋巴管及肾盂等出入的门户。出入肾门诸结构被结缔组织包裹称肾蒂，右侧肾蒂较左侧短，在手术时可造成一定的困难。肾门向肾实质凹陷形成的腔隙称肾窦，内含肾盂、肾盏、肾血管、淋巴管、神经及脂肪组织等结构（见图 5-2）。

5.1.2　肾的位置

肾位于腹膜后方，脊柱两侧，贴靠腹后壁，长轴向外下倾斜。一般左肾上端平第 11 胸椎体下缘，下端平第 2 腰椎体下缘；右肾由于受肝的影响比左肾低，即右肾上端平第 12 胸椎体上缘，下端平第 3 腰椎体上缘(见图 5-3)。第 12 肋分别斜过左肾后面的中部和右肾后面的上部。肾门约平第 1 腰椎体，在腹后壁的体表投影一般位于在竖脊肌的外侧缘与第 12 肋之间，此区称肾区(脊肋角)。在某些肾疾病患者，叩击或触压此区可引起疼痛。肾的位置一般女性低于男性，儿童低于成人，新生儿肾的位置则更低，甚至可达髂嵴附近。并可随呼吸和体位而上下移动，幅度约为 2～3 cm。

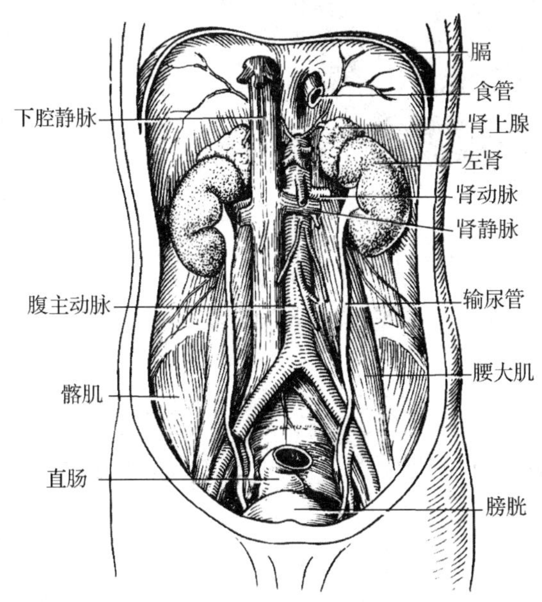

图 5-2　肾和输尿管

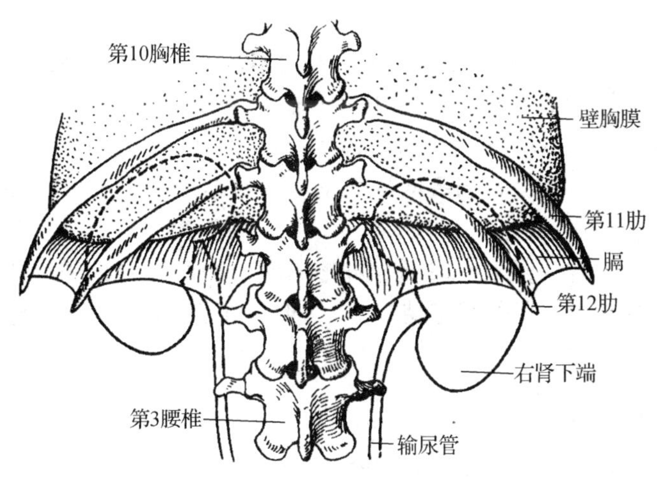

图 5-3　肾与肋骨和椎骨的位置关系(后面观)

5.1.3　肾的被膜

肾的表面包有三层被膜，由内向外为纤维囊、脂肪囊和肾筋膜(见图 5-4)。

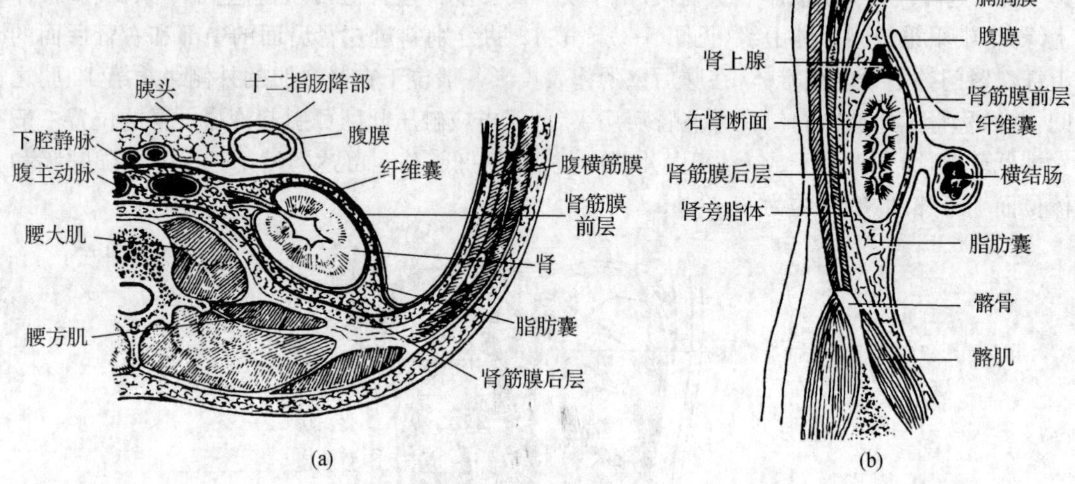

图 5-4 肾的被膜

(a)水平切(平第 1 腰椎、上面观) (b)矢状切面(经右肾和右肾上腺)

1. 纤维囊

纤维囊为紧贴肾表面的薄层、坚韧的致密结缔组织膜,内含少量的弹性纤维。正常情况下,纤维囊易与肾实质分离;在病理情况下,则可与肾实质发生粘连,不易剥离。在肾破裂修复或肾部分切除时,需缝合此膜。

2. 脂肪囊

脂肪囊为包在纤维囊外周的囊状脂肪组织层,在肾的周缘脂肪最厚,并从肾门伸入到肾窦内与其脂肪组织相连。脂肪囊对肾起支持和弹性垫样保护作用。

3. 肾筋膜

肾筋膜围绕肾脂肪囊外,分前、后两层,包绕肾和肾上腺。两层在肾上腺上方和肾的外侧缘处互相融合。在肾的下方两层分开,其间有输尿管通过。在肾的内侧,前层在肾和肾血管前面向内侧延伸,至腹主动脉和下腔静脉的前面与对侧肾筋膜前层相续,后层与腰筋膜、腰方肌筋膜和髂筋膜相连接。肾筋膜向深面发出许多结缔组织小束,穿过脂肪囊连于纤维囊,对肾起固定作用。

肾的正常位置靠多种因素来维持,除肾的被膜外,肾血管、肾的邻近器官、腹内压以及腹膜等对肾均起固定作用。当肾的固定结构不健全时,则可引起肾下垂或游走肾。

肾囊封闭术

临床行肾囊封闭术是通过穿刺的方法,把普鲁卡因等药物注入肾脂肪囊,以达到消除疼痛等目的的一项治疗技术。主要用于治疗急性无尿症、功能性尿潴留、麻痹性肠梗阻、术后腹胀、肾痛等。穿刺部位选择:在腰部第 12 肋骨下缘,竖脊肌外侧缘与髂嵴之间的区域,或者在第 1 腰椎棘突外侧 5 cm 处,是进入肾的较短径路。在竖脊肌外侧缘与第 12 肋交点之下方约 1 cm 处做局部麻醉。穿经结构：由浅入深依次穿经皮肤、浅筋膜、背阔肌、胸腰筋膜、腹横肌起始腱膜、腰方肌、肾旁脂肪、肾后筋膜，最后刺入肾脂肪囊后部。术后护理注意要点为：术后卧床休息，如无不适即可下床行走；注药后患者可觉肾区轻微胀痛，对症处理；术后出现肉眼血尿时卧床休息或对症处理。

5.1.4 肾的构造

在肾的冠状切面上，肾实质分为外部的肾皮质和内部的肾髓质(见图 5-5)。

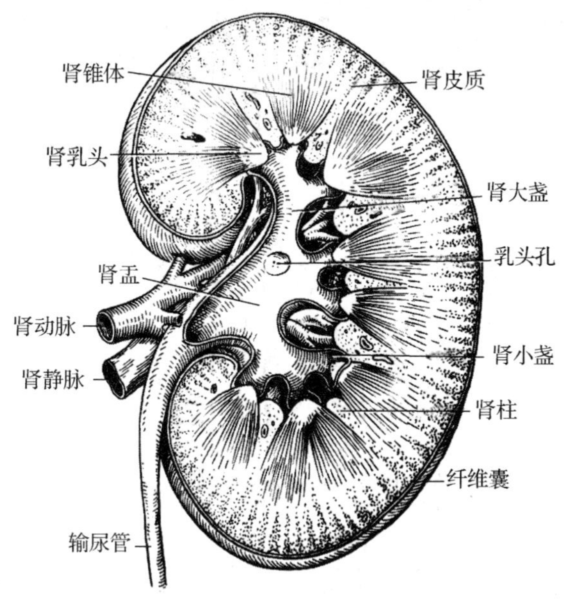

图 5-5 右肾冠状切面

1. 肾皮质

肾皮质主要位于肾的浅层，血管丰富，新鲜标本呈红褐色，主要由肾小体和肾小管组成。肾皮质深入肾髓质内的部分称肾柱。

2. 肾髓质

肾髓质位于肾皮质的深部，血管少，色较淡，主要由肾锥体组成。髓质内有 15～20 个肾锥体，肾锥体呈圆锥形，锥体底朝向肾皮质并与皮质相连接，锥体尖端钝圆，呈乳头状突入肾小盏内，称肾乳头。每个肾乳头顶端有许多乳头孔，是乳头管的开口。肾产生的尿液经乳头孔流入肾小盏。每个肾小盏接受 1～3 个肾乳头。

肾窦内有 7～8 个呈漏斗状的肾小盏，2～3 个肾小盏合成一个肾大盏，每肾有 2～3 个肾大盏，再汇合成一个前后扁平约呈漏斗状的肾盂。肾盂出肾门后，弯形向下，逐渐变细移行为输尿管。

5.1.5 肾的组织结构

肾实质主要由大量肾单位和集合小管构成(见图 5-6)。肾单位是形成尿液的结构和功能单位，集合小管主要是浓缩和运输尿液的部位，开口于肾小盏。泌尿小管由肾小管和集合小管组成。肾间质分布在肾单位和集合小管之间，主要为结缔组织、神经、血管等。

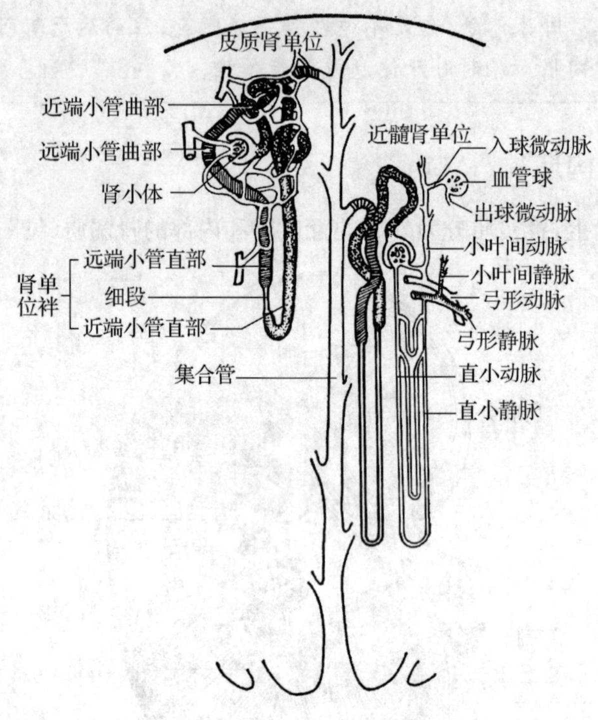

图 5-6　肾单位和集合小管模式图

1. 肾单位

肾单位由肾小体和肾小管两部分组成，每个肾约有 100 万～150 万个肾单位。

1)肾小体

肾小体似球形，故又称肾小球，直径约 200 μm，由血管球和肾小囊组成(见图 5-7)。每个肾小体分两个极：肾小体有动脉血管出入的部位，称血管极；在血管极的对侧，与近端小管曲部相连的部位，称尿极。

(1)血管球：是入球微动脉与出球微动脉之间一团盘曲的毛细血管。入球微动脉从血管极进入肾小囊内，分成 4～5 支，每支再分支形成网状毛细血管袢，毛细血管又汇成一条出球微动脉，从血管极处离开肾小囊。在电镜下观察，毛细血管属于有孔型，孔径 50～100 nm。

(2)肾小囊：是肾小管起始部膨大凹陷而成的双层囊。其外层，称壁层，由单层扁平上皮构成，在尿极处与近端小管上皮相连续，在血管极处反折成为肾小囊内层即脏层；两层上皮之间的狭窄腔隙，称肾小囊腔，与近端小管腔相通。脏层上皮细胞形态特殊，有许多大小不等的突起，称足细胞，足细胞包在每条毛细血管外面。足细胞体积较大，胞体凸向肾小囊腔，核染色较浅，胞质内有丰富的细胞器。在扫描电镜下，可见从胞体伸出几个大的初级突起，从初级突起上再分出许多指状的次级突起，相邻次级突起相互嵌合成栅栏状，紧贴在毛细血管基膜外面(见图 5-8)。次级突起之间有直径约 25 nm 的裂隙，称裂孔，孔上覆盖一层 4～6 nm厚的薄膜，称裂孔膜。

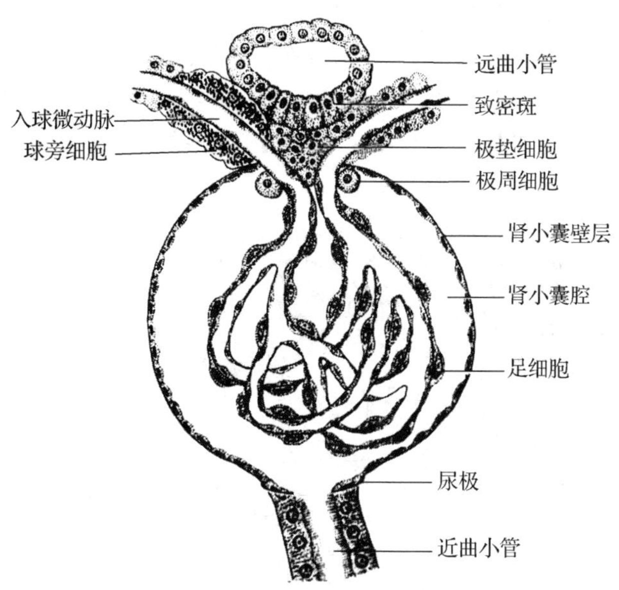

图 5-7 肾小体及球旁复合体模式图

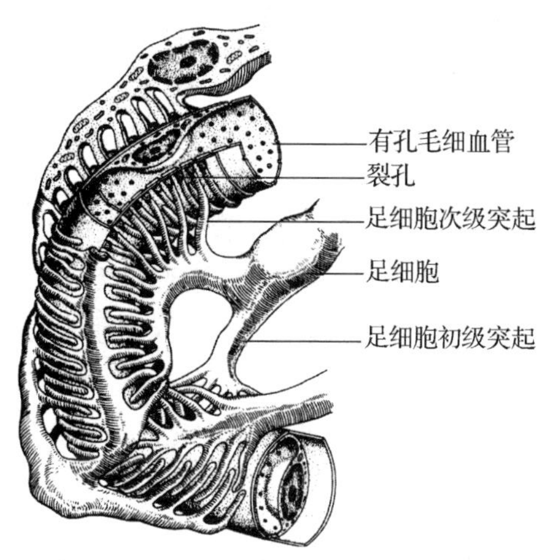

图 5-8 足细胞与毛细血管电镜结构模式图

当血液流经血管球毛细血管时，管内血压较高，血浆内部分物质经有孔内皮、基膜和足细胞裂孔膜滤入肾小囊腔形成原尿，这三层结构称滤过屏障或称滤过膜。三层结构能分别限制一定大小的物质通过，其中裂孔膜在滤过屏障中起重要作用，一般情况下，小分子物质可通过滤过膜，滤入肾小囊腔的滤液称原尿。成年人每一昼夜两肾共形成原尿约 180 L。原尿成分与血浆相似，但不含大分子蛋白质，若滤过膜受损，则大分子物质如蛋白质，甚至血细胞亦能通过滤过膜漏出，出现蛋白尿或血尿。

2)肾小管

肾小管是由单层上皮围成的管道，可分为近端小管、细段、远端小管三部分，有重吸收和分泌等作用。

(1)近端小管：是肾小管的起始部分，与肾小囊腔相连接，也是肾小管最长、最粗的一段，约占肾小管总长的一半，按其行程和结构分为曲部和直部。

近端小管曲部也称近曲小管，位于皮质内，在肾小体附近高度盘曲。光镜下，管壁厚、腔小不规则（见图 5-9）。近端小管直部位于锥体内，结构与曲部相似。近端小管具有良好的吸收功能，是原尿重吸收的主要场所。原尿中几乎所有葡萄糖、氨基酸以及大部分水、离子和尿素等均在此重吸收。

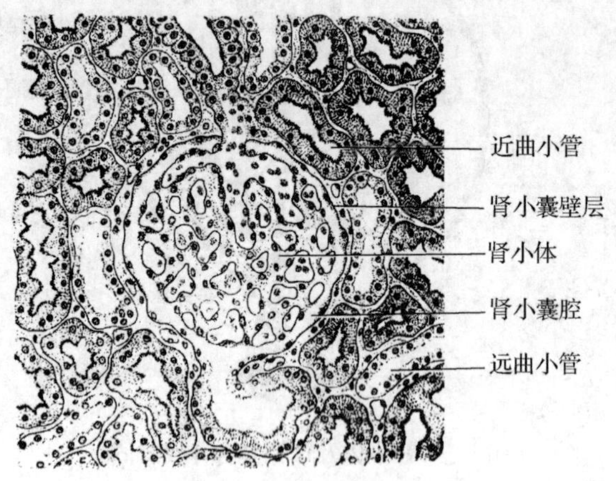

图 5-9　近曲小管和远曲小管

（2）细段：主要位于锥体内，呈“U”字形，它与近端小管直部和远端小管直部共同构成肾单位袢，又称髓袢。细段管径很细（直径 10～15 μm），上皮甚薄，有利于水和离子通透。

（3）远端小管：连接于细段和集合小管之间，按其行程又可分为直部和曲部。远端小管直部位于髓质内并返回皮质，移行于远端小管曲部，直部管腔较大而规则，管壁为单层立方上皮，细胞分界较清楚。能不断地将小管内的钠离子泵入间质，有利于集合小管对水的重吸收。

远端小管曲部也称远曲小管，位于皮质内。远曲小管是离子交换的重要部位，细胞有吸收水、Na^+ 和排出 K^+、H^+ 和 NH_3 等功能，对维持体液的酸碱平衡具有重要作用。肾上腺皮质分泌的醛固酮和垂体后叶分泌的抗利尿激素对此段有调节作用。

2. 集合小管

集合小管（见图 5-10）可分为弓形集合小管、直集合小管和乳头管三段，开口于肾小盏。集合小管不断接受远曲小管汇入，管径由细逐渐增粗，管壁上皮由单层立方渐变为单层柱状，至乳头管处成为高柱状细胞。集合小管也有重吸收水和交换离子的功能，使原尿进一步浓缩，并与远曲小管一样也受醛固酮和抗利尿激素的调节。

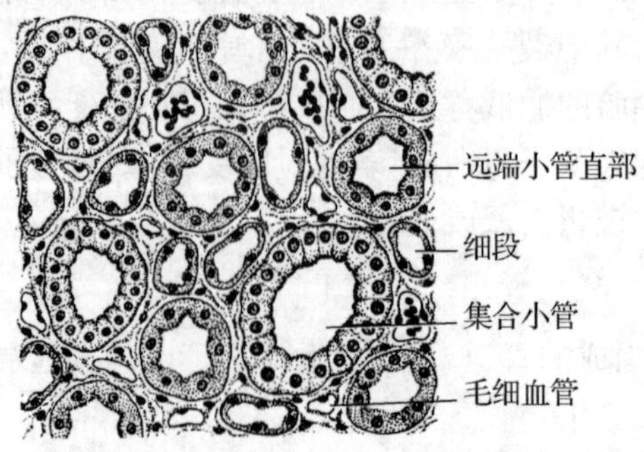

图 5-10　肾集合管及远端小管

综上所述，肾小体形成的原尿，经过肾小管各段和集合小管后，绝大部分水、营养物质和无机盐等被重吸收入血，部分离子也在此进行交换，肾小管上皮细胞还分泌排出部分代谢产物，最后形成的浓缩液体称终尿。终尿经乳头管、乳头孔排入肾小盏。成人每天排出尿液1～2 L，仅占原尿的1%左右。

3. 球旁复合体

球旁复合体也称肾小球旁器，由球旁细胞、致密斑和球外系膜细胞组成，它们在位置、结构和功能上密切相关，故合称为复合体。

1)球旁细胞

球旁细胞是入球微动脉近肾小体血管极处，管壁中的平滑肌细胞特化而形成的上皮样细胞。细胞的体积较大，呈立方形，核圆居中，胞质呈弱嗜碱性，含丰富的分泌颗粒。免疫组织化学法证明分泌颗粒内含有肾素。肾素是一种蛋白水解酶，能使血浆中的血管紧张素原变成血管紧张素Ⅰ，后者被组织的转化酶降解成血管紧张素Ⅱ。两种血管紧张素均可使血管平滑肌收缩，血压升高，但血管紧张素Ⅱ的作用更强。肾素-血管紧张素系统在机体血压的调节中，起重要作用。某些肾病患者伴发高血压，与肾素分泌异常有关。

2)致密斑

致密斑是远曲小管近肾小体侧的管壁上皮细胞特化而成的椭圆形隆起，该处细胞增高、变窄、排列紧密而形成致密区，故称致密斑。一般认为致密斑是一种离子感受器，能敏锐地感受远端小管内 Na^+ 浓度变化。当 Na^+ 浓度降低时，致密斑细胞将信息传递给球旁细胞，促进球旁细胞分泌肾素。

3)球外系膜细胞

球外系膜细胞又称极垫细胞，位于致密斑、入球微动脉和出球微动脉组成的三角区内。此种细胞的功能尚不清楚，有人认为在一定条件下可转变为球旁细胞，也可能起信息传递作用。

4. 肾间质

肾间质是指泌尿小管之间的少量结缔组织、神经、血管和淋巴管等。肾间质除一般的结缔组织细胞外，尚有一种特殊的细胞，称为间质细胞，这些细胞具有较长的突起，胞质内除有较多细胞器外，还有许多嗜锇颗粒，具有分泌前列腺素和生成基质的功能。

5.1.6 肾的血液循环特点

肾的血液循环与尿液的形成和浓缩有密切关系，具有以下特点：肾动脉直接起于腹主动脉，短而粗，因而血流量大、流速快，约占心输出量的1/4，每4～5分钟人体内的血液全部流经肾内而被过滤；入球微动脉较出球微动脉粗，因而血管球内的压力较高，有利于滤过；两次形成毛细血管网，即入球微动脉分支形成血管球(毛细血管网)，出球微动脉在肾小管周围形成球后毛细血管网，利于肾小管上皮细胞的重吸收和尿液的浓缩。肾的血液循环示意图，如图5-11所示。

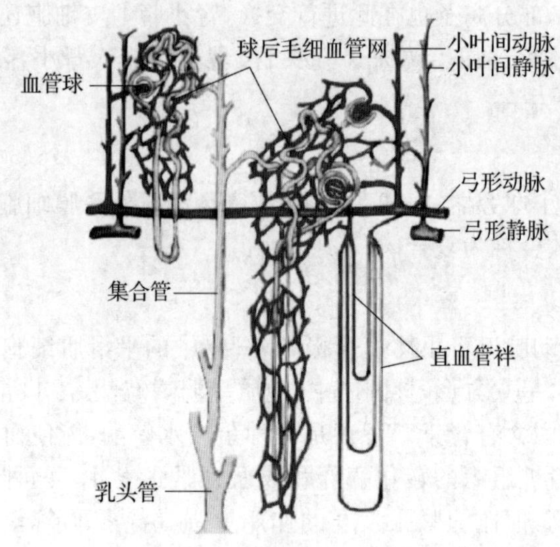

图 5-11 肾的血液循环模式图

5.2 输 尿 管

输尿管是位于腹膜后方、一对细长的肌性管道，起自肾盂下端，终于膀胱，长约 25～30 cm。通过平滑肌节律性蠕动，可将尿液不断排入膀胱。

5.2.1 输尿管的行程与分段

输尿管根据行程分为腹段、盆段和壁内段等三段。腹段自肾盂下端起始后，沿腰大肌前面下行，达小骨盆入口处，左输尿管跨越左髂总动脉末端前方，右输尿管则跨越右髂外动脉起始部的前方，进入盆腔移行于盆段。盆段沿盆壁血管神经前面下行，男性输尿管在与输精管交叉后，从膀胱底外上角向内下斜穿膀胱底；女性输尿管经子宫颈两侧达膀胱底，在距子宫颈外侧约 2.5 cm 处，有子宫动脉横过其前上方。当子宫手术结扎子宫动脉时，需注意此关系，不要误伤输尿管。壁内段为输尿管斜穿膀胱壁的部分，以输尿管口开口于膀胱内面。当膀胱充盈时，膀胱内压升高，压迫壁内段，使管腔闭合，可阻止尿液由膀胱向输尿管反流。

5.2.2 输尿管的生理性狭窄

输尿管全程有三处生理性狭窄：肾盂与输尿管移行处；输尿管跨过髂血管处；输尿管穿膀胱壁处。这三处狭窄是输尿管结石易滞留的部位。

泌尿系统结石的护理

泌尿系统结石又称尿路结石，包括上尿路结石和下尿路结石，是最常见的泌尿外科疾病之一。上尿路结石包括肾和输尿管结石；下尿路结石包括膀胱和尿道结石。下尿路结石可为原发性，也可为肾和输尿管结石排入膀胱而引起。尿路结石主要在肾脏和膀胱内形成。上尿路结石大多数为草酸钙和磷酸钙结石。根据上尿路结石形成机制不同，可分为代谢性结石和感染性结石。下尿路结石与上尿路结石的形成机制、病因、结石成分和流行病学有显著差异。影响结石的主要因素有：流行病学因素、尿液因素、解剖结构异常、感染因素等。结石可引起泌尿系统直接损伤、梗阻、感染和恶性变，梗阻与感染又加重泌尿系统损伤，促进结石形成。现今90%左右的尿路结石可不采用传统的开放手术治疗。健康护理指导：多饮水、多运动，根据结石性质调节饮食，草酸盐结石患者不宜食用马铃薯、菠菜、甜菜等；尿酸盐结石患者应少食动物内脏及豆类，同时口服碳酸氢钠碱化尿液；磷酸盐结石患者少食蛋黄及牛奶等，口服氯化铵酸化尿液。

5.3 膀　　胱

膀胱是储存尿液的囊状肌性器官，并借平滑肌收缩将尿液排入尿道。膀胱的形状、大小、位置及壁的厚度均随尿液的充盈程度、年龄、性别不同而异。膀胱的平均容量，一般正常成人为300～500 mL，最大容量可达800 mL。新生儿膀胱容量约为成人的1/10。老年人由于膀胱肌的紧张力降低，故容积增大。女性膀胱容量较男性小。

5.3.1 膀胱的形态和分部

膀胱空虚时，呈三棱锥体形，可分为尖、底、体、颈四部分(见图5-12)。膀胱尖细小，朝向前上方。膀胱底近似三角形，朝向后下方。膀胱尖与膀胱底之间的部位为膀胱体。膀胱的最下部称膀胱颈，以尿道内口与尿道相接。膀胱各部之间无明显界限。膀胱充盈时呈卵圆形。

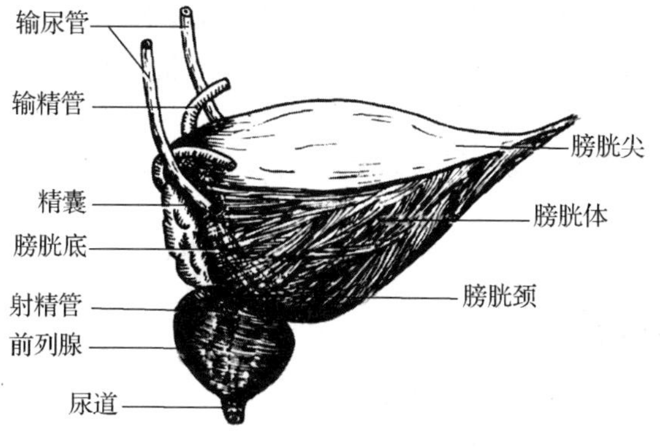

图5-12　男性膀胱

5.3.2 膀胱的位置和毗邻

成人的膀胱位于小骨盆腔的前部。其上面被有腹膜，前方贴近耻骨联合；后方在男性为精囊、输精管壶腹和直肠，在女性为子宫和阴道；膀胱颈的下方，在男性邻接前列腺（见图 5-13），女性邻接尿生殖膈。

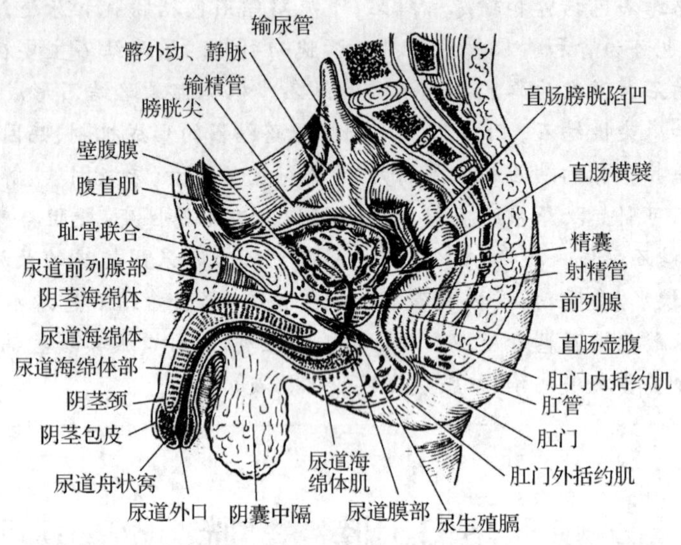

图 5-13 男性骨盆正中矢状切面

膀胱空虚时，膀胱尖不超过耻骨联合上缘。膀胱充盈时，膀胱尖即上升至耻骨联合以上，这时腹前壁折向膀胱的腹膜也随之上移，使膀胱的前下壁直接与腹前壁相贴。此时在耻骨联合上方进行膀胱穿刺时，可避免损伤腹膜。

新生儿膀胱位置比成人的高，大部分位于腹腔内。随着年龄的增长和盆腔的发育而逐渐降入盆腔，至青春期达成人位置。老年人因盆底肌松弛，膀胱位置则更低。

膀胱穿刺术

膀胱穿刺术适应于急性尿潴留导尿未成功者，需膀胱造口引流者，经穿刺采取膀胱尿液做检验及细菌培养，小儿、年老体弱不宜导尿者等。在临床进行膀胱穿刺的途径有：在耻骨联合上缘约一横指处，于正中线上垂直刺入，穿过皮肤、腹横筋膜和膀胱壁而进入膀胱；膀胱底靠近直肠壁，其间由疏松结缔组织隔开，所以通过直肠也可以进行膀胱穿刺。

5.3.3 膀胱壁的结构特点

膀胱壁由内向外分为黏膜、肌层和外膜三层。

1. 黏膜

膀胱的黏膜上皮为变移上皮，其细胞的层数，可随功能状态而变化。膀胱空虚时上皮较厚，约8～10层细胞，表层盖细胞大，呈矩形；膀胱充盈时上皮变薄，仅3～4层细胞，盖细胞也变扁。

空虚时，黏膜由于肌层的收缩而形成许多皱襞，当膀胱充盈时，皱襞可全部消失。但在膀胱底的内面两输尿管口与尿道内口之间，有一个三角形区域称膀胱三角（见图5-14）。由于此区缺少黏膜下层，黏膜与肌层紧密相连，膀胱处于空虚或充盈时，黏膜均保持平滑状态，不形成皱襞。

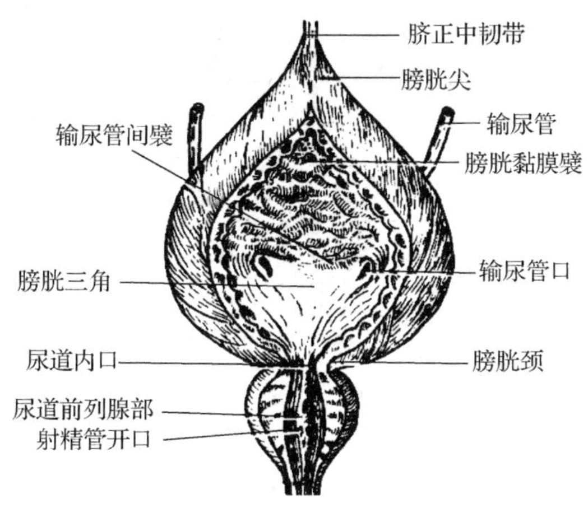

图5-14 膀胱三角

两输尿管口之间的横行皱襞，称输尿管间襞，呈苍白色。输尿管间襞是膀胱镜检时寻找输尿管口的标志。膀胱三角是肿瘤、结核和炎症的好发部位，膀胱镜检查时应特别注意。

2. 肌层

肌层厚，由内纵、中环和外纵三层平滑肌组成，各层肌纤维相互交错，分界不清。中层环行肌在尿道内口处增厚为括约肌。

3. 外膜

除膀胱顶部为浆膜外，其余均为疏松结缔组织。

5.4 尿　　道

尿道是膀胱与体外相通的一段管道，男、女性尿道差异很大，男性尿道见男性生殖系统。

女性尿道较男性尿道短、宽且较直，长约3～5 cm，仅有排尿功能。起于膀胱的尿道内口，经阴道前方行向前下，穿过尿生殖膈，以尿道外口开口于阴道前庭（见图5-15）。尿道穿尿生殖膈时，周围有尿道阴道括约肌（骨骼肌）环绕，可控制排尿。由于女性尿道短、宽而直，故易引起逆行性尿路感染，也可经尿道移除小的结石、异物和赘生物。

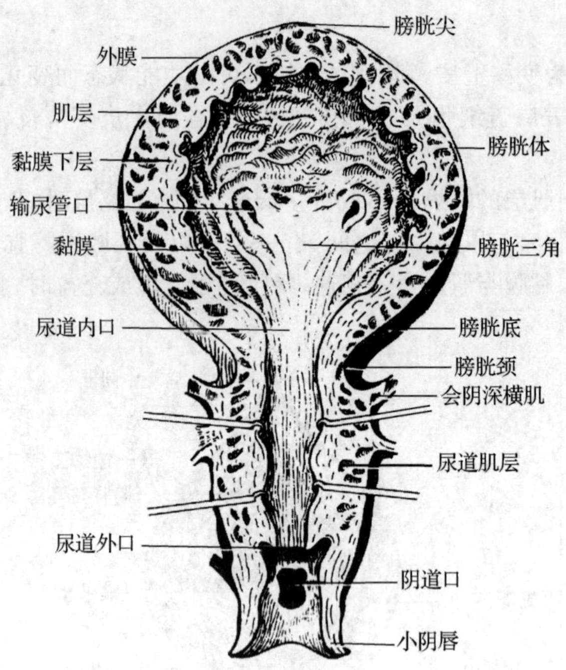

图 5-15　女性膀胱与尿道冠状切面(前面观)

拓展与思考

1. 肾有什么功能？临床化验肾功能的主要指标有哪些？
2. 泌尿系统结石容易滞留在哪些地方？会有什么临床表现？为什么？

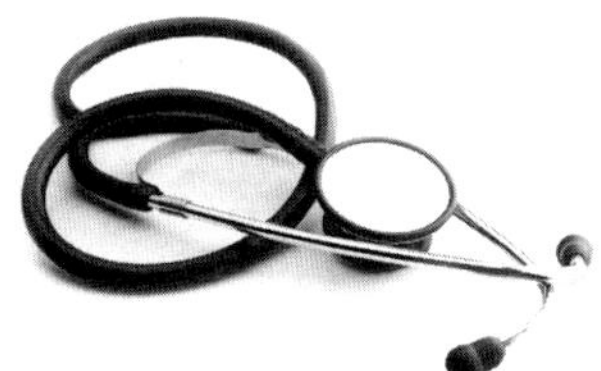

第6章 生殖系统

生殖系统包括男性生殖系统和女性生殖系统。男、女生殖系统都可分为内生殖器和外生殖器两部分。内生殖器位于体内，包括生殖腺、生殖管道和附属腺；外生殖器位于体表。生殖系统的主要功能是：产生生殖细胞、孕育新个体和分泌性激素。

护理操作要求

正确选择阴道后穹窿穿刺术的穿刺部位，能以恰当的角度刺入，掌握穿刺层次和进针深度。能以正确的方法施行输卵管通液（气）术，判断输卵管是否通畅。

正常人体结构问题

生殖系统由哪些器官组成？临床上进行阴道后穹穿刺术和输卵管通液（气）术操作的人体结构基础是什么？

6.1 男性生殖系统

男性内生殖系统（见图 6-1）包括生殖腺（睾丸）、生殖管道（附睾、输精管、射精管、尿道）和附属腺（精囊、前列腺和尿道球腺）。睾丸为男性生殖腺，具有产生生殖细胞（精子）和分泌雄激素的功能。附睾、输精管、射精管、男性尿道为生殖管道，睾丸产生的精子，储存于附睾和输精管内，射精时再经射精管和尿道排出体外。附属腺的分泌物参与精子的构成，对精子起着营养、稀释及增强其活动的功能。男性外生殖器包括阴囊和阴茎。

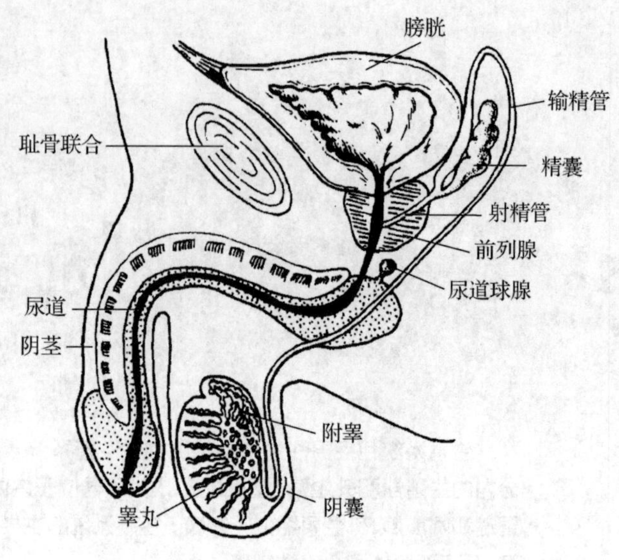

图 6-1　男性生殖系统概观

6.1.1　生殖腺

1. 睾丸的位置和形态

男性生殖腺为睾丸，睾丸位于阴囊内，左、右各一，呈略扁的椭圆形，表面光滑，分上下两端、前后两缘和内外两侧面。睾丸的上端及后缘有附睾附着，后缘有血管、神经和淋巴管出入；睾丸的下端及前缘游离。睾丸的外侧面较隆凸，与阴囊外侧壁相贴；内侧面较平坦，与阴囊隔相贴。睾丸可随年龄而变化，新生儿的睾丸相对较大，睾丸在性成熟以前发育较慢，以后随着性的成熟而迅速发育，老年人的睾丸则随着性功能的衰退而逐渐萎缩、变小。

2. 睾丸的结构

睾丸表面包有一层厚而坚韧的纤维膜，称白膜。白膜在睾丸后缘增厚并突入睾丸内形成睾丸纵隔。从睾丸纵隔发出许多放射状的睾丸小隔，将睾丸实质分成 200 多个锥体形的睾丸小叶。睾丸小叶内含有盘曲的精曲小管。精曲小管的上皮能生成精子。精曲小管向睾丸纵隔处集中并结合成精直小管，进入睾丸纵隔内吻合成睾丸网。睾丸网发出 12～15 条睾丸输出小管，经睾丸后缘上部进入附睾头（见图 6-2）。在睾丸内精曲小管之间有结缔组织，称为睾丸间质。

1)睾丸的实质

睾丸的实质（见图 6-3）包括精曲小管（生精小管）、精直小管、睾丸网和睾丸输出小管。精曲小管是一条细长的管道，上皮内含有生精细胞和支持细胞。

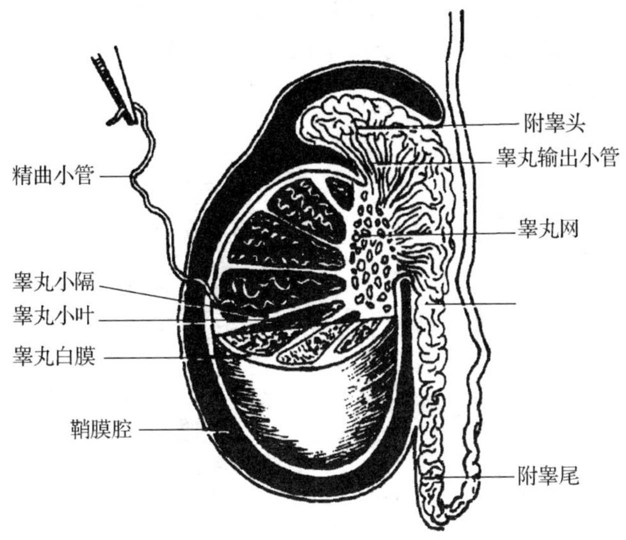

图 6-2 睾丸和附睾的结构

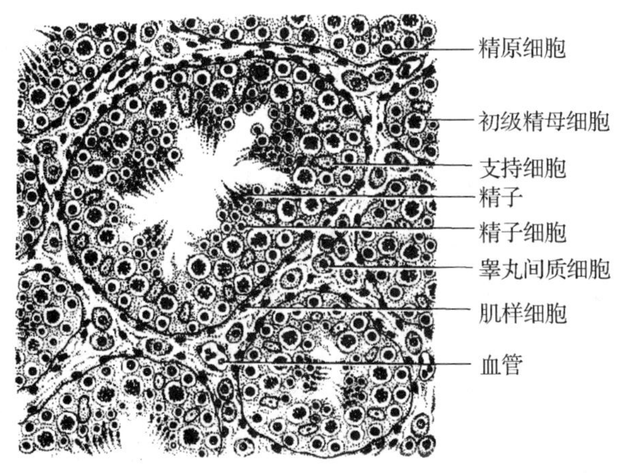

图 6-3 睾丸的微细结构

(1)生精细胞:包括精原细胞、初级精母细胞、次级精母细胞、精子细胞和精子。从精原细胞发育成为精子的过程称为精子发生。随着精子的发生过程,细胞从基膜而逐渐移向腔面。精原细胞靠近基膜,是最幼稚的生精细胞。细胞呈圆形或卵圆形,体积较小,胞质染色浅。从青春期开始,精原细胞不断分裂,一部分经多次分裂后体积增大,离开基膜向小管腔面移动,形成初级精母细胞;另一部分体积不增大,保持在基膜上,并保留继续分裂产生新的精原细胞的能力。初级精母细胞位于精原细胞近腔侧,体积较大,染色体粗大,核呈丝球状。因其分裂前期时间较长,所以切片上容易看到。初级精母细胞完成第一次减数分裂后,形成两个次级精母细胞。次级精母细胞位于初级精母细胞的近腔侧,体积较小,核圆形,染色较深。由于存在时间短,很快就完成第二次减数分裂,所以切片上不易找到。次级精母细胞完成第二次减数分裂后,形成两个精子细胞。两次减数分裂后,细胞的染色体减半,所以精子细胞为单倍体(23,X 或 23,Y)。精子细胞位于精曲小管的近腔面或腔面,细胞呈圆形,核圆而染色深。精子细胞不再分裂,经复杂的形态转变过程,形成精子。精子形似蝌蚪,分头、尾两部分(见图 6-4)。精子的头部主要有细胞核,核前 2/3 有顶体覆盖。顶体内含有多种水解酶,即顶体酶,在受精中起重要作用。精子的尾部又称鞭毛,可分为颈段、中段、主段和末段四部分,是精子的运动装置。

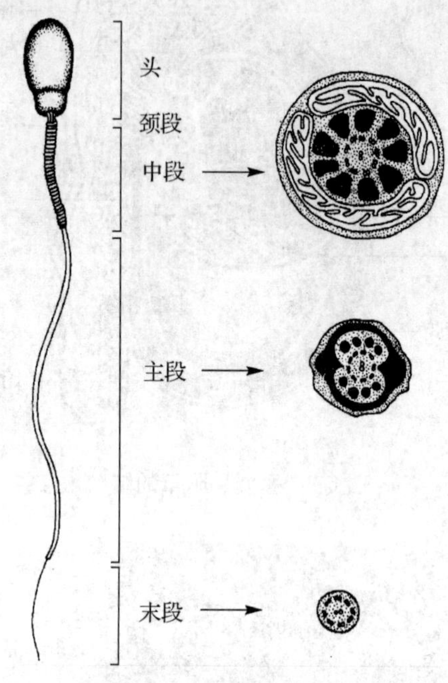

图 6-4 精子超微细结构模式图

(2)支持细胞:主要功能是支持、营养和保护各级生精细胞。

2)睾丸的间质

睾丸的间质是位于精曲小管之间的疏松结缔组织,内有丰富的血管、神经和淋巴管,还有一种内分泌细胞,即睾丸间质细胞,该细胞体积较大,呈圆形或多边形,胞质呈嗜酸性。青春期开始,睾丸间质细胞即在腺垂体分泌的间质细胞刺激素(ICSH)的作用下合成和分泌雄激素,其主要成分为睾酮。雄激素可促进精子的发生,刺激男性生殖器官的发育,激发和维持男性的第二性征,维持正常性功能。

6.1.2 生殖管道

1. 附睾

附睾呈新月形,紧贴睾丸的后缘和上端。上端膨大为附睾头,中部为附睾体,下端较细为附睾尾。附睾头由睾丸输出小管盘曲而成,睾丸输出小管的末端汇合成一条附睾管,附睾管迂回盘曲,沿睾丸后缘下降,形成附睾体和附睾尾。附睾尾向后上弯曲,移行为输精管。附睾为暂时储存精子的器官,其分泌物还可以营养精子,并促进精子进一步成熟。

2. 输精管

1)输精管的形态和分部

输精管是附睾管的直接延续,长约 50 cm。输精管的管壁较厚,管腔细小,因而活体触摸时呈坚实的细索状。输精管可分为四部分:睾丸部起自附睾尾,沿睾丸的后缘上行至睾丸的上端移行为精索部；精索部为睾丸上端至腹股沟管浅环之间的一段，此段的位置表浅，皮下易于触及，是输精管结扎的常见部位；腹股沟部是输精管位于腹股沟管内的一段；盆部为输精管最长的一段，输精管出腹股沟管深环后，沿盆壁向下走行，经输尿管末端的前方至膀胱底的后面。在此，两侧输精管逐渐靠近，并扩大形成输精管壶腹，其末端变细，与精囊的排泄管汇合形成射精管。

2)精索

精索为一对柔软的圆索状结构，自腹股沟管深环经腹股沟管延至睾丸上端。精索由输精管、睾丸动脉、蔓状静脉丛、输精管动静脉、神经、淋巴管和鞘韧带等外包被膜而构成。

3. 射精管

射精管长约 2 cm，斜穿前列腺实质，开口于尿道的前列腺部。

6.1.3 附属腺

1. 精囊

精囊又称精囊腺，为一对长椭圆形的囊状器官，表面凸凹不平，位于膀胱底的后面，输精管壶腹的外侧(见图 6-5)。精囊的分泌物呈淡黄色，参与精液的构成。

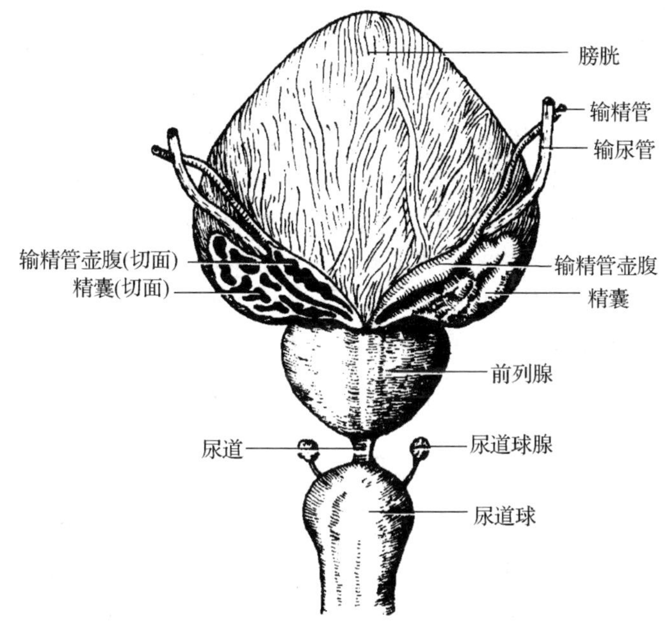

图 6-5 精囊、前列腺和尿道球腺

2. 前列腺

1)前列腺的位置与形态

前列腺是附属腺中最大的一个，属实质性器官。前列腺形似栗子。上端宽大称前列腺底，与膀胱颈相接，有尿道穿入。下端尖细称前列腺尖，与尿生殖膈相邻，尿道由此穿出。底与尖之间的部分称前列腺体。体的后面较平坦，正中有一纵形的浅沟称前列腺沟。近底的后缘有一对射精管穿入前列腺，开口于尿道的前列腺部。

2)前列腺的分叶

前列腺一般分为五个叶:前叶、中叶、后叶和两个侧叶(见图 6-6)。前叶很小,位于尿道前方;中叶呈楔形,位于尿道和射精管之间;后叶位于射精管以下和侧叶的后方;两个侧叶紧贴尿道的侧壁。

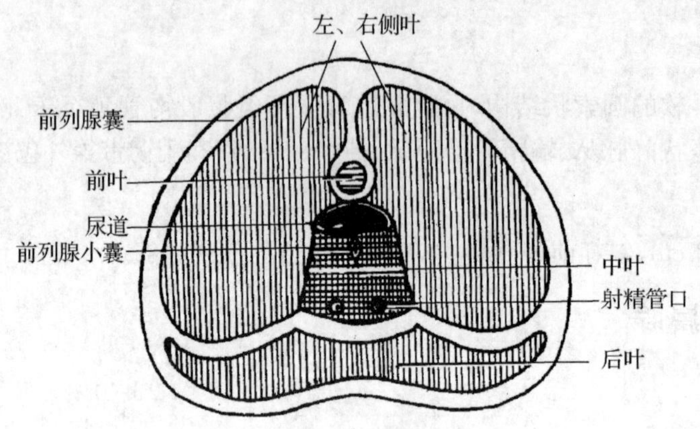

图 6-6 前列腺(水平切面模式图)

3)前列腺的结构

前列腺由腺组织、平滑肌和结缔组织构成。前列腺的表面有坚韧的被膜包裹,称前列腺囊。前列腺的排泄管开口于尿道的前列腺部,其分泌物呈乳白色,参与精液的构成。

小儿的前列腺很小,腺组织不发育,性成熟期腺组织迅速生长,老年腺组织退化萎缩。如腺内结缔组织增生,则导致前列腺肥大,可压迫尿道,引起排尿困难甚至尿潴留。直肠指诊可触及前列腺的后面和前列腺沟,前列腺肥大时,前列腺沟消失。

前列腺实质由 30～50 个复管泡状腺组成,共 15～30 条导管开口于尿道的前列腺部。前列腺腺泡形状不一,腔隙很不规则,上皮形态多样,可以是单层立方、单层柱状或假复层柱状。腺泡内常见凝固体,它是上皮细胞的分泌物浓缩而成,在 HE 切片上呈嗜碱性。凝固体可随年龄而增加,甚至钙化而形成前列腺结石。前列腺间质较多,除结缔组织外,富含弹性纤维和平滑肌。

3. 尿道球腺

尿道球腺为一对如黄豆大小的球形腺体,位于尿生殖膈内。其排泄管细长,开口于尿道球部。尿道球腺的分泌物参与精液的构成。

精液由输精管的分泌物,附属腺特别是前列腺、精囊的分泌物以及精子共同构成,呈乳白色,弱碱性。一次射精约 2～5 mL,含精子约 3 亿～5 亿个。输精管结扎后,阻断了精子的排出途径,但各附属腺分泌物的排出不受影响,因此射精时仍有无精子的精液排出体外。

6.1.4 阴囊

阴囊为一皮肤囊袋(见图 6-7),皮肤薄而柔软,颜色深暗,成人生有少量阴毛,正中有一纵形的阴囊缝。阴囊壁由皮肤和肉膜组成。

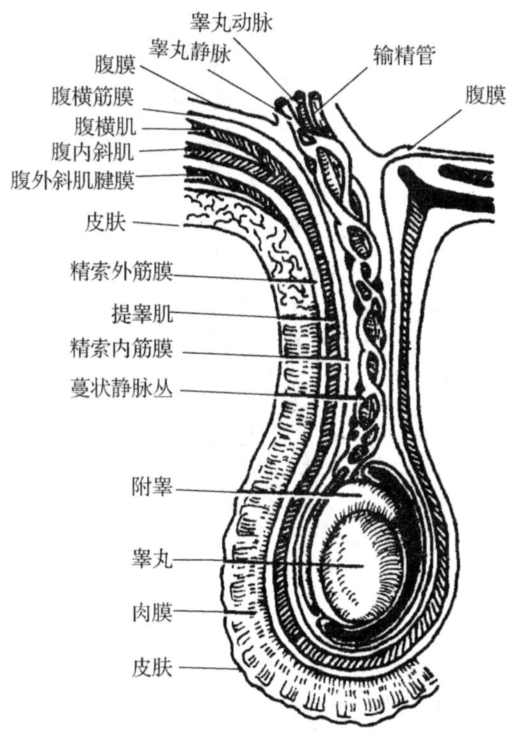

图 6-7 阴囊结构模式图

肉膜是阴囊的浅筋膜，含有平滑肌纤维。平滑肌可随外界温度的变化而舒缩，以调节阴囊内的温度，使其低于体温 1～2 ℃，有利于精子的发育。肉膜在正中线向深部发出阴囊中隔，将阴囊腔分为左、右两部分，各容纳一侧的睾丸和附睾。

在肉膜的深面有包绕睾丸和精索的被膜，由外向内为：精索外筋膜是腹外斜肌腱膜的延续；提睾肌来自腹内斜肌和腹横肌，有上提睾丸的作用；精索内筋膜来自腹横筋膜；睾丸鞘膜来源于腹膜，只包睾丸和附睾，分脏、壁两层。脏层紧贴睾丸和附睾表面，壁层衬于精索内筋膜的内面，两层在睾丸后缘互相移行，共同围成封闭的鞘膜腔，内有少量浆液。腔内可因炎症液体增多，形成睾丸鞘膜腔积液。

6.1.5 阴茎

阴茎可分为头、体、根三部分(见图 6-8)。后端为阴茎根，附于耻骨下支、坐骨支和尿生殖膈。中部为阴茎体，呈圆柱状，悬垂于耻骨联合的前下方。前端膨大为阴茎头，其尖端有矢状位的尿道外口。在头与体交界处为阴茎颈。

阴茎主要由两条阴茎海绵体和一条尿道海绵体组成，外面包以筋膜和皮肤。阴茎海绵体左、右各一，位于阴茎的背侧。左、右两侧紧密结合向前延伸，前端变细嵌入阴茎头后面的凹陷内。阴茎海绵体后端分开，形成左、右阴茎脚，分别附于两侧的耻骨下支和坐骨支。尿道海绵体位于阴茎海绵体的腹侧，尿道贯穿其全长。尿道海绵体中部呈圆柱形，其前、后端均膨大，前端膨大为阴茎头，后端膨大为尿道球。尿道球位于两阴茎脚之间，附于尿生殖膈的下面。

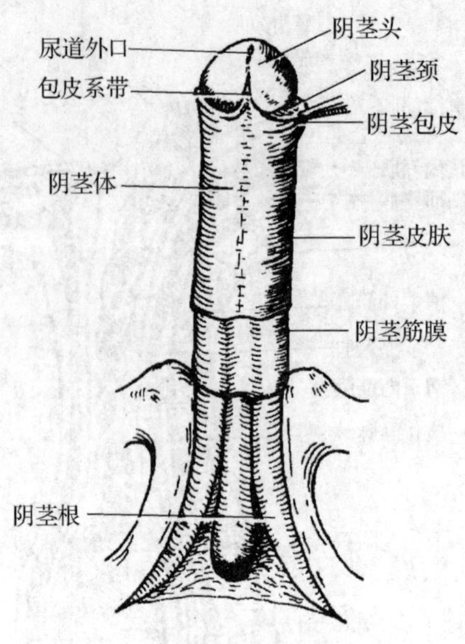

图 6-8 阴茎的腹侧面

每个海绵体的表面均包有一层坚厚的纤维膜，称海绵体白膜。海绵体由许多海绵体小梁和腔隙组成，腔隙是与血管相通的窦隙。当腔隙充血时，阴茎即变粗变硬而勃起。三个海绵体外面共同包有阴茎深、浅筋膜和皮肤（见图 6-9）。阴茎浅筋膜疏松而无脂肪组织。阴茎皮肤薄而柔软，富有伸展性。皮肤在阴茎颈处游离，向前延伸并返折成双层的皮肤皱襞包绕阴茎头，称阴茎包皮。在阴茎头腹侧中线上，包皮与尿道外口下端相连的皮肤皱襞，称包皮系带。做包皮环切手术时，注意勿伤及包皮系带，以免影响阴茎的正常勃起。

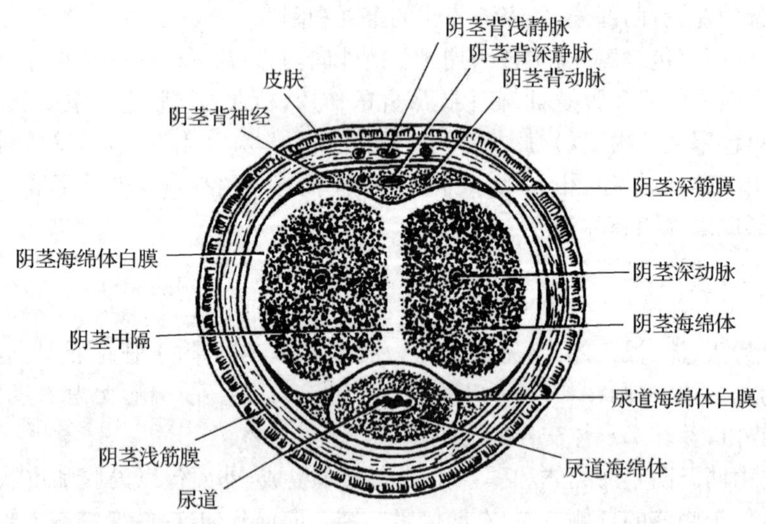

图 6-9 阴茎横断面

幼儿的包皮较长，包着整个阴茎头，包皮口也小。随着年龄的增长，由于阴茎的不断增大而包皮逐渐向后退缩，包皮口逐渐扩大。若包皮盖住尿道外口，但能够上翻露出尿道外口和阴茎头时，称包皮过长。若包皮口过小，完全包着阴茎头不能翻开时，称包茎。在这种情况下，都易因包皮腔内污垢的长期刺激而发生炎症，也可成为诱发阴茎癌的一个因素。

6.1.6 男性尿道

男性尿道起于膀胱的尿道内口，终于尿道外口。成年男性尿道长 16～22 cm，兼有排尿和排精的功能。

1. 男性尿道的分部

男性尿道全长分为三部：即前列腺部、膜部和海绵体部（见图 6-10）。临床上称前列腺部和膜部为后尿道，海绵体部为前尿道。

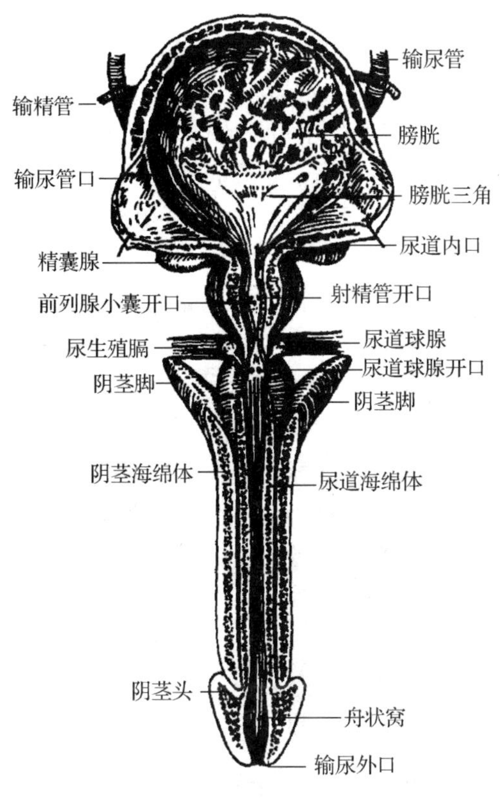

图 6-10 男性尿道的分部

1)前列腺部

前列腺部为尿道贯穿前列腺的部分，长约 2.5 cm，管腔中部扩大呈梭形。其后壁上有射精管和前列腺排泄管的开口。

2)膜部

膜部为尿道贯穿尿生殖膈的部分，短而窄，长约 1.2 cm，其周围有尿道括约肌（骨骼肌）环绕，可控制排尿。

3)海绵体部

海绵体部为尿道贯穿尿道海绵体的部分，长约 15 cm，尿道球内的尿道较宽阔，称尿道球部，尿道球腺管开口于此。在阴茎头内的尿道扩大成尿道舟状窝。

2. 男性尿道的狭窄与弯曲

男性尿道口径粗细不一，有三处狭窄和两个弯曲。三处狭窄分别位于尿道内口、膜部和尿道外口。两个弯曲分别是：①耻骨下弯：在耻骨联合的下方，凹向前上方，位于前列腺部、膜部和海绵体部的起始段，此弯恒定无变化；②耻骨前弯：在耻骨联合前下方，凹向后下方，位于海绵体部，如将阴茎向上提起，此弯曲可以消失，临床上向男性尿道插入导尿管或器械时，便采取这种位置。

6.2　女性生殖系统

女性生殖系统包括内生殖器和外生殖器。内生殖器包括卵巢、输卵管、子宫和阴道（见图 6-11）。卵巢为女性生殖腺，具有产生生殖细胞（卵细胞）和分泌女性激素的功能。卵巢排出的卵细胞经腹膜腔进入输卵管，若与精子相遇而受精，受精卵可移至子宫，在子宫内着床、发育成胎儿。外生殖器统称女阴。乳房与女性生殖密切相关，故也在本节中讲述。

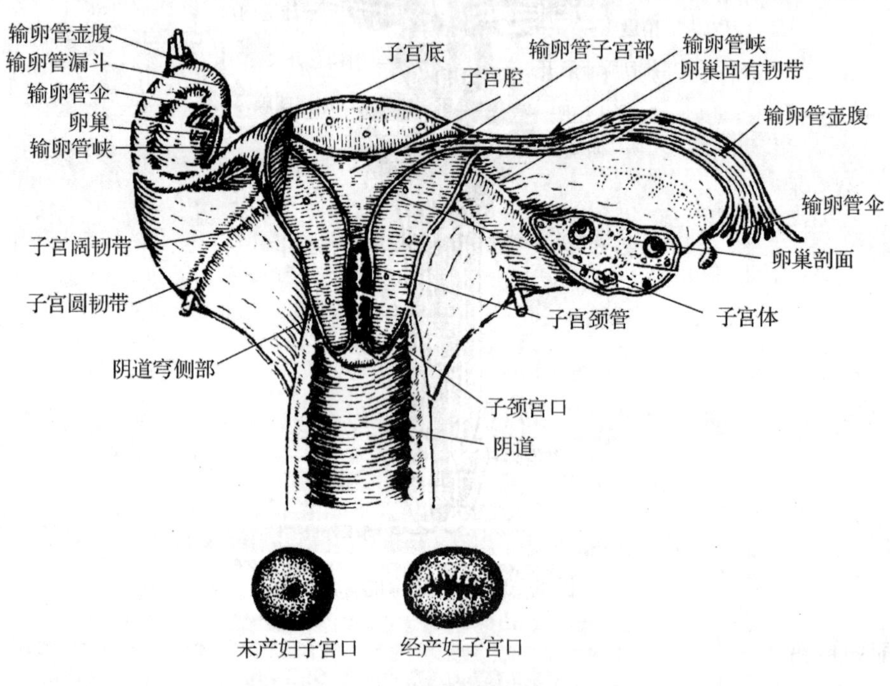

图 6-11　女性内生殖器概观

6.2.1　卵巢

1. 卵巢的位置和形态

卵巢左、右各一，位于盆腔内，贴于盆腔侧壁的卵巢窝内（见图 6-12）。卵巢呈扁卵圆形，可分内外两面、前后两缘和上、下两端。外侧面与盆腔相贴；内侧面与小肠相邻。前缘称系膜缘，借卵巢系膜与子宫阔韧带相连。前缘中部为卵巢门，有血管、神经等出入；后缘游离。卵巢的上端与输卵管伞相接触，并借卵巢悬韧带连于骨盆上口；下端借卵巢固有韧带连于子宫角上。

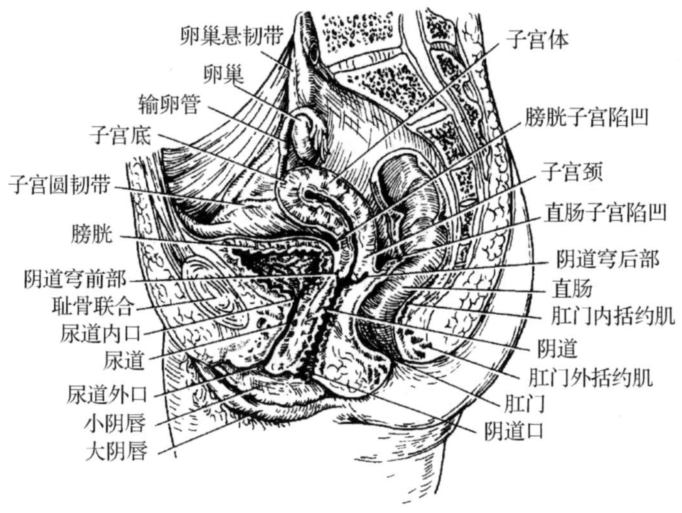

图 6-12　女性盆腔正中矢状切面

卵巢的形态、大小随年龄变化很大。幼女的卵巢较小，表面光滑。性成熟期卵巢体积最大，此后经多次排卵，表面因瘢痕而凸凹不平。35～40 岁时，卵巢开始缩小，50 岁左右则随月经的停止而逐渐萎缩。

2. 卵巢的微细结构

卵巢为成对的实质性器官，其表面被覆一层单层柱状或单层立方上皮，上皮的深面为薄层的致密结缔组织，称白膜。卵巢实质可分为外周的皮质和中央的髓质，皮质内含有大量不同发育阶段的卵泡、黄体和白体，髓质主要由结缔组织、神经、血管和淋巴管组成（见图 6-13）。

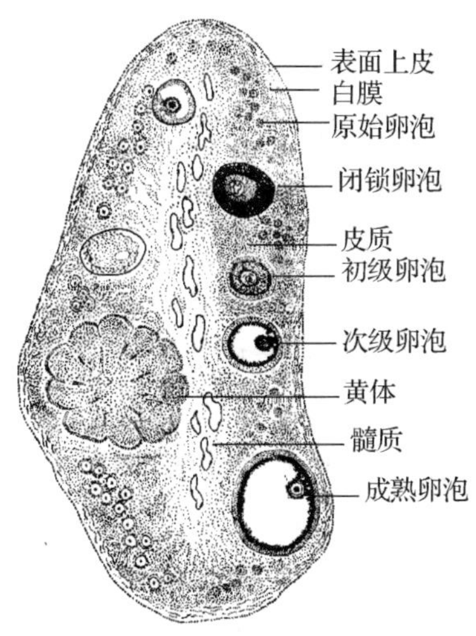

图 6-13　卵巢模式图

1)卵泡

按卵泡发育的结构变化特点，卵泡可分为原始卵泡、生长卵泡和成熟卵泡三个阶段。生长卵泡又可分为初级卵泡和次级卵泡两个阶段。

(1)原始卵泡：新生儿两侧的卵巢内有70万～200万个原始卵泡，其后的数量随年龄的增长而减少。青春期仅存4万个左右。原始卵泡体积小，数量多，位于卵泡皮质的浅层。由中央的一个初级卵母细胞及其周围一层扁平的卵泡细胞组成。

(2)初级卵泡：从青春期开始，在卵泡刺激素的作用下部分原始卵泡开始发育，成为生长卵泡。从原始卵泡开始生长发育到出现卵泡腔之前称为初级卵泡，又称早期生长卵泡。其主要变化有：初级卵母细胞体积增大；卵泡细胞增殖为多层，又称颗粒细胞；在初级卵母细胞表面和卵泡细胞之间出现一层较厚的嗜酸性均质状膜，即透明带，它是初级卵母细胞和卵泡细胞共同分泌的物质构成的；初级卵泡周围的结缔组织逐渐分化成卵泡膜。

(3)次级卵泡：由初级卵泡分化发育而成，其特点是卵泡中出现卵泡腔。其主要变化如下：当卵泡细胞增至6～12层时，在颗粒细胞之间逐渐出现一些大小不等的小腔隙，并逐渐融合成一个大腔，称卵泡腔，腔内充满着卵泡液，内含有雌激素和营养物质等，对卵泡的发育成熟有重要影响；随着卵泡腔的不断扩大，初级卵母细胞及周围的颗粒细胞被挤到卵泡腔的一侧，并突入卵泡腔内形成卵丘；紧靠透明带表面的一层卵泡细胞增大并呈放射状排列，称放射冠。

(4)成熟卵泡：在卵泡刺激素作用的基础上，经黄体生成素的进一步刺激，次级卵泡发育成为成熟卵泡。成熟卵泡结构与次级卵泡基本相似，但体积显著增大，并向卵巢表面突出。在排卵前36～48小时，初级卵母细胞完成第一次成熟分裂，产生一个次级卵母细胞和一个体积很小的细胞，称为第一极体，染色体减半。随后次级卵母细胞很快进入第二次成熟分裂，并停滞在分裂中期。

2)排卵

成熟卵泡发育到一定阶段，明显突出卵巢表面，卵泡液激增，内压升高，最后破裂，次级卵母细胞及其外周的透明带和放射冠随卵泡液一起脱离卵巢进入腹膜腔，这一过程称排卵。如卵巢排出的次级卵母细胞在24小时内未能受精，即退化消失。如受精，则很快完成的第二次成熟分裂，形成一个成熟卵子和一个第二极体。

3)黄体

排卵后，残留在卵巢内的颗粒层和卵泡膜向卵泡内塌陷，在黄体生成素的作用下，逐渐分化成具有内分泌功能的细胞团，因其新鲜时呈黄色，故称为黄体。黄体形成后，其大小、存在时间的长短取决于排出的卵细胞是否受精。如果卵细胞未受精，黄体维持2周(14天)左右即退化，称为月经黄体。如果排出的卵细胞受精，则黄体继续发育增大，称为妊娠黄体。妊娠黄体可维持6个月。黄体退化后由结缔组织代替，形成瘢痕，称为白体。

3. 卵巢的内分泌功能

在卵泡发育和黄体形成的过程中，卵泡细胞和黄体细胞可分泌雌激素，黄体细胞还能产生孕酮。此外，卵巢门处存在的少量门细胞能够产生雄激素。雌激素能促进女性生殖器官的发育，激发和维持女性的第二性征。孕酮可在雌激素作用的基础上，进一步刺激子宫内膜增生及子宫腺的分泌，使子宫内膜有利于受精卵的着床。若卵巢门处细胞增生或发生肿瘤，患者雄激素分泌增加，可出现男性化特征。

6.2.2 输卵管

输卵管是一对输送卵细胞的弯曲管道，长约10～12 cm。连于子宫底的两侧，包裹在子宫阔韧带上缘内。输卵管外侧端游离，以输卵管腹腔口开口于腹膜腔；内侧端连于子宫以输卵管子宫口开口于子宫腔。故女性腹膜腔经输卵管、子宫、阴道可与外界相通。

1. 输卵管的分部

1)子宫部

输卵管子宫部为贯穿子宫壁的一段，以输卵管子宫口与子宫腔相通。

2)输卵管峡部

输卵管峡部紧接子宫底外侧，短而细，壁较厚，水平向外移行为输卵管壶腹。输卵管结扎术常在此进行。

3)输卵管壶腹部

输卵管壶腹部管径粗而较长，约占输卵管全长的2/3，行程弯曲，卵细胞通常在此处受精。若受精卵未能移入子宫而在输卵管内发育，则称为输卵管妊娠。

4)输卵管漏斗部

输卵管漏斗部为输卵管外侧端的膨大部分，呈漏斗状。漏斗中央有输卵管腹腔口开口于腹膜腔，卵巢排出的卵由此进入输卵管。漏斗末端的边缘形成许多细长突起，称输卵管伞，盖在卵巢的表面，手术时常以此作为识别输卵管的标志。

2. 输卵管的微细结构

输卵管的管壁由内向外依次由黏膜、肌层和浆膜组成。黏膜上皮为单层柱状上皮，由分泌细胞和纤毛细胞组成。纤毛细胞在伞部和壶腹部最多，纤毛向子宫腔方向摆动，有助于卵细胞的输送。分泌细胞的分泌物参与输卵管液的构成，有营养卵细胞、防止细菌侵入腹腔的作用。

输卵管通液(气)术

输卵管通液(气)术是利用特殊器械将气体(空气、氧气或二氧化碳)、亚甲蓝液或生理盐水自宫颈注入宫腔，以明确输卵管是否通畅的护理操作技术。适用于：各种原发或继发不孕症；不孕症手术后，预防粘连形成，测定手术效果；疏通输卵管轻度粘连；治疗性通液以判定治疗效果。通气结果判断：输卵管完全通畅者，通气压力升至10.64～13.3 kPa(80～100 mmHg)后会自动下降至5.32～6.65 kPa(40～50 mmHg)，气体进入腹腔后压力自动下降；而压力升高到18.62～19.95 kPa(140～150 mmHg)时下降，可能为卵管痉挛或伞端轻度粘连而被冲开；通气加压时，听诊器在下腹耻骨联合上三横指处两侧，可听到气体通过声；气体进入腹腔，患者坐起，站立时腹腔气体上升，刺激膈肌神经末梢引起肩痛表示有气腹。输卵管完全不通者，加压至23.94～26.60 kPa(180～200 mmHg)时压力表未见下降，患者此时仅感下腹部酸痛而无肩背部酸痛。

6.2.3 子宫

子宫(见图 6-12)为一壁厚、腔小的肌性器官,胎儿在此发育生长。

1. 子宫的形态和分部

成年未产妇的子宫呈前后稍扁的倒置梨形,长约 7～8 cm,最宽径约 4 cm,厚约 2～3 cm。可分为底、体、颈三部分:子宫底为两端输卵管子宫口以上的圆凸部分。子宫颈为子宫下端呈细圆柱状的部分,其下 1/3 伸入阴道内,称子宫颈阴道部,上 2/3 位于阴道的上方,称子宫颈阴道上部,子宫颈为炎症和肿瘤的好发部位。子宫底与子宫颈之间的部分为子宫体。子宫体与子宫颈之间较为窄细,称子宫峡,长约 1 cm。妊娠时,此部随子宫的增大而逐渐延长、变薄,临产前可达 7～11 cm,产科常经此做剖宫产术。

2. 子宫的内腔

子宫内腔较为窄小,分上、下两部:上部称子宫腔位于子宫体内,呈倒三角形,两侧角有输卵管的开口。子宫颈的内腔,称子宫颈管,呈梭形,上口与子宫腔相通;下口称子宫口与阴道相通。未产妇的子宫口呈圆形,经产妇的子宫口则呈横裂状。

3. 子宫的位置和固定装置

1)子宫的位置

子宫位于小骨盆腔的中央,在膀胱和直肠的中央,成人子宫正常呈前倾前屈位(见图 6-14)。前倾是指子宫与阴道相比向前倾斜,其长轴与阴道的长轴形成向前的钝角;前屈是指子宫体相对于子宫颈向前弯曲成钝角。子宫两侧的输卵管和卵巢,称为子宫附件。

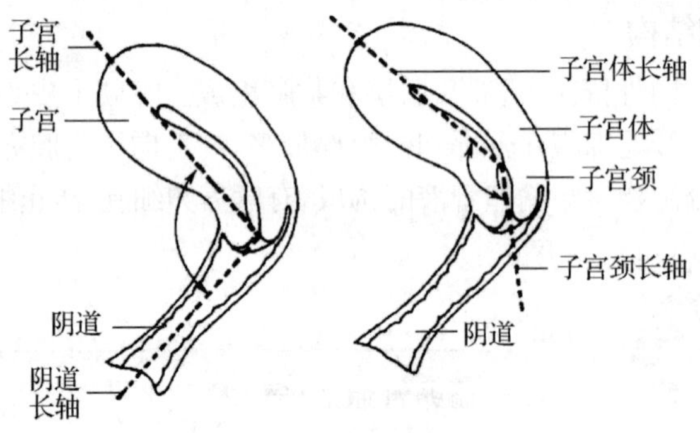

图 6-14 子宫前倾、前屈位示意图

2)子宫的固定装置

(1)子宫阔韧带:为子宫两侧的双层腹膜,由子宫前、后面的腹膜向两侧延伸至盆壁而形成。此韧带可限制子宫向两侧移动。子宫阔韧带的上缘游离,内有输卵管。前层覆盖子宫圆韧带,后层包裹卵巢。两层间还夹有子宫动脉、静脉、神经、淋巴管和结缔组织等。

(2)子宫圆韧带:呈圆柱状,由平滑肌和结缔组织构成。其上端起于输卵管与子宫连接处的稍下方,在子宫阔韧带两层间行向前外侧,穿经腹股沟管,止于阴阜和大阴唇皮下,全长 12～14 cm,是维持子宫前倾的主要结构。

(3)子宫主韧带:位于子宫阔韧带的下方,由致密结缔组织和平滑肌构成,较为强韧。此韧带将子宫颈连于骨盆的侧壁,有防止子宫脱垂的作用。

(4)骶子宫韧带:由结缔组织和平滑肌构成。此韧带起于子宫颈的后面,向后绕过直肠的两侧,止于骶骨的前面,有维持子宫前屈的作用。骶子宫韧带向后上方牵拉子宫颈连于骨盆的侧壁,可防止子宫脱垂(见图 6-15)。

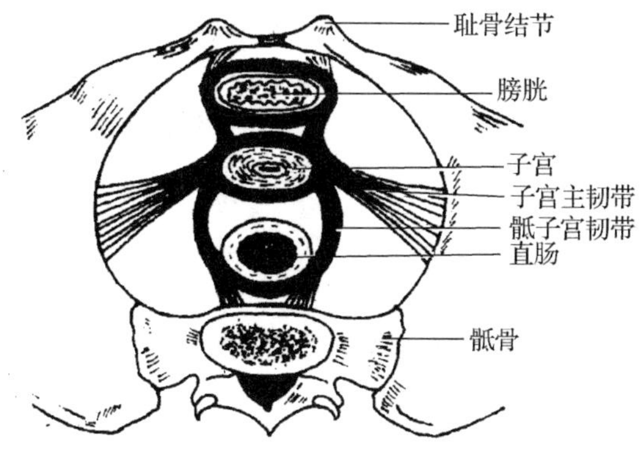

图 6-15 子宫的固定装置模式图

以上述韧带固定为主,辅以尿生殖膈、阴道和盆底肌的承托等,使子宫保持其正常位置。如上述装置薄弱或损伤,即可导致子宫位置异常和子宫脱垂。

4. 子宫壁的微细结构

子宫壁由内向外依次为内膜、肌层和外膜。

1)内膜

子宫壁内膜由单层柱状上皮和固有层组成。依据功能特点,子宫内膜可分为浅表的功能层和深部的基底层,功能层较厚,可发生周期性剥脱和出血,约占子宫内膜的 2/3,而基底层较薄而致密,无周期性剥脱变化,但有修复内膜的功能,约占子宫内膜的 1/3(见图 6-16)。

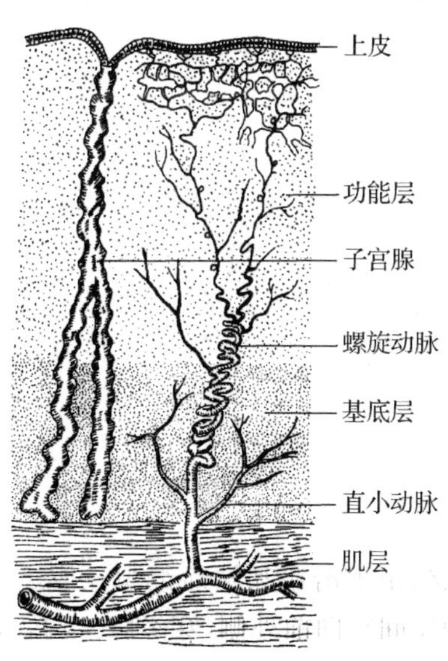

图 6-16 子宫壁与血管模式图

(1)上皮:为单层柱状上皮,由分泌细胞和少量纤毛细胞组成,以分泌细胞为主。

(2)固有层:由结缔组织构成,其内有大量低分化的基质细胞和子宫腺。子宫动脉进入子宫壁后,发出短而直的小动脉,营养基底层,其主干进入功能层后呈螺旋状走行,称螺旋动脉。螺旋动脉可随月经周期而发生变化。

2)肌层

肌层由成束或成片的平滑肌构成,可分为黏膜下层、中间层和浆膜下层。在妊娠期,平滑肌纤维受卵巢激素的作用,可显著增长,肌层增厚。结缔组织中未分化的间充质细胞也可增殖分化为平滑肌纤维。分娩后,平滑肌纤维逐渐变小,部分肌纤维凋亡、退化、消失,子宫复原。

3)外膜

在子宫壁外膜,子宫底部和体部外覆浆膜,子宫颈部外包纤维膜。

5. 子宫内膜的周期性变化

自青春期开始,子宫内膜在卵巢激素的作用下,出现周期性变化,表现为每隔 28 天左右出现一次子宫内膜功能层剥脱、出血、修复和再生,称月经周期。每个月经周期是从月经第 1 天至下次月经来潮的前 1 天止。子宫内膜的变化一般分为三期:月经期、增生期和分泌期。

1)月经期

月经期为月经周期的第 1～4 天。若卵巢排出的卵未受精,月经黄体退化,雌激素和孕酮的分泌减少,使子宫内膜中的螺旋动脉收缩,造成子宫内膜功能层缺血、坏死。之后,螺旋动脉短暂扩张,使毛细血管充血以致破裂,血液聚集于子宫内膜功能层,内膜表面崩溃,坏死的组织块和血液一起进入子宫腔,经阴道排出,即形成月经。

2)增生期

增生期为月经周期的第 5～14 天。此期正处于卵泡发育期,在雌激素作用下,使子宫内膜修复增生,子宫腺增长、弯曲,腺腔扩大;螺旋动脉也随之增长弯曲,至增生期末,随着卵巢的排卵,子宫内膜转入分泌期。

3)分泌期

分泌期为月经周期的第 15～28 天。此期卵巢排卵后,正处于黄体形成期,黄体分泌孕酮和雌激素,刺激子宫内膜更进一步增厚,子宫腺更长、更弯曲,腺腔内充满分泌物;螺旋动脉更长、更弯曲,固有层基质细胞更多,呈现生理性水肿。

如果卵细胞受精,内膜将继续增厚,一部分基质细胞增生、肥大,胞质内充满糖原颗粒和脂滴,转化为蜕膜细胞;另一部分基质细胞体积较小,胞质颗粒内含松弛素。如果卵细胞未受精,卵巢内的黄体退化,孕酮和雌激素减少,子宫内膜将萎缩、剥脱,进入下一个月经周期。

6.2.4 阴道

阴道为前后略扁的肌性管道,连接子宫和外生殖器,是导入精液、排出月经和娩出胎儿的管道。阴道的上端较宽,包绕子宫颈阴道部,两者间的环形凹陷,称阴道穹。阴道穹分为前、后部和两侧部,以阴道穹后部最深,并与直肠子宫陷凹紧密相邻,两者间仅隔以阴道后壁和一层腹膜。当直肠子宫陷凹有积液时,可经阴道穹后部进行穿刺或引流。阴道下端以阴道口开口于阴道前庭，口的周围有处女膜附着。处女膜破裂后阴道口周缘留有处女膜痕。

阴道前壁较短，与膀胱和尿道相邻；后壁较长，与直肠相邻。若临近部位损伤波及阴道，可导致尿道阴道瘘或直肠阴道瘘。

阴道后穹窿穿刺术

阴道后穹窿穿刺术是经阴道后穹窿向腹腔最低部位做穿刺，以协助诊断或进行治疗。在妇科检查中尤其是对盆腔肿块检查中此项技术常被广泛地运用。如抽出暗红色或鲜红色不凝血液，内混细小血块者，则证实腹腔内有出血，大多数是由输卵管妊娠流产或破裂所引起的，少数亦可由经血倒流或黄体破裂出血而引起。若抽出为浓液或黄色渗出液则可能因盆腔有炎症（盆腔脓肿、阑尾穿孔等），将穿刺液涂片寻找癌细胞，可用于诊断有无盆腔恶性肿瘤存在。穿刺注意事项为：穿刺深度及方向要适宜，以免损伤直肠、子宫，误穿入子宫时，应有实性组织内穿入感，此时亦可能抽出少许血液，应为鲜红色且易凝；抽出暗红色不凝血液，应考虑宫外孕或卵巢黄体、滤泡破裂所致出血，根据病情给予相应处理，抽出咖啡色黏稠液应考虑子宫内膜异位囊肿破裂；抽出脓液应做细菌涂片检查及培养。抽出腹水按腹水常规送检，并做细胞学检查；子宫后壁有炎性粘连者慎用，如有肠管粘连应禁用；严重后倾后屈子宫时，应尽量将子宫体纠正为前位或牵引宫颈前唇使子宫呈水平位，以免误入子宫肌壁。拔出针头后以纱球压迫止血。

6.2.5 女阴

女阴即女性外生殖器（见图 6-17），包括阴阜、大阴唇、小阴唇、阴道前庭、阴蒂、前庭球和前庭大腺等。

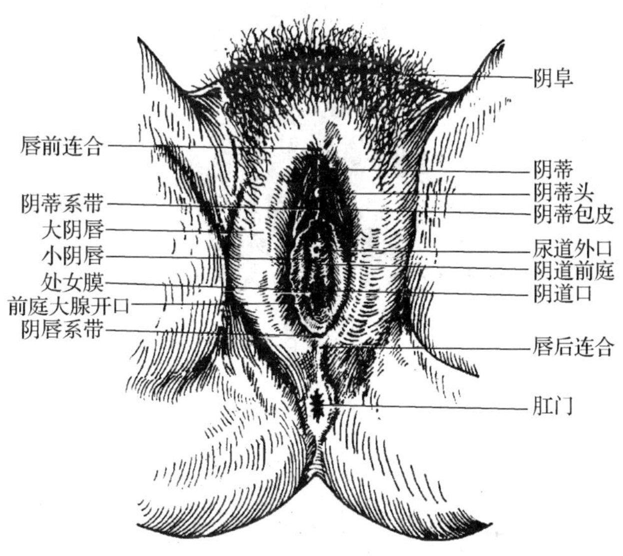

图 6-17 女性外生殖器

1. 阴阜

阴阜为耻骨联合前面的皮肤隆起，深面有较多的脂肪组织。性成熟后，皮肤生有阴毛。

2. 大阴唇

大阴唇是一对纵长隆起的富有色素和生有阴毛的皮肤皱襞。大阴唇的前端和后端左右互相连合，形成唇前连合和唇后连合。

3. 小阴唇

小阴唇是位于大阴唇内侧的一对较薄的皮肤皱襞，表面光滑无阴毛。两侧小阴唇后端互相连合形成阴唇系带。小阴唇的前端分为两个小皱襞，内侧的在阴蒂下面与对侧者结合成阴蒂系带，向上连于阴蒂；外侧的在阴蒂背面与对侧者连合形成阴蒂包皮。

4. 阴道前庭

阴道前庭是位于两侧小阴唇之间的裂隙，其前部有较小的尿道外口，后部有较大的阴道口。

5. 阴蒂

阴蒂位于尿道外口的前方，由两个阴蒂海绵体组成，相当于男性的阴茎海绵体。后端以两个阴蒂脚附于耻骨下支和坐骨支，两脚在前方结合成阴蒂体，表面盖以阴蒂包皮。露于表面的为阴蒂头，富有神经末梢，感觉敏锐。

6. 前庭球

前庭球（见图 6-18）相当于男性的尿道海绵体，呈蹄铁形，分为外侧部和中间部。外侧部较大，位于大阴唇的深面；中间细小，位于阴蒂体与尿道外口之间的皮下。

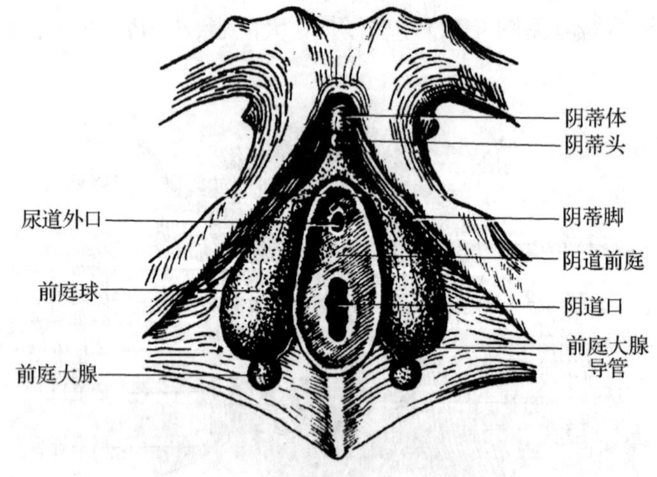

图 6-18　阴蒂、前庭球和前庭大腺

7. 前庭大腺

前庭大腺形如豌豆，位于阴道口的两侧，前庭球的后端。其导管向内开口于阴道口与小阴唇之间的沟内，相当于小阴唇中、后 1/3 交界处。前庭大腺分泌物有润滑阴道口的作用。

6.2.6 会阴

会阴有狭义和广义之分。临床上，常将肛门与外生殖器之间的区域称为会阴，即狭义的会阴。女性分娩时应注意保护此区，以免造成会阴撕裂。广义的会阴是指盆膈以下封闭小骨盆下口的全部软组织。其境界呈菱形，与骨盆下口一致：前方为耻骨联合下缘，后方为尾骨尖，两侧界为耻骨下支、坐骨支、坐骨结节和骶结节韧带。通过两侧坐骨结节前缘的连线，可将会阴分为前、后两部(见图 6-19)：前部为尿生殖三角(尿生殖区)，男性有尿道通过，女性有尿道和阴道通过；后部为肛门三角(肛区)，有肛管通过。会阴区的结构除男、女外生殖器外，主要为肌肉和筋膜。

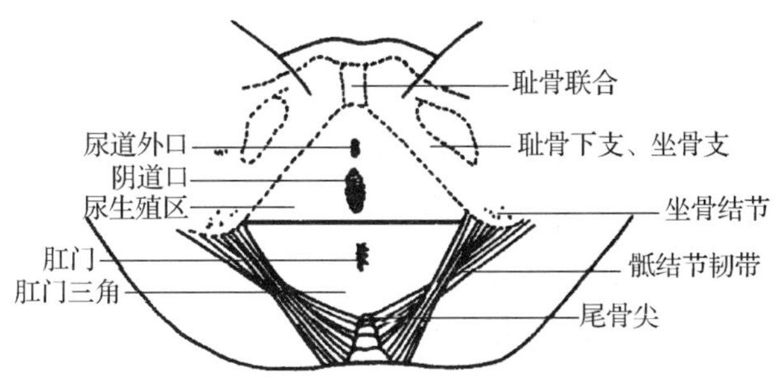

图 6-19 会阴的境界与分区

6.2.7 乳房

乳房(见图 6-20)为哺乳动物特有的结构。人的乳房为成对器官，男性的不发达。女性乳房于青春期后开始发育生长，妊娠和哺乳期的乳房有分泌活动。

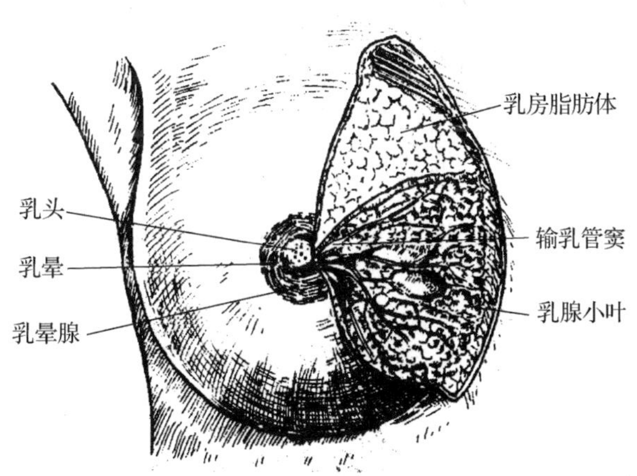

图 6-20 女性乳房

1. 乳房的位置与形态

乳房位于胸前部，胸大肌及其筋膜的表面，上起自第 2～3 肋，下至第 6～7 肋，内侧至胸骨旁线，外侧可达腋中线。未产妇乳头一般平第 4 肋间隙或第 5 肋。

成年女性(未产妇)的乳房呈球形，紧张而富有弹性。乳房中央有乳头，其顶端有输乳管的开口。乳头周围有颜色较深的环形区域，称乳晕，表面有许多小隆起，其深面为乳晕腺，可分泌脂性物质润滑乳头。乳头和乳晕的皮肤较薄弱，易受到损伤，哺乳期尤应注意。

妊娠后期和哺乳期，乳房因乳腺增生而明显增大。停止哺乳后，乳房因乳腺萎缩而变小，老年女性乳房萎缩更加明显。

2. 乳房的结构

乳房由皮肤、乳腺、脂肪组织和纤维组织构成(见图 6-21)。脂肪组织主要位于皮下。纤维组织主要包绕乳腺，并有纤维隔嵌入乳腺叶之间，将乳腺分为 15～20 个乳腺叶。每一乳腺叶有一排泄管，称输乳管。输乳管在近乳头处膨大称输乳管窦，其末端变细开口于乳头。由于乳腺叶和输乳管围绕乳头呈放射状排列，乳房手术时应尽量做放射状切口，以减少对乳腺叶和输乳管的损伤。乳房皮肤与乳腺深面的胸筋膜之间，连有许多纤维组织小束，称乳房悬韧带或 Cooper 韧带，对乳房起固定作用。乳癌早期，乳房悬韧带可受侵犯而缩短，牵拉表面皮肤产生一些点状凹陷，呈“橘皮样”改变，这是乳癌早期的特殊体征。

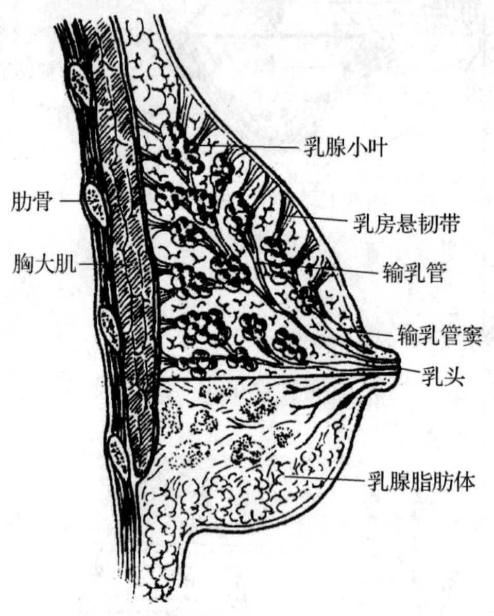

图 6-21　女性乳房矢状切面模式图

乳腺癌的护理

乳腺癌是女性最常见的恶性肿瘤之一。乳腺癌的治疗手段包括手术治疗、放射治疗、化学治疗、内分泌治疗和分子靶向治疗。术前护理包括心理护理，以及进行必要的术前准备，如胸透、配血、备皮等，还要预防感冒、减少麻醉及术后并发症的发生。术后护理主要包括：保持病室空气新鲜，温、湿度适宜；术后麻醉清醒，血压平稳后取半卧位，利于呼吸和引流；遵医嘱给予氧气吸入；患者清醒、胃肠蠕动恢复后可进食，进食要少食多餐，食高蛋白、高维生素、高热量食物，以增强机体的抵抗力，促进伤口愈合，预防术后并发症；术后严密观察生命体征的变化，观察切口渗血、渗液的情况，患者若感胸闷、呼吸困难，应及时报告医师并协助处理；引导患者正确对待手术引起的自我形象的改变，消除紧张情绪，以良好的心态面对疾病和治疗；加强伤口护理，预防患侧上肢肿胀；指导患者做患侧肢体功能锻炼。

拓展与思考

1. 临床上进行输精管、输卵管结扎的部位常选择何处，为什么？结扎后是否影响第二性征，为什么？

2. 胎儿在分娩时女性骨盆和产道会有何改变？

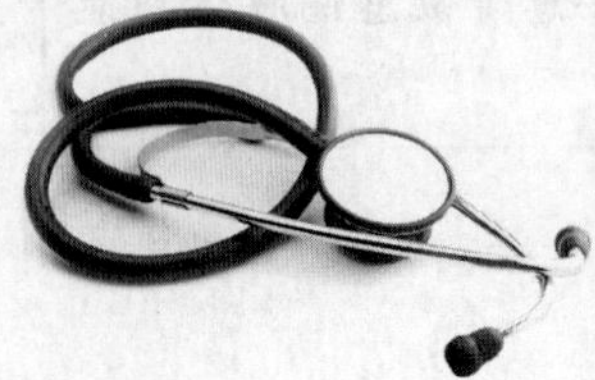

第 7 章 脉管系统

脉管系统包括心血管系统和淋巴系统，由体内一套封闭而连续的管道系统组成。脉管系统的主要功能是运输营养物质、氧气和代谢产物等，一方面，将消化系统吸收的营养物质和呼吸系统交换的氧气运送到全身各器官、组织和细胞；另一方面，也能及时地将器官、组织和细胞产生的二氧化碳、尿素等代谢产物运送到泌尿、呼吸等系统排泄到体外。同时，脉管系统还能将内分泌系统分泌的激素运送至相应的靶器官，调节其生理功能。心血管系统由心和血管组成；淋巴系统由淋巴管道、淋巴组织和淋巴器官组成，淋巴管道可视为静脉的辅助管道，此外，淋巴系统还能产生多种免疫物质，参与机体的免疫应答。

护理操作要求

正确选择静脉穿刺术、心包穿刺术的穿刺部位，能以恰当的角度进针，掌握穿刺层次和进针深度。能运用指压法施行动脉压迫止血术，能以胸外心脏按压术对心脏骤停患者实施急救。

正常人体结构问题

脉管系统由哪些器官组成？临床上进行静脉穿刺术、心包穿刺术、动脉压迫止血术和胸外心脏按压术的人体结构基础是什么？

7.1 心血管系统概述

7.1.1 心血管系统的组成

心血管系统由心、动脉、毛细血管和静脉组成。

心是心血管系统的动力器官，可分为左心房、左心室、右心房和右心室四个腔。两心房之间及两心室之间分别借房间隔和室间隔分隔，且互不相通，而同侧心房与心室之间则借房室口相通，左心房接纳肺静脉，右心房接纳上、下腔静脉；左心室发出主动脉，右心室发出肺动脉。房室口和动脉口周围均由结缔组织构成纤维环，环上附有瓣膜，分别称房室瓣和动脉瓣，可以顺血流开放，逆血流关闭，从而保证了血液的定向流动。

动脉是运送血液离开心的血管，由心室发出，在行程中不断分支、变细，最后移行为毛细血管。

毛细血管是连接动脉和静脉之间的微细血管，呈细网状分布，是血液与组织液进行物质交换的场所。

静脉是运送血液回到心的血管，起于毛细血管，在回心过程中不断接受属支，管径逐渐变粗，最后注入心房。

7.1.2 血液循环途径

血液由心室出发，经动脉、毛细血管、静脉再返回心房的循环流动过程称为血液循环。根据循环途径不同，将血液循环分为体循环和肺循环两部分(见图 7-1)。

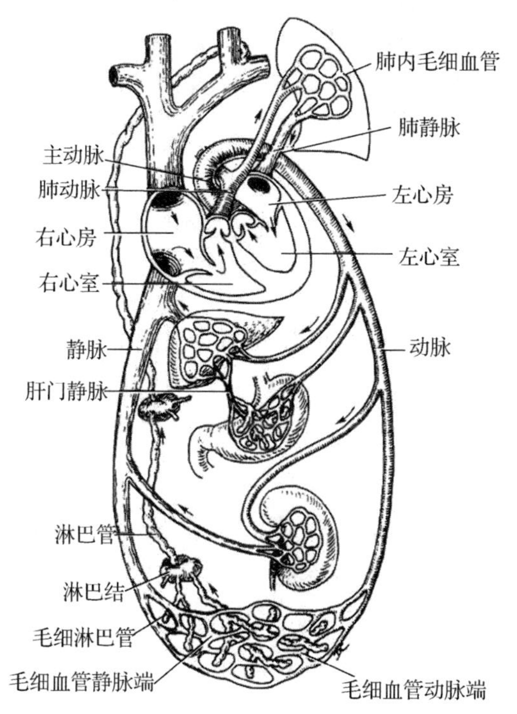

图 7-1 血液循环示意图

1. 体循环

血液从左心室射出，经主动脉及其各级分支进入全身毛细血管网，在此与周围组织进行营养物质和气体交换，即向周围组织释放氧气和营养物质，同时回收二氧化碳和代谢产物至毛细血管内。经过交换，鲜红色的动脉血变成暗红色的静脉血，再进入各级静脉及其属支，最后汇入上、下腔静脉返回右心房。体循环的特点是流程长、流经范围广，故又称大循环。

其主要功能是以含氧高和营养物质丰富的血液营养全身各器官、组织和细胞，并将代谢产物运回心。

2. 肺循环

血液自右心室射出，经肺动脉干及其各级分支到肺泡周围毛细血管网，在此与肺泡进行气体交换，即吸收氧气，排出二氧化碳，暗红色静脉血变成鲜红色动脉血，再经肺静脉返回到左心房。肺循环的特点是流程短，血液只经过肺，故又称小循环，其主要功能是增加血液中的氧气含量并排出二氧化碳。

7.1.3　血管吻合及侧支循环

人体内血管之间的吻合非常广泛，形式也多种多样。在动脉与动脉之间，静脉与静脉之间，甚至动脉与静脉之间，都可形成血管吻合(见图 7-2)。

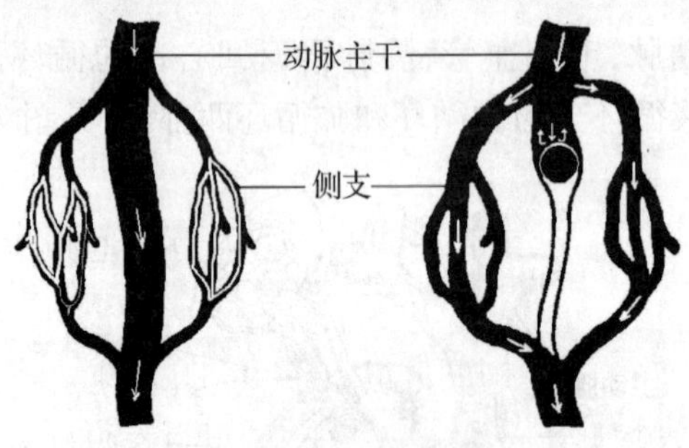

图 7-2　血管吻合与侧支循环

1. 动脉间吻合

两条动脉干之间可借交通支相连，如脑底动脉之间形成的大脑动脉环、关节周围形成的动脉网、手掌和足底动脉之间形成的动脉弓等。动脉间吻合可加快血液循环，调节血流量。

2. 静脉间吻合

静脉间吻合非常丰富，除具有与动脉相似的吻合形式外，在浅静脉之间常吻合成静脉网(弓)，在深静脉之间常吻合成静脉丛，以保证在脏器扩大或受压时血流通畅。

3. 侧支吻合

较大的血管干在行程中常发出与其平行的侧副支，并与同一主干远侧端发出的侧副支相吻合，形成侧支吻合。当主干阻塞时，侧副支逐渐增粗，血流可经扩大的侧支吻合到达阻塞部远侧的分布区域。这种通过侧支建立的循环称侧支循环。侧支循环的建立，对保证器官在病理状态下的血液供应具有重要意义。

7.2 心

7.2.1 心的位置和外形

1. 心的位置

心位于胸腔的中纵隔内，外面包裹有心包，整体向左下方倾斜，约 2/3 位于身体正中线的左侧，1/3 位于正中线的右侧(见图 7-3)。心的上方连有出入心的大血管；下端游离于心包内并隔心包与膈相贴；两侧借纵隔胸膜与肺相邻；后方有左主支气管、食管、胸主动脉等结构；前方大部分被肺和胸膜覆盖，只有一少部分与胸骨下部和左侧第 4～6 肋软骨相邻，临床上为了不伤及肺和胸膜，心内注射常在胸骨左缘第 4 肋间进针，将药物注射到右心室内。

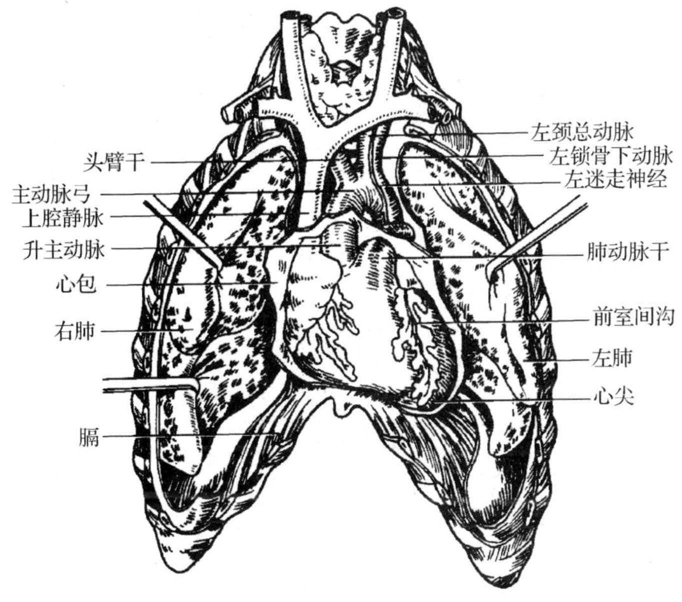

图 7-3 心的位置

心内注射术

心内注射术适用于心脏停搏患者，尤其是在建立静脉通道前的患者。注射前需消毒注射部位皮肤。于心前区左侧第 4 或第 5 位肋间隙的胸骨左缘旁开 2 cm 处，沿肋骨上缘垂直刺入右心室，一般刺入 4～5 cm 深，抽得回血后，即注入药液。也可于剑突下偏左肋弓下约 1 cm，穿入皮下组织后经肋骨下缘，与腹壁皮肤成 15°～35°，针尖朝心底部直接刺入心室腔，抽得回血后，即可注入药液。注射完毕拔出针头，立即继续施行胸外心脏按压术。

2. 心的外形

心的外形似倒置的圆锥体，略大于本人拳头，可分一尖、一底、两面、三缘和四条沟（见图7-4，图7-5）。

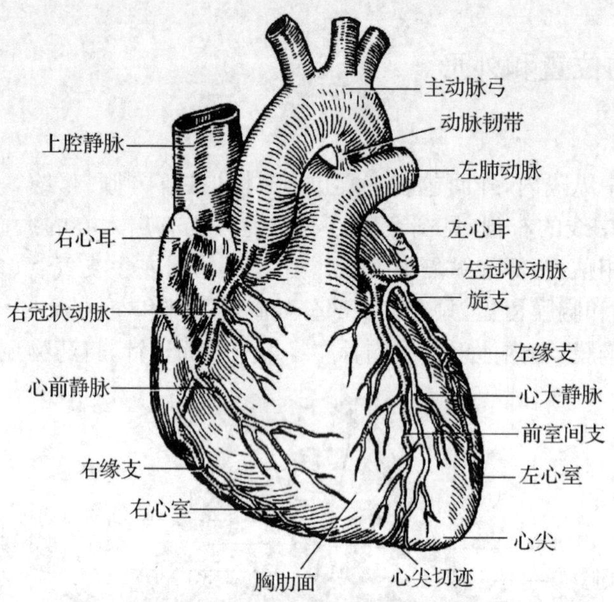

图7-4　心的外形和血管（前面观）

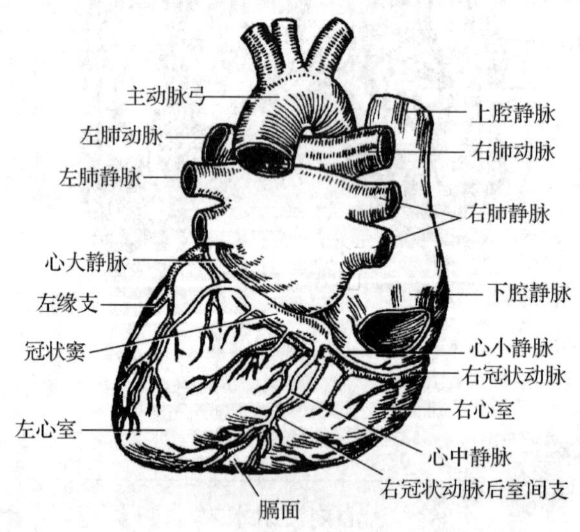

图7-5　心的外形和血管（后面观）

1）心尖

心尖朝向左前下方，由左心室构成，与左胸前壁贴近，在左侧第5肋间隙、锁骨中线内侧1～2 cm处，可摸到心尖的搏动。

2)心底

心底朝向右后上方，大部分由左心房、小部分由右心房构成，与出入心的大血管相连。

3)两面

(1)下面：又称膈面，较平坦，隔心包与膈相邻，由左、右心室构成。

(2)前面：又称胸肋面，与胸骨及肋软骨相邻，大部分由右心房和右心室构成，小部分由左心室和左心耳构成。

4)三缘

(1)右缘：垂直，主要由右心房构成。

(2)左缘：圆钝，向左下倾斜，主要由左心耳和左心室构成。

(3)下缘：近水平位，由右心室和心尖构成。

5)四条沟

(1)冠状沟：是靠近心底处的一条近似完整的环行沟，呈冠状位，是心房与心室在心表面的分界标志。

(2)前室间沟：为胸肋面自冠状沟向心尖延伸的浅沟。

(3)后室间沟：为膈面自冠状沟向心尖延伸的浅沟。

前、后室间沟是左、右心室在心表面的分界标志。前、后室间沟在心尖右侧的汇合处稍凹陷，称心尖切迹。后室间沟与冠状构的交汇处称房室交点。所有沟内均有血管走行并被脂肪组织覆盖。

(4)后房间沟：位于心底，为右心房与右上、下腔静脉交界处的浅沟，与房间隔后缘位置相一致，是左、右心房在心表面的分界标志。

7.2.2 心腔的结构

1. 右心房

右心房位于心的右上部(见图7-6)，腔大壁薄，其向左前方突出的部分称右心耳，内面有许多并行排列的隆起肌束，称梳状肌。当心功能发生障碍时，心耳处可因血流缓慢而形成血凝块，一旦脱落便可形成栓子，堵塞血管。右心房共有三个入口和一个出口。在右心房上方有上腔静脉口，下方有下腔静脉口，下腔静脉口与右房室口之间有冠状窦口，它们分别导入上半身、下半身和心壁本身的静脉血。出口为右房室口，位于右心房的前下方，通向右心室。在右心房后内侧壁的房间隔下部有一卵圆形浅窝称卵圆窝，此处较薄，为胎儿时期卵圆孔的遗迹。卵圆孔多在出生后1岁左右闭锁，若未闭合，则构成是先天性心脏病的一种，即房间隔缺损。

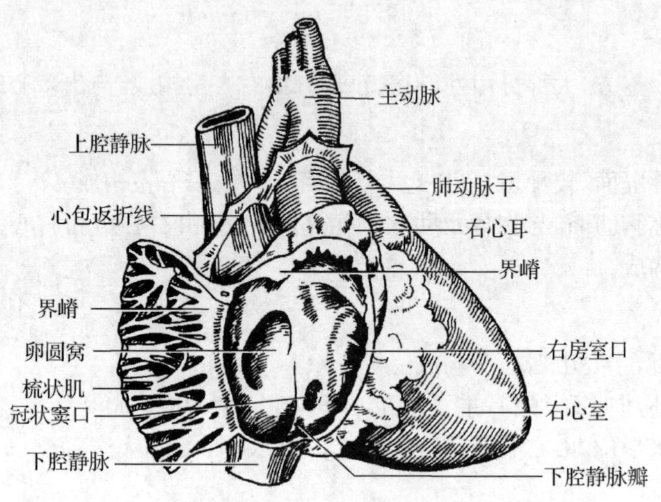

图 7-6　右心房内部结构

2. 右心室

右心室(见图 7-7)位于右心房的前下方，构成心胸肋面的大部分，有一个入口和一个出口。入口是右房室口，口周围的纤维环上附有三片瓣膜，称三尖瓣，瓣膜借数条腱索与心室壁上的乳头肌相连。右房室口周围的纤维环、三尖瓣、腱索和乳头肌在功能上是一个整体，称三尖瓣复合体，当心室收缩时，三尖瓣相互靠拢，紧密封闭房室口。由于乳头肌收缩，通过腱索牵拉瓣膜，使瓣膜不致翻向心房，起到防止血液逆流入心房，保证血液的单向流动的作用。右心房的出口为肺动脉口，通向肺动脉干。肺动脉口周围的纤维环上附有三个袋口向上的半月形瓣膜，称肺动脉瓣。心室收缩时，血液冲开肺动脉瓣流入肺动脉干；心室舒张时，肺动脉干内血液回流的压力使瓣膜相互贴紧而封闭肺动脉口，阻止血液逆流入右心室。

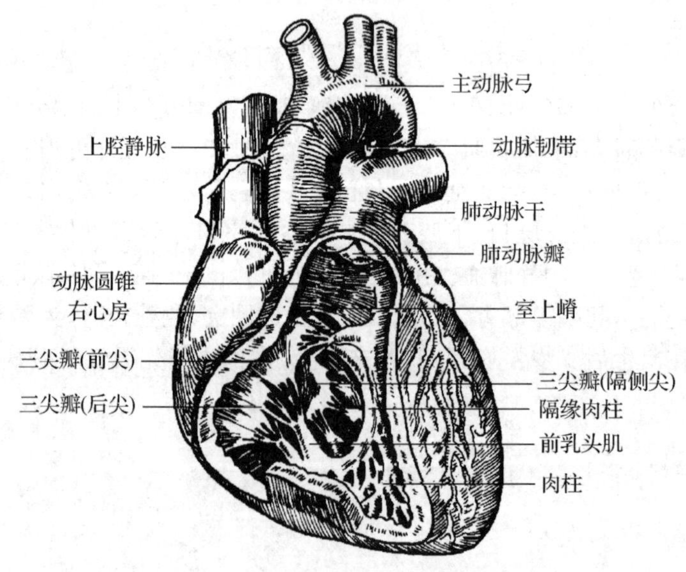

图 7-7　右心室内部结构

3. 左心房

左心房(见图 7-8)位于右心房的左后方,构成心底的大部分,左心房向右前方突出的部分称左心耳,内有与右心耳内面相似的梳状肌。左心房有四个入口和一个出口:入口位于左心房后部两侧,分别是左肺上、下静脉口和右肺上、下静脉口,将肺静脉的血液导入左心房;出口是左房室口,通向左心室。

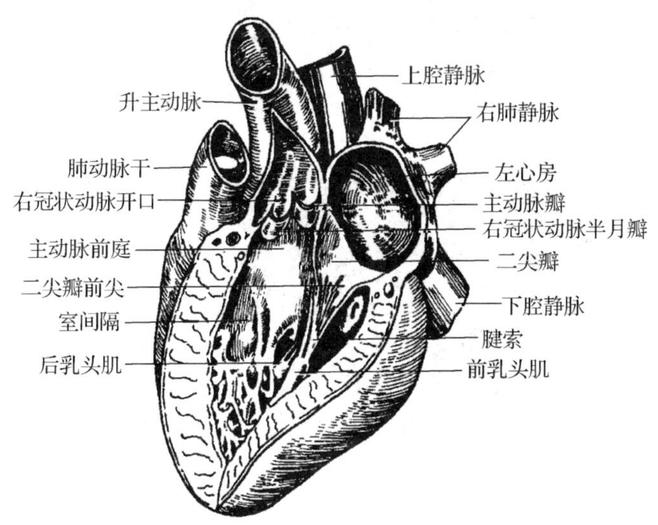

图 7-8 左心房和左心室内部结构

4. 左心室

左心室构成心尖及心的左缘,有一个入口和一个出口。入口即左房室口,口周围的纤维环上附有两片瓣膜,称二尖瓣,瓣膜借数条腱索与心室壁上的乳头肌相连。纤维环、二尖瓣、腱索和乳头肌在功能上是一个整体,称二尖瓣复合体。出口为主动脉口,通向主动脉。主动脉口周围的纤维环上也附有三个袋口向上的半月形瓣膜,称主动脉瓣,每个瓣膜与主动脉壁之间形成的窦腔称主动脉窦,在左、右主动脉窦的动脉壁上分别有左、右冠状动脉的开口。

7.2.3 心壁及心间隔的结构

1. 心壁的构造

心壁自内向外依次由心内膜、心肌膜和心外膜构成(见图 7-9)。

1)心内膜

心内膜衬覆于心腔的最内面,包括内皮、内皮下层和心内膜下层三层结构。内皮与出入心的大血管的内皮相连续,表面光滑利于血液的流动。内皮下层由细密的结缔组织构成,可分为内、外两层。心内膜外层靠近心内膜,又称心内膜下层,由疏松结缔组织构成,内含血管、神经、淋巴管及心传导系统的分支。心内膜折叠后向心腔内突出而构成心瓣膜。

2)心肌膜

心肌膜主要由心肌构成,也有少量的结缔组织和毛细血管。心房肌较薄,心室肌较厚,以左心室肌最厚。心肌纤维大多附着于房室口和动脉口周围的纤维环上,因此,心房肌和心室肌并不相连续,心房肌的兴奋不能直接传给心室肌。

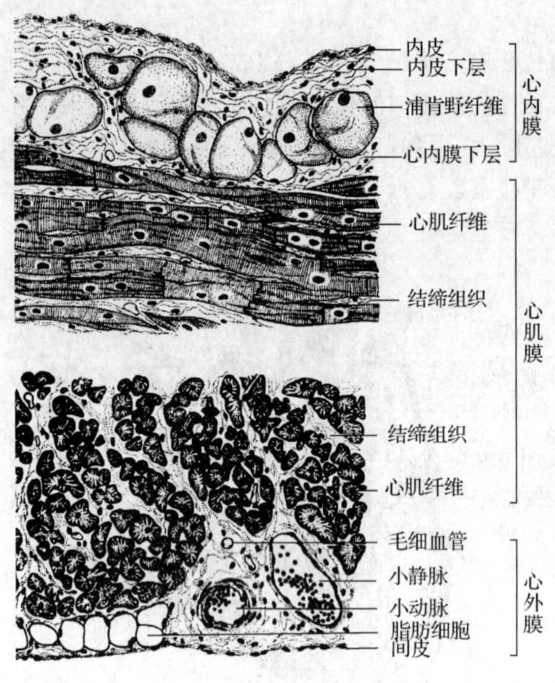

图 7-9　心壁的构造

3)心外膜

心外膜为心壁外面的一层浆膜,并构成浆膜性心包的脏层。

2. 心间隔的结构

1)房间隔的构造

房间隔(见图 7-10)位于左、右心房之间,由两层心内膜中间夹少量心肌纤维和结缔组织构成,其右心房面中下部有卵圆窝,是房间隔最薄弱处。

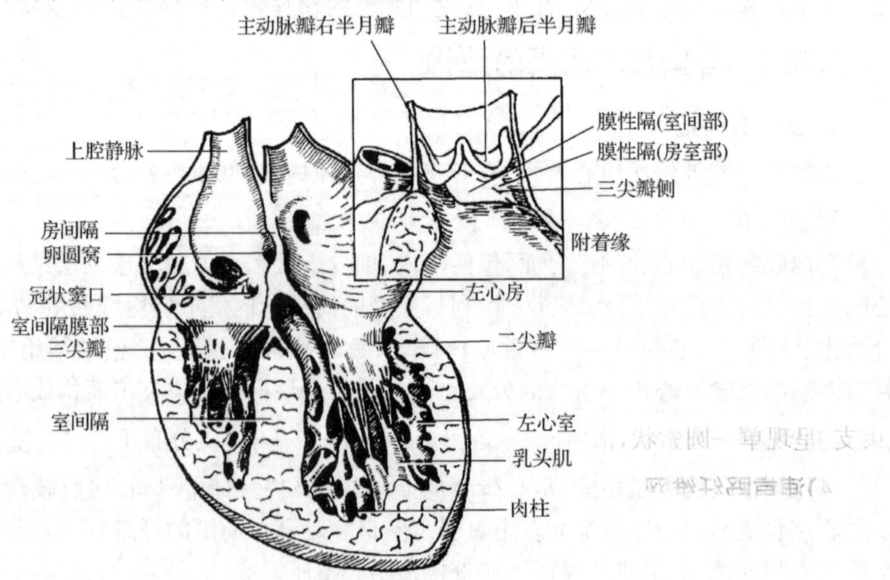

图 7-10　房间隔和室间隔

2)室间隔的构造

室间隔位于左、右心室之间,分为膜部和肌部。上部紧靠主动脉口下方的区域,因缺乏肌质而较薄,称膜部,是室间隔缺损的常见部位;下部较厚,大部分由心肌和心内膜构成,称肌部。

7.2.4 心的传导系统

1. 心传导系统的构成

心的传导系统是由特殊分化的心肌纤维构成(见图 7-11),包括窦房结、房室结、房室束及其分支、浦肯野纤维网等。

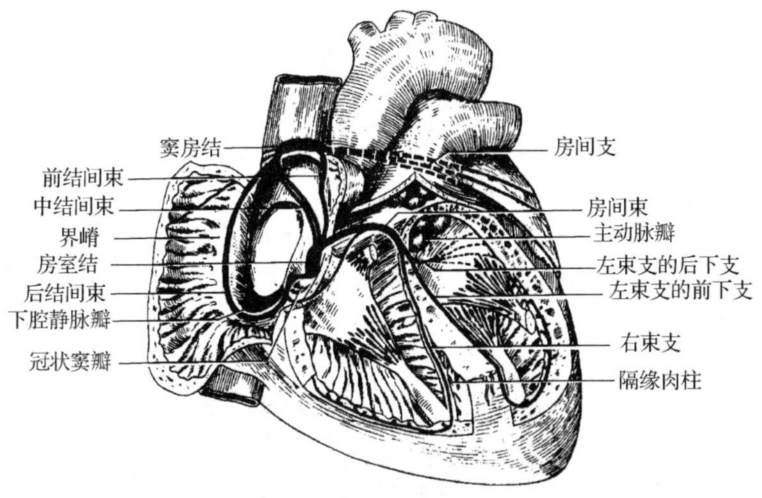

图 7-11 心的传导系统

1)窦房结

窦房结位于上腔静脉与右心耳交界处的心外膜深面,呈长椭圆形,是心的正常起搏点,一般认为,窦房结产生的冲动可直接传递给左、右心房,并通过结间束传递至房室结。

2)房室结

房室结位于冠状窦口与右房室口之间的心内膜深面,呈扁椭圆形,其主要功能是将窦房结传来的冲动通过房室束及其分支传向心室肌。

3)房室束

房室束又称希氏(His)束,从房室结前端向前行,沿室间隔膜部下行至肌部上缘分为左、右两束支:①左束支:呈扁带状,沿室间隔左侧心内膜深面走行,约在肌性室间隔上、中 1/3 交界处分为三组,在心内膜深面相互吻合形成浦肯野纤维,分布于左心室壁及室间隔;②右束支:呈现单一圆索状,沿室间隔右侧心内膜深面下行,分支分布于右心室壁。

4)浦肯野纤维网

房室束左、右束支的分支在心内膜深面交织成浦肯野纤维网,最后与一般心肌纤维相连结。房室束及其左、右束支和浦肯野纤维网有将心房传来的兴奋迅速传播到整个心室的功能。

2. 心传导系统的功能

心传导系统的主要功能是产生和传导兴奋，控制心的正常节律性舒缩活动。正常情况下，窦房结产生的冲动首先传递至心房肌，引起心房肌的收缩。同时经房室结、房室束及其左、右束支传递，最后由浦肯野纤维传至心室肌。由于受兴奋传递过程中短暂延搁的影响，心室肌收缩时心房肌已经舒张。心的传导系统任何部位出现病变均会引起心律失常。

7.2.5 心的血管

心的动脉供应来自左、右冠状动脉，而回流的静脉，大部分经冠状窦口汇入右心房，只有极少部分直接流入左、右心房或左、右心室。

1. 心的动脉

1)右冠状动脉

右冠状动脉起于主动脉右窦，在右心耳与肺动脉干之间入冠状沟，向右行绕过心右缘，至房室交点处分为后室间支和左室后支(见图 7-12)。右冠状动脉的其他分支有动脉圆锥支、右缘支、窦房结支、房室结支等，分布范围包括右心房、右心室、室间隔后 1/3 部及部分左心室膈面、窦房结和房室结。如右冠状动脉发生阻塞，可发生后壁心肌梗死和房室传导阻滞。

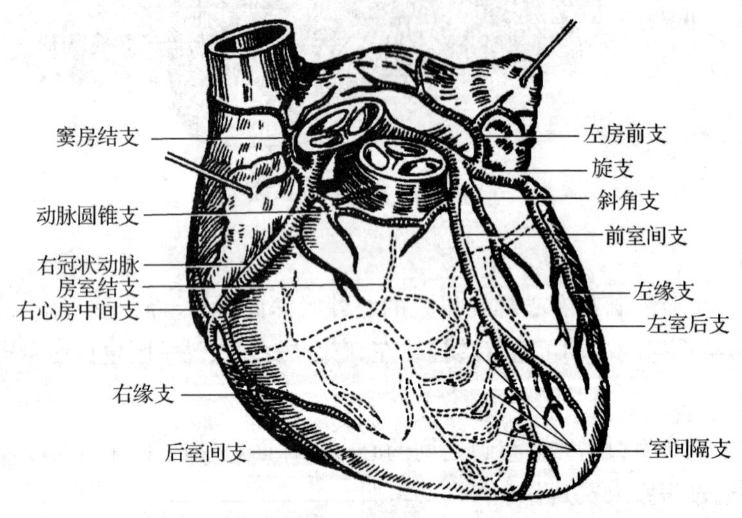

图 7-12 心的动脉

2)左冠状动脉

左冠状动脉起于主动脉左窦，在左心耳与肺动脉干部之间穿出沿冠状沟向左行，随即分为前室间支和旋支。前室间支沿前室间沟下行，绕过心尖切迹终于后室间沟下部，并与右冠状动脉的后室间支吻合，分布于左心室前壁、部分右心室前壁和室间隔前 2/3。如前室间支发生阻塞，可发生左心室前壁和室间隔前部心肌梗死，并可发生束支传导阻滞。旋支沿冠状沟向后行至心的膈面，分支主要分布于左心房、左心室左侧面。旋支阻塞常引起左室侧壁及膈壁心肌梗死。

冠心病的常规护理

冠心病是冠状动脉粥样硬化性心脏病的简称，是由于冠状动脉发生了粥样硬化，使管腔狭窄甚至闭塞，从而导致心肌的血供减少，供氧不足。冠心病患者可有一系列缺血性表现，如胸闷、憋气、心绞痛、心肌梗死甚至猝死等。冠心病的常规护理措施包括：心绞痛发作时要绝对卧床休息，严密监护，应保持环境安静；了解患者的心理状态，消除不良情绪，避免各种冠心病的诱发因素，加强生活护理；观察抗心绞痛类药物的不良反应；低脂、低胆固醇、高维生素、易消化的清淡饮食，少量多餐，不宜过饱，禁烟酒；室温不宜过冷或过热，因冷与热会增加心脏负担，导致心绞痛发作；严密观察心率与心律，疼痛部位、性质、持续时间及用药后是否好转；心绞痛常在夜间及清晨发作，因此夜间应加强巡视；病情稳定后，可做适当的体力活动。

2. 心的静脉

心的静脉主要经冠状窦回心（见图 7-13）。冠状窦位于冠状沟后部，左心房和左心室之间，其右端开口于右心房，接收绝大部分心的静脉回流。主要属支有：在前室间沟内与前室间支伴行，注入冠状窦左端的心大静脉；与后室间支伴行，注入冠状窦右端的心中静脉；在冠状沟内与右冠状动脉伴行，向左注入冠状窦右端的心小静脉。此外，还有起于右心室前壁跨过冠状沟注入右心房的心前静脉；以及直接开口于各心腔的心最小静脉等。

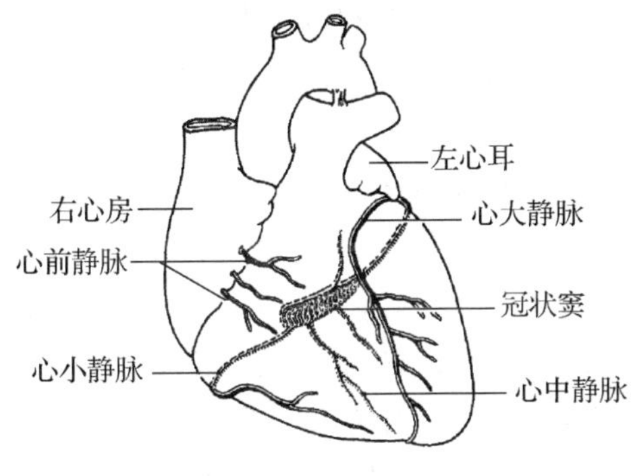

图 7-13　心的静脉

7.2.6　心包

心包（见图 7-14）是包裹心和出入心大血管根部的纤维性浆膜囊，分为纤维性心包和浆膜性心包。

1. 纤维性心包

纤维性心包由坚韧的结缔组织构成，上方与大血管外膜相续，下方附着于膈的中心腱。可防止心过度扩张，以保持血容量的相对恒定，还可起屏障保护作用，有效防止邻近部位的感染波及心。

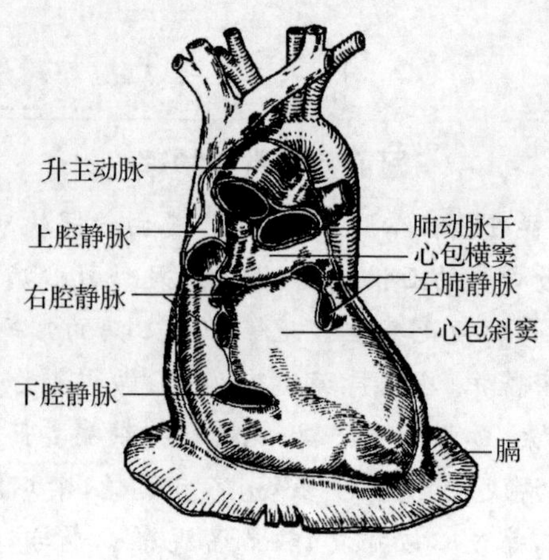

图 7-14　心包

2. 浆膜性心包

浆膜性心包薄而光滑，分脏、壁两层。脏层即心外膜。壁层衬于纤维心包内面，与纤维性心包紧密相贴。脏、壁两层在大血管根部相互移行，形成潜在的腔隙称心包腔，内含少量浆液，起润滑作用，可减少心跳动时的摩擦。由于纤维性心包伸缩性小，当心包腔内大量积液时，不易向外扩张，易压迫心，影响心的正常功能活动。

心包穿刺术

心包穿刺术是将穿刺针直接刺入心包腔的诊疗技术，常用于判定积液的性质与病原体；有心包填塞时，穿刺抽液可以减轻症状；化脓性心包炎时，可穿刺排脓、注药等。心包穿刺术须在局麻下进行，患者可取半坐位。通常采用 18 号针头从剑突与左侧第 7 肋软骨夹角处进针，与前胸壁和中线均成 45°角，针尖略向左方，当针尖深度到达胸骨后方，使空针筒内保持低负压，这样针尖进入心包腔，即可吸出心包腔内积液。穿刺针经过层次为皮肤、浅筋膜、深筋膜、胸大肌、肋间外肌、肋间内肌、胸内筋膜、纤维心包、浆膜心包壁层。心包穿刺术应严格掌握适应证，穿刺前做好充分准备。要向患者说明穿刺目的，消除紧张情绪，必要时给予镇静剂。穿刺时要严格遵循规范，术中、术后均需密切观察患者呼吸、血压、脉搏等的变化。

7.2.7　心的体表投影

心在胸前壁的体表投影可用下列四点的连线来确定(见图 7-15)。

左上点：在左侧第 2 肋软骨下缘，距胸骨左缘约 1.2 cm 处。

右上点：在右侧第 3 肋软骨上缘，距胸骨右缘约 1 cm 处。

左下点：在左侧第 5 肋间隙，左锁骨中线内侧 1～2 cm 处(距前正中线 7～9 cm 处)。

右下点：在右侧第 7 胸肋关节处。

将四点以弧形连线相连即为心的体表投影。左、右上点连线为心上界；左、右下点连线为心下界；右上、下点连线为心右界，略向右凸；左上、下点连线为心左界，略向左凸。了解心在胸前壁的投影，对临床叩诊时判断心界是否扩大具有重要意义。

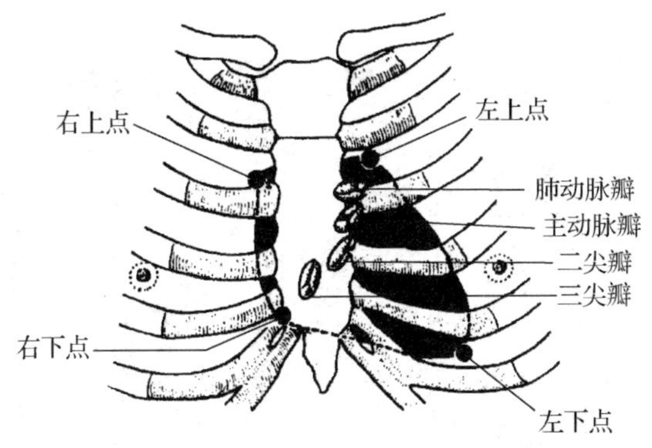

图 7-15　心及心瓣膜的体表投影

7.3 血　　管

7.3.1 血管的结构特点

血管分动脉、静脉和毛细血管三类。根据管径的粗细，动脉和静脉都可分为大、中、小、微四级。大动脉是指接近心的动脉，如主动脉和肺动脉等；除大动脉外，凡管径在 1 mm 以上的动脉均属中动脉，如肱动脉、桡动脉等；管径在 0.3～1 mm 的动脉属于小动脉，管径在 0.3 mm 以下的动脉称微动脉。大静脉的管径大于 10 mm，如上腔静脉、下腔静脉和头臂静脉等；管径小于 2 mm 的静脉属小静脉，与毛细血管相连的小静脉又称微静脉；在大、小静脉之间的静脉属中静脉。

1. 动脉

动脉管壁由内向外依次分为内膜、中膜和外膜三层(见图 7-16，图 7-17，图 7-18)。

1)内膜

内膜是血管壁的最内层，由内皮、内皮下层和内弹性膜构成。内皮衬于血管腔面，游离面光滑，有利于血液的流动。内皮下层是位于内皮和内弹性膜之间的薄层结缔组织。内弹性膜为弹性纤维组成的膜，在切片上呈波浪状，可作为内膜与中膜的分界。中动脉的内弹性膜最明显，其余动脉则不明显。

2)中膜

中膜较厚，由平滑肌、弹性膜和弹性纤维构成。大动脉的中膜主要由 40～70 层弹性膜构成，也有少量平滑肌纤维和胶原纤维等结构，故又称弹性动脉。当心室射血时，大动脉管壁扩张，心室舒张时，管壁回缩，从而推动血液不断向前流动。中、小动脉的中膜主要由平滑肌构成，又称肌性动脉。中动脉的平滑肌较发达，由 10～40 层环行排列的平滑肌组成，通过平滑肌的收缩和舒张，改变其管径大小，调节分布到身体各部的血流量。小动脉的平滑肌较薄弱，仅有3～4层平滑肌。由于小动脉和微动脉管径小，平滑肌的收缩和舒张可显著影响外周血流的阻力从而影响血压，故小动脉和微动脉又称为外周阻力血管。

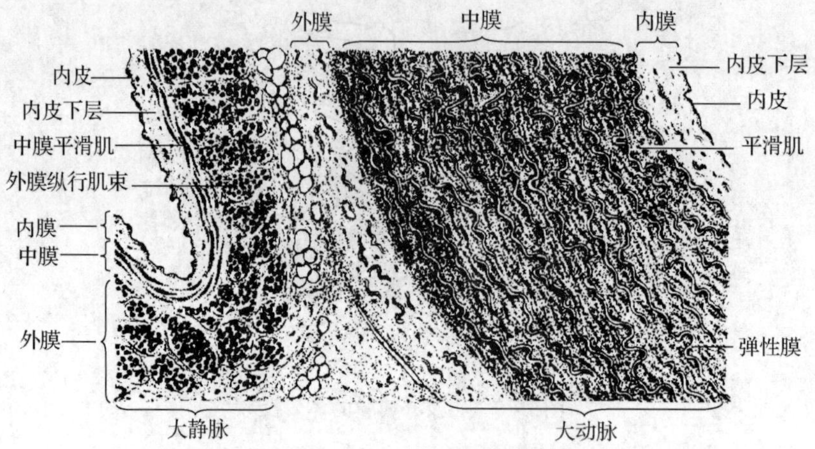

图7-16　大动脉和大静脉的微细结构

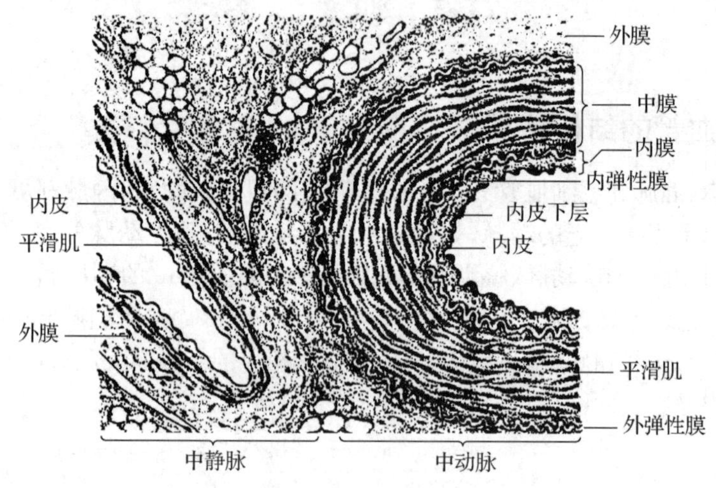

图7-17　中动脉和中静脉的微细结构

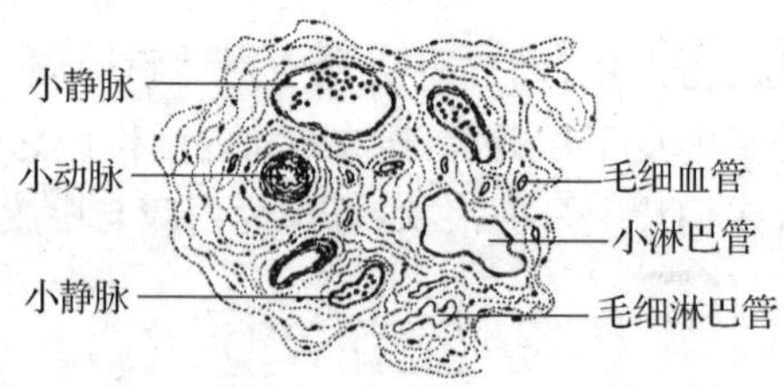

图7-18　小动脉和小静脉的微细结构

3)外膜

外膜较薄，由疏松结缔组织构成，其中有弹性纤维、胶原纤维、血管、神经和淋巴管等。大动脉的外膜内还含有营养自身的小血管。

2. 静脉

静脉管壁由内向外也分为内膜、中膜和外膜三层(见图 7-19),但三层界线不明显。静脉壁的平滑肌和弹性纤维均不及动脉丰富,结缔组织成分较多。

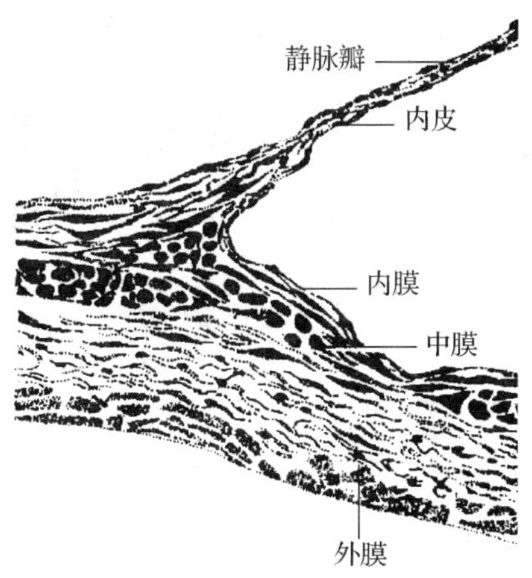

图 7-19　中静脉和静脉瓣的微细结构

1)内膜

内膜最薄,由内皮和少量结缔组织构成。内膜常向静脉管腔折叠突出,形成静脉瓣,有防止血液逆流的作用。

2)中膜

中膜较薄,由数层稀疏的平滑肌构成。

3)外膜

外膜最厚,由结缔组织构成,内含血管、神经、淋巴管。大静脉的外膜含有较多的纵形平滑肌。

同等的动脉和静脉相比有较大的差距:动脉管壁厚,弹性大,管腔断面呈圆形,管壁可随心的舒缩而有明显的搏动。静脉管壁薄,弹性小,管腔大而不规则,腔内常有静脉瓣。

3. 毛细血管

毛细血管分布广泛,管径细,管壁结构简单,仅由一层内皮及外周的基膜构成(见图 7-20)。它们的分支多,且互相吻合成网,毛细血管内血流缓慢,有利于血液与周围组织进行物质交换。根据毛细血管内皮细胞在电镜下的结构特点,可分为连续毛细血管、有孔毛细血管和血窦三类(见图 7-21)。

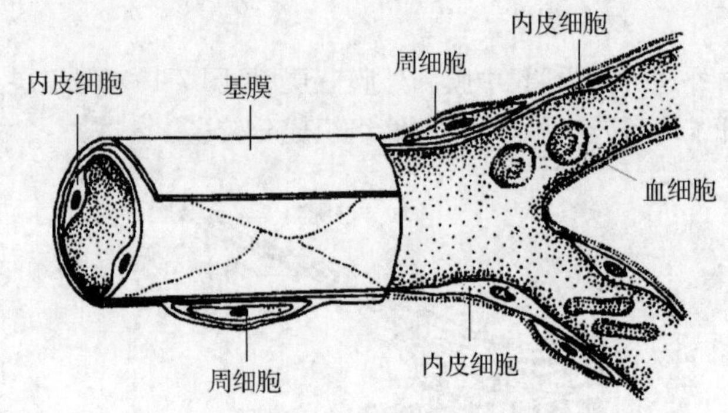

图 7-20　毛细血管模式图

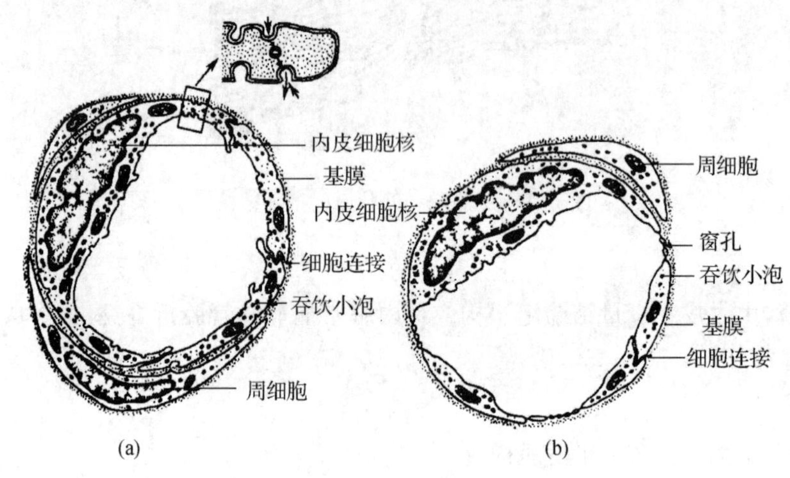

图 7-21　毛细血管电镜结构

(a)连续毛细血管　(b)有孔毛细血管

1)连续毛细血管

连续毛细血管由连续的内皮细胞围成，细胞间隙为 10～20 nm，内皮细胞相互连续，细胞间有紧密连接封闭细胞间隙，基膜完整。细胞质内有大量吞饮小泡。连续毛细血管主要以吞饮及胞吐方式完成血液与组织液间的物质交换。主要分布于结缔组织、肌组织、肺和中枢神经系统等处。

2)有孔毛细血管

有孔毛细血管与连续毛细血管的结构基本相同。不同的是内皮细胞不含核的部分极薄，且有许多贯穿细胞内外的窗孔，窗孔被隔膜封闭。有孔毛细血管主要通过内皮细胞的窗孔完成血管内外的物质交换。主要分布于胃肠黏膜、内分泌腺和肾血管球等处。

3)血窦

血窦又称窦状毛细血管。其结构特点是腔大、形态不规则，内皮细胞间有较大的间隙，细胞有窗孔，基膜不完整或缺如。血窦的物质交换主要通过内皮细胞的窗孔及细胞间隙完成。主要分布于肝、脾、骨髓和某些内分泌腺。

7.3.2 肺循环的动脉

肺动脉干起于右心室的动脉圆锥，在升主动脉的前方向左后上方斜行，至主动脉弓的下方分为左、右肺动脉。左肺动脉较短，水平向左行至左肺门处，分两支进入左肺上、下叶。右肺动脉较长，水平向右行至右肺门处，分三支进入右肺上、中、下叶。在肺动脉干分叉处与主动脉弓下缘之间有一结缔组织索，称动脉韧带，是胚胎时期动脉导管闭锁后的遗迹。如动脉导管在出生后6个月仍未闭锁，则称动脉导管未闭，是常见的先天性心脏病之一。

7.3.3 肺循环的静脉

肺静脉起自肺泡周围的毛细血管网，在肺内逐级吻合至左、右肺门处分别形成左肺上、下静脉和右肺上、下静脉出肺，穿过心包注入左心房。肺静脉内为含氧较高的鲜红色动脉血。

7.3.4 体循环的动脉

体循环的动脉是将血液从心脏运送到全身各部位的血管(见图7-22)，其主要的分布特点为:头颈、四肢和躯干一般都有动脉主干分布，左、右基本对称;躯干的动脉有壁支和脏支之分，壁支一般有明显的节段性;动脉多居身体的屈侧、深部或安全隐蔽处，常与静脉、神经等伴行，通常外包结缔组织形成血管神经束;与组织器官的形态结构及功能相适应。

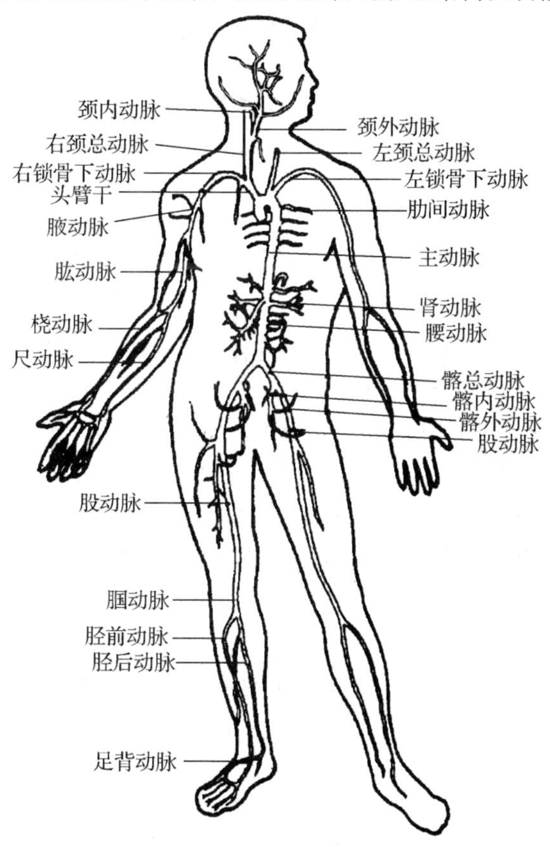

图7-22 体循环的动脉

1. 主动脉

主动脉由左心室发出，向右上方斜行至第 2 胸肋关节后方，再弯向左后，至第 4 胸椎体下缘处向下移行，并沿脊柱左前方下行，穿膈的主动脉裂孔入腹腔，至第 4 腰椎下缘处分为左、右髂总动脉(见图 7-23)。主动脉是体循环的动脉主干，以胸骨角至第 4 胸椎体下缘平面为界，将主动脉分为升主动脉、主动脉弓和降主动脉。

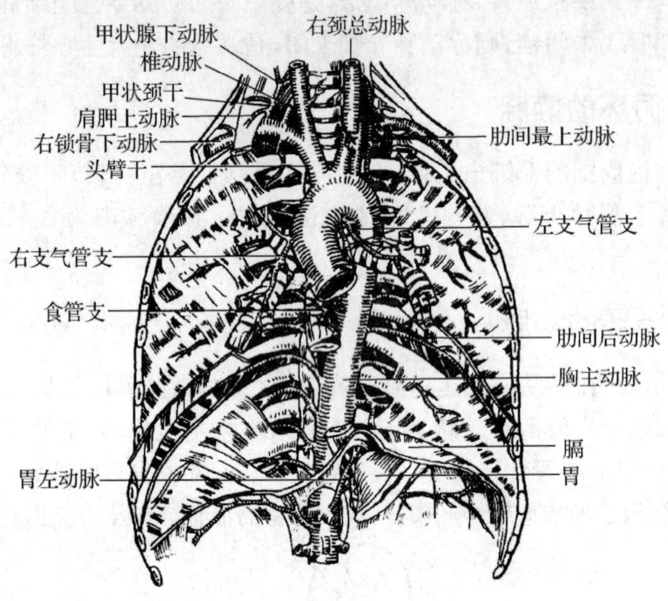

图 7-23 主动脉及分支

1)升主动脉

升主动脉自左心室起始后，在肺动脉干与上腔静脉之间行向右前上方，至右侧第 2 胸肋关节后方移行为主动脉弓。升主动脉根部发出左、右冠状动脉。

2)主动脉弓

主动脉弓是升主动脉的延续，呈弓形弯向左后方，至第 4 胸椎体下缘移行为降主动脉。主动脉弓的凸侧向上发出三个分支，自右向左依次是头臂干、左颈总动脉和左锁骨下动脉。头臂干向右上方行至右胸锁关节后方分为右颈总动脉和右锁骨下动脉。左、右颈总动脉是头颈部的动脉主干，左、右锁骨下动脉主要构成上肢的动脉主干。主动脉弓壁内有压力感受器，具有感受血压变化的作用。主动脉弓下方近动脉韧带处有 2～3 个栗粒状小体，称主动脉小球，是化学感受器，可感受血液中二氧化碳分压和氧分压的变化。

3)降主动脉

降主动脉又以主动脉裂孔为界分为胸主动脉和腹主动脉，胸主动脉是胸部的动脉主干，腹主动脉是腹部的动脉主干。降主动脉在第 4 腰椎体下缘水平分出左、右髂总动脉，后者在骶髂关节前方分为髂内动脉和髂外动脉。髂内动脉是盆部的动脉主干，髂外动脉主要构成下肢的动脉主干。

2. 头颈部动脉

颈总动脉是头颈部的动脉主干。右侧起自头臂干，左侧起自主动脉弓。两侧均在胸锁关节的后方沿气管、喉和食管的外侧上行，至甲状软骨上缘水平分为颈内动脉和颈外动脉（见图 7-24）。在颈总动脉末端和颈内动脉起始部的膨大部分称颈动脉窦，窦壁内有压力感受器。当血压升高时，可刺激压力感受器，进而通过神经系统的调节反射性地引起心跳减慢、血管扩张、血压下降。位于颈总动脉分叉处后方的扁椭圆形小体称颈动脉小球，是化学感受器，能感受血液中氧和二氧化碳分压的变化。当二氧化碳分压升高时，压力感受器受到刺激，从而通过神经调节作用，反射性地引起呼吸增快，排出过多的二氧化碳。

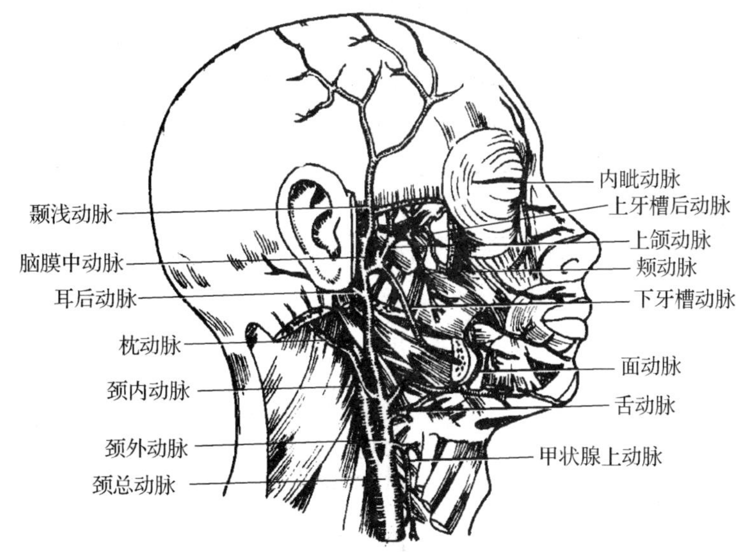

图 7-24　颈总动脉及其分支

1)颈内动脉

颈内动脉由颈总动脉发出后，垂直上升到颅底，经颈动脉管入颅腔，分支分布于脑和视器。

2)颈外动脉

颈外动脉上行穿腮腺实质分为上颌动脉和颞浅动脉两个终支。颈外动脉的主要分支有以下几条。

(1)甲状腺上动脉：起自颈外动脉的起始处，行向前下方，分布于甲状腺上部和喉。

(2)舌动脉：于平舌骨大角处的颈外动脉发出，分布于舌、舌下腺和腭扁桃体。

(3)面动脉：在舌动脉稍上方发出，在咬肌前缘绕过下颌骨下缘至面部，经口角和鼻翼的外侧上行至眼内眦，改称为内眦动脉。面动脉分布于面部软组织、下颌下腺和腭扁桃体等处。在下颌骨下缘和咬肌前缘交界处，可摸到面动脉的搏动，面部出血时，可在该处压迫止血。

(4)颞浅动脉：经外耳门前方上行至颅顶，分布于腮腺和颞、顶、额部软组织。在外耳门前方可摸到颞浅动脉的搏动，当头前外侧部出血时，可在该处压迫止血。

(5)上颌动脉：进入下颌支的深面，分支分布于耳、牙、咀嚼肌、颊、腭、鼻腔和硬脑膜等处。其中分布于硬脑膜的分支，称脑膜中动脉，穿棘孔入颅腔，紧贴翼点内面走行。当翼点骨折时，易损伤该血管，引起硬脑膜外血肿。

3. 锁骨下动脉及上肢动脉

1)锁骨下动脉

右锁骨下动脉起自头臂干,左锁骨下动脉起自主动脉弓,两侧均向外呈弓形经胸膜顶前方,出胸廓上口至颈根部,穿斜角肌间隙,至第 1 肋外缘延续为腋动脉(见图 7-25)。当上肢出血时,可在锁骨中点上方摸到动脉搏动处将锁骨下动脉压向第 1 肋进行止血。锁骨下动脉的主要分支有椎动脉、胸廓内动脉和甲状颈干。

(1)椎动脉:由锁骨下动脉上壁发出,向上依次穿第 1～6 颈椎横突孔,经枕骨大孔入颅腔。两侧椎动脉汇合形成一条基底动脉,分布于脑和脊髓。

(2)胸廓内动脉:起于锁骨下动脉下壁,起始位置与椎动脉起始处相对,向下经第 1～7 肋软骨后面,约距胸骨外侧缘 1.5 cm 垂直下降,穿膈后进入腹直肌鞘,移行为腹壁上动脉。沿途分支分布于胸前壁、乳房、心包和腹直肌等处。

(3)甲状颈干:为一短干,起自锁骨下动脉,很快又分出甲状腺下动脉,分数支分布于甲状腺下部和喉等处。

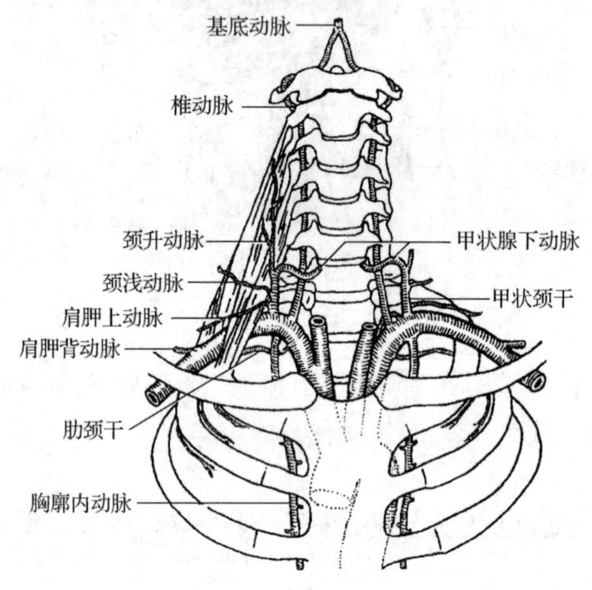

图 7-25　锁骨下动脉及其分支

2)上肢动脉

(1)腋动脉:续于锁骨下动脉,行于腋窝深部,出腋窝移行为肱动脉。腋动脉的分支主要分布于肩部、胸前外侧壁和乳房等处。

(2)肱动脉:为腋动脉的直接延续,沿肱二头肌内侧缘下行至肘窝分为桡动脉和尺动脉(见图 7-26)。在肘窝内上方,可触到肱动脉的搏动,是测量血压时听诊的部位。当前臂和手部大出血时,可在臂中部的内侧将肱动脉压向肱骨进行止血。

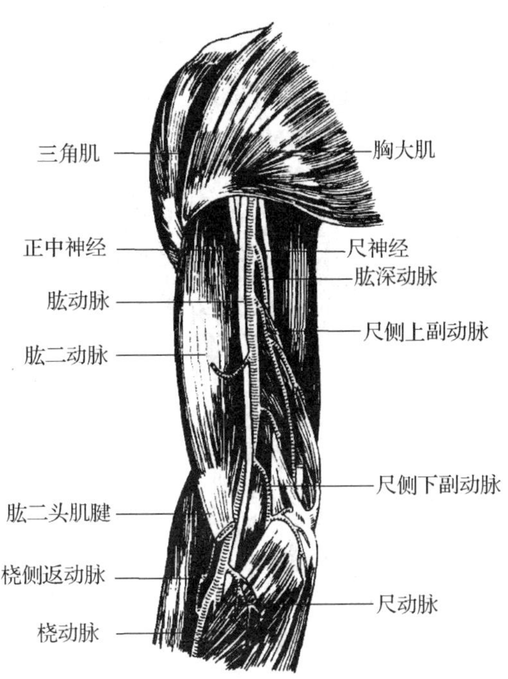

图 7-26　肱动脉及其分支

血压的测量

测量血压最常用的方法为间接测量法，即广泛采用的袖带加压法，此法需要血压计和听诊器。测量部位一般选择患者右上肢，采取仰卧位或坐位，将袖袋绑在受试者的上臂。在肘窝稍上方，肱二头肌腱内侧可触及肱动脉搏动，将听诊器胸件置于此处，轻压听诊器胸件使其与皮肤紧密接触。然后打气到阻断肱动脉血流为止，缓缓放出袖袋内的空气，当袖袋压刚好小于肱动脉血压时，可通过听诊器闻及血流冲过被压扁动脉而产生的湍流所引起的振动声，此时血压计所显示的血压读数相当于心室收缩时的最高血压，称为收缩压。继续放气，声响加大，当此声变得低沉而长时血压计所显示的血压读数，相当于心室舒张时的最低血压，称为舒张压。当放气到袖袋内压低于舒张压时，血流平稳地流过无阻碍的血管，声响消失。收缩压＜130 mmHg，舒张压＜85 mmHg 为正常血压；收缩压≥140 mmHg 和(或)舒张压≥90 mmHg，称为高血压；收缩压≤90 mmHg 和(或)舒张压≤60 mmHg 称为低血压。

(3)桡动脉：由肱动脉分出后，在前臂肌前群的桡侧下行，经腕部到达手掌(见图 7-27)。桡动脉下端在桡骨茎突的前内侧位置表浅，可触到其搏动，是诊脉的常用部位。桡动脉沿途分支分布于前臂桡侧肌群和手，并参与掌浅弓和掌深弓的构成。

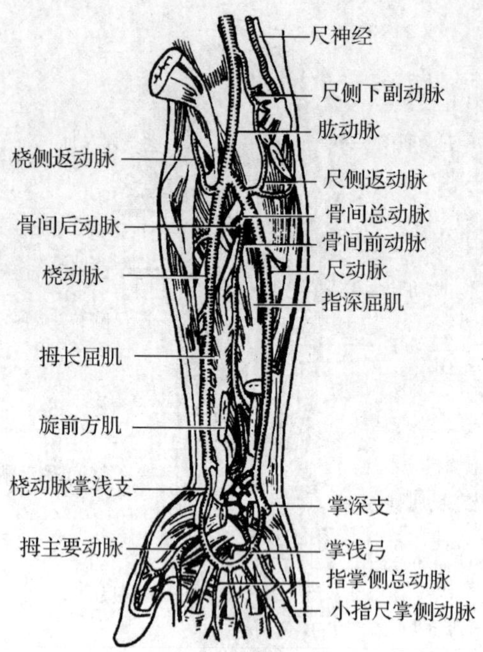

图 7-27　前臂的动脉(前面)

(4)尺动脉:由肱动脉分出后,在前臂肌前群的尺侧下行,经腕部到达手掌。尺动脉沿途分支分布于前臂肌、前臂骨,并参与掌浅弓和掌深弓的构成。

(5)掌浅弓:由尺动脉末端和桡动脉的掌浅支吻合而成,位于掌腱膜的深面,其最凸处相当于自然握拳时中指所指的位置,在处理手外伤时应注意保护。掌浅弓的分支分布于手掌和第 2～5 指相对缘,手指出血时可在手指两侧压迫止血。

(6)掌深弓:由桡动脉末端和尺动脉的掌深支吻合而成,位于指深屈肌腱的深面。掌深弓发出的动脉分支与掌浅弓相应的分支吻合。

4. 胸主动脉

胸主动脉是胸部的动脉主干,于第 4 胸椎下缘处接主动脉弓,在第 12 胸椎穿膈的主动脉裂孔移行为腹主动脉。胸主动脉发出壁支和脏支(见图 7-28),脏支细小,主要有支气管支、食管支和心包支,分布于支气管、食管和心包;壁支主要为第 3～11 对肋间后动脉和肋下动脉。第 1、2 肋间后动脉来自锁骨下动脉的分支颈肋干。胸主动脉主要的壁支如下。

1)肋间后动脉

肋间后动脉走行于肋间隙内,主干沿肋骨下缘的肋沟内前行,在肋角处,肋间后动脉发出分支沿下位肋上缘前行。

2)肋下动脉

肋下动脉沿第 12 肋的下缘走行。肋间后动脉和肋下动脉分支分布于脊髓、背部、胸壁和腹壁的上部等处。

临床上,根据肋间血管的走行,在胸壁侧部做胸膜穿刺时,经两肋间进针,而在胸壁后部穿刺时,则应在肋骨上缘进针,以免损伤肋间血管。

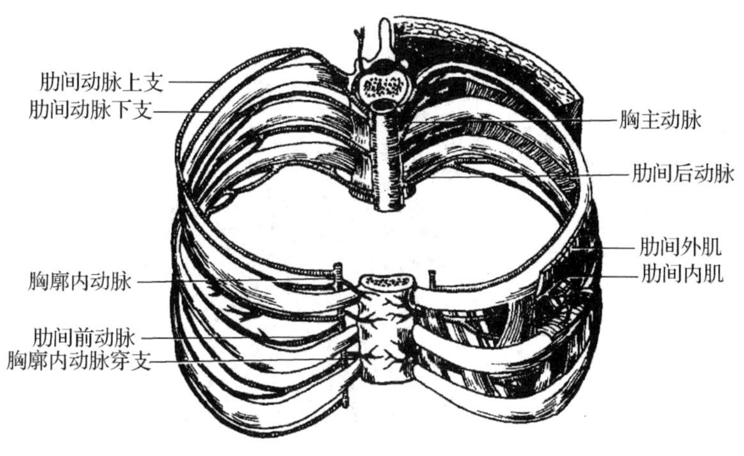

图 7-28　胸壁的动脉

5. 腹主动脉

腹主动脉是腹部的动脉主干，在膈的主动脉裂孔处续于胸主动脉，沿脊柱的左前方下行，其右侧有下腔静脉伴行，前方有肝左叶、胰、十二指肠水平部和小肠系膜根越过，达第 4 腰椎下缘分为左、右髂总动脉。腹主动脉的分支亦有脏支和壁支之分。

壁支主要包括腰动脉、膈下动脉和骶正中动脉，腰动脉自腹主动脉后壁发出，节段性分布于脊髓、腹后壁和腹前外侧壁。膈下动脉由腹主动脉上端发出，分布于膈的下面，并发出肾上腺上动脉到肾上腺。骶正中动脉分布于左、右髂总动脉分叉处后壁。

脏支分成对脏支和不成对脏支两种。成对脏支有肾上腺中动脉、肾动脉和睾丸动脉(女性为卵巢动脉)，不成对脏支有腹腔干、肠系膜上动脉和肠系膜下动脉。

腹主动脉主要的脏支如下。

1)肾上腺中动脉

肾上腺中动脉在平对第 1 腰椎处起自腹主动脉侧壁，横行向外分布于肾上腺中部。

2)肾动脉

肾动脉在平对第 1、2 腰椎体之间起自腹主动脉侧壁，横行向外经肾门入肾。

3)睾丸动脉

睾丸动脉细长，在肾动脉稍下方由腹主动脉前壁发出，沿腰大肌前面斜向外下，经腹股沟管入阴囊，分布于睾丸。在女性则为卵巢动脉，分布于卵巢和输卵管。

4)腹腔干

腹腔干为一粗短的动脉干，在主动脉裂孔稍下方由腹主动脉前壁发出，立即分为胃左动脉、脾动脉和肝总动脉(见图 7-29，图 7-30)，分支分布于肝、胆囊、胰、脾、胃、十二指肠和食管腹段。

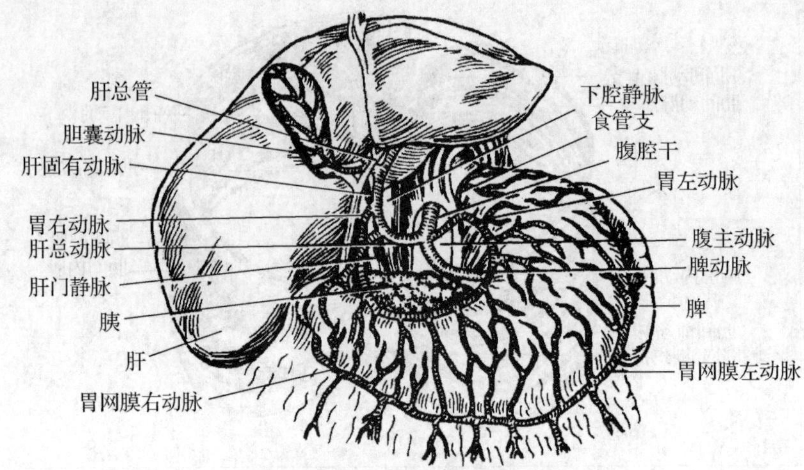

图 7-29　腹腔干及其分支(胃前面观)

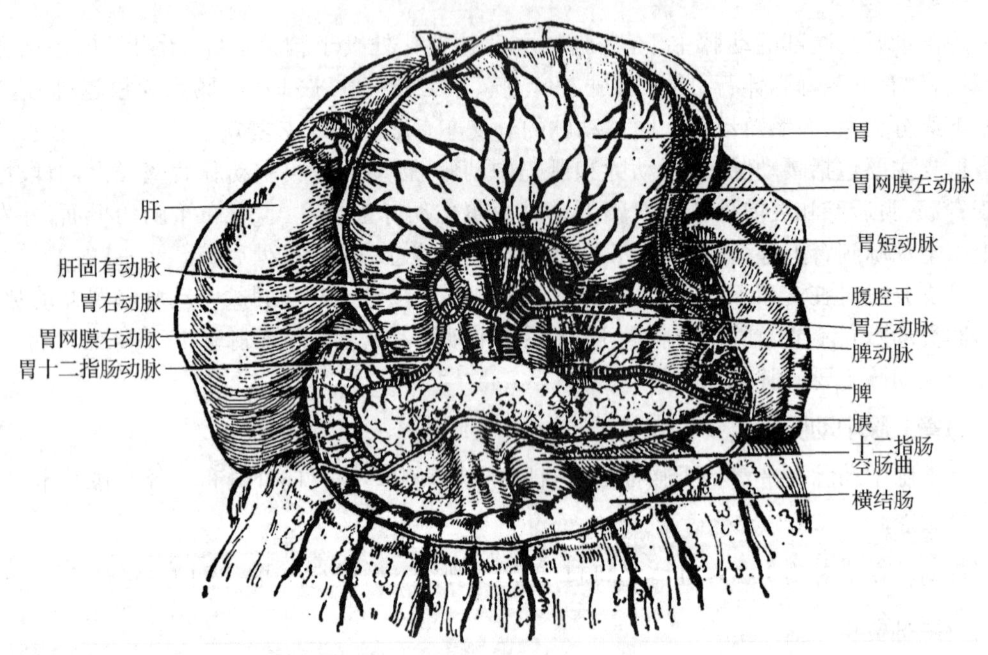

图 7-30　腹腔干及其分支(胃后面观)

(1)胃左动脉:行走向左上方至胃的贲门部,在小网膜两层之间沿胃小弯向右行,与胃右动脉吻合,分布于食管腹段、贲门及胃小弯附近的胃壁。

(2)脾动脉:沿胰上缘左行达脾门,分数支入脾。沿途发出胰支,分布于胰体和胰尾;发出胃短动脉,分布于胃底;发出胃网膜左动脉,沿胃大弯自左向右行,与胃网膜右动脉吻合,布于胃大弯附近的胃壁和大网膜。

(3)肝总动脉:向右前行,至十二指肠上部上缘分为肝固有动脉和胃十二指肠动脉。

①肝固有动脉:在肝十二指肠韧带内上走行达肝门,分为左、右支进入肝。右支在入肝前发出胆囊动脉,分布于胆囊。肝固有动脉起始处还发出胃右动脉,沿胃小弯向左与胃左动脉吻合,分布于胃小弯附近的胃壁。

②胃十二指肠动脉：在幽门后下缘分为胃网膜右动脉和胰十二指肠上动脉。胃网膜右动脉沿胃大弯左行，与胃网膜左动脉吻合，分布于胃大弯右侧的胃壁和大网膜。胰十二指肠上动脉，分布于胰头和十二指肠。

5)肠系膜上动脉

在腹腔干的稍下方(相当于第1腰椎水平)由腹主动脉前壁发出，在胰头和胰体交界处后方下行，向前越过十二指肠水平部前方入肠系膜根(见图7-31)，呈弓状向右髂窝下行。发出的分支分布于小肠以及结肠左曲以前的大肠。其主要分支如下。

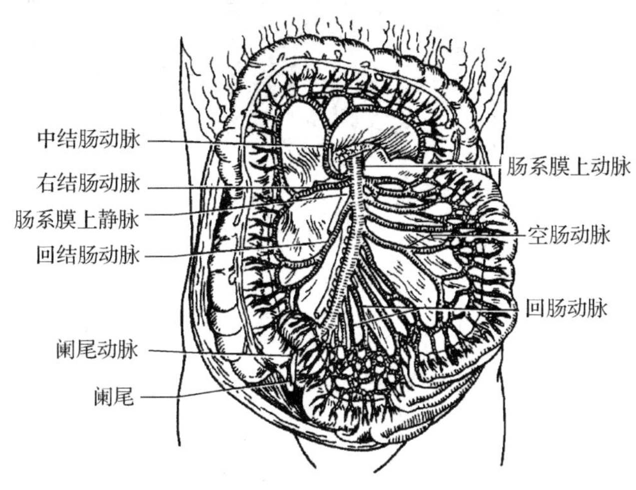

图7-31　肠系膜上动脉及其分支

(1)空肠动脉和回肠动脉：有12～16支，走行在肠系膜内，分布于空肠和回肠。空、回肠动脉在肠系膜内分支彼此吻合成血管弓，最多可达3～5级。

(2)回结肠动脉：走向回盲部，分布于回肠末端、盲肠和升结肠，回结肠动脉发出阑尾动脉，分布于阑尾。

(3)右结肠动脉：在回结肠动脉的上方发出，分布于升结肠，并与中结肠动脉和回结肠动脉的分支吻合。

(4)中结肠动脉：发出后入横结肠系膜，分布于横结肠。

6)肠系膜下动脉

平第3腰椎高度发自腹主动脉前壁，在腹后壁腹膜后面行向左下方，分支分布于降结肠、乙状结肠和直肠上部(见图7-32)。主要分支如下。

(1)左结肠动脉：分布于降结肠，并与中结肠动脉和乙状结肠动脉吻合。

(2)乙状结肠动脉：进入乙状结肠系膜内，分布于乙状结肠。

(3)直肠上动脉：是肠系膜下动脉的直接延续，分布于直肠上部，并与乙状结肠动脉和直肠下动脉吻合。

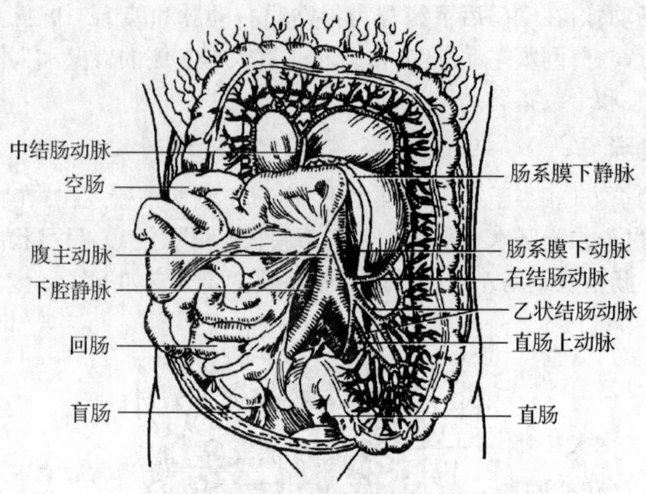

图 7-32 肠系膜下动脉及其分支

6. 盆部的动脉

腹主动脉在第 4 腰椎体下缘水平分出左、右髂总动脉，髂总动脉沿腰大肌内侧向外下方走行，至骶髂关节前方分为髂内动脉和髂外动脉。

1)髂内动脉

髂内动脉为一短干，沿盆腔侧壁下行，发出壁支和脏支(见图 7-33，图 7-34)，分布于盆壁和盆腔脏器。

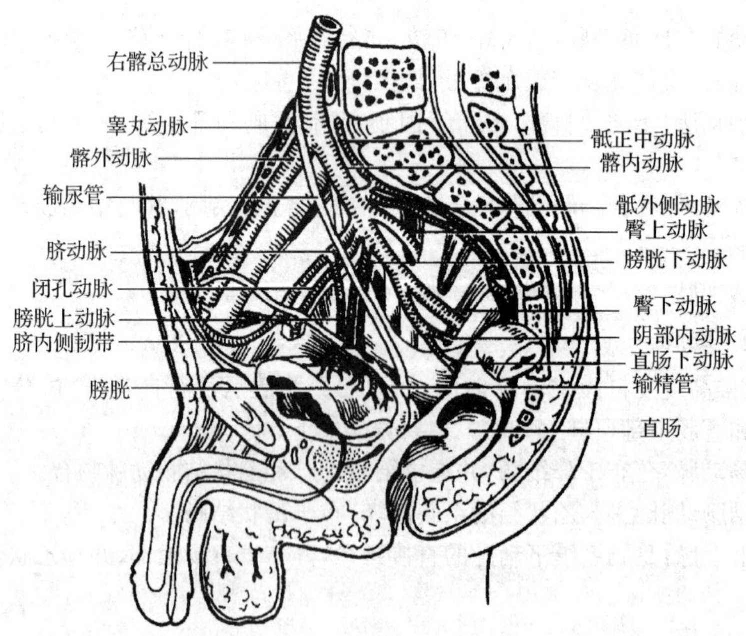

图 7-33 髂内动脉及其分支(男性)

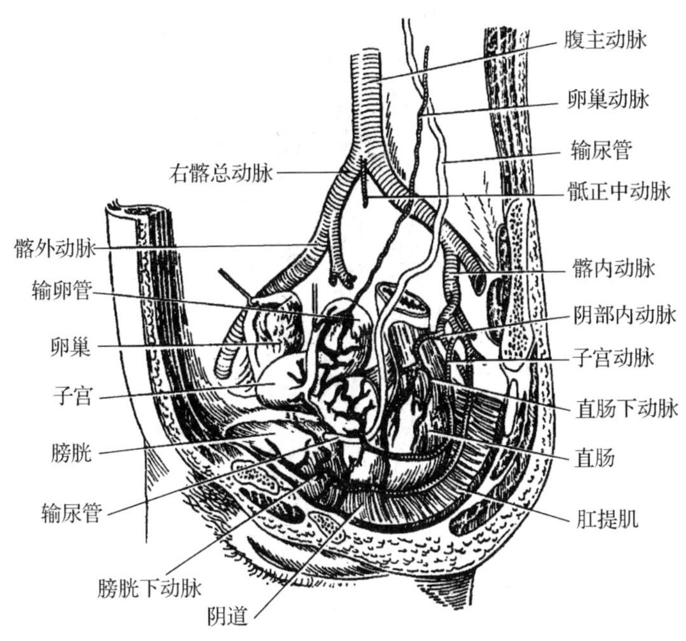

图 7-34　髂内动脉及其分支(女性)

(1)壁支。

①闭孔动脉:沿骨盆侧壁行向前下,穿闭孔出盆腔至大腿内侧,分布于大腿内侧肌群及髋关节。

②臀上动脉和臀下动脉:分别经梨状肌上、下缘穿出至臀部,分支营养臀肌和髋关节。

(2)脏支。

①脐动脉:是胎儿时期的动脉干,出生后远侧段闭锁形成脐内侧韧带,近侧端官腔未闭,发出 2～3 支膀胱上动脉,分布于膀胱中、上部。

②膀胱下动脉:沿盆腔侧壁下行。男性分布于膀胱底、精囊腺和前列腺,女性分布于膀胱和阴道。

③直肠下动脉:分布于直肠下部,并与直肠上动脉和肛动脉(来自阴部内动脉)吻合。

④子宫动脉:走行于子宫阔韧带内,在子宫颈外侧 2 cm 处越过输尿管的前方,沿子宫颈上行,分布于阴道、子宫、输卵管和卵巢等处,在子宫切除术结扎子宫动脉时,应尽量靠近子宫壁,以免损伤输尿管。

⑤阴部内动脉:自梨状肌下孔出盆腔,再经坐骨小孔至坐骨肛门窝,发出肛动脉、会阴动脉、阴茎(阴蒂)动脉等分支,分布于肛门、会阴部和外生殖器。

2)髂外动脉

髂外动脉沿腰大肌内侧缘下行,经腹股沟韧带中点深面至股前部,移行为股动脉(见图 7-35)。髂外动脉发出腹壁下动脉,经腹股沟管深环内侧上行入腹直肌鞘,分布于腹直肌,并与腹壁上动脉吻合。

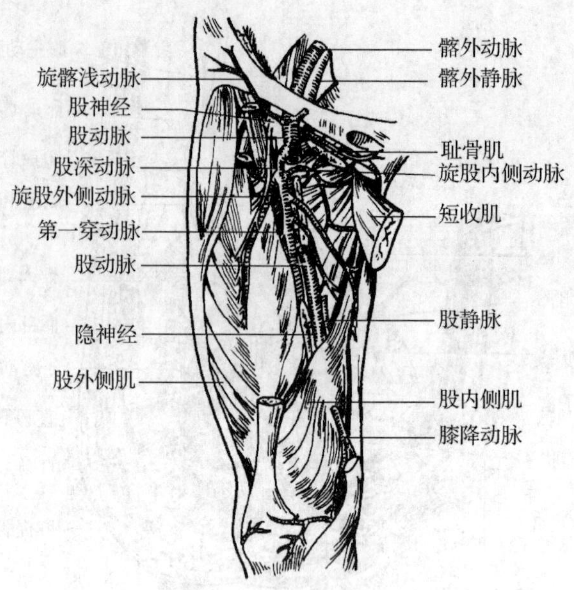

图 7-35　股动脉及其分支

7. 下肢的动脉

1)股动脉

股动脉为髂外动脉的延续，在股三角内下行，穿过收肌管至腘窝，移行为腘动脉。在腹股沟韧带中点下方可触及股动脉的搏动，当下肢出血时，可在此处将股动脉向后压向耻骨进行压迫止血。股动脉的分支分布于大腿肌和髋关节等处。

2)腘动脉

腘动脉走行于腘窝深部，至腘窝下缘处分为胫前动脉和胫后动脉(见图 7-36，图 7-37)。腘动脉的分支分布于膝关节和邻近诸肌。

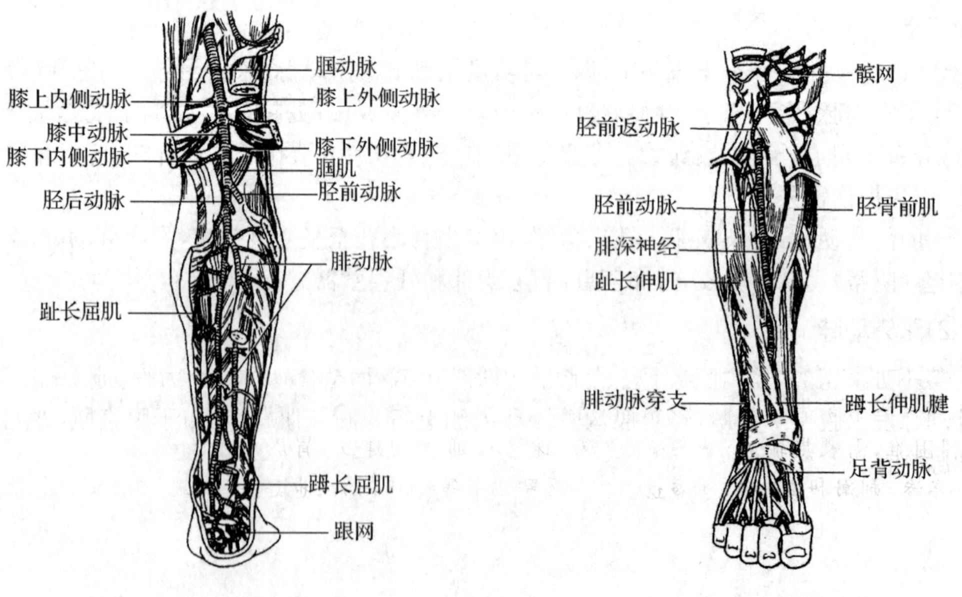

图 7-36　小腿后面的动脉

图 7-37　小腿前面的动脉

3)胫前动脉

胫前动脉自腘动脉发出后,向前穿小腿骨间膜至小腿前面,在小腿前群肌之间下行至踝关节前方移行为足背动脉。胫前动脉分支布于小腿前群肌。

4)胫后动脉

胫后动脉自腘动脉发出后,沿小腿后面浅、深肌之间下行,经内踝后方至足底分为足底内侧动脉和足底外侧动脉。胫后动脉分支营养小腿后群肌和外侧群肌,足底内、外侧动脉分布于足底和足趾。

5)足背动脉

足背动脉位置表浅,在踝关节前方,内、外踝连线中点可触及其搏动。足背动脉分支布于足背和足趾。足背部出血时可在该处向深部压迫足背动脉进行止血。

7.3.5 体循环的静脉

体循环的静脉数量多、行程长、分布广,与动脉相比,静脉具有以下特点。

①体循环的静脉分浅、深两类。浅静脉位于浅筋膜内,又称皮下静脉,数目较多,不与动脉伴行,最终注入深静脉。临床常经浅静脉注射、输液或采血。深静脉位于深筋膜的深面或体腔内,多与同名动脉伴行。其引流范围与伴行动脉的分布范围大体一致。

②静脉的吻合比较丰富。浅静脉多吻合成静脉网(弓),深静脉在某些器官周围吻合成静脉丛,如食管静脉丛、直肠静脉丛、手背静脉网等。

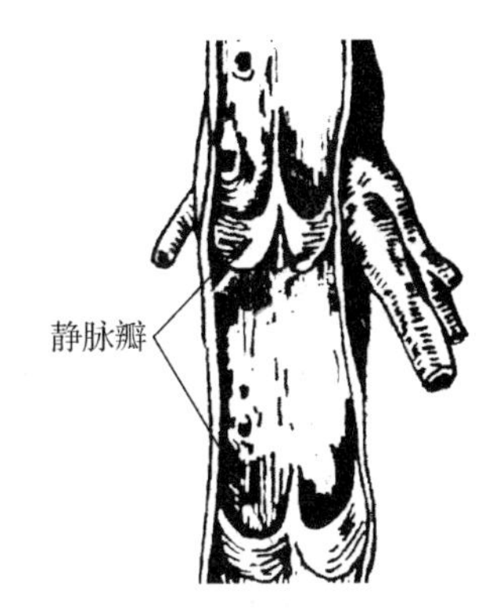

图7-38 静脉瓣

③常有内膜向管腔内凸折叠形成的静脉瓣(见图7-38),有防止血液逆流的作用。四肢静脉瓣较多,头颈部及多数躯干静脉有较少或无静脉瓣。

④静脉管壁薄,弹性小,管腔大,压力较低,血流缓慢。静脉不仅比相应动脉的管腔大,而且数量也较多。血液总容量是动脉的两倍以上,从而使回心的血量得以与心的输出量保持平衡。

静脉穿刺术

静脉穿刺术通常分浅静脉穿刺术和深静脉穿刺术。浅静脉穿刺主要用于采血、输血、输液和注射药物等。浅静脉穿刺常选的静脉有手背静脉、贵要静脉、头静脉、肘正中静脉、足背静脉、小隐静脉、大隐静脉、小儿头皮静脉、颈外静脉等。浅静脉穿刺虽选用部位不同,但穿经的层次基本相同,即皮肤、皮下组织和静脉壁。深静脉穿刺术适用于外周静脉穿刺困难,需长期输液治疗或大量、快速扩容通道的建立,胃肠外营养治疗,药物治疗(化疗、高渗、刺激性药物),血液透析,血浆置换术等临床治疗;也适用于心导管检查明确诊断等。常作穿刺置管等用的深静脉有颈内静脉、锁骨下静脉、股静脉等。

体循环的静脉包括上腔静脉系、下腔静脉系和心静脉系(见 7.2.5)。

1. 上腔静脉系

上腔静脉系由上腔静脉及其属支组成(见图 7-39),主要收集头颈部、上肢、胸壁和部分胸腔器官的静脉血。

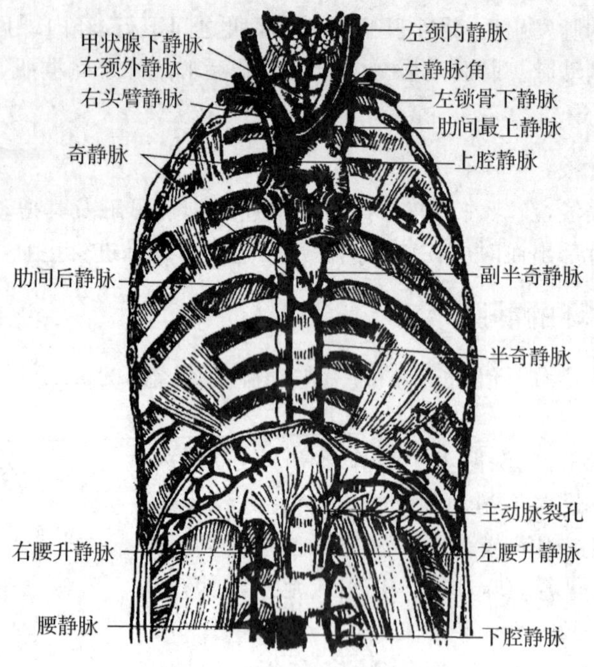

图 7-39　上腔静脉及其属支

上腔静脉是一条短而粗的静脉干,由左、右头臂静脉在右侧第 1 胸肋关节后方汇合而成,沿升主动脉右侧垂直下行,注入右心房。头臂静脉左、右各一,由同侧的颈内静脉和锁骨下静脉在胸锁关节后方汇合而成,汇合处的夹角称静脉角,有淋巴导管注入。

1)头颈部的静脉

头颈部静脉的主干主要是颈内静脉和颈外静脉(见图 7-40)。

(1)颈内静脉:是颈部最大的静脉主干,上端在颈静脉孔处与颅内的乙状窦相延续,伴颈内动脉、颈总动脉下行至胸锁关节后方,与锁骨下静脉汇合成头臂静脉。颈内静脉与颈总动脉、迷走神经一起被周围结缔组织形成的颈动脉鞘包绕,由于颈动脉鞘与颈内静脉管壁连接紧密,使静脉管腔经常处于开放状态,有利于头颈部静脉血液的回流。但当颈内静脉损伤破裂时,管腔不易回缩、塌陷,有导致空气进入形成栓塞的风险。

颈内静脉的属支有颅内支和颅外支。颅内支汇集了脑、脑膜、视器、前庭蜗器及颅骨的静脉血,最终注入颈内静脉。颅外支汇集了面部、颈部等处的静脉血。主要的颅外属支有面静脉和下颌后静脉。

面静脉:起自内眦静脉,与面动脉伴行,至下颌角下方与下颌后静脉的前支汇合后注入颈内静脉。面静脉收集面前部软组织的静脉血。面静脉在口角平面以上没有静脉瓣,且可通过内眦静脉和眶内的眼静脉与颅内海绵窦交通(见图 7-41),因此,当鼻根至两侧口角之间的三角形区域发生感染时,若处理不当,细菌和脓栓可经上述交通途径进入颅内海绵窦,造成颅内感染，临床上常将此三角形区域称为“危险三角”。

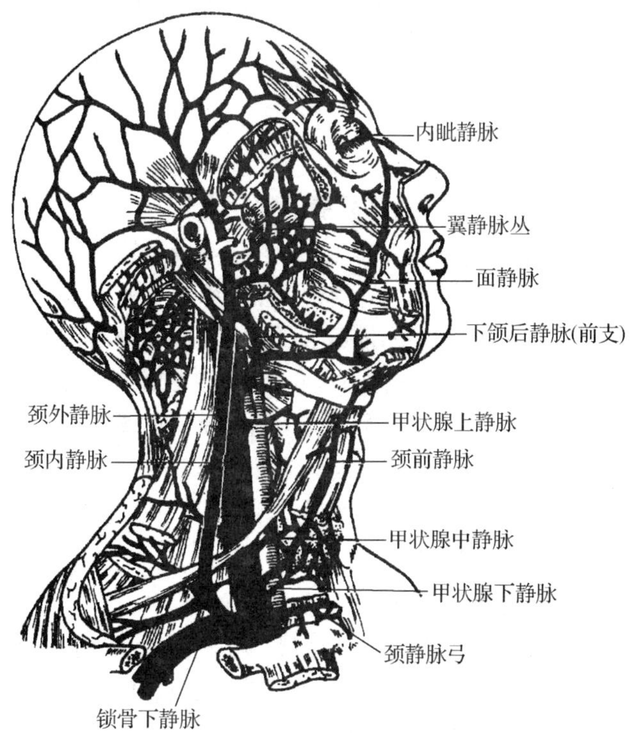

图 7-40　头颈部的静脉

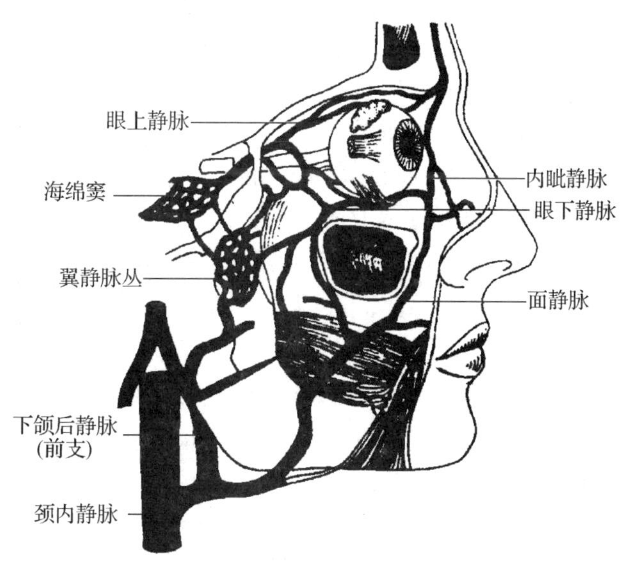

图 7-41　面静脉及其交通

下颌后静脉：主要起自颅顶的颞浅静脉和上颌静脉，在腮腺下端分为前、后两支，前支注入面静脉，后支注入颈外静脉。下颌后静脉收集颞区和面侧部深面区域的静脉血。

(2)颈外静脉：是颈部最大的浅静脉，在耳下方由下颌后静脉的后支、耳后静脉及枕静脉汇合而成。颈外静脉沿胸锁乳突肌表面下行至锁骨上方穿深筋膜注入锁骨下静脉或者静脉角。主要收集耳郭、枕部及颈前区浅层的静脉血。颈外静脉位置表浅而恒定，管径较大，临床上儿科常在此做静脉穿刺。

临床护理应用

儿科颈外静脉穿刺术

儿科颈外静脉穿刺术适用于需取血的婴幼儿、外周静脉不清楚或过细无法取血者。患儿仰卧台上，头颈转向穿刺对侧 90°并后仰 45°，使颈外静脉充分显露。常规皮肤消毒后，用左示指在锁骨附近轻压颈外静脉，使其隆起，用左拇指将静脉隆起处皮肤拉紧。右手持注射器，在静脉远心端约 1 cm 处刺入皮肤，并沿皮下徐徐推进，直抵静脉显露部位。在针头前进时，应保持针头斜面向上，针梗紧贴颈部皮肤。当患儿啼哭静脉怒张时刺入血管，见回血时即抽取。如无回血，可边抽边退，至有回血时即固定针头抽取血液。抽血完毕，用无菌棉球按压穿刺处，拔出针头并扶患儿至坐位，穿刺点应继续按压 2～3 min。

2)锁骨下静脉及上肢的静脉

锁骨下静脉位于颈根部，在胸锁关节的后方与颈内静脉汇合成头臂静脉。由于该静脉管腔大、位置恒定，临床上常作为静脉穿刺、心血管造影及长期留置导管的穿刺部位。上肢的深静脉与同名动脉伴行，收集同名动脉分布区域的静脉血，经腋静脉续于锁骨下静脉。上肢的浅静脉(见图 7-42)起于手背静脉网，主要有头静脉、贵要静脉和肘正中静脉，是临床上采血和输液的常选部位。

(1)头静脉：起于手背静脉网的桡侧，转至前臂前面，沿肱二头肌外侧上行至肩部，穿深筋膜注入腋静脉。

(2)贵要静脉：起于手背静脉网的尺侧，转至前臂尺侧，沿肱二头肌内侧上行至臂中部，穿深筋膜注入肱静脉。

(3)肘正中静脉：为一短粗的静脉干，变异较多，通常在肘窝处连接头静脉和贵要静脉。

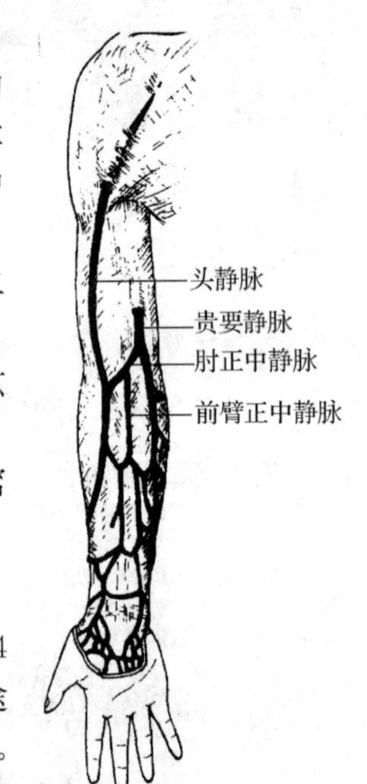

图 7-42　上肢的浅静脉

3)胸部的静脉

(1)奇静脉：起自右腰升静脉，穿膈后沿脊柱右侧上行至第 4 胸椎高度，绕右肺根上方呈弓形向前注入上腔静脉。奇静脉沿途收集右侧肋间后静脉、食管静脉、支气管静脉及半奇静脉的血液。半奇静脉起自左腰升静脉，穿膈后沿脊柱左侧上行至第 8～9 胸椎高度越过脊柱注入奇静脉。副半奇静脉沿脊柱左侧下行注入半奇静脉。半奇静脉和副半奇静脉主要收集左侧肋间后静脉血液。

(2)椎静脉丛：包括椎内静脉丛和椎外静脉丛，它们分别布于椎管内、外，纵贯脊柱全长(见图 7-43)。主要收集脊髓、椎骨及其附近肌的静脉血。椎静脉丛的血液分别注入椎静脉、腰静脉、肋间后静脉等处。椎静脉丛还向上、向下分别与硬脑膜窦和盆腔静脉丛相交通。

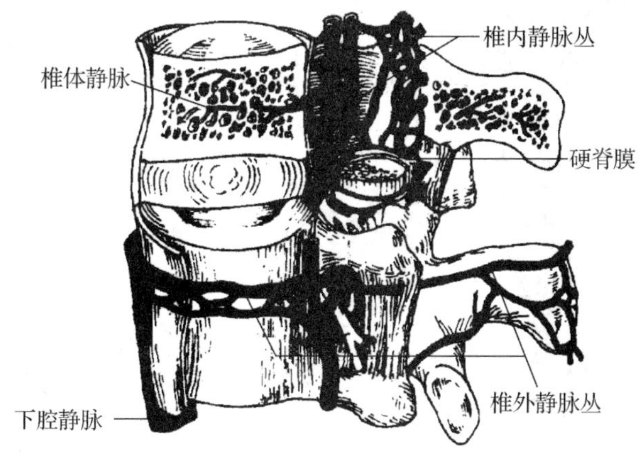

图 7-43　椎静脉丛

2. 下腔静脉系

下腔静脉系由下腔静脉及其属支组成，主要收集下肢、盆部和腹部的静脉血，其主干是下腔静脉。下腔静脉（见图 7-44）在第 5 腰椎水平由左、右髂总静脉汇合而成，沿腹主动脉右侧上行，穿膈的腔静脉孔入胸腔，注入右心房。髂总静脉由同侧的髂内静脉和髂外静脉合成。髂内静脉主要收集盆部静脉的静脉血，髂外静脉主要收集腹壁下部及下肢静脉的静脉血。

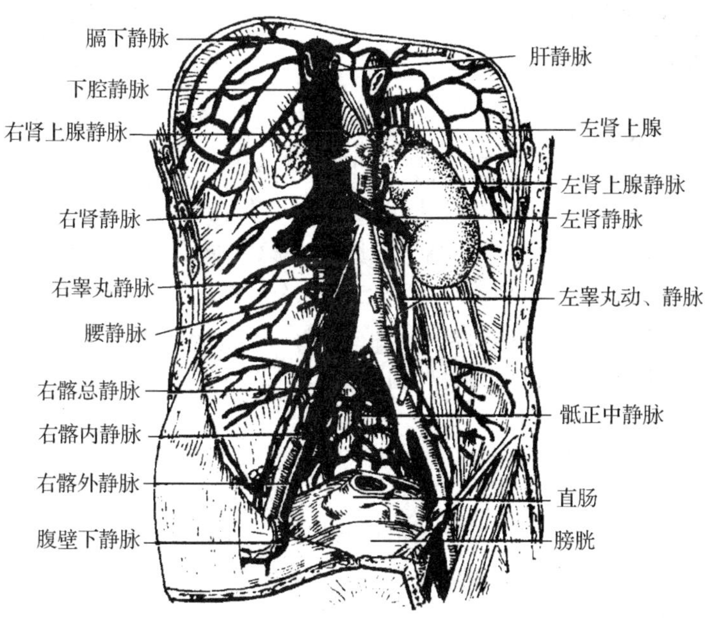

图 7-44　下腔静脉及其属支

1)下肢的静脉

下肢的深静脉与同名动脉伴行，收集同名动脉分布区域的静脉血，经股静脉续于髂外静脉。下肢的浅静脉起自足背静脉弓，主要有大隐静脉和小隐静脉（见图 7-45，图 7-46），由于行程长、静脉瓣多，因此易发生静脉曲张。

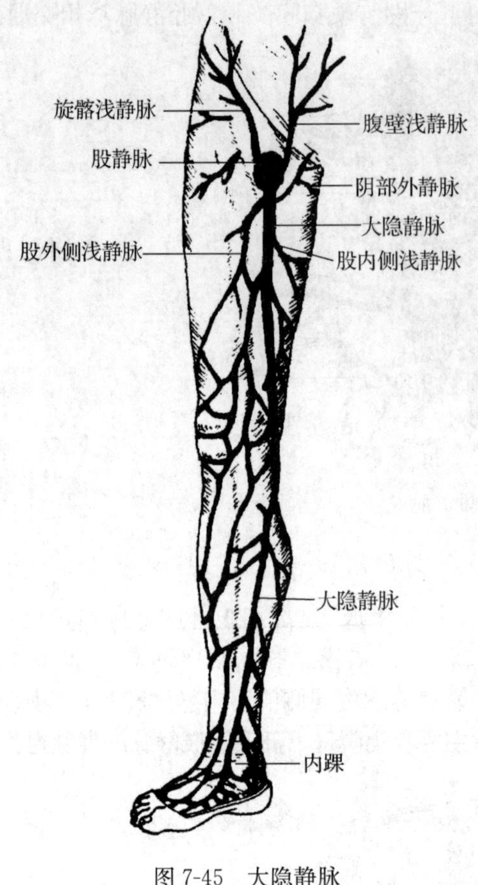

图 7-45　大隐静脉

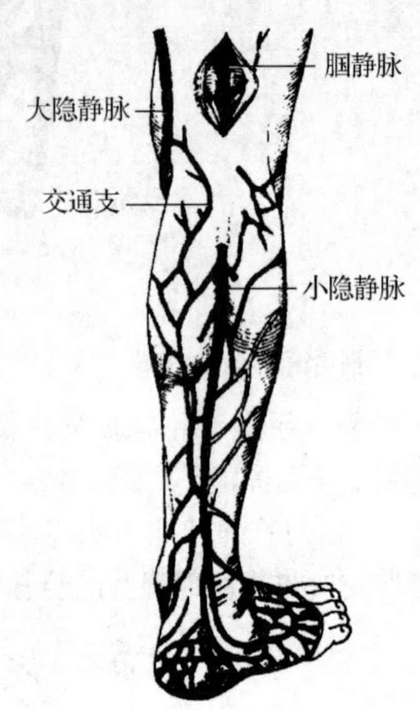

图 7-46　小隐静脉

(1)大隐静脉:起自足背静脉弓的内侧,经内踝前方沿小腿、大腿前内侧上行至耻骨结节外下方向深面注入股静脉。大隐静脉在股部主要收纳有五条属支,即腹壁浅静脉、阴部外静脉、旋髂浅静脉、股内侧浅静脉和股外侧浅静脉。大隐静脉沿途收集足、小腿内侧及大腿前内侧的静脉血。大隐静脉在内踝前方位置恒定且表浅,是临床上静脉穿刺的常选部位。

(2)小隐静脉:起自足背静脉弓的外侧,经外踝后方沿小腿后面上行至腘窝,穿深筋膜注入腘静脉,主要收集足外侧部和小腿后部的静脉血。

股静脉穿刺术

股静脉穿刺术适用于外周浅静脉穿刺困难,但需采血标本或静脉输液用药的患者,以及介入治疗、心导管检查术等。穿刺点选在髂前上棘与耻骨结节连线的中、内 1/3 段交界点下方 2～3 cm 处,股动脉搏动处的内侧 0.5～1.0 cm。患者取仰卧位,膝关节微屈,臀部稍垫高,髋关节伸直并稍外展外旋。在腹股沟韧带中点稍下方摸到搏动的股动脉,其内侧即为股静脉,以左手固定好股静脉后,穿刺针垂直刺入或与皮肤角度成 30°～40°刺入。要注意刺入的方向和深度,以免穿入股动脉或穿透股静脉。要边穿刺边回抽活塞,如无回血,可慢慢回退针头,稍改变进针方向及深度。穿刺点不可过低,以免穿透大隐静脉根部。

2)盆部的静脉

盆部静脉主干是髂总静脉,在骶髂关节前方由髂内静脉与髂外静脉汇合而成。髂内静脉的属支有臀上静脉、臀下静脉、闭孔静脉等壁支,以及膀胱下静脉、直肠下静脉、阴部内静脉、子宫静脉等脏支,它们收集同名动脉分布区的静脉血。其中脏支是由膀胱静脉丛、直肠静脉丛、子宫静脉丛等汇合而成。直肠静脉丛(见图 7-47)的上部、中部、下部分别汇入直肠上静脉、直肠下静脉和肛静脉。

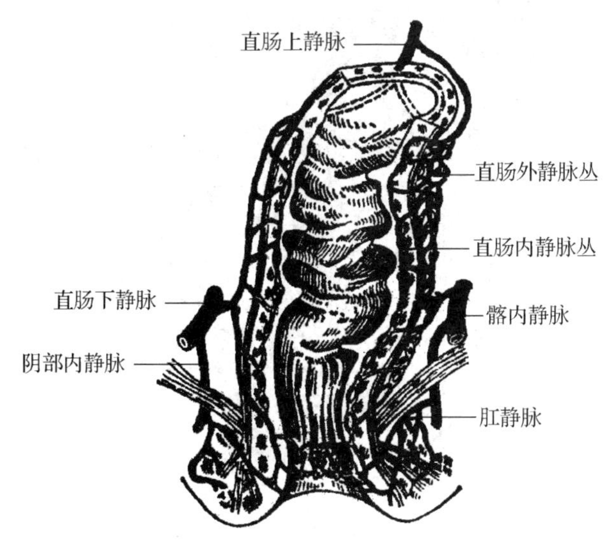

图 7-47　直肠和肛管的静脉

3)腹部的静脉

腹部静脉主干为下腔静脉,腹部的静脉直接或间接地注入下腔静脉,其属支可分为分壁支和脏支。壁支包括一对膈下静脉和四对腰静脉,收集膈下面及腹后壁的静脉血。脏支比较复杂,腹腔内成对器官的脏支几乎都直接注入下腔静脉,而不成对器官的脏支则先经肝门静脉入肝,在肝内代谢后再经肝静脉注入下腔静脉。注入下腔静脉的脏支有以下几条。

(1)肾上腺静脉:左、右各一,左侧注入左肾静脉,右侧直接注入下腔静脉。

(2)肾静脉:在肾门处由 3～5 条静脉汇合而成,在肾动脉前方横行向内侧注入下腔静脉。

(3)睾丸静脉:起自睾丸和附睾,在精索内形成蔓状静脉丛,逐渐汇合成睾丸静脉。左睾丸静脉以直角注入左肾静脉,右睾丸静脉以锐角直接注入下腔静脉,故睾丸静脉曲张多见于左侧。该静脉在女性为卵巢静脉,起自卵巢,注入部位与男性相同。

(4)肝静脉:位于肝实质内,常为 2～3 条,收集肝血窦回流的静脉血,在肝的后缘处注入下腔静脉。

4)肝门静脉系

肝门静脉系由肝门静脉(见图 7-48)及其属支组成。肝门静脉在胰头和胰体交界处的后方由脾静脉和肠系膜上静脉汇合而成,向右上行达肝门处分左、右两支进入肝,在肝内反复分支最后汇入肝血窦，与来自肝固有动脉的血液混合后逐级汇入肝静脉，最后注入下腔静脉。肝门静脉为肝的功能性血管，其主要功能是将消化管道吸收的物质运输至肝，在肝内进行合成、分解、解毒、贮存。

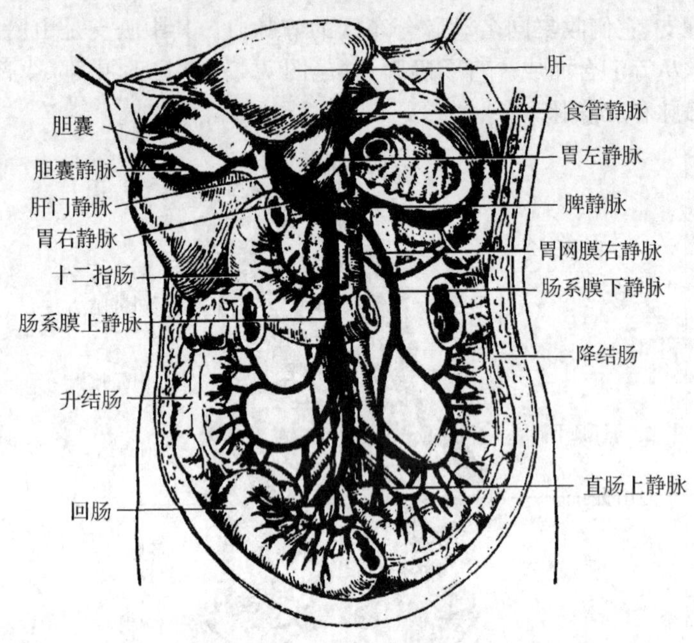

图 7-48　肝门静脉及其属支

(1)肝门静脉为一粗短干，长 6～8 cm；起止两端均为毛细血管；主干及其属支内均无瓣膜，故在肝门静脉高压时，血液可逆流。

(2)肝门静脉的主要属支包括脾静脉、肠系膜上静脉、肠系膜下静脉、胃左静脉、附脐静脉、胃右静脉和胆囊静脉等，通过属支收集腹腔内除肝以外不成对器官的静脉血，如胃、胰、脾、大肠、小肠等。

(3)肝门静脉系与上、下腔静脉系之间的吻合。肝门静脉系与上、下腔静脉系之间主要通过三个静脉丛进行交通(见图 7-49)，吻合丰富。

①食管静脉丛：食管静脉丛向下与肝门静脉的属支胃左静脉交通，向上与上腔静脉的属支奇静脉相交通，构成了肝门静脉系与上腔静脉系之间的吻合。

②直肠静脉丛：直肠静脉丛向上与肠系膜下静脉的属支直肠上静脉交通，向下与髂内静脉的属支直肠下静脉和肛静脉交通，构成了肝门静脉系与下腔静脉系之间的吻合。

③脐周静脉网：肝门静脉的属支附脐静脉通过脐周静脉网向上与上腔静脉系的腹壁上静脉、胸腹壁静脉交通，向下与下腔静脉系的腹壁下静脉、腹壁浅静脉交通，构成了肝门静脉系与上、下腔静脉系之间的吻合。

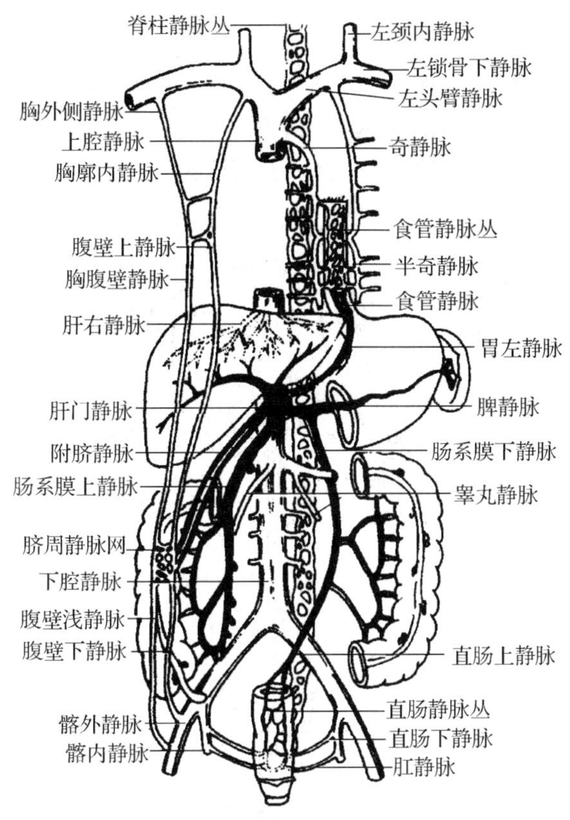

图 7-49 肝门静脉系与上、下腔静脉系之间的吻合(模式图)

正常生理状况下,肝门静脉系与上、下腔静脉系之间的吻合支细小,血流量很少,血液主要靠正常途径回流到所属静脉系。当肝硬化或肿瘤等原因造成肝门静脉回流受阻时,血液可通过肝门静脉系与上、下腔静脉系之间的吻合途径建立侧支循环,分别经上、下腔静脉回流入心。由于血流量突然增多,可导致吻合部位的细小静脉变得粗大弯曲,出现静脉曲张。一旦食管静脉丛和直肠静脉丛曲张破裂,便会引起呕血和便血。

7.4 淋巴管道

淋巴管道和淋巴组织、淋巴器官一起组成淋巴系统(见图 7-50),淋巴系统能协助静脉引流组织液,淋巴器官和淋巴组织还具有产生淋巴细胞、过滤淋巴液和进行免疫应答的功能。

当血液流经毛细血管的动脉端时,部分血浆成分从毛细血管滤出到组织间隙,形成组织液。组织液与细胞进行物质交换后,大部分被毛细血管静脉端重新吸收入血液,只有少部分大分子物质进入毛细淋巴管成为淋巴。淋巴为无色透明的液体,沿淋巴管道向心流动,途中经过若干淋巴结的过滤,最后汇入静脉。淋巴管道包括毛细淋巴管、淋巴管、淋巴干和淋巴导管。

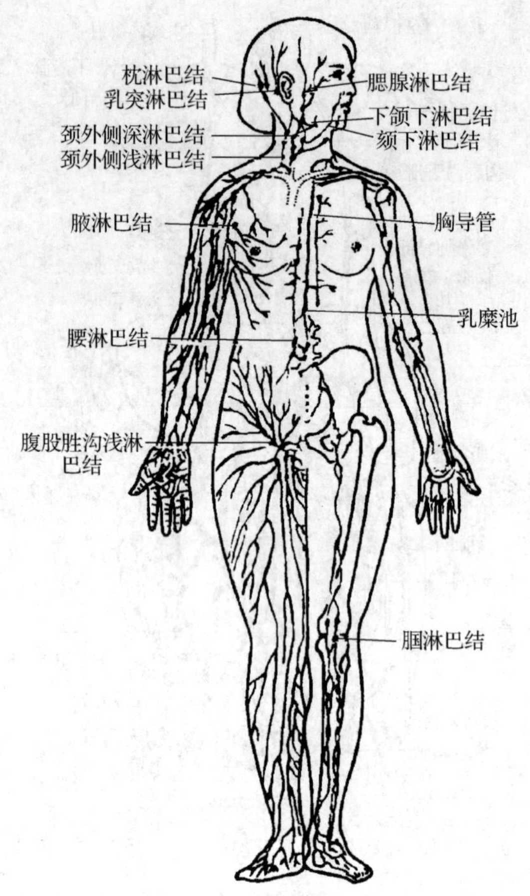

图 7-50　淋巴系统模式图

7.4.1　毛细淋巴管

毛细淋巴管以膨大的盲端起始于组织间隙，彼此吻合成网，管径粗细不均，比毛细血管略粗。毛细淋巴管管壁由内皮构成，无基膜，通透性大于毛细血管，一些大分子物质如蛋白质、细菌、癌细胞、异物等较易进入毛细淋巴管。毛细淋巴管分布广泛，除脑、脊髓、角膜、牙釉质、上皮、软骨等处外，毛细淋巴管几乎遍布全身。

7.4.2　淋巴管

淋巴管由毛细淋巴管汇合而成。结构类似于静脉，管壁薄，瓣膜多，外观呈串珠状。可经过一个或多个淋巴结。淋巴管分浅、深两种，浅淋巴管位于皮下，多与浅静脉伴行，深淋巴管多与深部血管伴行，淋巴管之间有丰富的吻合。

7.4.3　淋巴干

淋巴干由淋巴管汇合而成，共有九条，分别是左、右颈干；左、右锁骨下干；左、右支气管纵隔干；左、右腰干和一条肠干(见图 7-51)。左、右颈干收集头颈部左、右侧的淋巴；左、右锁骨下干收集左、右侧上肢和脐以上胸腹壁浅层的淋巴；左、右支气管纵隔干收集胸腔器官和脐以上胸、腹壁深层的淋巴；左、右腰干收集下肢、盆部、腹后壁及腹腔成对脏器的淋巴；肠干收集腹腔内消化器官的淋巴。

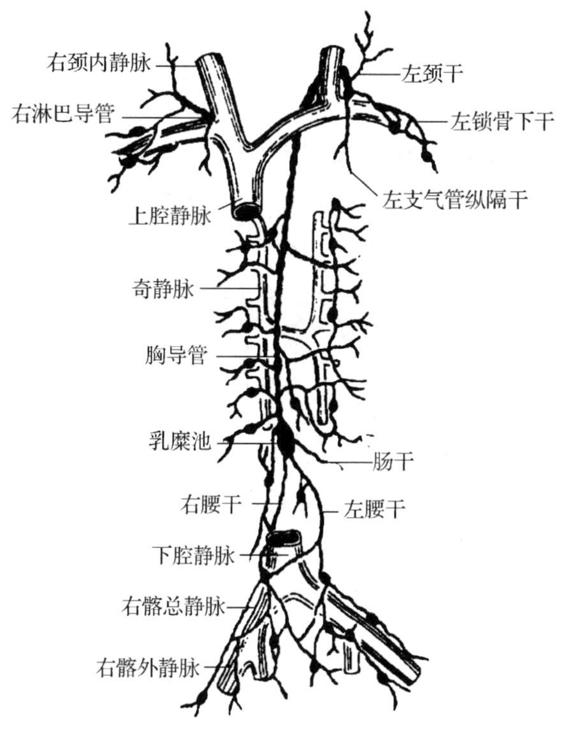

图 7-51　淋巴干及淋巴导管

7.4.4　淋巴导管

全身 9 条淋巴干最后汇合成 2 条淋巴导管，即胸导管和右淋巴导管，分别注入左、右静脉角。

1. 胸导管

胸导管是全身最粗大的淋巴导管，起始于第 1 腰椎前方由左、右腰干和肠干汇合而成的乳糜池。胸导管向上穿膈的主动脉裂孔进入胸腔，沿脊柱前方上行出胸廓上口至颈根部，接收左颈干、左锁骨下干和左支气管纵隔干后注入左静脉角。胸导管收集左侧上半身和下半身的淋巴，约占全身淋巴的 3/4。

2. 右淋巴导管

右淋巴导管位于右颈根部，为一短干，由右颈干、右锁骨下干和右支气管纵隔干汇合而成，注入右静脉角。右淋巴导管收集右侧上半身的淋巴，约占全身淋巴的 1/4。

7.5　淋 巴 器 官

淋巴器官又称免疫器官，人体的主要淋巴器官包括胸腺、淋巴结、脾和扁桃体等，主要功能是产生淋巴细胞、滤过淋巴液和血液、参与免疫反应，是免疫功能的重要结构基础。

7.5.1 胸腺

1. 胸腺的位置和形态

胸腺位于胸腔上纵隔的前部(见图 7-52)，分为不对称的左、右叶，两叶借结缔组织相连、附着在心包上部和主动脉的前面，其上端达胸腔上口。胸腺有明显年龄变化，新生儿的胸腺为 10～15 g，是一生中其相对体积最大时期。随着年龄增长，胸腺继续发育，至青春期为 25～40 g，以后则逐渐退化，其中的胸腺组织大多被脂肪组织所替代。

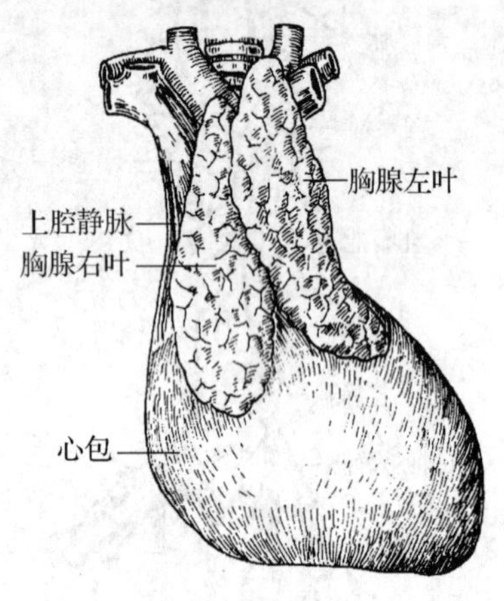

图 7-52 胸腺

2. 胸腺的微细结构

胸腺表面有结缔组织被膜。结缔组织深入胸腺实质形成胸腺隔，将胸腺分成许多不完全分隔的小叶，小叶周边为皮质，深部为髓质(见图 7-53)。

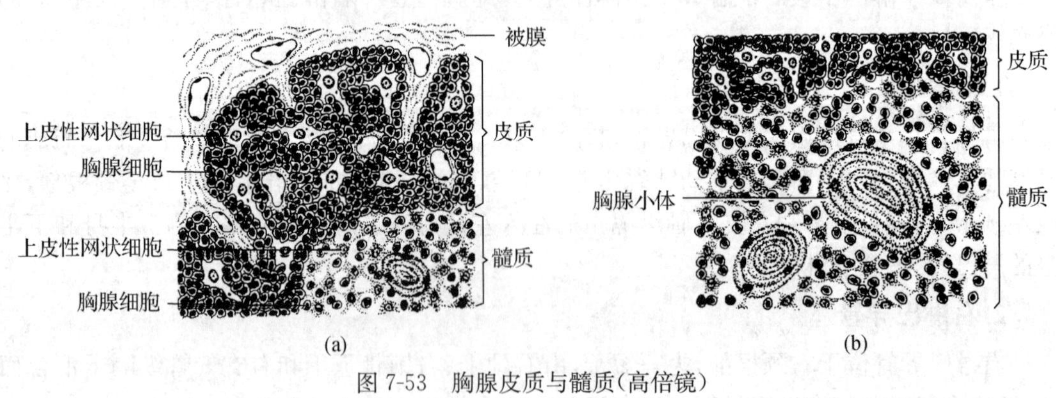

图 7-53 胸腺皮质与髓质(高倍镜)

(a)胸腺皮质 (b)胸腺髓质

1)皮质

胸腺皮质主要由胸腺淋巴细胞和上皮性网状细胞构成。上皮性网状细胞又称胸腺上皮细胞，呈星状、多突，相邻细胞的胞突彼此接触，形成细胞网，其间充满密集的淋巴细胞。上皮性网状细胞能分泌胸腺素和胸腺生成素，可促进胸腺细胞的发育。胸腺的淋巴细胞又称胸腺细胞,靠近皮质最浅层的细胞较大,胞核约占胞体大部,富于常染色质,核仁明显,胞质嗜碱性强,含有丰富的多聚核蛋白体,为较原始的淋巴细胞。皮质中层为中等大小的淋巴细胞。皮质深层为小淋巴细胞。从浅层到深层是造血干细胞增殖分化为T淋巴细胞过程。

2)髓质

胸腺髓质中淋巴细胞少,多为小淋巴细胞。上皮性网状细胞较多而显著,形态多种多样,有星形、圆形及扁平状等。髓质内有散在的胸腺小体,多为圆形,大小不等,由上皮性网状细胞呈同心圆状包绕排列而成。外层细胞胞核明显,呈新月状,近小体中心上皮细胞胞质嗜酸性。胸腺小体的功能尚不明确。

3)血-胸腺屏障

血-胸腺屏障是血液与胸腺实质之间的屏障结构(见图7-54),可以阻止血液内的大分子物质进入胸腺从而使胸腺细胞免受外来抗原物质的刺激。主要由连续性毛细血管内皮、内皮基膜、血管周间隙、上皮基膜和毛细血管外一层连续的上皮性网状细胞组成。

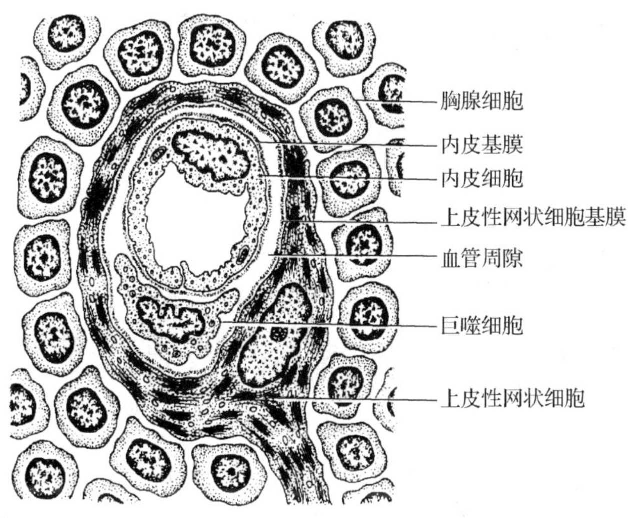

图7-54 血-胸腺屏障示意

3. 胸腺的功能

1)产生并输送T淋巴细胞

造血干细胞经血流迁入胸腺后,先在皮质增殖分化成淋巴细胞。增殖后的淋巴细胞大部分在皮质内死亡,小部分细胞继续发育,进入髓质,成为接近成熟的T淋巴细胞。这些细胞穿过毛细血管的管壁,循血流再迁移至周围淋巴器官(脾、淋巴结)的特定区域,在那里增殖并参与细胞免疫反应。成年后,当周围淋巴器官中的T淋巴细胞能够完成细胞免疫功能时,胸腺逐渐退化。

2)分泌多种激素

胸腺可分泌多种激素,如胸腺素和胸腺生成素由上皮性网状细胞合成和分泌,能促使T淋巴细胞增殖、发育成熟并提高细胞免疫能力。

7.5.2　淋巴结

1. 淋巴结的形态

淋巴结为大小不一的圆形或椭圆形小体，新鲜时呈灰红色。一侧隆凸，另一侧凹陷。凹陷侧称淋巴结门，有神经、血管出入。与淋巴结凸侧相连的淋巴管称输入淋巴管，与凹侧相连的淋巴管称输出淋巴管。一个淋巴结的输出淋巴管可成为下一个淋巴结的输入淋巴管(见图 7-55)。淋巴结结缔组织被膜深入淋巴结形成互相连接的小梁，构成淋巴结的支架。

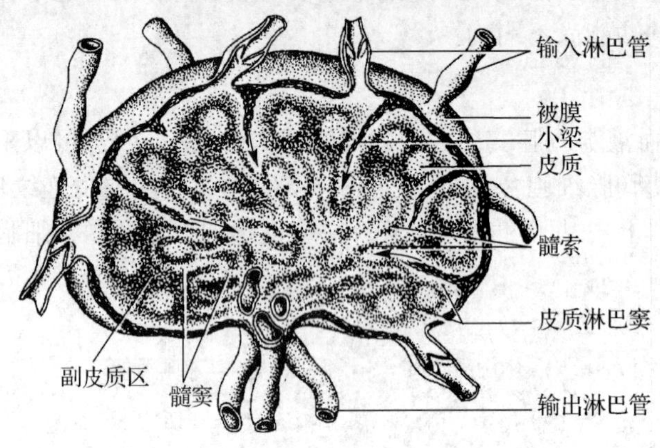

图 7-55　淋巴结示意图

2. 淋巴结的微细结构

淋巴结表面有被膜，由致密结缔组织构成。被膜中有输入淋巴管穿入，通入到被膜下方的淋巴窦。淋巴结的实质主要由淋巴组织和淋巴窦构成。周围部淋巴组织较致密，染色深，称皮质；中央部分较疏松，着色浅，称髓质。

1)皮质

淋巴结皮质主要由淋巴小结、弥散淋巴组织和淋巴窦组成(见图 7-56)。淋巴小结又称淋巴滤泡，是呈球形密集的淋巴组织。小结中央染色较浅可见细胞分裂现象，故又称生发中心。生发中心主要含有 B 淋巴细胞和巨噬细胞。淋巴小结之间和皮质深层是弥散淋巴组织。由胸腺迁来的 T 淋巴细胞在这里生长增殖因而把这些区域称为胸腺依赖区，又称副皮质区。淋巴窦位于被膜下方和小梁周围，腔内有内皮细胞、淋巴细胞和巨噬细胞。

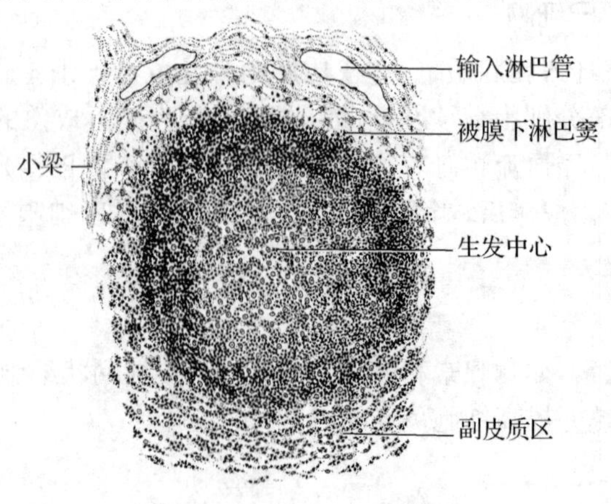

图 7-56　淋巴结皮质

2)髓质

淋巴结的中心部分称为髓质(见图 7-57),由密集成索状的淋巴组织,即髓索及其间的髓窦组成。髓索彼此连成网状,在髓索与髓索之间、髓索与小梁之间的不规则的网状间隙,称髓质淋巴窦(髓窦)。髓索的成分主要为 B 淋巴细胞、浆细胞和巨噬细胞。

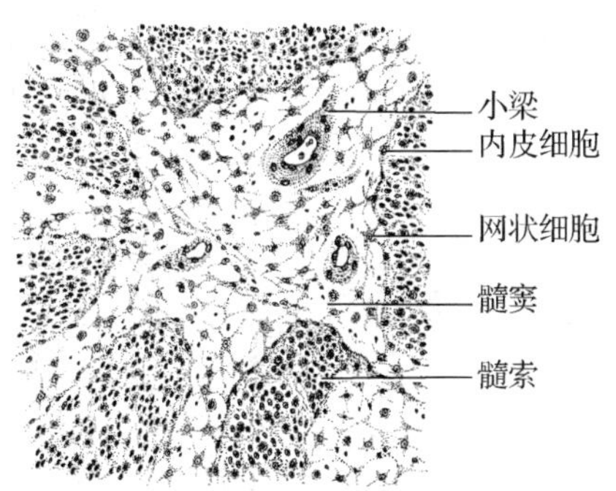

图 7-57 淋巴结髓质

3. 淋巴结的功能

1)滤过淋巴液

淋巴液中常带有细菌、病毒、毒素等抗原物质。淋巴液流经淋巴结时运行缓慢,淋巴结中的巨噬细胞可将淋巴液中抗原物质吞噬、清除。

2)产生淋巴细胞和浆细胞

B 淋巴细胞在病菌、抗原异物的刺激下母细胞化,转变为淋巴母细胞并增殖分化为许多幼浆细胞。幼浆细胞边增殖发育边向髓质迁移在淋巴索形成浆细胞,产生抗体。T 淋巴细胞在抗原刺激下,也向淋巴母细胞转化,进而增殖发育成效应 T 淋巴细胞。

3)参与免疫应答

在抗原异物的刺激作用下,淋巴结内产生效应 T 淋巴细胞,参与细胞免疫。B 淋巴细胞转化为浆细胞产生抗体,参与体液免疫。

4. 全身主要淋巴结的分布与淋巴引流

淋巴结的数目较多,有浅、深之分。多数沿血管周围分布,群集于身体凹窝或隐蔽之处。如腋窝、腹股沟、肺门或胸、腹腔大血管附近,常按部位或血管命名。人体各器官或部位的淋巴管一般都汇至其附近的局部淋巴结。当身体某部位发生病变时,细菌、毒素等即可以沿着淋巴管到达局部淋巴结。局部淋巴结受到细菌、毒素等的刺激,淋巴结内细胞迅速增殖,体积增大。所以,局部淋巴结肿大常反映其所收纳淋巴部位有病变发生。如该局部淋巴结不能清除这些细菌、病毒时,病变还可以沿该淋巴结引流方向蔓延。因此,了解局部淋巴结位置、收纳淋巴的范围及其淋巴引流方向,具有十分重要的临床意义。

1)头颈部的淋巴结

头颈部的淋巴结多呈环行和纵行分布于头颈交界处,如枕淋巴结、耳后淋巴结、腮腺淋巴结、下颌下淋巴结和颏下淋巴结等,收集头面部浅、深的淋巴,引流入颈外侧淋巴结。颈部的淋巴结可分为颈前淋巴结和颈外侧淋巴结,颈外侧淋巴结可分为颈外侧浅淋巴结(沿颈外静脉排列）和颈外侧深淋巴结（沿颈内静脉排列），颈外侧浅淋巴结的输出管注入颈外侧深淋巴结，颈外侧深淋巴结输出管汇合成颈干。

2)上肢的淋巴结

上肢的淋巴管均注入腋淋巴结。腋淋巴结位于腋窝内，有15～20个，可分为五群：外侧淋巴结、胸肌淋巴结、肩胛下淋巴结、中央淋巴结和尖淋巴结。除了收集上肢淋巴管外，还收集胸壁、腹前外侧壁上部和乳房的淋巴管；输出管大部分汇合成锁骨下干，只有少部分注入锁骨上淋巴结（见图7-58）。

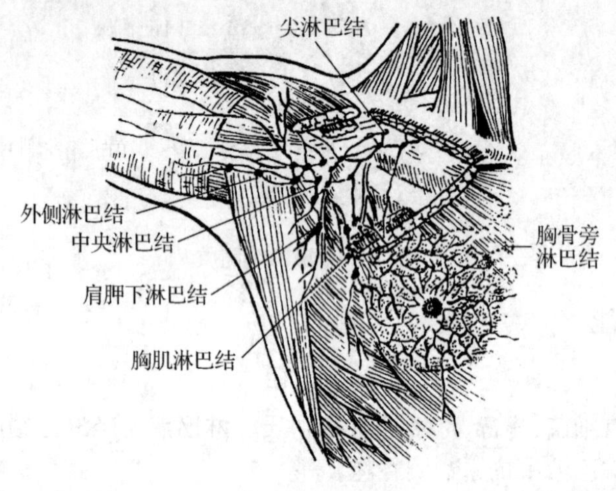

图7-58　腋淋巴结

3)胸部的淋巴结

胸前壁及胸后壁绝大部分浅淋巴管都注入腋淋巴结。胸腔脏器的淋巴结有纵隔淋巴结和支气管肺门淋巴结。支气管肺门淋巴结位于肺门处，故又称肺门淋巴结。肺门淋巴结的输出管注入气管周围的气管旁淋巴结。左、右气管旁淋巴结和纵隔前淋巴结的输出管分别汇合成左、右支气管纵隔干，而后注入胸导管或右淋巴导管。

4)腹部的淋巴结

腹部的淋巴结由腹壁的淋巴结和腹腔脏器的淋巴结组成。腹前、后壁上部（脐平面以上）的浅淋巴管入腋淋巴群，下部归入腹股沟浅淋巴结。腹前壁上部的深淋巴管伴腹壁上血管上行，注入胸骨淋巴结；腹前壁下部的深淋巴管伴腹壁下血管和旋髂深血管汇至髂外淋巴结。腰淋巴结位于腹主动脉和下腔静脉周围，接受腹后壁的淋巴管和腹腔成对器官的淋巴管以及髂总淋巴结的输出管。腰淋巴结的输出管形成左、右腰干。腹腔不成对器官的淋巴管分别注入位于腹腔干以及肠系膜上、下动脉周围的淋巴结，这些淋巴结的输出管参与肠干的构成。

5)盆部的淋巴结

盆部的淋巴结包括髂内淋巴结、髂外淋巴结和骶淋巴结。髂内、外淋巴结分别位于髂内外动脉及其分支周围，收集盆内器官、会阴、腹股沟区、腹前壁下部、大腿后面和臀部的淋巴，其输出管汇入髂总动脉周围的髂总淋巴结。骶淋巴结收纳骨盆壁及直肠、前列腺等处的淋巴管，其输出管注入髂总淋巴结或髂内淋巴结。

6)下肢的淋巴结

下肢的淋巴结主要有腘淋巴结、腹股沟浅淋巴结和腹股沟深淋巴结。

(1)腘淋巴结:位于腘窝处的脂肪组织中,可分为浅、深两群,浅群分布于小隐静脉末端,深群分布于腘动、静脉两侧。腘淋巴结收纳小腿后外侧部和足外侧缘的浅淋巴管,以及小腿的深淋巴管,其输出管注入腹股沟深淋巴结。

(2)腹股沟浅淋巴结:位于腹股沟韧带下方,阔筋膜浅面,分上、下两群。上群淋巴结有5~6个,位于腹股沟韧带下方,与韧带平行排列收纳腹壁下部、臀部、会阴部和外生殖器的浅淋巴管。下群有4~5个淋巴结,沿大隐静脉上端纵行排列,收纳除足外侧及小腿后外侧部以外的整个下肢浅淋巴管。腹股沟浅淋巴结的输出管一部分入腹股沟深淋巴结;另一部分经股管和股血管周围上行,注入髂外淋巴结。

(3)腹股沟深淋巴结:常为3~5个,位于阔筋膜深面,股静脉内侧,收纳腹股沟浅淋巴结的输出管及下肢深淋巴管,其输出管归入髂外淋巴结。

7.5.3 脾

1. 脾的位置和形态

脾位于左季肋区深部,胃底与膈之间,与第9~11肋相对,长轴与第10肋一致(见图7-59)。正常情况下在左肋弓下不能触及脾。活体脾,质软而脆,色泽暗红,略呈椭圆形,受暴力打击易发生破裂。

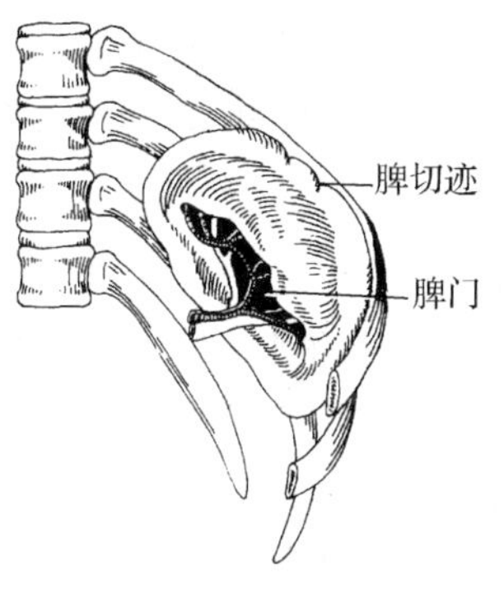

图7-59 脾(脏面)

根据脾的形态可将其分为膈、脏两面,前、后两缘和上、下两端。膈面平滑隆凸,朝向外上,与膈腹腔面相对。脏面凹陷,近中央处为脾门,是血管、神经出入处。脏面前下方与胃底相贴;后下方与左肾和左肾上腺邻靠;下方与胰尾和结肠脾曲接触。前缘锐利,下部有2~3个切迹,称脾切迹。脾肿大时,可作为触诊脾的标志。脾上端钝圆,向后内;下端宽阔,向前外。脾为腹膜内位器官,周围借韧带与相邻器官相连。

2. 脾的微细结构

脾被覆有由致密结缔组织构成的被膜,其中含有少量的平滑肌纤维,表面覆有间皮。被膜的结缔组织和平滑肌纤维伸入脾内,形成小梁。小梁互相连接成网,构成脾的支架。新鲜脾脏的切面大部分呈暗红色,称为红髓,其中散布着许多1~2 mm大小的灰白色小结节,称为白髓(见图7-60)。

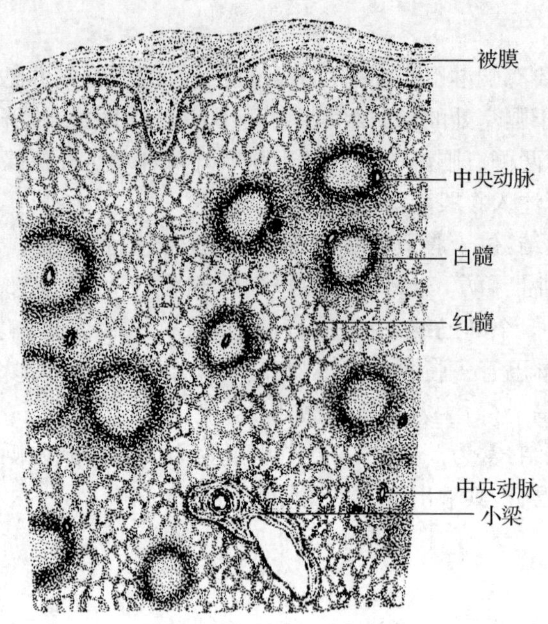

图 7-60　脾(低倍镜)

1)红髓

红髓充满白髓之间,由脾窦和脾索构成。由于含有丰富的红细胞,故呈红色。脾窦又称脾血窦,位于脾索之间,呈不规则腔隙。窦壁由长杆状的内皮细胞和不连续的基膜组成,有利于血细胞从脾索进入脾窦。在窦壁内、外贴附大量巨噬细胞。

2)白髓

白髓分为动脉周围淋巴鞘和脾小结两部分。动脉周围淋巴鞘呈长筒状,鞘内网状组织中有大量小淋巴细胞、巨噬细胞和一些浆细胞。紧靠中央动脉周围的主要是T淋巴细胞,构成脾脏的胸腺依赖区。

脾小结即脾内的淋巴小结,位于淋巴鞘内的一侧。淋巴小结主要由B淋巴细胞密集而成,也有生发中心,偏于生发中心的一侧有1~2条小动脉,称为中央动脉。

3)边缘区

边缘区是指白髓周边向红髓移行的区域。这里有丰富的巨噬细胞、T细胞和B细胞,结构疏松。边缘区是血液内抗原进入淋巴组织的重要门户,具有很强的吞噬滤过作用。毛细血管直接与血窦相连。血窦再汇集成小静脉,进入小梁成为小梁静脉。然后再汇合为脾静脉出脾。

3. 脾的功能

1)滤血

脾可以吞噬清除血液中抗原物质及衰老、死亡的血细胞。

2)造血

人类脾脏在胚胎发育的早期具有产生各种血细胞及血小板的功能。出生后成为淋巴器官，可产生淋巴细胞。但当机体需要时脾脏还能恢复其造血功能。

3)储血

脾有储血功能，当机体急需血时，脾内平滑肌收缩，可将贮存的血细胞、血小板送入血循环。

4)参与免疫应答

脾内T淋巴细胞参与细胞免疫的进行，B淋巴细胞参与体液免疫的进行。

拓展与思考

1. 临床上对心脏骤停的患者的急救措施有哪些？
2. 人体表常见的动脉搏动点有哪些，如何进行操作才能达到止血的目的？
3. 临床护理可用来进行输液或采血的深、浅静脉有哪些？

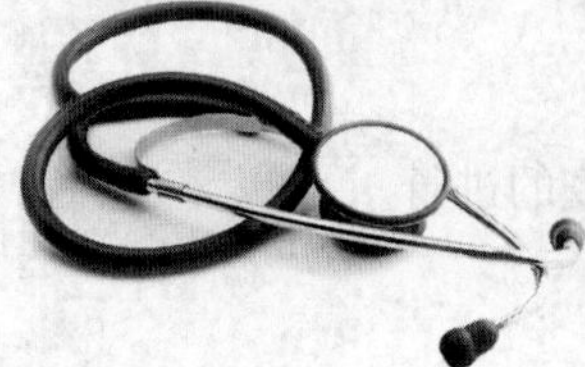

第8章 感 觉 器

感觉器是由特殊感受器及其附属结构组成的，具有感受刺激功能特殊装置，如视器、前庭蜗器等。能接受机体内、外环境的各种适宜刺激，并能把刺激转变为神经冲动的结构称为感受器。感受器种类繁多，形态和功能各异，包括一般感受器和特殊感受器。一般感受器分布全身各部，如触、压、痛、温度感受器。特殊感受器只分布于头部，包括嗅、味、视、听和平衡的感受器等。有些特殊感受器有极其复杂的附属结构，如视觉、听觉和平衡觉的感受器。

护理操作要求

正确进行泪道冲洗术、咽鼓管导管吹张术的操作，能以恰当的角度进针，掌握进针深度。

正常人体结构问题

视器和前庭蜗器由哪些器官构成，临床上进行泪道冲洗术、咽鼓管导管吹张术操作的人体结构基础是什么？

8.1 视 器

视器又称眼，由眼球和眼副器构成，能感受视觉。

8.1.1 眼球

眼球位于眶内，近似球形，后面借视神经连于间脑的视交叉。由眼球壁及眼球内容物组成（见图8-1）。

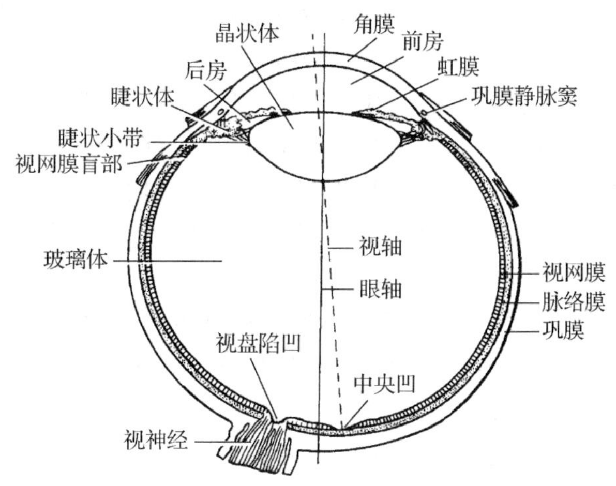

图 8-1　眼球的构造

1.眼球壁

眼球壁从外向内依次分为外膜、中膜和内膜三层。

1)外膜

外膜又称纤维膜，可分为角膜和巩膜两部分。由致密结缔组织构成，厚而坚韧，具有支持和保护眼球内容物的作用。

(1)角膜：占眼球外膜的前 1/6，无色透明，曲度较大，外凸内凹，富有弹性，具有屈光作用。角膜内无血管，其营养靠房水和角膜外侧部的血管渗透供给。角膜有丰富的感觉神经末梢，故感觉十分灵敏。

角膜移植术后护理

角膜移植是用正常的角膜替换患者现有的病变角膜，使患眼复明或控制角膜病变，以达到增进视力或治疗某些角膜疾患的目的的眼科治疗方法。一些引起患者严重视力受损甚至是失明的角膜疾病，通过进行角膜移植的方法可以完全治愈。角膜移植术后要保持眼部清洁，术眼配戴眼罩以防擦伤或意外碰撞；不要用力眨眼或揉眼，以免增加眼球压力。手术后一周内不宜低头洗头，1 个月内不要淋浴或游泳，以免脏水入眼引起感染。患者在出院后还需长期滴眼药水，一般需 3 个月左右。

(2)巩膜：占外膜的后 5/6，厚而坚韧，呈乳白色，不透明。巩膜与角膜交界处的深面有一环形小管，称巩膜静脉窦，是房水流归静脉的通道。

2)中膜

中膜也称血管膜或色素膜，由疏松结缔组织构成，富含血管和色素细胞，具有营养眼球内部组织及遮光的作用。中膜从前向后又分为虹膜、睫状体和脉络膜三部分。

(1)虹膜:位于角膜后方,为冠状位圆盘状薄膜,中央有圆形的孔,称瞳孔,是光线进入眼球的通路。虹膜内含两种排列方向不同的平滑肌,环绕瞳孔排列的,称瞳孔括约肌,收缩时可缩小瞳孔;自瞳孔向周围呈辐射状排列的,称瞳孔开大肌,收缩时可开大瞳孔。

(2)睫状体:是位于虹膜与脉络膜之间的肥厚部分,其前部有向内突出呈辐射状排列的皱襞,称睫状突,睫状突借睫状小带与晶状体相连。睫状体内含放射状排列的平滑肌,称睫状肌,该肌收缩与舒张可使睫状小带松弛与紧张,从而改变晶状体曲度,调节屈光能力。睫状体还有产生房水的作用。

(3)脉络膜:为中膜的后部,衬贴于巩膜内面,占中膜的2/3,光滑有弹性。此膜富含黑色素细胞和血管,呈棕黑色,具有吸收眼内分散光线和营养眼球的作用。

3)内膜

内膜即视网膜,衬贴于中膜的内面,其上有丰富的神经细胞。衬贴于虹膜和睫状体内面的部分无感光作用,称视网膜盲部;衬贴于脉络膜内面的部分具有感光作用,称视网膜视部。在视网膜后部偏鼻侧,可见一白色圆盘状隆起,称视神经盘(见图8-2),又称视神经乳头。视神经盘中央凹陷处有视网膜中央动、静脉通过,无感光作用,称生理性盲点。在视神经盘颞侧稍下约3.5 mm处有一黄色小区,称黄斑,其中央凹陷,称中央凹,中央凹的感光最敏锐、最精确,辨色能力最强。

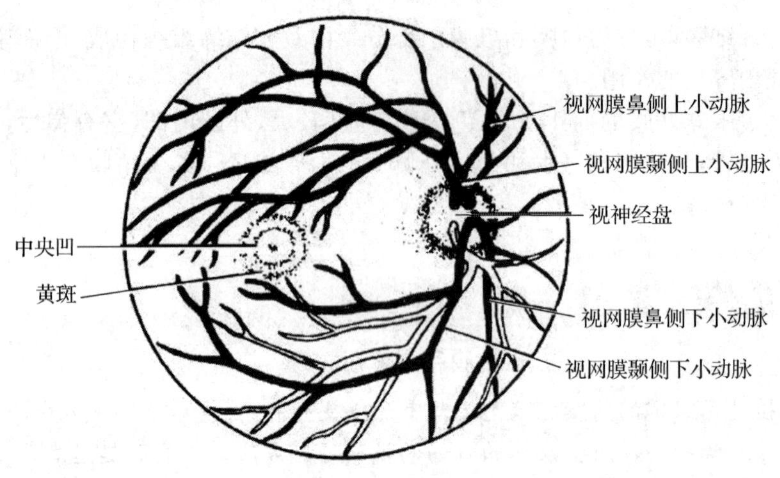

图8-2 右侧眼底

视网膜视部由外层的色素上皮层和内层的神经层构成。色素上皮细胞胞体及突起内有许多黑色素颗粒,可以调节感光细胞所感受的光强度。当光线较强时,黑色素颗粒移入细胞突起内,吸收部分光线,使感光细胞免受过强光线的损伤;当光线较弱时,黑色素颗粒移回细胞体内,使感光细胞更充分接受弱光的刺激,以适应暗视。色素上皮除了调节光线强度外,还能吞噬、消化视杆细胞脱落的膜盘,贮存维生素A,参与视紫红质再生的功能。

神经层自外向内依次是感光细胞、双极细胞和节细胞(见图8-3)。感光细胞有视杆细胞和视锥细胞两种。视杆细胞呈细长杆状,感受弱光和暗光。视锥细胞有呈圆锥状的外侧突起,称为视锥,所含感光物质称视色素,能感受强光和颜色。人类视网膜内有含红、绿、蓝色三种视色素的视锥细胞,如果缺少一种或多种类型的视锥细胞,则形成相应颜色的色盲。双极细胞是连接感光细胞和节细胞的中间神经元。节细胞位于视网膜的最内层，为多极神经元。其树突与一个或多个双极细胞的轴突形成突触，其轴突向视盘集中，形成视神经，向后方穿视神经管入颅，连于间脑的视交叉。

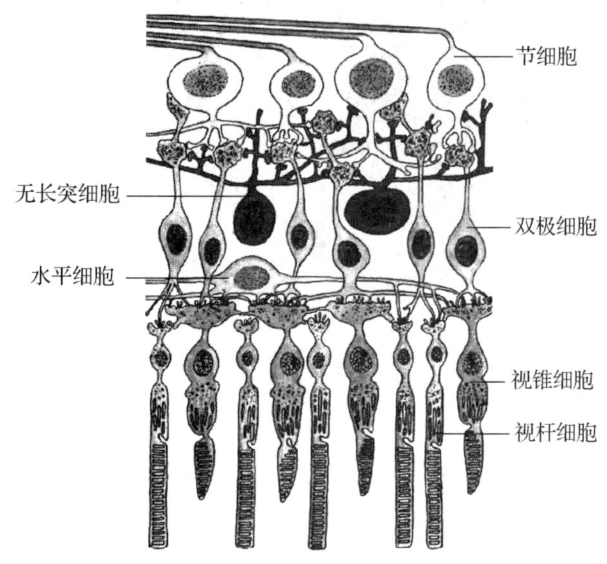

图 8-3 视网膜细胞电镜结构模式图

2. 眼球内容物

眼球内容物包括房水、晶状体和玻璃体，与角膜共同构成眼的屈光系统，具有屈光作用。

1)眼房和房水

(1)眼房：是位于角膜与晶状体之间的不规则腔隙，位于虹膜与角膜之间的部分称前房，虹膜后方的部分称后房，两者借瞳孔相通。在眼球前房的周边，虹膜与角膜交界处的环形区域称虹膜角膜角，又称前房角。此角与巩膜静脉窦相邻，其间隔以网状小梁组织。

(2)房水：为无色透明的液体，充满于眼房中，由睫状体产生，经后房、瞳孔到前房，再经虹膜角膜角渗入巩膜静脉窦，最后汇入眼静脉。

房水的正常循环有维持眼内压，输送营养物质以及营养角膜和晶状体的功能。若房水回流受阻，则引起眼内压增高，致使视力减退甚至失明，临床称青光眼。

2)晶状体

晶状体位于虹膜与玻璃体之间，呈双凸透镜状(见图 8-4)。晶状体内不含血管和神经，无色透明且富有弹性。晶状体表面包有薄而透明的晶状体囊，周缘借睫状小带连于睫状体。晶状体的曲度可随睫状肌的舒缩而改变。当看近物时，睫状肌收缩，睫状小带松弛，晶状体由于本身的弹性而变厚，屈光能力增强；当看远物时，睫状肌舒张，睫状小带被拉紧，晶状体变薄，屈光能力减弱。晶状体的上述调节使所看物像恰好聚焦到视网膜上。老年人因晶状体弹性减弱，看近物时模糊，看远物时较清晰，俗称“老花眼”。因代谢和外伤等原因，晶状体发生混浊而影响视力，称白内障。

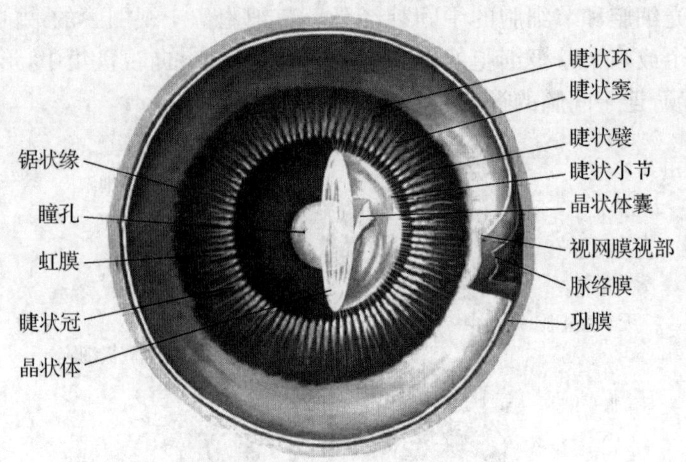

图 8-4　虹膜、睫状体及晶状体后面观

3)玻璃体

玻璃体由无色透明的胶状物质构成,位于晶状体与视网膜之间,表面被覆玻璃体膜,具有折光和支持视网膜的作用。

8.1.2　眼副器

眼副器包括眼睑、结膜、泪器、眼球外肌等结构。

1. 眼睑

眼睑位于眼球的前部,有保护眼球的作用。眼睑分为上睑和下睑,上、下睑之间的裂隙称睑裂。睑裂的两侧端成锐角,分别称内眦和外眦。眼睑的游离缘称睑缘。近内眦处,上、下缘各有一小孔称泪点,是上、下泪小管的开口。

眼睑由浅入深依次是皮肤、皮下组织、肌层、睑板和睑结膜。

(1)皮肤:薄而柔软,睑缘处生有睫毛,睫毛的皮脂腺称睑缘腺,开口于睫毛毛囊,发炎时肿胀称睑腺炎,又称麦粒肿。

(2)皮下组织:为薄层疏松结缔组织,易发生水肿。

(3)肌层:主要为骨骼肌,包括眼轮匝肌和提上睑肌。在上睑板上部还有由平滑肌组成的睑肌。

(4)睑板:由致密结缔组织构成,硬如软骨,是眼睑的支架,睑板内有许多平行排列的分支管泡状皮脂腺,称睑板腺,导管开口于睑缘,分泌物有润滑睑缘和保护角膜的作用,若睑板腺导管阻塞,分泌物在睑板腺内潴留,可形成睑板腺囊肿,又称霰粒肿。

(5)睑结膜:为薄层黏膜,黏膜上皮为复层柱状上皮,有杯状细胞,上皮下固有层为薄层结缔组织。

2. 结膜

结膜为一层富含血管的透明薄膜,分为两部分:衬于眼睑内面的部分称睑结膜;覆盖在巩膜前面的部分称球结膜。上、下睑结膜与球结膜互相移行,其反折处分别形成结膜上穹和结膜下穹。闭眼时全部结膜围成一个囊状腔隙,称结膜囊,此囊通过睑裂与外界相通,临床上滴眼药即滴入此囊内。

3. 泪器

泪器由泪腺和泪道组成(见图 8-5)。

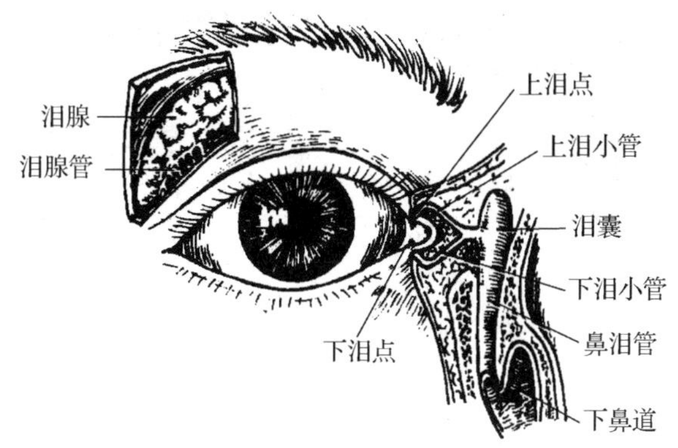

图 8-5 泪器

1)泪腺

泪腺位于眶外上的泪腺窝内,不断分泌泪液,借眨眼动作涂于眼球表面,以湿润角膜和保护眼球。

2)泪道

泪道包括泪点、泪小管、泪囊和鼻泪管。泪小管起于上、下睑缘的泪点,两管汇合开口于泪囊。泪囊位于眶内侧前部的泪囊窝内,其上部为盲端,下端延续为鼻泪管。鼻泪管下端开口于下鼻道。

泪道冲洗术

泪道冲洗术是通过将液体注入泪道疏通其不同部位阻塞的操作技术,即可作为诊断技术,又可作为治疗方法。患者取坐位或卧位,在内眦部将针头垂直插入泪点,深约 1.5～2.0 mm,然后转动 90°,使针尖朝向鼻侧,即针头的长轴平行于眼睑缘。针尖沿泪小管缓慢前进,如无阻力可推进 5～6 mm。向管内推注液体,用力均匀、适当。冲洗时如阻力较大,有液体逆流或从另一泪小管流出,表示泪道阻塞。泪道的不同部位阻塞液体逆流的方向也不同。进针时注意深度以免损伤黏膜。

4. 眼球外肌

眼球外肌均为骨骼肌,共有七条(见图 8-6)。其中一条为上睑提肌,其余六条为眼球运动肌,包括内直肌、外直肌、上直肌、下直肌、上斜肌和下斜肌。

眼球外肌作用如下:上睑提肌可提上睑,内直肌使瞳孔转向内侧,外直肌使瞳孔转向外侧,上直肌使瞳孔转向上内方,下直肌使瞳孔转向下内方,上斜肌使瞳孔转向下外方,下斜肌使瞳孔转向上外方。眼球的正常运动,是所有眼肌协同作用的结果。

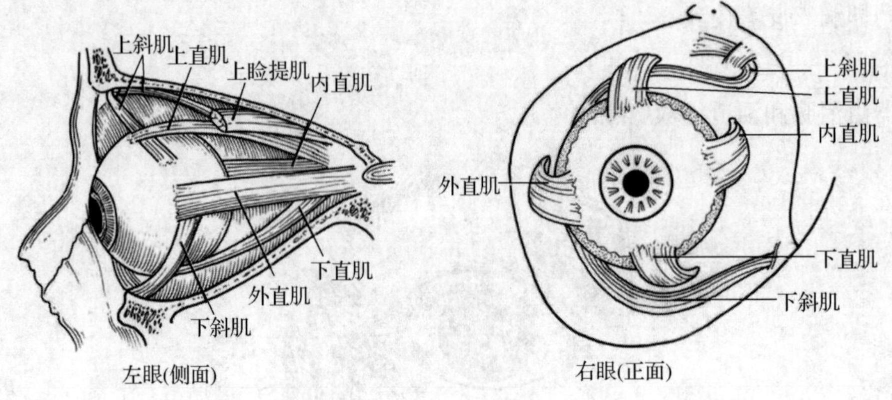

图 8-6　眼球外肌

8.1.3　眼的血管

1. 眼的动脉

分布于视器的动脉主要为眼动脉。眼动脉起于颈内动脉，与视神经一起经视神经管入眶，其最重要的分支是视网膜中央动脉，从视神经盘穿出分为四支，即视网膜鼻侧上、下小动脉和视网膜颞侧上、下小动脉。临床常用检眼镜观察这些动脉，以帮助诊断某些疾病。

2. 眼的静脉

视网膜中央静脉与同名动脉伴行，收集视网膜回流的血液，注入眼静脉。眼的静脉与面静脉间有吻合，无静脉瓣，面部感染可经此侵入颅内。

8.2　前 庭 蜗 器

前庭蜗器又称耳(见图 8-7)，分为外耳、中耳和内耳三部分。外耳和中耳是收集和传导声波的结构，内耳有前庭器和蜗器。前庭器感受头部的位置变化，蜗器感受声波刺激。

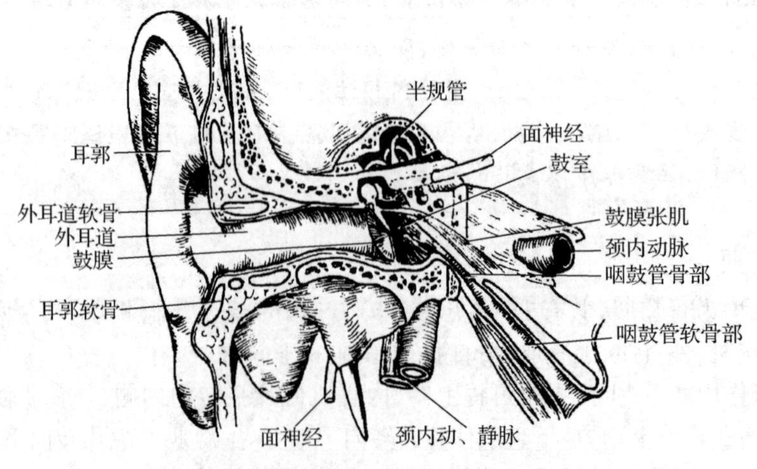

图 8-7　前庭蜗器全貌模式图

8.2.1 外耳

外耳包括耳郭、外耳道和鼓膜。

1. 耳郭

耳郭位于头部两侧，主要由皮肤和弹性软骨构成，血管和神经丰富，有收集声波的作用。耳郭下部无软骨的部分称耳垂，是临床常用的采血部位。耳郭中部的深窝内有外耳道的外口称外耳门，外耳门前外方的突起称耳屏。

2. 外耳道

外耳道是从外耳门到鼓膜的弯曲管道，长约 2.5 cm，其外侧 1/3 为软骨部，朝向内后上；内侧 2/3 为骨部，朝向内前下。因软骨部可被牵动，检查鼓膜时应将耳郭拉向后上，可使外耳道被拉直，以便观察鼓膜。儿童外耳道短且平直，检查时应拉耳郭向后下方。外耳道皮肤与软骨膜和骨膜结合紧密，缺乏皮下组织，故外耳道发生疖肿时，疼痛剧烈。外耳道皮肤内有耵聍腺可分泌耵聍，有保护外耳通的作用，积存过多可影响听力。

3. 鼓膜

鼓膜位于外耳道底与中耳鼓室之间，外面向前、下外倾斜，为椭圆形的浅漏斗状半透明薄膜，中心向内凹陷部称鼓膜脐，其上 1/4 部称松弛部，下 3/4 部为紧张部。在活体鼓膜前下部有一个三角形反光区称光锥，光锥消失或变形是鼓膜内陷的标志(见图 8-8)。鼓膜中心向内凹陷处称鼓膜脐，是锤骨柄的末端附着处。

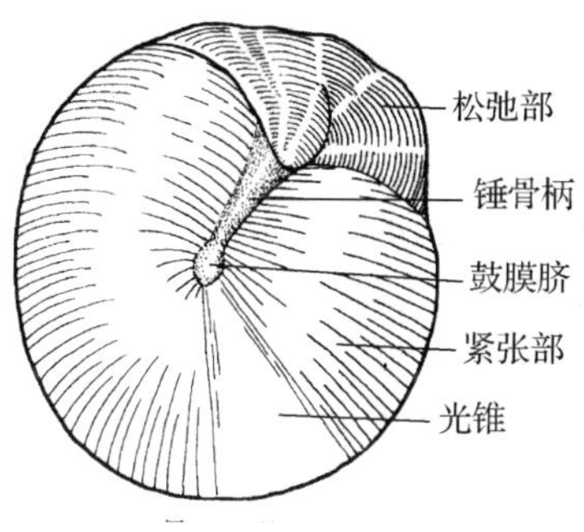

图 8-8 鼓膜(右侧外面)

8.2.2 中耳

中耳包括鼓室、咽鼓管和乳突小房等。

1. 鼓室

鼓室位于鼓膜与内耳之间，是颞骨岩部内一个不规则的含气小腔。

1)鼓室壁

鼓室有六壁，上壁即鼓室盖壁，借薄骨板与颅中窝相邻，中耳炎时若此壁被破坏，脓液可蔓延到颅内。下壁为颈静脉壁，分隔鼓室与颈静脉球部，鼓室手术时易损伤颈静脉球而引起出血。前壁为颈动脉壁，即颈动脉管的后壁，其上部有咽鼓管的鼓口。后壁为乳突壁，上部有乳突窦的开口，向后通乳突小房。鼓室的炎症可向后蔓延至乳突小房可引起乳突炎。外侧壁即鼓膜壁，主要由鼓膜构成，中耳炎时浓液可破坏鼓膜，造成鼓膜穿孔。内侧壁称迷路壁由内耳迷路的外侧面构成，此壁后上部有一卵圆形的前庭窗，后下部有一圆形的蜗窗。前庭窗后上方有面神经管突，内有面神经走行。因此，中耳的炎症或手术易伤及面神经。

2)听小骨

鼓室内有三块听小骨，由外向内依次为锤骨、砧骨和镫骨，它们以关节相连接形成听骨链。锤骨下部附于鼓膜，镫骨底封闭前庭窗，当声波振动鼓膜时，借听骨链的连续运动使镫骨在前庭窗做内外运动，将声波传至内耳(见图 8-9)。

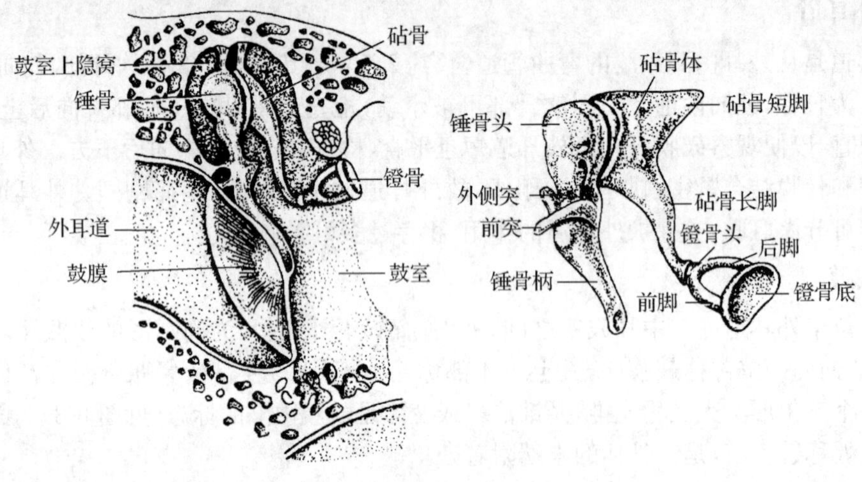

图 8-9　中耳及听小骨

2. 咽鼓管

咽鼓管为连通咽与鼓室之间的管道，分为外侧的骨部和内侧的软骨部，管的外端开口于咽腔鼻部，即咽鼓管咽口。此管的作用是维持鼓膜内外气压的平衡，保证鼓膜的正常振动。小儿咽鼓管较成人的短粗，且接近水平位。所以，咽部的感染易沿此管侵入鼓室，引起中耳炎。

咽鼓管导管吹张术

咽鼓管导管吹张术可用于诊治咽鼓管阻塞，引流中耳鼓室积液，提高听力。患者坐位，将听诊橡皮管一头插入患者外耳道口，另一头塞入术者外耳道口，将咽鼓管导管弯端向下沿患耳侧前鼻孔，循鼻底缓缓伸入鼻咽，接触咽后壁，慢慢退出约 1 cm 左右，同时将弯端向外转 90°，使导管经咽鼓管隆突滑落于咽鼓管开口处。此时固定导管的位置，用橡皮吹气球接导管末端将空气轻轻吹入。经听诊橡皮管，若听到“呼呼”声表示咽鼓管通畅；“吱吱”声表示咽鼓管狭窄；水泡声表示咽鼓管内有液体；听不到声音，则表示咽鼓管完全阻塞。注意事项为：鼻腔、鼻窦急性炎症时，不宜行吹张术；遇有鼻中隔偏曲，可选择弯端较长的导管由对侧鼻腔进行吹张术；吹入气体的量及速度要酌情逐步增加，以防吹破鼓膜；鼻咽部有新生物不宜行吹张术。

3. 乳突小房

乳突小房为颞骨乳突内的许多相连含气小腔，内衬黏膜。其前部借乳突窦开口于鼓室后壁，因此中耳炎可经乳突窦向后蔓延，引起乳突炎。

8.2.3 内耳

内耳又称迷路，位于颞骨岩部的骨质内，介于鼓室内侧壁和内耳道底之间，形状不规则，构造复杂，由骨迷路和膜迷路组成。

骨迷路是由致密骨质围成的小隧道，膜迷路位于骨迷路内，是封闭的膜性小管和小囊。骨迷路与膜迷路之间充满着外淋巴，膜迷路内充满着内淋巴，内、外淋巴互不交通，有营养内耳和传递声波的作用。

1. 骨迷路

骨迷路由后外向前内分为骨半规管、前庭和耳蜗三部分(见图 8-10)。

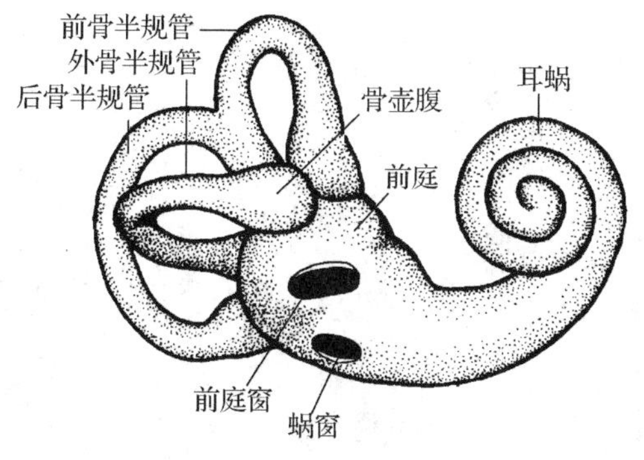

图 8-10 骨迷路

1)骨半规管

骨半规管为三个互相垂直的半环形小管。按其位置分别为前骨半规管、后骨半规管和外骨半规管，每个管都有一个膨大的壶腹骨脚和一个较小的单骨脚。前、后骨半规管的单脚合成一个总骨脚，因此，三个骨半规管以五个孔开口于前庭。

2)前庭

前庭位于骨迷路中部近似椭圆形腔隙，前庭的外侧壁上有前庭窗，内侧壁为内耳道底，前下方借一大孔与耳蜗相通，后上方以五个小孔与三个骨半规管相通。

3)耳蜗

耳蜗形似蜗牛壳(见图 8-11)，其底向后内，对内耳道底称蜗底，尖端向前外称蜗顶，耳蜗由蜗螺旋管环绕蜗轴约两圈半构成。蜗轴伸出骨螺旋板，此板与膜迷路的蜗管相连，从而将蜗螺旋管分成上、下两半，上半称前庭阶，下半称鼓阶。前庭阶与鼓阶内充满外淋巴，两者在蜗顶处借蜗孔相通。

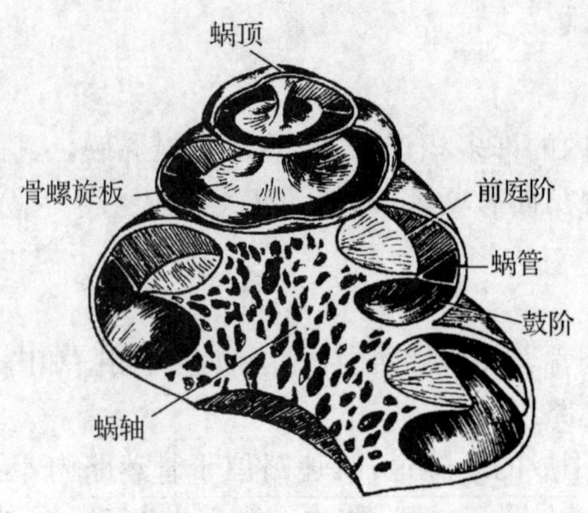

图 8-11　耳蜗矢状切面示意图

2. 膜迷路

膜迷路位于骨迷路内，分为膜半规管、椭圆囊和球囊、蜗管三部分（见图 8-12）。

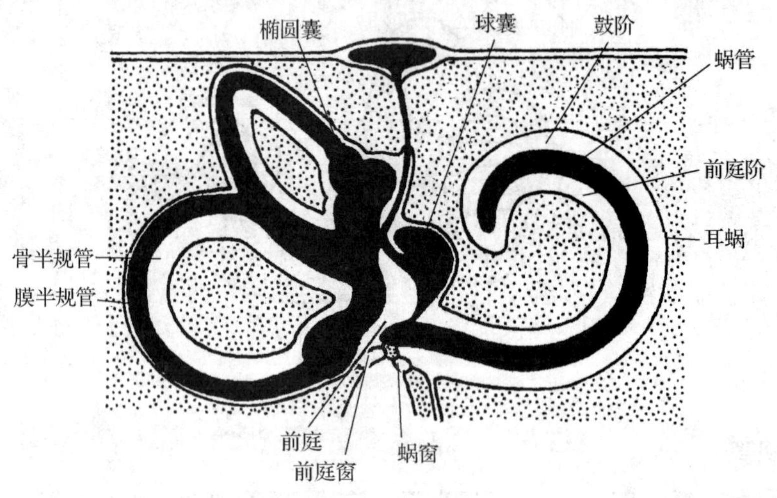

图 8-12　膜迷路模式图

1)膜半规管

膜半规管是骨半规管内的膜迷路，形态与骨半规管相似，套在同名骨半规管内。膜半规管的一端膨大为膜壶腹，壶腹壁上有隆起的壶腹嵴，壶腹嵴感受头部旋转运动开始和终止时的刺激。

2)椭圆囊和球囊

椭圆囊和球囊均在前庭内，椭圆囊居后上方，与膜半规管的五个孔连通；球囊居前下方与蜗管连通。两囊内面壁上均有隆起的小斑，分别称为椭圆囊斑和球囊斑。椭圆囊斑和球囊斑为位觉感受器，统称为位觉斑。位觉斑感受直线加速和减速运动的刺激，也感受头部静止时的位置觉。

3)蜗管

蜗管套在蜗螺旋管内，内缘接骨螺旋板，外壁贴于蜗管的骨壁上，起自前庭，终于蜗顶，两端均为盲端。蜗管上壁为蜗管前庭壁(前庭膜),蜗管下壁为蜗管鼓壁(基底膜),在基底膜上有螺旋器,又称 Corti 器,是听觉感受器。

8.2.4 声波的传导途径

声波传入内耳的途径有两条,即空气传导和骨传导。

1. 空气传导

声波经外耳门、外耳道振动鼓膜,再经听骨链传至前庭窗,引起前庭阶的外淋巴振动,此部外淋巴的振动再引起蜗管的内淋巴和基底膜振动,基底膜振动刺激螺旋器产生神经冲动,经蜗神经传入大脑皮质的听觉中枢产生听觉。

2. 骨传导

声波经颅骨和骨迷路引起内耳的内淋巴振动,刺激螺旋器产生神经冲动引起听觉,但传导速度慢,效果极微。

拓展与思考

1. 近视和远视是怎样形成的?青少年采取哪些措施可预防近视?
2. 传导性耳聋和神经性耳聋各有什么临床表现?可有哪些治疗措施?

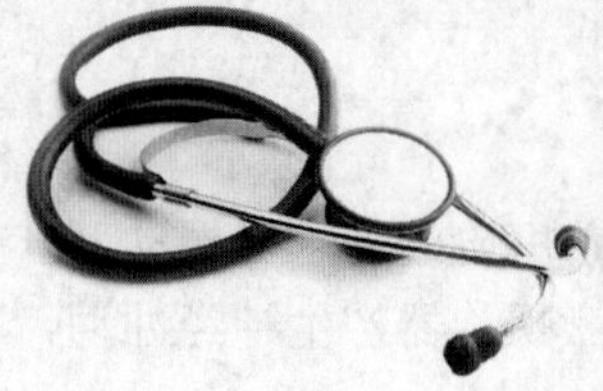

第 9 章

神 经 系 统

神经系统是机体内起主导作用的系统。体内、外环境的各种信息由感受器接收后，通过周围神经传递到脑和脊髓的各级中枢进行整合，再经周围神经控制和调节机体各系统器官的活动，以维持机体与内、外环境的稳定和相对平衡。

护理操作要求

正确选择腰椎穿刺术、小脑延髓池穿刺术的穿刺部位，能以恰当的角度进行穿刺，掌握穿刺层次和进针深度。

正常人体结构问题

神经系统由什么构成，临床上进行腰椎穿刺术和小脑延髓池穿刺术操作的人体结构基础是什么？

9.1 概　　述

9.1.1 神经系统的区分

神经系统（见图 9-1）在形态和功能上是一个整体，分为中枢神经系统和周围神经系统。中枢神经系统包括脑和脊髓。周围神经系统包括脑神经、脊神经和内脏神经。脑神经与脑相连，脊神经与脊髓相连。根据周围神经在各器官、系统中所分布的对象不同，又可将周围神经系统分为躯体神经和内脏神经。躯体神经分布于体表、骨、关节和骨骼肌；内脏神经分布于内脏、心血管、平滑肌和腺体。躯体神经和内脏神经均含有感觉和运动两种纤维成分，其中，内脏运动神经又称为自主神经系统或植物神经系统，依其功能的不同，可分为交感神经和副交感神经。

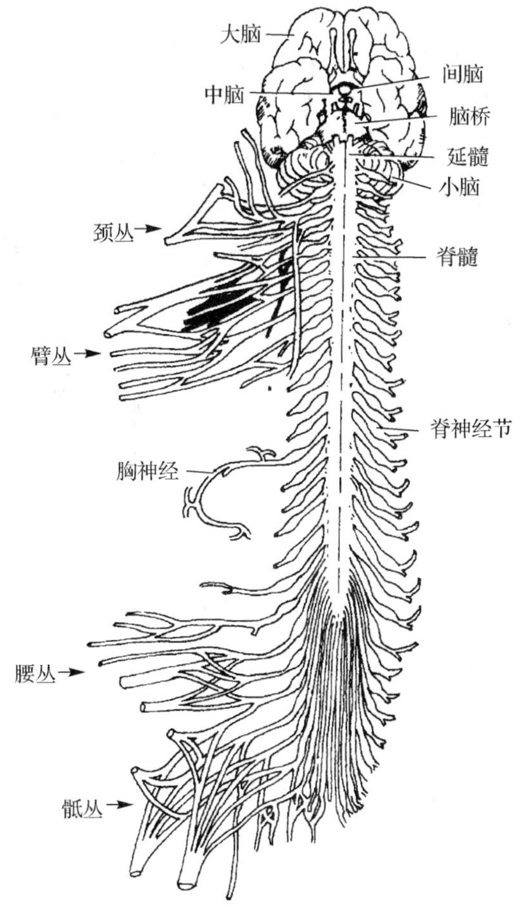

图 9-1 神经系统的区分

9.1.2 神经系统的活动方式

神经系统在调节机体的活动中接受内、外环境的刺激并做出适宜的反应，这种神经调节过程称反射。反射是神经系统活动的基本方式。反射弧是完成反射的结构基础，包括五个环节，即感受器→传入(感觉)神经→中枢→传出(运动)神经→效应器(见图 9-2)，如膝反射，其感受器位于髌韧带内，传入神经是股神经的感觉纤维，中枢在脊髓腰段，传出神经沿股神经达股四头肌。反射弧任何一部分损伤，反射即出现障碍。

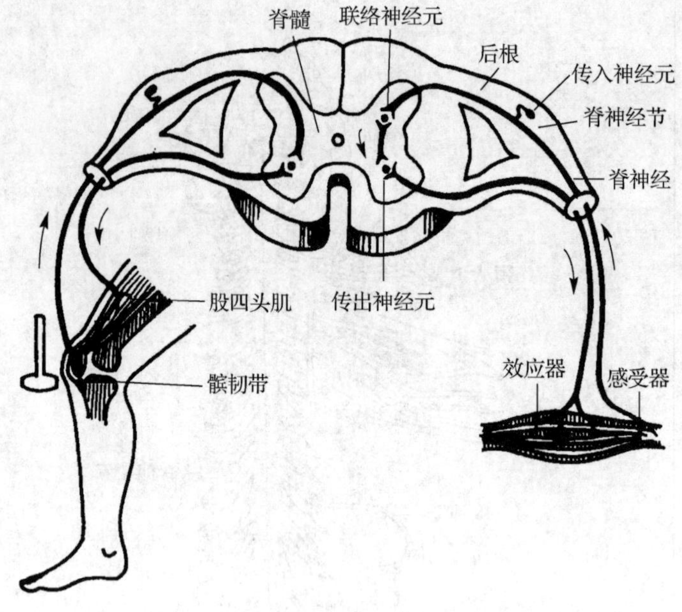

图 9-2 反射弧示意图

9.1.3 神经系统的结构及常用术语

1. 灰质

在中枢神经系统内，神经元胞体和树突聚集处因在新鲜标本色泽灰暗而称灰质。位于大脑和小脑表层的灰质，称皮质。

2. 白质

在中枢神经系统内，神经纤维聚集处因多数神经纤维具有髓鞘而呈白色，故称白质。大脑和小脑的白质因被皮质包绕而位于深部，称髓质。

3. 神经核和神经节

在中枢神经系统和周围神经系统内，由形态与功能相似的神经元胞体聚集而成的结构分别称神经核和神经节。

4. 纤维束

在中枢神经系统内，起止、行程和功能基本相同的神经纤维聚集在一起成束状，称纤维束。

5. 神经

在周围神经系统内，神经纤维聚集而成的条索状结构称神经。

6. 网状结构

在中枢神经系统内，神经纤维交织成网状，神经元细胞或神经核散在其中，称网状结构。

9.2 中枢神经系统

9.2.1 脊髓

1. 脊髓的位置与外形

脊髓位于椎管内，并被三层被膜包绕。上端在枕骨大孔处与延髓相续，下端达第 1 腰椎下缘平面(女性达第 2 腰椎下缘平面，新生儿可达第 3 腰椎下缘平面)，全长 45 cm 左右，约占椎管全长的 2/3(见图 9-3)。

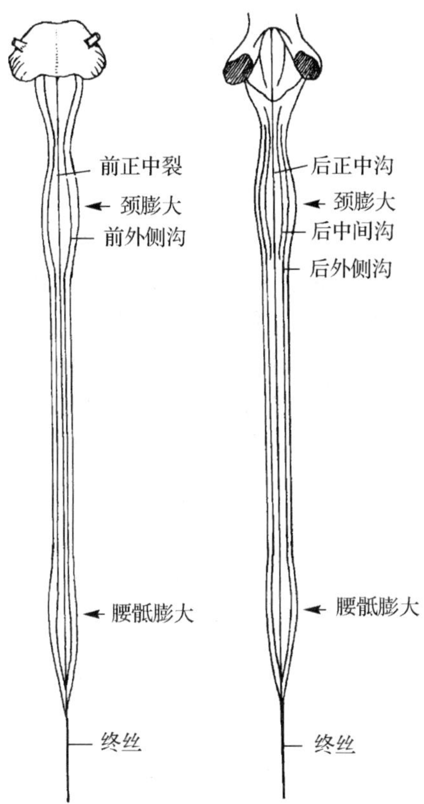

图 9-3 脊髓的外形

脊髓全长粗细不匀，有两处膨大，上方的膨大称颈膨大，下方的膨大称腰骶膨大，腰骶膨大以下的脊髓迅速变细呈圆锥状，称为脊髓圆锥，脊髓圆锥向下连接有一根无神经组织的细丝，称终丝，止于尾骨背面。

脊髓呈前后稍扁的圆柱形，表面有 6 条纵沟，即前面较深的前正中裂，后面较浅的后正中沟，以及左、右前外侧沟和左、右后外侧沟。前、后外侧沟自上而下分别连有 31 对脊神经的前根和后根(见图 9-4)，每侧的前、后根在椎间孔处合并成脊神经。后根在合并前有一膨大，称脊神经节。每对脊神经跟所连的一段脊髓称一个脊髓节段，脊髓共有 31 个节段，包括

8 个颈节($C_1 \sim C_8$),12 个胸节($T_1 \sim T_{12}$),5 个腰节($L_1 \sim L_5$),5 个骶节($S_1 \sim S_5$)和 1 个尾节(Co)。

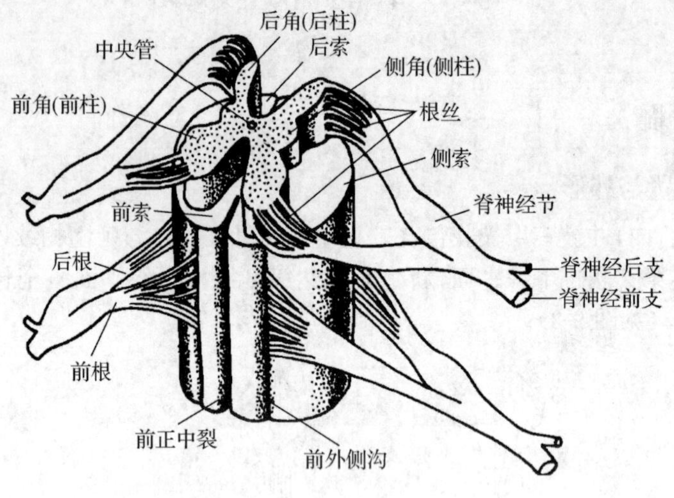

图 9-4　脊髓结构示意图

2. 脊髓节段及其与椎骨的对应关系

由于在胚胎 3 个月后,人体脊柱的生长速度比脊髓快,致使成人脊髓与脊柱的长度不相等,以致脊髓的节段与脊柱的节段并不完全对应(见图 9-5)。在成人,椎骨与脊髓的对应位置关系是:上颈髓($C_1 \sim C_4$)大致与同序数椎骨相对应;下颈髓($C_5 \sim C_8$)和上胸髓($T_1 \sim T_4$)与同序数椎骨的上一节椎体平对;中胸部($T_5 \sim T_8$)的脊髓约与同序数椎骨上方第 2 节椎体平对;下胸部($T_9 \sim T_{12}$)脊髓约与同序数上方第 3 节椎体平对;腰髓约平对第 11 及第 12 胸椎范围;骶髓和尾髓约平对第 12 胸椎及第 1 腰椎。腰、骶、尾部的脊神经前后根在通过相应的椎间孔离开脊柱以前,在椎管内向下行走一段距离形成马尾。因此,成人椎管内在第 1 腰椎以下已无脊髓而只有马尾(见图 9-6)。临床上常选择第 3、4 或第 4、5 腰椎棘突之间进行蛛网膜下腔穿刺以引流脑脊液或注射麻醉药物。

腰椎穿刺术

腰椎穿刺术是临床上常用的诊疗技术,一般选取在第 3、4 或第 4、5 腰椎间。因为脊髓终止在第 1 腰椎下缘的高度,由此向下脊髓延续为终丝,并被腰、骶部脊神经根包围起来形成马尾,穿刺时不会损伤脊髓。腰椎棘突几乎呈水平向后方突出,椎弓间隙比其他部位宽而易于穿刺。穿刺层次依次是:皮肤、皮下组织、棘上韧带、棘间韧带、黄韧带、硬脊膜、蛛网膜。硬外麻醉是将麻醉药注入硬脊膜外侧的硬膜外隙,抽取脑脊液则须进入蛛网膜下隙。穿刺时,患者侧卧硬板床上,头部向前胸尽量屈曲,两手抱膝紧贴胸部,其目的是使棘突间隙增宽,以利穿刺。用左手食指和拇指固定在穿刺点皮肤处,右手持针由穿刺点刺入。穿刺时右手的拇指和中指持针,针尖切面向上,穿刺方向与床面平行(即垂直于脊柱方向)。成人进针深度约为 4～6 cm,儿童为 2～4 cm。如遇骨质可退出少许,更换方向再刺入。当针头穿过韧带时,可感到阻力突然减小,有“落空感”,提示针尖已进入蛛网膜下腔。此时可将针芯慢慢抽出,即可见脑脊液流出。

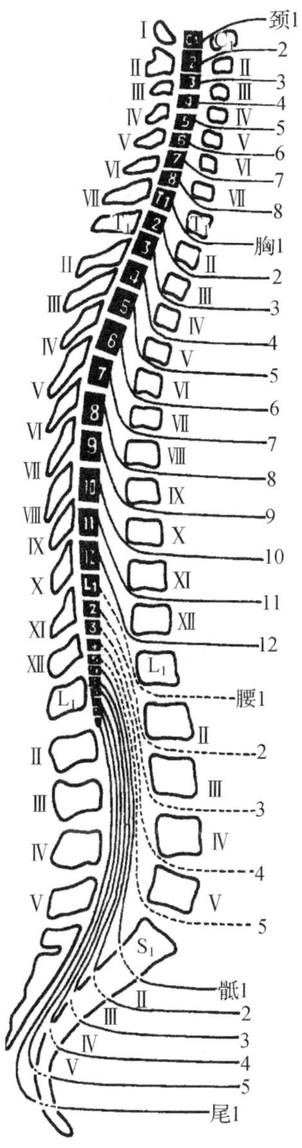

图 9-5　脊髓节段与椎骨的对应关系

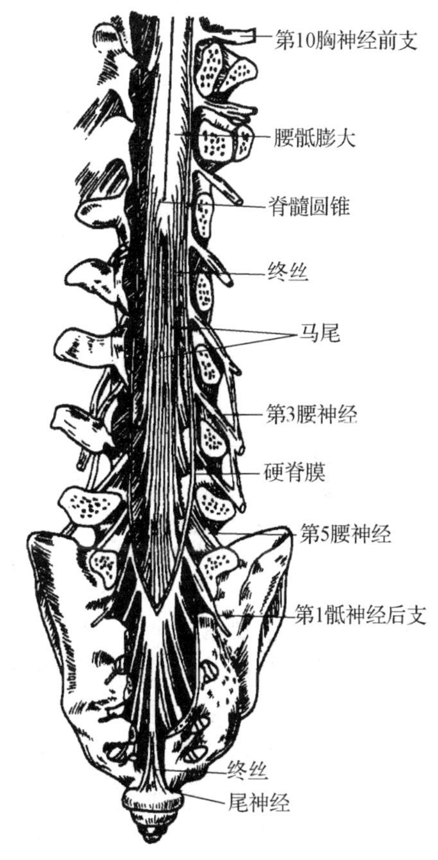

图 9-6　脊髓圆锥与马尾

3. 脊髓的内部结构

脊髓正中央有贯穿全长的中央管,围绕中央管周围的是灰质,灰质周围为白质。从横切面观,灰质呈“H”形,向前、后方向分别伸出前角和后角,在胸髓和上部腰髓(T_1～L_3)还可见前后角之间向外侧突出细小的侧角(见图 9-7)。每侧白质借脊髓表面的纵沟分为三个索,前正中裂与前外侧沟之间的白质为前索,前、后外侧沟之间的白质为外侧索,后外侧沟与后正中沟之间的白质为后索。

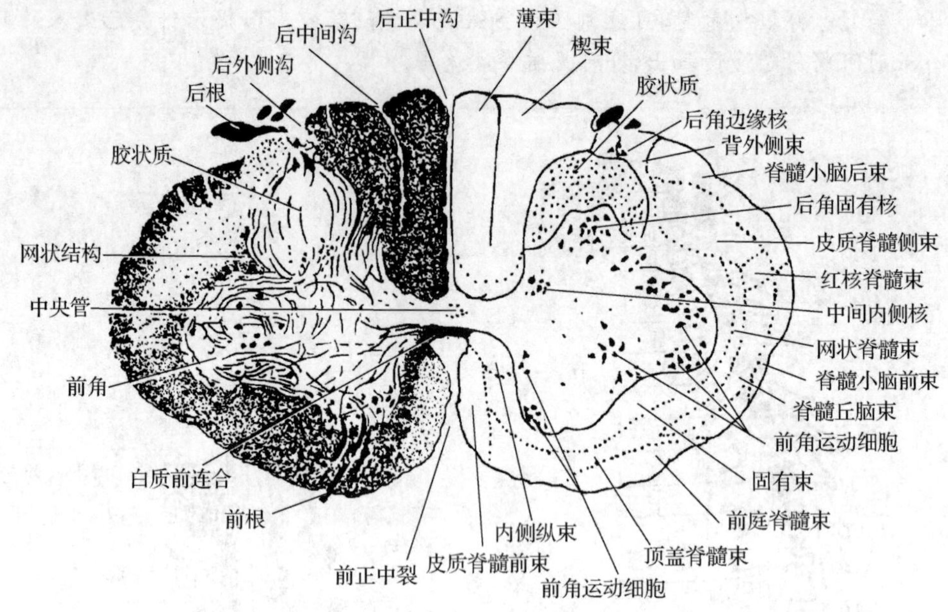

图 9-7　脊髓水平切面

1)灰质

(1)前角:上下贯通呈柱状,又称前柱,主要由运动神经元组成。一般将前角运动神经元分为内、外侧两群:内侧群的神经元支配颈肌和躯干肌,外侧群的神经元支配四肢肌。

(2)后角:上下贯通呈柱状,又称后柱,主要由中间神经元组成,接受后根的传入纤维。

(3)侧角:仅见于 T_1～L_3 脊髓节段,上下贯通呈柱状,又称侧柱,是交感神经的低级中枢。在脊髓 S_2～S_4 节段,相当于侧角的位置有神经元组成的核团,称为骶副交感核,是副交感神经位于脊髓的低级中枢。

2)白质

脊髓的白质主要由三个索组成,大致可分为上行纤维束和下行纤维束,这些纤维把脊髓内部各节段联系起来。上行纤维束为感觉纤维束,主要包括薄束和楔束、脊髓丘脑束等,下行纤维束为运动纤维束,主要为皮质脊髓束等。

(1)薄束和楔束:位于后索,是同侧脊神经后根内侧部纤维的直接延续。薄束成自同侧第 5 胸部节以下脊神经节细胞的中枢突,楔束成自同侧第 4 胸节以上的脊神经节细胞的中枢突。薄束止于延髓的薄束核,楔束止于延髓的楔束核。薄束和楔束分别向脑部传导来自下肢和上肢的本体感觉(肌、腱、骨骼、关节等处的位置觉、运动觉和振动觉)以及精细触觉(如辨别两点距离和物体纹理粗细等)。

(2)脊髓丘脑束:此束位于外侧索前半部和一部分前索白质。脊髓丘脑束起始于灰质后角,纤维交叉到对侧,在前索和外侧索内上行,经脑干止于背侧丘脑。交叉到外侧索上行的纤维束称脊髓丘脑侧束,其功能是传导痛觉和温度觉冲动;交叉到对侧前索内上行的纤维束称脊髓丘脑束,其功能是传导粗触觉和压觉冲动。

(3)皮质脊髓束:是脊髓内最大的下行纤维束,起源于大脑皮质,在延髓下部大部分交叉到对侧脊髓侧索的后部下行，称皮质脊髓侧束，下行过程中，此束沿途发出纤维止于同侧脊髓前角运动细胞。在延髓没有交叉的少数皮质脊髓束纤维下行于同侧脊髓前索，居正中裂两侧，称皮质脊髓前束，此束一般不超过胸段，其纤维大部分逐节交叉后止于对侧的脊髓前角运动细胞，也有一些纤维不交叉止于同侧的前角运动细胞。皮质脊髓束的主要功能是完成大脑皮质对脊髓的直接控制，控制骨骼肌的随意运动。

4. 脊髓的功能

1)传导功能

脊髓是脑与躯干、四肢的感受器和效应器联系的枢纽。脊髓内上、下行纤维束是实现传导功能的重要结构。

2)反射功能

脊髓各节段均能单独或与邻近节段共同构成反射中枢。脊髓的反射功能，是对来自内、外刺激所产生的不随意性反应，如膝反射、屈肌反射等。脊髓内还有内脏反射的低级中枢，如排便、排尿反射中枢等，脊髓受损时可引起排尿、排便等功能的障碍。

9.2.2 脑

脑位于颅腔内，由端脑、间脑、脑干(包括中脑、脑桥、延髓)及小脑组成(见图 9-8，图 9-9)。

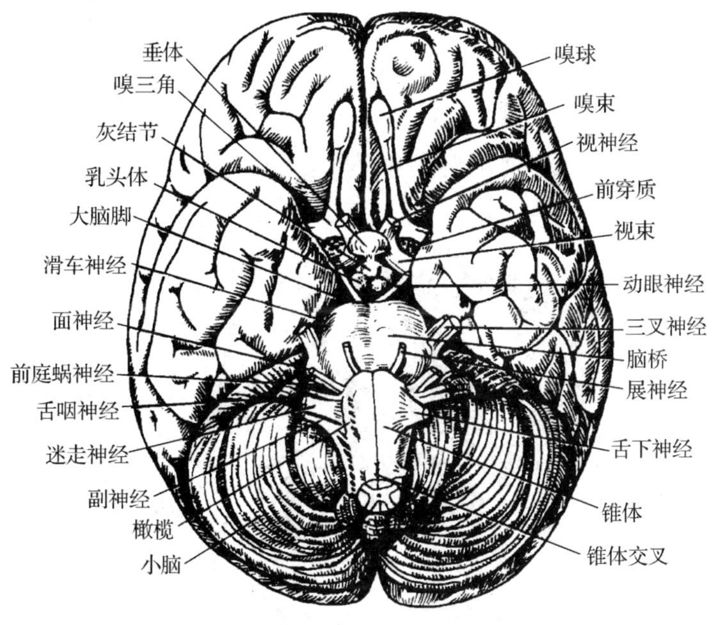

图 9-8 脑的底面

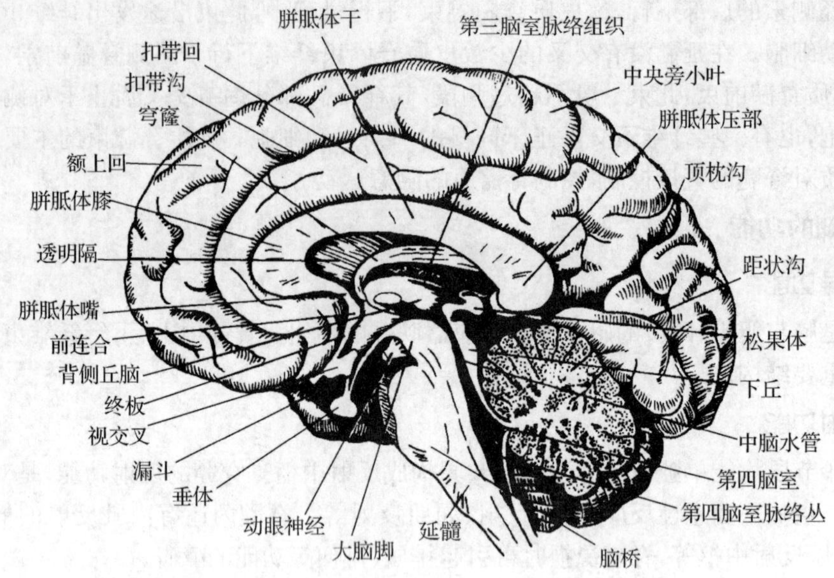

图 9-9　脑的正中矢状切面

1. 脑干

脑干自下而上由延髓、脑桥和中脑三部分组成。延髓在枕骨大孔处下接脊髓，中脑向上与间脑相接，脑桥和延髓的背面与小脑相连。

1)脑干的外形

(1)腹侧面：延髓腹侧面形似倒置的锥体形，上端与脑桥以横行的延髓脑桥沟分界(见图 9-10)。

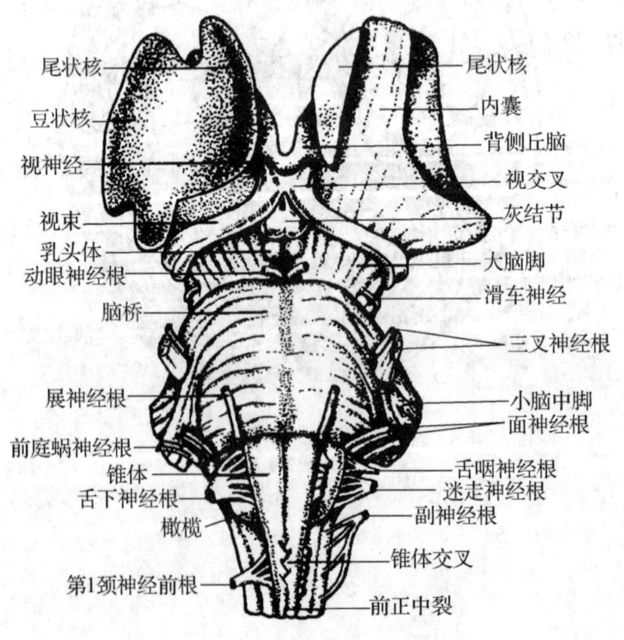

图 9-10　脑干的外形(腹侧面)

脊髓表面的纵行沟裂向上延续至延髓，前正中裂两侧有隆起的锥体，主要由皮质脊髓束纤维积聚而成，因此皮质脊髓束也可称为锥体束。锥体束的纤维在锥体下部大部分交叉，称锥体交叉。锥体的外侧有卵圆形隆起，称橄榄。橄榄和锥体之间为前外侧沟，有舌下神经根丝出脑。在橄榄的后方，自上而下可见舌咽、迷走和副神经的根丝出入。

脑桥腹面宽阔膨隆，称脑桥基底部。基底部正中有纵行的浅沟称基底沟，容纳基底动脉。基底部向两侧延伸的巨大纤维束为小脑中脚，在移行处有粗大的三叉神经根出入。脑桥的下缘借延髓脑桥沟与延髓分界。延髓脑桥沟中自中线向外侧依次有展神经根、面神经根和前庭蜗神经根出入。脑桥上缘与中脑的大脑脚相接。

中脑腹面有一对粗大的圆柱状隆起称大脑脚，由大量来自大脑皮质的下行纤维束组成。大脑脚底之间的深凹为脚间窝，有动眼神经根出脑。

(2)背侧面：延髓下部与脊髓形似，上部中央管敞开，构成菱形窝的下部。菱形窝后上方为小脑所覆盖，共同围成第四脑室(见图 9-11)。在延髓背面下部有膨隆的薄束结节和楔束结节，其深面有薄束核和楔束核，它们是薄、楔束终止的核团。在楔束结节的外上方有隆起的小脑下脚，成为第四脑室侧界的一部分。

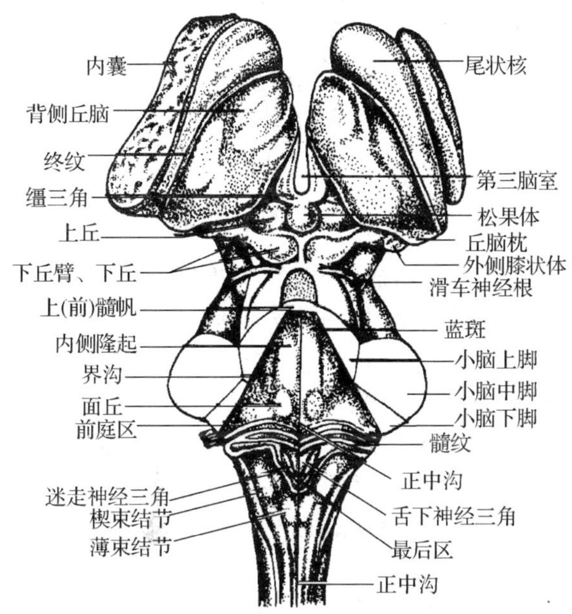

图 9-11 脑干的外形(背侧面)

脑桥的背侧面形成第四脑室底的上半，此处室底的外侧壁为左、右小脑上脚。

中脑背面有四个圆形突起，上一对为上丘，是视觉反射中枢；下一对为下丘，是听觉反射中枢。两者分别连于间脑的外侧膝状体和内侧膝状体。下丘的下部连有滑车神经根，是唯一从脑干背面发出的脑神经。

菱形窝构成第四脑室的底，呈菱形，下界为两侧的薄束结节、楔束结节和小脑下脚，上界为两侧的小脑上脚。由外侧隐窝横向中线的数条白色的神经纤维称为髓纹，常作为延髓和脑桥在背面的分界线。在窝的正中有纵贯全窝的正中沟，将菱形窝分为对称的两半。

2)脑干的内部结构

脑干的内部结构包括灰质、白质和网状结构。

(1)脑干灰质:由脑神经核和非脑神经核组成。

①脑神经核:脑神经核是脑干灰质的一部分,与脑神经相关,分为躯体运动核、内脏运动核、躯体感觉核和内脏感觉核(见图 9-12)。

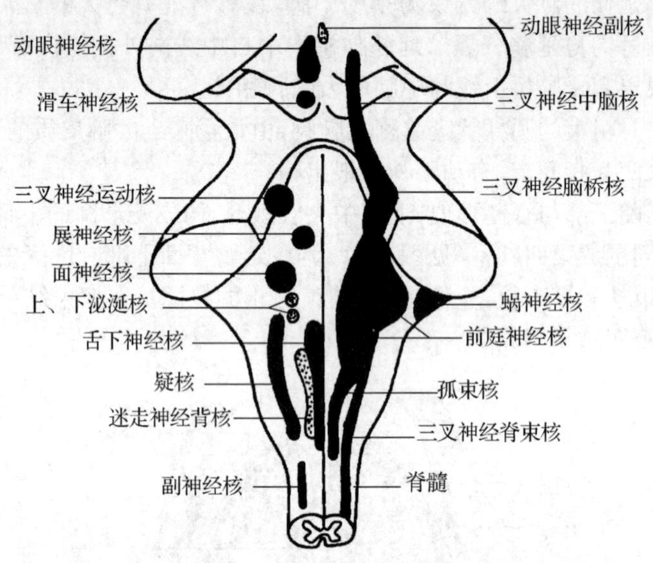

图 9-12　脑神经核在脑干的投影(背侧面)

躯体运动核由八对脑神经核团组成,分别是位于中脑的动眼神经核、滑车神经核,位于脑桥的三叉神经运动核、展神经核、面神经核,位于延髓的疑核、副神经核和舌下神经核。除疑核发出的纤维加入到舌咽神经、迷走神经、副神经外,其他各运动神经核发出纤维均参与组成同名脑神经,如动眼神经和滑车神经等。

内脏运动核由四对脑神经核团组成,分别是位于中脑的动眼神经副核,位于脑桥的上泌涎核,位于延髓的下泌涎核和迷走神经背核。动眼神经副核发出的纤维加入动眼神经,上泌涎核发出的纤维加入面神经,下泌涎核发出的纤维加入舌咽神经,迷走神经背核发出的纤维加入迷走神经。

内脏感觉核由单一的孤束核构成,其中面神经、舌咽神经和迷走神经中的内脏感觉纤维进入延髓后下行,组成孤束,止于孤束核。

躯体感觉核由五对脑神经核团构成,与三叉神经相关的是三叉神经中脑核、三叉神经脑桥核和三叉神经脊束核,分别位于中脑、脑桥和延髓。与前庭蜗神经相关的是位于脑桥的蜗神经核和前庭神经核。

②非脑神经核:是脑干灰质的另一部分,主要是薄束核与楔束核,分别位于延髓中下部背侧的薄束结节和楔束结节的深方,接受来自薄束和楔束的纤维。

(2)脑干白质:包括上、下行纤维束。

①上行纤维束:有内侧丘系、外侧丘系、脊髓丘系和三叉丘系。内侧丘系由薄束核及楔束核发出的纤维交叉后上行而构成,上行进入间脑后止于背侧丘脑的腹后外侧核,传导本体感觉和精细触觉。脊髓丘系由脊髓丘脑束进入脑干后构成,上行进入间脑后止于背侧丘脑

腹后外侧核,传导对侧躯干及四肢的痛、温和触觉。三叉丘系由三叉神经脊束核和三叉神经脑桥核发出上行纤维交叉至对侧组成,行于内侧丘系的外方,止于背侧丘脑腹后内侧核。外侧丘系由蜗神经核发出的纤维交叉至对侧形成,止于间脑的内侧膝状体,传导听觉信息。

②下行纤维束:主要为锥体束和皮质脑桥束。锥体束由起自大脑皮质额、顶叶皮质的下行纤维束组成,包括皮质脊髓束和皮质核束。皮质脊髓束经内囊后肢下行至延髓下端时,绝大部分纤维交叉至对侧,形成锥体交叉,交叉后的纤维组成皮质脊髓侧束,下降于对侧脊髓侧索内。小部分未交叉的纤维形成皮质脊髓前束,行于脊髓前索内。皮质核束经内囊膝部下行至中脑的大脑脚底,此后,纤维构成小束,大多数终止于两侧的脑神经运动核,但面神经核的下半(分布到眼裂以下的面肌)和舌下神经核仅接受对侧的皮质核束支配。皮质脑桥束起自大脑皮质各叶,止于脑桥核。

(3)脑干网状结构:在脑干内,除了神经核和纤维束以外,还存在一个广泛区域,由纵横交错成网状的神经纤维和散在其中的大小不等的神经细胞团块构成,称网状结构。近年来的研究资料表明,网状结构能使大脑皮质处于觉醒状态,还对肌的运动和肌紧张起抑制或易化作用。此外,网状结构内的某些核团为中枢,如吸气中枢、呼气中枢、减压中枢、加压中枢等,统称为生命中枢。

2. 小脑

小脑位于颅后窝,上面平坦,下面中部凹陷,两侧呈半球形隆起,前方借上、中、下三对小脑脚与脑干背面相连接。

1)小脑的外形

小脑两侧膨隆称小脑半球(见图 9-13,图 9-14),中间狭窄部称小脑蚓。小脑半球下面靠近枕骨大孔附近突起,称小脑扁桃体,当颅内压增高时,可能被挤压而嵌入枕骨大孔,形成小脑扁桃体疝,可压迫延髓,危及生命。

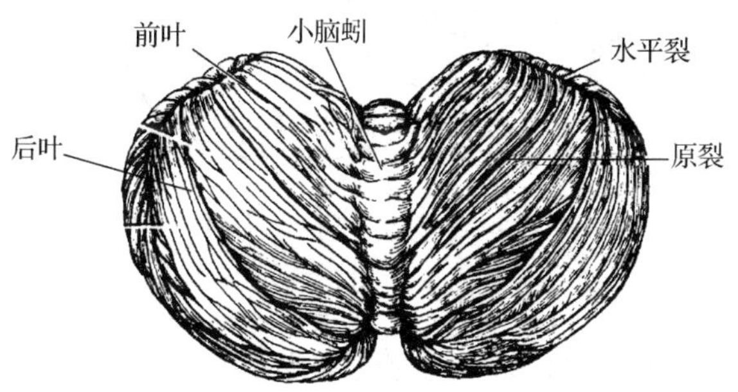

图 9-13 小脑外形(上面观)

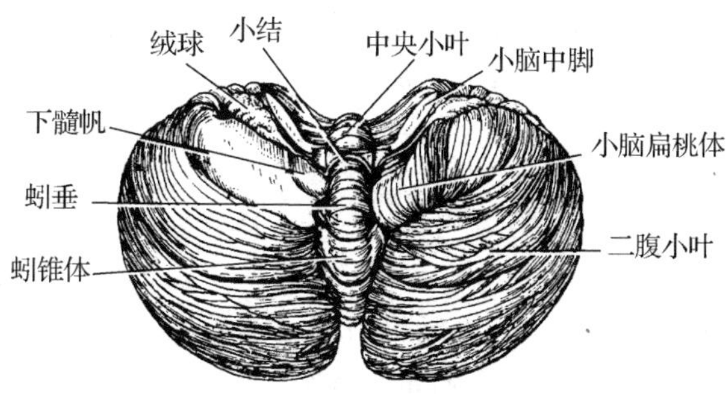

图 9-14 小脑的外形(下面观)

2)小脑的分叶

根据小脑的发生、功能和纤维联系，可将小脑分为三叶。

(1)绒球小结叶：位于小脑下面的最前部，包括小脑蚓前端的小结和半球上的绒球，是在进化上出现最早的部分，又称为原小脑，与维持身体平衡的机能有关。

(2)前叶：在小脑上面前、中 1/3 之间的深裂为原裂，原裂前方的部分称为前叶。前叶在进化上出现晚于绒球小结叶，故又称为旧小脑，此叶与肌张力的调节机能有关。

(3)后叶：占原裂之后的小脑的其余部分。此叶在进化上出现最晚，又称为新小脑，与肌群的协调机能有关。

3)小脑的内部结构

小脑的灰质大部分集中在表面称小脑皮质，小脑白质在深面称小脑髓体，髓体中有灰质团块称小脑核(见图 9-15)。小脑皮质主要由神经元胞体构成，小脑髓体由出入小脑的纤维构成，有三对小脑脚出入小脑，即小脑下脚、小脑中脚和小脑上脚。小脑核深埋于白质内，有四对，顶核为成对的圆形小核，属原小脑。齿状核为小脑核中最大者，左、右各一，属新小脑。球状核、栓状核均细小，属旧小脑。

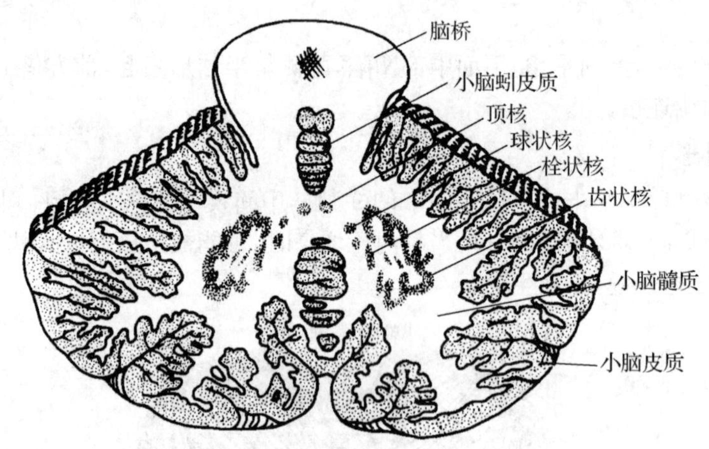

图 9-15　小脑水平切面

4)小脑的功能

小脑是重要的运动调节中枢。原小脑的机能是维持身体的平衡，损伤后患者平衡失调，站立时身体摇摆不稳，步履蹒跚。旧小脑的机能是调节肌的张力，损伤后患者肌张力降低。新小脑的机能主要是协调骨骼肌的随意运动。新小脑损伤主要表现为共济失调，使肌群收缩的强度、运动的方向及肌群间的协调运动出现混乱，致使辨距不清，交替运动不能，动作分裂等，如指鼻不准，不能立即由旋前转为旋后运动，运动时表现震颤，静止时震颤消失，持物时过度伸开手指等。

5)第四脑室

第四脑室位于脑桥、延髓和小脑之间，内含脑脊液。室管膜上皮及含有丰富血管的软脑膜共同组成脉络组织，突入第四脑室，形成第四脑室脉络丛，脉络丛可产生脑脊液。第四脑室经正中孔和两外侧孔通蛛网膜下隙(见图 9-16)。

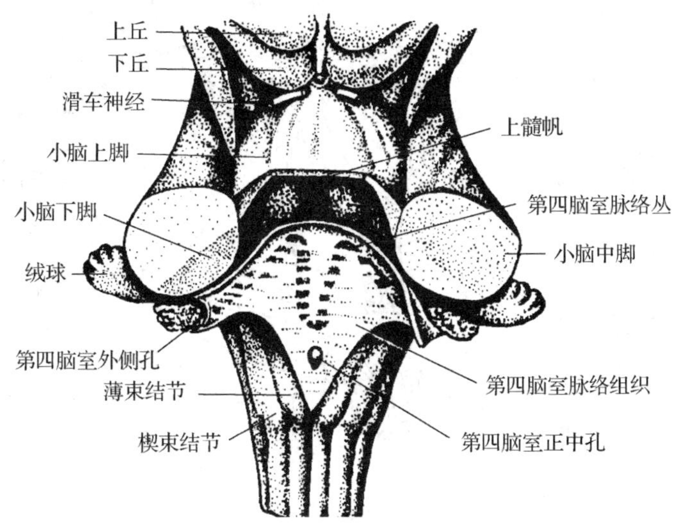

图 9-16　第四脑室脉络组织

3. 间脑

间脑位于中脑和端脑之间(见图 9-17),主要分为背侧丘脑、下丘脑和后丘脑等,两侧间脑之间的狭窄腔隙构成第三脑室。

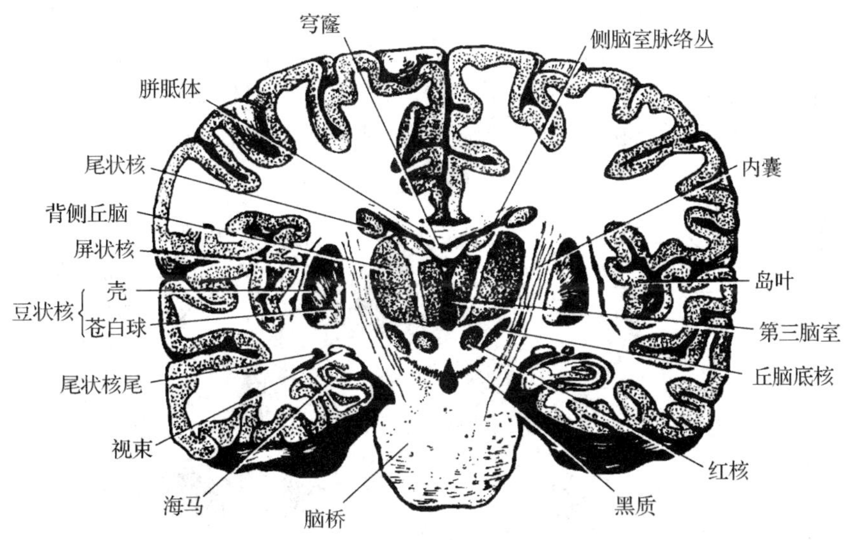

图 9-17　脑冠状切面

1)背侧丘脑

背侧丘脑又称丘脑(见图 9-18),由两个卵圆形的灰质团块借丘脑间黏合连接而成。丘脑内有“Y”形的白质纤维板称内髓板,其将背侧丘脑内的灰质分隔为前核、内侧核和外侧核三部分。其中外侧核又可分为背、腹两层,腹层由前向后分为腹前核、腹中间核和腹后核。腹后核又分为腹后内侧核和腹后外侧核。

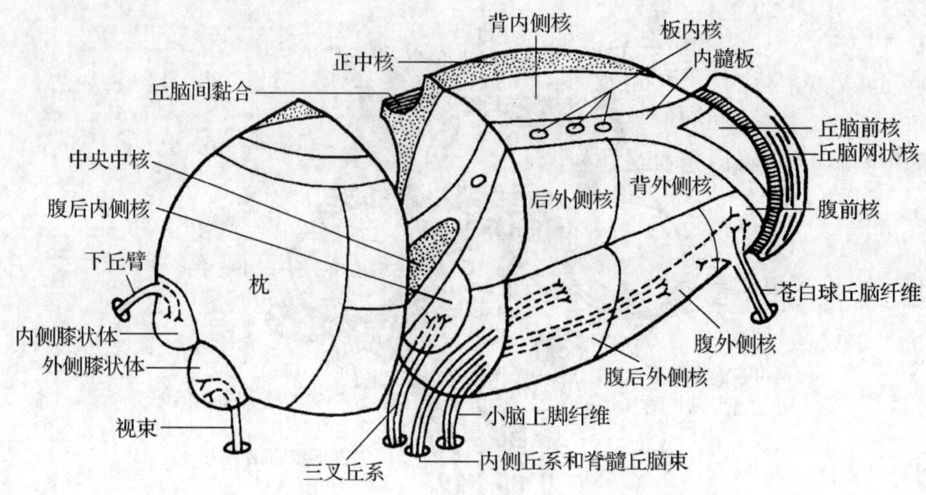

图 9-18　背侧丘脑核团模式图(右侧)

2)下丘脑

下丘脑位于背侧丘脑的下方(见图 9-19),构成第三脑室的下壁和侧壁的下部,主要包括视交叉、灰结节、乳头体、漏斗和垂体。下丘脑内的主要核团有视上核和室旁核,视上核位于视交叉外端的背外侧,能分泌催产素。室旁核位于第三脑室侧壁的上部,能分泌加压素,从两核发出的纤维终于垂体后叶。下丘脑的纤维联系非常复杂,它与上位的丘脑和端脑,与下位的脑干和脊髓都有双向的纤维联系,下丘脑还发出纤维至垂体。下丘脑是调节内脏活动的皮质下中枢,也是调节内分泌的皮质下中枢。在机体内,对体温、摄食、水盐代谢平衡、内分泌等的调节主要依靠下丘脑,同时下丘脑也参与睡眠和情绪反应活动。

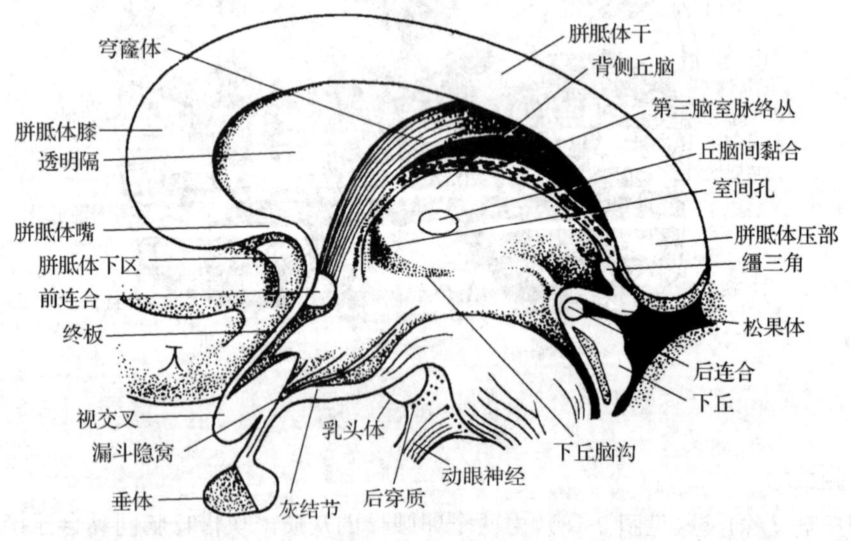

图 9-19　下丘脑

3)后丘脑

后丘脑位于丘脑的后下方,包括内、外侧膝状体。内侧膝状体接受下丘来的听觉纤维,外侧膝状体接受视束的传入纤维。

4)第三脑室

第三脑室是位于两侧背侧丘脑和下丘脑之间的狭窄腔隙。脑室顶部由第三脑室脉络组织封闭,其底由乳头体、灰结节和视交叉构成。第三脑室前方借左、右室间孔与通向两侧大脑半球内的侧脑室,后下方连通大脑水管。

4. 端脑

端脑是脑的最高级部分,由左、右大脑半球借胼胝体连接而成,胼胝体的上方为大脑纵裂,分隔左、右大脑半球。端脑后下方借大脑横裂与小脑相隔。每一侧大脑半球(见图 9-20,图 9-21)均可分为上外侧面、内侧面和下面三个面。大脑半球表面有许多深浅不等的沟称为大脑沟,沟与沟之间的隆起称为大脑回。覆盖大脑半球表面的灰质称大脑皮质,其深面有大脑的白质,端脑内的腔隙称为侧脑室,端脑底部的白质中有基底核。

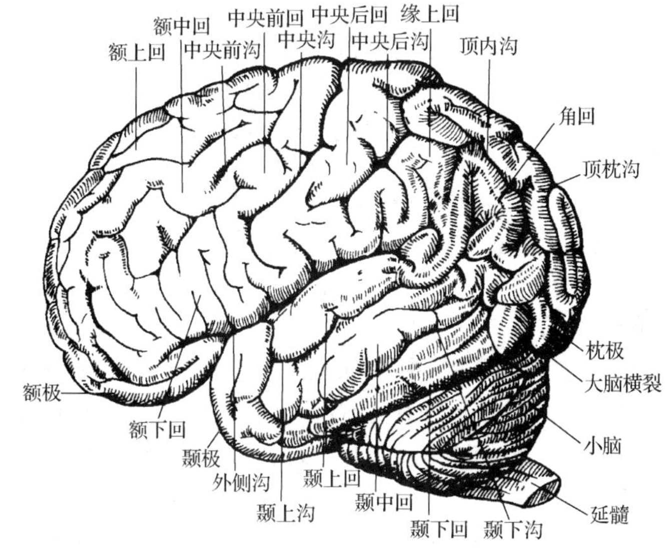

图 9-20 大脑半球(外侧面)

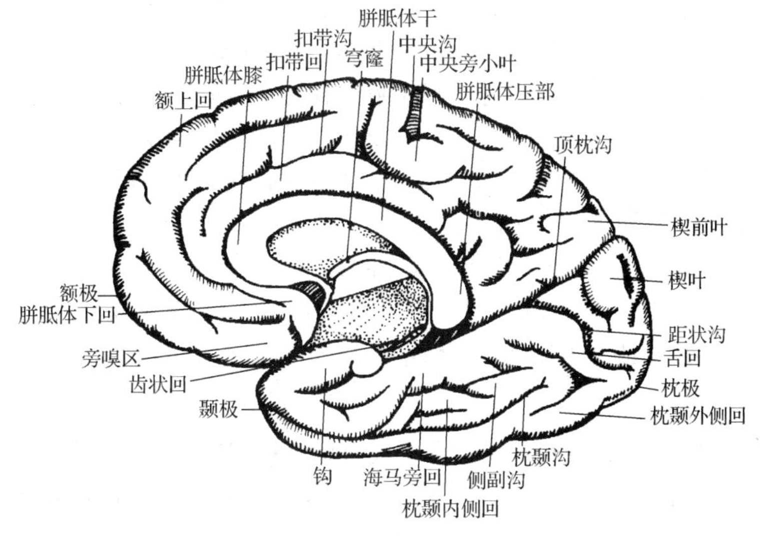

图 9-21 大脑半球(内侧面)

1)大脑半球的形态和分叶

(1)叶间沟:每一侧大脑半球表面均有三条恒定的叶间沟,分别是外侧沟、中央沟和顶枕沟。外侧沟位于半球上外侧面,是由前下行向后上的深沟。中央沟位于上外侧面,由半球上缘中点稍后起始,行向下前。顶枕沟位于内侧面,在胼胝体后方不远处行向后上方。这三条沟将大脑分为五叶。

(2)分叶:额叶是中央沟以前、外侧沟以上的部分,位于颅前窝内。枕叶是顶枕沟以后的部分,位于小脑上方。顶叶是中央沟与顶枕沟之间,外侧沟以上的部分,位于顶骨深方。颞叶是外侧沟以下的部分,位于颅中窝内。岛叶(见图 9-22)位于外侧沟深部,被额、顶、颞叶掩盖。

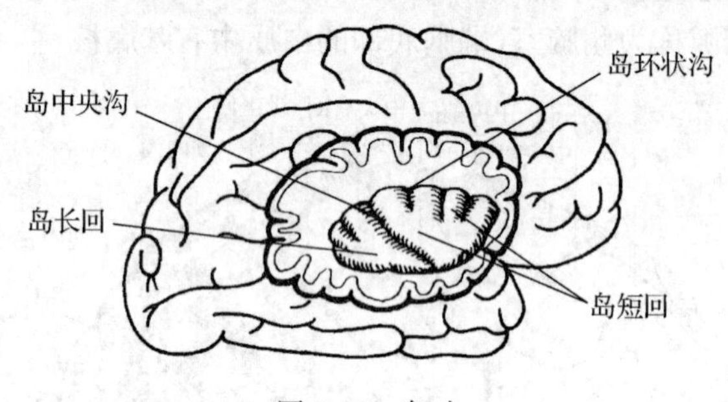

图 9-22　岛叶

2)大脑半球的重要沟回

(1)上外侧面的重要沟回:在额叶,中央沟之前有与之相平行的中央前沟,中央前沟向前上、下伸出额上沟和额下沟。中央沟与中央前沟之间为中央前回;额上沟以上为额上回;额上、下沟之间为额中回;额下沟以下为额下回。在顶叶,中央沟之后与之平行的沟为中央后沟,此沟中部有伸向后的顶内沟。中央沟与中央后沟之间为中央后回,顶内沟以上为顶上小叶,以下为顶下小叶,顶下小叶又分为围绕外侧沟末端的缘上回和围绕颞上沟末端的角回。在颞叶,有两条与外侧沟相平行颞上沟和颞下沟,自外侧沟至颞下沟下方,由上而下依次为颞上回、颞中回、颞下回。自颞上回转入外侧沟的部分有两条横行的大脑回,称为颞横回。枕叶的沟、回多不恒定。岛叶周围有环状的沟围绕,其表面有长短不等的脑回。

(2)内侧面的重要沟回:在半球的内侧面中部有略呈弓形的胼胝体。在胼胝体后上方,自中央前、后回延伸到内侧面的部分为中央旁小叶。在顶枕沟中部,有呈弓形的距状沟,距状沟与顶枕沟之间称楔叶,距状沟下方为舌回。在胼胝体周围为胼胝体沟,围绕胼胝体沟上方为扣带回,扣带回周围的沟为扣带沟。

(3)脑底面的重要沟回:在半球底面,额叶内有纵行的嗅束,其前端膨大为嗅球,后者与嗅神经相连。颞叶下方有与半球下缘平行的枕颞沟,在此沟内侧并与之平行的为侧副沟,侧副沟的内侧为海马旁回,后者的前端弯曲称钩。

3)大脑皮质

大脑皮质是中枢神经系发育最复杂和最完善的部位,是运动、感觉的最高中枢和语言、意识思维的物质基础。随着大脑皮质的发育和分化,不同的皮质区具有不同的功能,这些具有一定功能的脑区称为中枢。不同的功能相对集中在某些特定的皮质区,进行机能的分析综合，称为皮质功能定位(见图 9-23)。

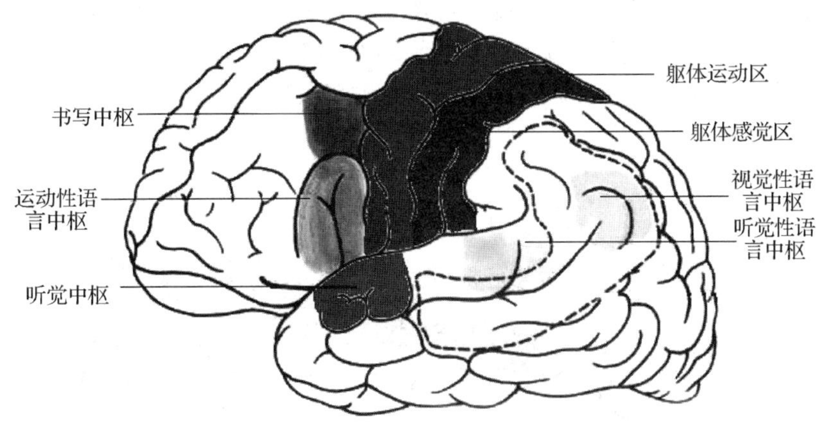

图 9-23 大脑皮质机能定位(大脑半球上外侧面)

(1)第Ⅰ躯体运动区：位于中央前回和中央旁小叶前部，此区神经元发出的纤维组成下行的锥体束，支配身体各部的骨骼肌。此区的投影特点为：①上下颠倒，但头部是正的。中央前回最上部和中央旁小叶前部与下肢运动有关，中部与躯干和上肢的运动有关，下部与面、舌、咽、喉的运动有关；②左右交叉，即一侧运动区支配对侧肢体的运动，但一些与联合运动有关的肌则受两侧运动区的支配，如面上部肌、眼球外肌、咽喉肌、咀嚼肌、呼吸肌和躯干肌、会阴肌等，故在一侧运动区受损后这些肌不出现瘫痪；③身体各部在皮质投影区的大小与各部形体大小无关，而取决于功能的重要性和复杂程度，如手的代表区比足的大得多(见图 9-24)。

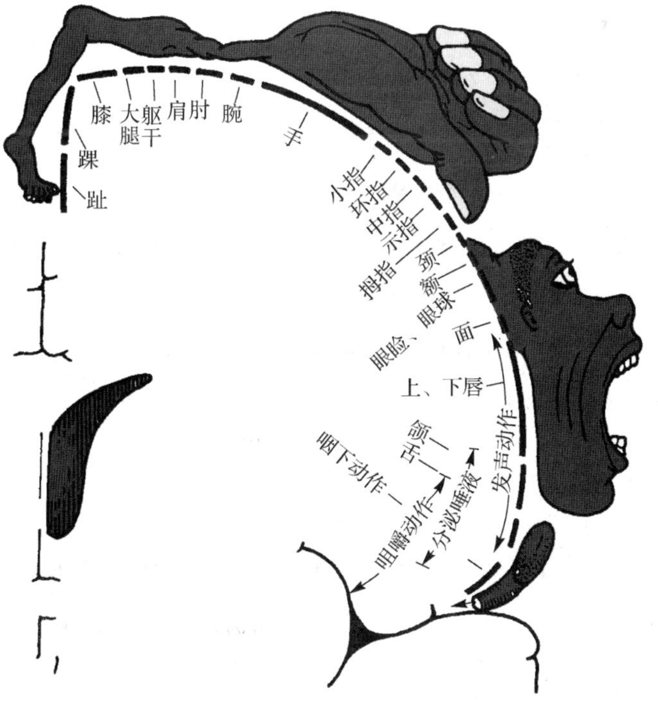

图 9-24 人体各部在第Ⅰ躯体运动区的定位

(2)第Ⅰ躯体感觉区:位于中央后回和中央旁小叶后部,接受背侧丘脑腹后核传来的对侧半身痛、温、触、压以及位置觉和运动觉。身体各部在此区的投射特点是:①上下颠倒,但头部也是正的,中央旁小叶的后部与小腿和会阴部的感觉有关,中央后回的最下方与咽、舌的感觉有关;②左右交叉,一侧躯体感觉区管理对侧半身的感觉;③身体各部在该区投射范围的大小与形体的大小无关,而取决于该部感觉的敏感程度,如手指和唇在感觉区的投射范围就最大(见图 9-25)。

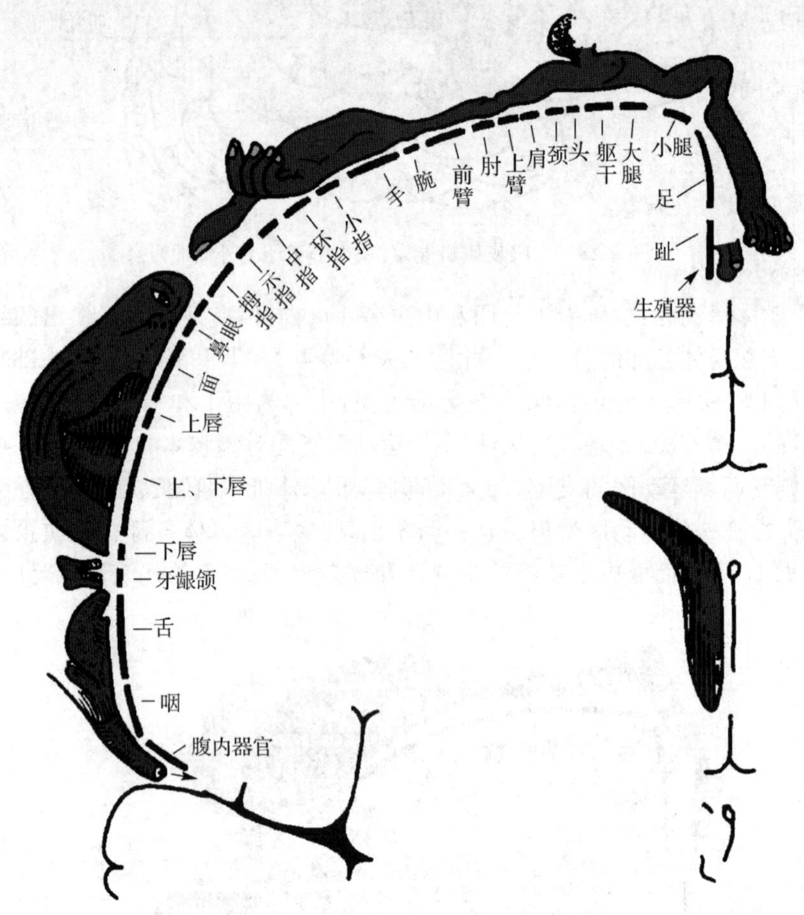

图 9-25　人体各部在第Ⅰ躯体感觉区的定位

(3)视觉中枢:位于枕叶内侧面距状沟两侧的皮质。一侧视区中枢接受同侧视网膜颞侧半和对侧视网膜鼻侧半的纤维经外侧膝状体中继传来的视觉信息。一侧视区损伤时,可引起双眼视野同向性偏盲。

(4)听觉中枢:位于大脑外侧沟下壁的颞横回上。每侧听区接受自内侧膝状体传来的两耳听觉冲动。因此,一侧听区受损,不致引起全聋。

(5)语言中枢:语言中枢是人类大脑皮质所特有的,语言中枢多在左侧,语言区所在的半球称为优势半球。

①视觉性语言中枢(阅读中枢)位于角回,若此中枢受损,患者视觉虽然完好但不能阅读书报,临床上称失读症。

②听觉性语言中枢位于颞上回后部，若此中枢受损，患者能听到别人谈话，但不能理解谈话的意思，故称感觉性失语症。

③运动性语言中枢(说话中枢)在额下回后部，此中枢损伤后，患者将失去说话能力，但与发音说话有关的肌及结构并不瘫痪和异常，临床上称运动性失语症。

④书写中枢在额中回后部，若此中枢受损，患者手部其他的运动功能仍然正常，但写字、绘画等精细运动发生障碍，称失写症。

4)侧脑室

侧脑室位于半球内，左、右各一，形状不规则，可分为中央部、前角、后角和下角四部(见图 9-26)。中央部位于顶叶内；中央部向前延伸入到额叶内的部分为前角，各借室间孔与第三脑室相通；中央部向后延伸至胼胝体压部，绕背侧丘脑转向下前，伸入颞叶内的部分为下角；从中央部向后伸出枕叶的部分为后角。

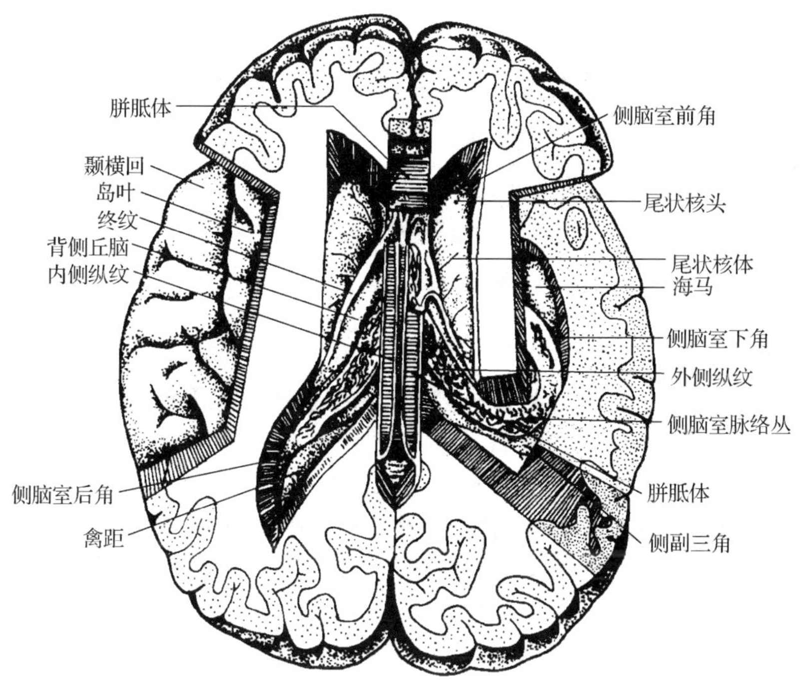

图 9-26　侧脑室

5)基底核

基底核位于白质内，靠近大脑半球底部，包括尾状核、豆状核、杏仁体和屏状核，其中尾状核和豆状核合称为纹状体(见图 9-27)。

尾状核呈“C”形弯曲的蝌蚪状，分头、体、尾三部分，围绕豆状核和背侧丘脑，伸延于侧脑室前角、中央部和下角。豆状核位于岛叶深部，在水平切面和额状切面上均呈尖向内侧的楔形，分为三部：外侧部最大称壳；内侧的两部合称苍白球。尾状核头部与豆状核之间借灰质条索相连，外观呈条纹状，故两者合称纹状体。苍白球发生较早称旧纹状体；壳和尾状核称新纹状体。纹状体是锥体外系的重要结构，其功能是维持肌肉的张力，使肌肉的运动协调。杏仁体位于海马旁回深面，连于尾状核的尾部。屏状核为岛叶与豆状核之间的薄层灰质。

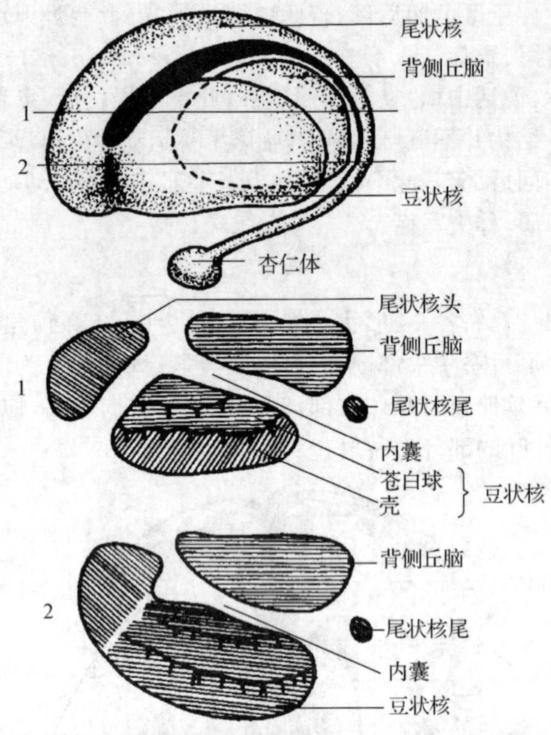

图 9-27　基底核和背侧丘脑示意图(示内囊位置)

6)大脑髓(白)质

大脑半球髓(白)质由大量的神经纤维组成,主要包括联络纤维、连合纤维和投射纤维。

(1)联络纤维:是联系同侧半球内各部皮质的纤维。

(2)连合纤维:是连接左、右大脑半球皮质的纤维,包括胼胝体、前连合和穹窿连合。胼胝体连接两侧半球的额、枕、顶、颞叶,前连合连接左、右嗅球和两侧颞叶,穹窿是由海马至下丘脑乳头体的弓形纤维束,两侧穹窿经胼胝体的下方前行并互相靠近,其中一部分纤维越至对边,连接对侧的海马,称穹窿连合(见图 9-28)。

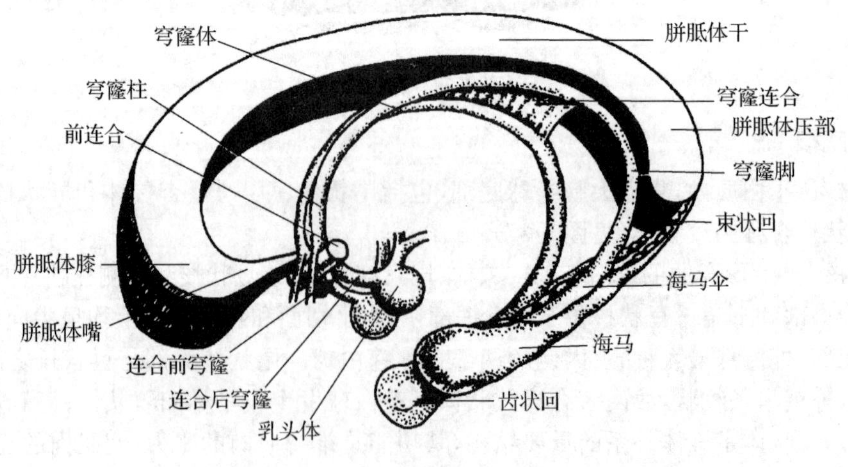

图 9-28　胼胝体、前连合和穹窿连合

(3)投射纤维：是联系大脑皮质与下位中枢的纤维，包括下行的运动纤维和上行的感觉纤维，这些纤维共同组成一个尖朝下的扇形纤维束板，通过基底核与背侧丘脑之间构成内囊。内囊为一厚的白质板，位于内侧的尾状核、背侧丘脑与外侧的豆状核之间(见图 9-29)。在半球水平切面上，内囊呈开口向外侧的“ > < ”形折线。

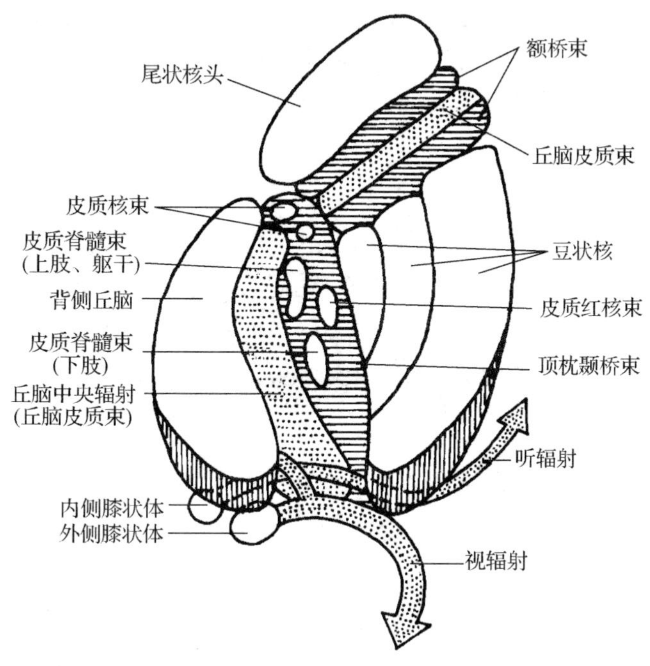

图 9-29 内囊模式图

内囊分为三部分：内囊前肢较短，位于豆状核与尾状核之间；内囊后肢较长，位于豆状核与背侧丘脑之间；内囊膝位于前、后肢相交处。

通过内囊各部的主要纤维束有：通过前肢的为额桥束、丘脑前辐射(丘脑前核、背内侧核投射至额叶和扣带回的纤维)；通过内囊膝的是皮质核束；通过后肢的为皮质脊髓束、皮质红核束、丘脑中央辐射(来自丘脑腹后核的躯体感觉纤维)、顶枕颞桥束、视辐射(来自外侧膝状体的视觉纤维)和听辐射(来自内侧膝状体的听觉纤维)。

由于内囊区域范围狭小，又集聚了所有出入大脑半球的纤维，故内囊后肢受到损害时，可出现“三偏综合征”，即对侧身体的感觉丧失(偏身感觉障碍)；对侧肢体运动丧失(偏瘫)；双眼出现对侧视野同向偏盲。

9.2.3 脑和脊髓的被膜、血管及脑脊液循环

1. 脑和脊髓的被膜

脑和脊髓的表面包有三层被膜，由外向内依次为硬膜、蛛网膜和软膜，有支持、保护脑和脊髓的作用。

1)硬膜

硬膜包括硬脊膜和硬脑膜。

(1)硬脊膜：由致密结缔组织构成，厚而坚韧，呈管状包裹脊髓(见图 9-30)。上端附于枕

骨大孔边缘，与硬脑膜相延续；下部在第 2 骶椎水平逐渐变细，包裹终丝；末端附于尾骨。硬脊膜与椎管内面的骨膜之间的狭窄腔隙称硬膜外隙，内含疏松结缔组织、脂肪、淋巴管和静脉丛等，此隙略呈负压，有脊神经根通过。硬膜外隙不与颅腔相通，临床上进行硬膜外麻醉，就是将药物注入此隙，以阻滞脊神经根内的神经传导。

(2)硬脑膜：坚韧而有光泽，由两层合成(见图 9-31)，外层即颅骨内面骨膜，内层较外层坚厚，两层之间有丰富的血管和神经。硬脑膜不仅包被在脑的表面，而且其内层褶叠形成若干板状突起，深入脑各部之间，形成大脑镰和小脑幕。大脑镰呈镰刀形，伸入两侧大脑半球之间，小脑幕伸入大脑和小脑之间。

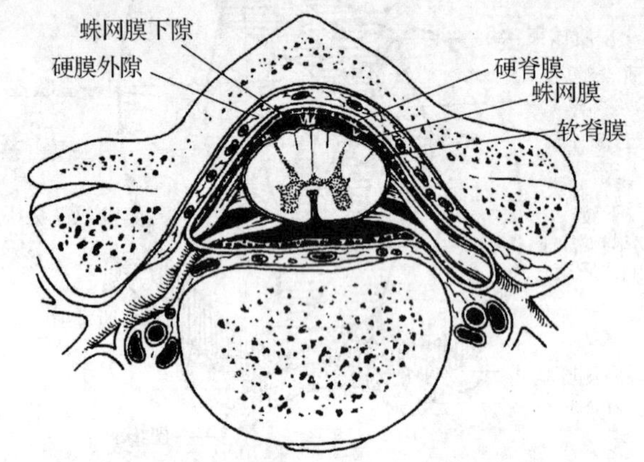

图 9-30　脊髓的被膜(水平切面)

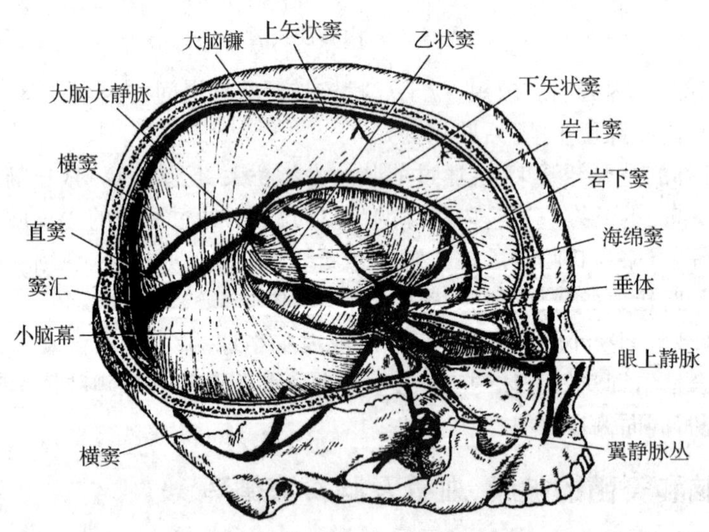

图 9-31　硬脑膜及硬脑膜窦

此外，硬脑膜在某些部位两层分开，内面衬以内皮细胞，构成含静脉血的硬脑膜窦。主要的硬脑膜窦有：上矢状窦位于大脑镰的上缘，向后流入窦汇；下矢状窦位于大脑镰下缘，向后汇入直窦；直窦位于大脑镰与小脑幕连接处，向后通窦汇，窦汇由左右横窦、上矢状窦及直窦在枕内隆凸处共同汇合而成；横窦成对，位于小脑幕后外侧缘附着处的枕骨横沟内，连于窦汇与乙状窦之间；乙状窦成对，位于乙状沟内，是横窦的延续，向前内于颈静脉孔处出颅续为颈内静脉；海绵窦位于蝶鞍两侧，为不规则腔隙，形似海绵，两侧海绵窦借横支相连，向后外经岩上窦、岩下窦连通横窦、乙状窦或颈内静脉。

硬脑膜窦内血液流注关系如图 9-32 所示。

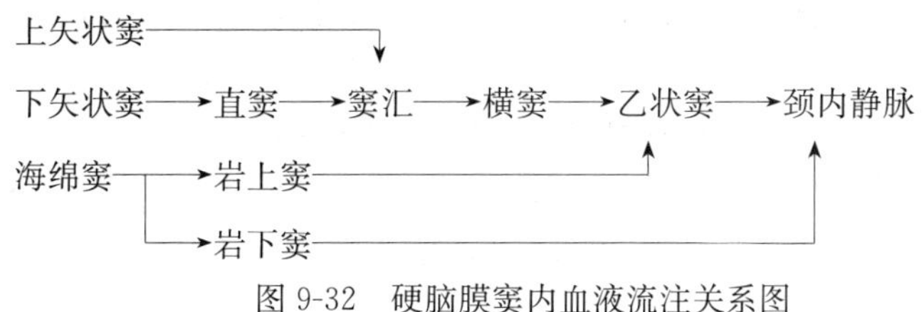

图 9-32　硬脑膜窦内血液流注关系图

2)蛛网膜

蛛网膜为半透明的薄膜，位于硬膜与软膜之间，脑蛛网膜与脊髓蛛网膜相延续。蛛网膜与软膜之间有较宽阔的间隙称蛛网膜下隙，隙内充满清亮的脑脊液。蛛网膜下隙在某些部位扩大称蛛网膜下池。在颅腔内，较重要的蛛网膜下池为小脑延髓池，位于小脑与延髓背面之间，临床上可在此进行穿刺，抽取脑脊液进行检查。在脊髓，蛛网膜下隙的下部，自脊髓下端至第 2 骶椎水平扩大，称为终池，内有马尾。蛛网膜靠近硬脑膜，特别是在上矢状窦处形成许多绒毛状突起，突入上矢状窦内，称蛛网膜粒。脑脊液经这些蛛网膜粒渗入硬脑膜窦内，回流入静脉。

小脑延髓池穿刺术

小脑延髓池穿刺术适用于需做脑脊液检查，而腰池穿刺处有感染、腰脊柱畸形或脊髓蛛网膜下腔有堵塞的患者。穿刺时，患者侧卧，颈部略弯曲，头下垫以小枕，使小脑延髓池与脊髓位于同一平面。按常规消毒皮肤，局部麻醉。助手固定患者头部，操作者用左手拇指摸清枕外隆凸与第 2 颈椎棘突间之凹陷，右手持针，于其间连线之下 2/5 上界刺入，沿眉弓与外耳门连线平行之正中方向缓慢刺入；如触及枕骨，可稍退出转向下少许再刺入，一般针尖进入 3.5 cm 后，每进 0.5 cm 宜将针芯取出 1 次，观察有无液体流出，防止刺入过深，损及延髓。通常自皮肤至小脑延髓池约为 3～5 cm(儿童 2.5～3 cm)。小脑延髓池深约 1 cm，如针头进入相当深度仍无液体时，应拔出，纠正方向重新穿刺。收集脑脊液，测压及穿刺后处理与腰池穿刺相同。

3)软膜

软膜为薄而富有血管的结缔组织膜，紧贴脑和脊髓表面，并延伸至脑和脊髓的沟裂中，按位置分为软脑膜和软脊膜。在脑室的一定部位，软脑膜及其血管与该部位的室管膜上皮共同构成脉络组织，某些部位脉络组织的血管反复分支成丛，连同其表面的软脑膜和室管膜上皮一起突入脑室，形成脉络丛，是产生脑脊液的主要结构。软脊膜在脊髓下端移行为终丝。

2. 脑脊液及其循环

脑脊液是充满脑室系统、蛛网膜下隙和脊髓中央管内的无色透明液体，含各种浓度不等的无机离子、葡萄糖、微量蛋白和少量淋巴细胞，功能上相当于外周组织中的淋巴，对中枢神经系统起缓冲、保护、运输代谢产物和调节颅内压等作用。脑脊液总量在成人平均约 150 mL，处于不断产生、循环和回流的动态平衡中(见图 9-33)。

脑脊液主要由脑室脉络丛产生，侧脑室脉络丛产生的脑脊液经室间孔流至第三脑室，与第三脑室脉络丛产生的脑脊液一起，经中脑水管流入第四脑室，再汇合第四脑室脉络丛产生的脑脊液一起经第四脑室正中孔和两个外侧孔流入蛛网膜下隙，再沿蛛网膜下隙流向大脑背面，经蛛网膜粒渗透到上矢状窦内，回流入血液中。若在脑脊液循环途径中发生阻塞，可导致脑积水和颅内压升高，使脑组织受压移位，甚至形成脑疝而危及生命。

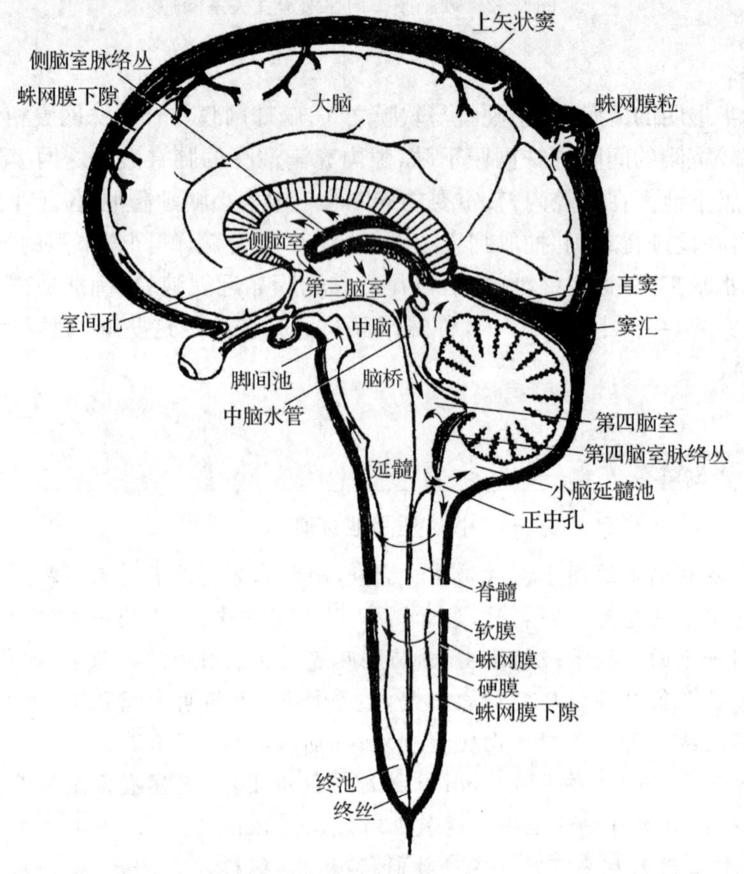

图 9-33　脑脊液循环模式图

颅内压增高的一般护理

颅内压增高是颅脑损伤、脑肿瘤、脑出血、脑积水和颅内炎症等疾病使颅腔内容物体积增加从而引起的综合征。颅内压增高会引发脑疝危象，可使患者因呼吸循环衰竭而死亡。一般护理：床头抬高 15°～30°的斜坡位，有利于颅内静脉回流，减轻脑水肿。昏迷患者取侧卧位，便于呼吸道分泌物排出。通过持续或间断吸氧，可以降低 $PaCO_2$ 使脑血管收缩，减少脑血流量，达到降低颅内压的目的。不能进食者，成人每天静脉输液量在 1 500～2 000 mL，其中等渗盐水不超过 500 mL，保持每日尿量不少于 600 mL，并且应控制输液速度，防止短时间内输入大量液体，加重脑水肿。神志清醒者给予普通饮食，但要限制钠盐摄入量。

3. 脑和脊髓的血管

1)脑的动脉

脑的动脉来源于颈内动脉和椎动脉。以顶枕沟为界，大脑半球的前 2/3 和部分间脑由颈内动脉分支供应，大脑半球后 1/3 及部分间脑、脑干和小脑由椎动脉供应(见图 9-34)。

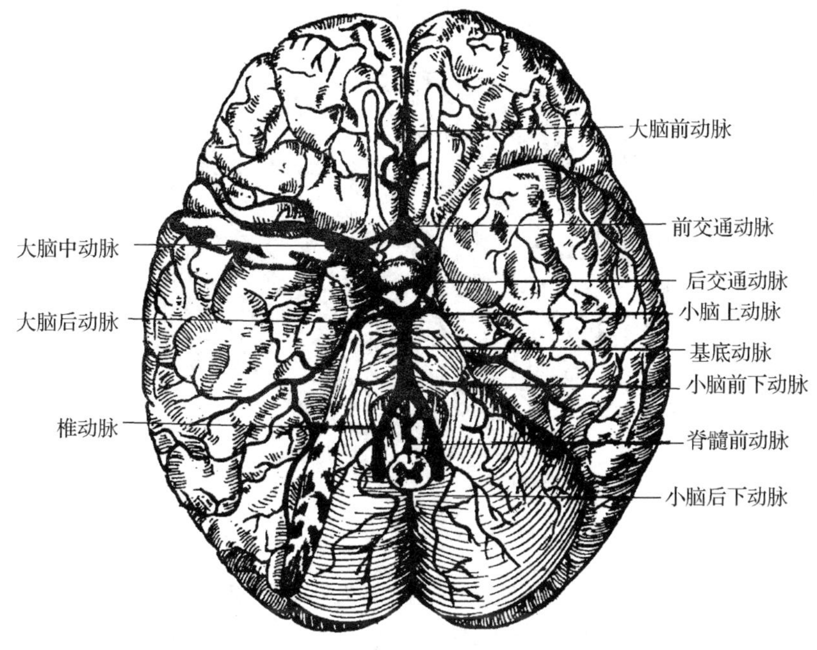

图 9-34 脑底面的动脉

(1)颈内动脉：起自颈总动脉，经颈动脉管进入颅内，在穿出海绵窦处发出眼动脉，然后在视交叉的外侧分为大脑前动脉和大脑中动脉等分支：①大脑前动脉：在视神经上方向前内行，进入大脑纵裂，沿胼胝体沟向后行。皮质支分布于顶枕沟以前的半球内侧面、额叶底面的一部分和额、顶两叶上外侧面的上部；中央支进入脑实质，供应尾状核、豆状核前部和内囊前肢。②大脑中动脉：向外行进入外侧沟内，营养大脑半球上外侧面的大部分和岛叶(见图 9-35)。

(2)椎动脉：起自锁骨下动脉，穿第 6 至第 1 颈椎横突孔，经枕骨大孔进入颅腔。入颅后，左、右椎动脉逐渐靠拢，在脑桥与延髓交界处合成一条基底动脉，沿基底沟上行，分为左、右大脑后动脉两大终支。大脑后动脉(见图 9-36)是基底动脉的终末分支，分布于颞叶的内侧面和底面及枕叶。

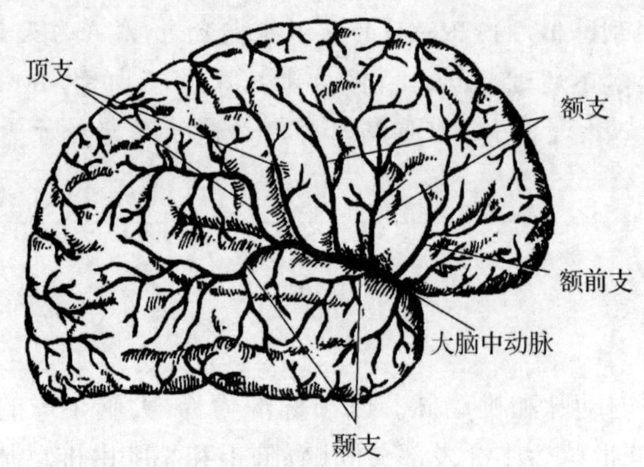

图 9-35　大脑半球外侧面的动脉分布

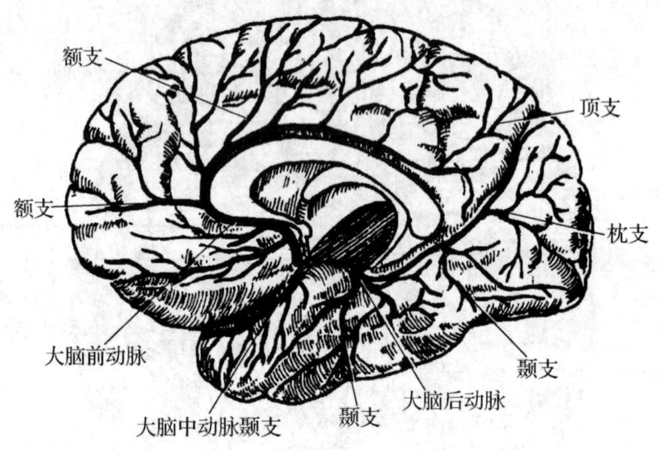

图 9-36　大脑半球内侧面的动脉分布

(3)大脑动脉环：又称 Willis 环，在脑底，左、右大脑前动脉之间有前交通动脉连接，大脑后动脉与颈内动脉之间有后交通动脉连接。大脑动脉环由两侧大脑前动脉、两侧颈内动脉、两侧大脑后动脉借前、后交通动脉连通而共同组成(见图 9-37)，此环使两侧颈内动脉系与椎-基底动脉系相交通。在正常情况下大脑动脉环两侧的血液不相混合。当此环的某一处发育不良或被阻断时，可在一定程度上通过大脑动脉环使血液重新分配和代偿，以维持脑的血液供应。

2)脑的静脉

脑的静脉壁薄且无瓣膜，不与动脉伴行，可分浅静脉和深静脉并相互吻合，最终汇入硬脑膜窦，进入颈内静脉。

3)脊髓的动脉

脊髓的动脉有两个来源(见图 9-38)，即椎动脉和节段性动脉。椎动脉发出脊髓前动脉和脊髓后动脉，在下行过程中，不断得到节段性动脉分支的增补，以保障脊髓有足够的血液供应。左、右脊髓前动脉在延髓腹侧合成一干，沿前正中裂下行至脊髓末端，供应脊髓前3/4。左、右脊髓后动脉由椎动脉或小脑下后动脉发出，沿脊髓后外侧下行，沿途接受后髓动脉的补充，供应脊髓后 1/4。

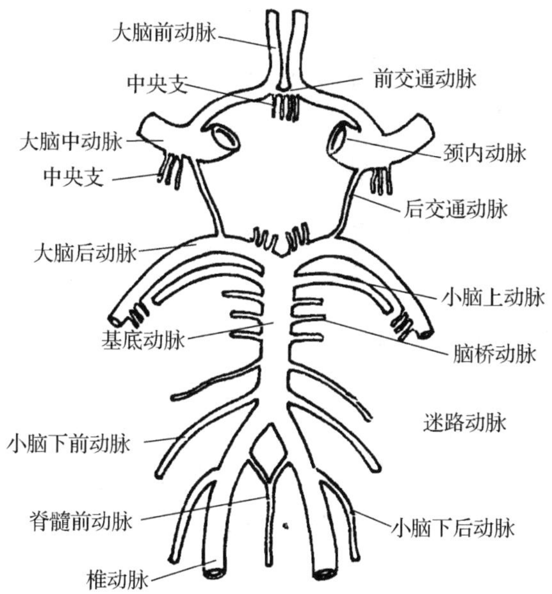

图 9-37 大脑动脉环及中央支模式图

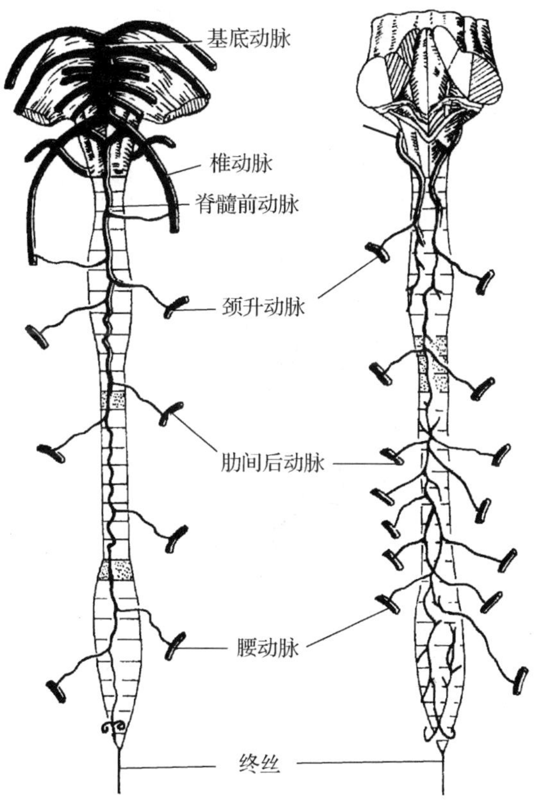

图 9-38 脊髓的动脉

4)脊髓的静脉

脊髓的静脉较动脉多而粗，收集脊髓内的小静脉，最后汇集成脊髓前、后静脉，通过前、后根静脉注入硬膜外隙的椎内静脉丛。

9.2.4 脑和脊髓的传导通路

脑和脊髓的传导通路包括感觉(上行)传导通路和运动(下行)传导通路。

1.感觉传导通路

1)本体感觉和精细触觉传导通路

本体感觉是指肌、腱、关节等运动器官本身在不同状态时产生的感觉(位置觉、运动觉和振动觉)，因位置较深，又称深部感觉。精细触觉即辨别两点间距离和感受物体的纹理粗细等的感觉。本体感觉和精细触觉传导通路由三级神经元组成(见图 9-39)。

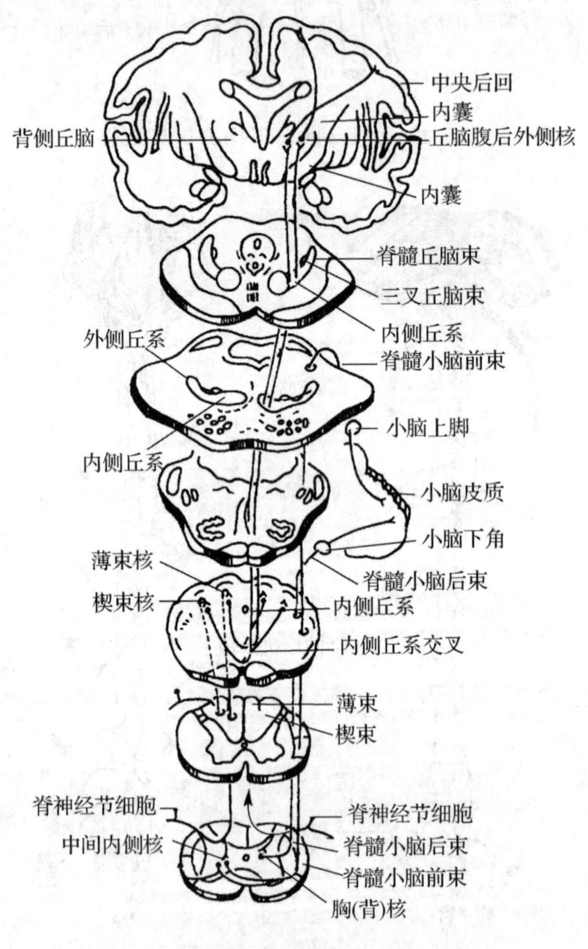

图 9-39 本体感觉和精细触觉传导通路

第 1 级神经元的胞体是位于脊神经节内的假单极神经元，周围突构成脊神经的感觉纤维，分布于四肢、躯干的肌、腱、关节和骨膜等处的深部感受器；中枢突经后根内侧部进入脊髓后索。其中，来自第 5 胸节以下的纤维形成薄束，来自第 4 胸节以上的纤维形成楔束。薄束和楔束的纤维至延髓后分别终止于薄束核与楔束核。

第 2 级神经元的胞体位于薄束核与楔束核内，其纤维与对侧交叉，交叉后形成内侧丘系，经脑桥、中脑止于丘脑腹后外侧核。

第 3 级神经元，胞体位于丘脑腹后外侧核，发出的第 3 级纤维经内囊后肢，投射到中央后回上 2/3 的皮质。

2)痛觉、温度觉和粗触觉传导通路

躯干和四肢的痛觉、温度觉和粗触觉传导通路由三级神经元组成(见图 9-40)。

第 1 级神经元是位于脊神经节内的假单极神经元，周围突构成脊神经内的感觉纤维，分布到躯干和四肢的皮肤。中枢突通过后根的外侧部进入脊髓后外侧束，上升 1～2 个脊髓节段后进入脊髓后角固有核。

第 2 级神经元胞体主要位于脊髓后角固有核，其传出纤维交叉至对侧脊髓侧索和前索，再转行向上，形成脊髓丘脑侧束和脊髓丘脑前束，终止于丘脑腹后外侧核。

第 3 级神经元胞体位于丘脑腹后外侧核，由该核发出的纤维经内囊后肢，投射到中央后回上 2/3 的皮质。

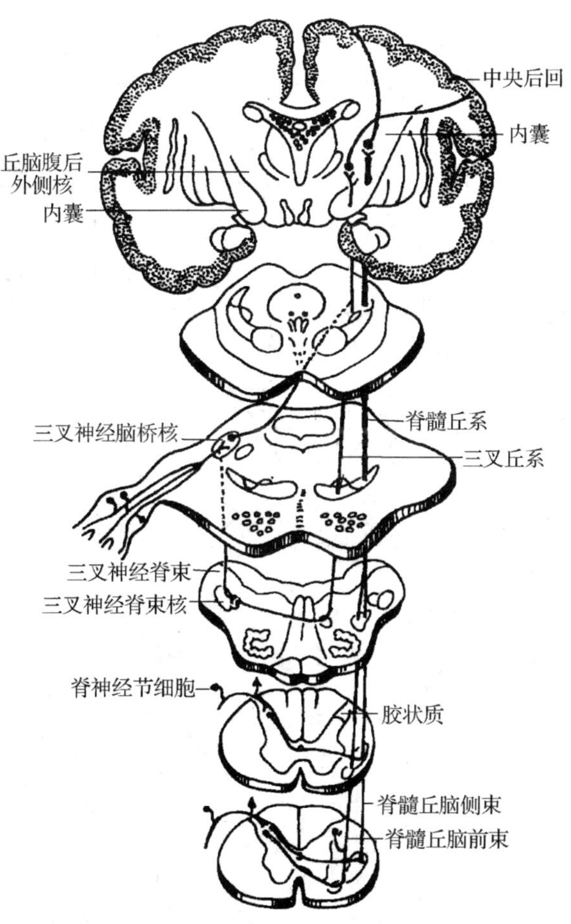

图 9-40 痛觉、温度觉和粗触觉传导通路

3)头面部的痛觉、温度觉和触觉传导通路

头面部的痛觉、温度觉和触觉传导通路由三级神经元组成。

第 1 级神经元胞体位于三叉神经节内,为假单极神经元,周围突随三叉神经的分支分布于面部皮肤、口腔黏膜等处的浅感受器,中枢突构成三叉神经感觉根进入脑桥。

第 2 级神经元胞体在三叉神经脑桥核和脊束核内,其发出的纤维交叉至对侧组成三叉丘系,在内侧丘系背侧上升至丘脑,终止于丘脑腹后内侧核。

第 3 级神经元胞体位于丘脑腹后内侧核,由核发出的第 3 级纤维经内囊后肢,投射到中央后回的下 1/3 区。

4)视觉传导通路

视觉传导通路由三级神经元组成(见图 9-41)。

第 1 级神经元为视网膜的双极细胞,其周围突与视网膜内的视锥细胞和视杆细胞形成突触,中枢突与节细胞形成突触。

第 2 级神经元为节细胞,其轴突集合成视神经,由视神经管入颅腔,形成视交叉后,延为视束。在视交叉中,来自两眼视网膜鼻侧半的纤维交叉,交叉后加入对侧视束;来自视网膜颞侧半的纤维不交叉,进入同侧视束内。经交叉后的视束内含有同侧眼视网膜的颞侧半纤维和对侧眼视网膜的鼻侧半纤维。视束向后绕大脑脚终于外侧膝状体。

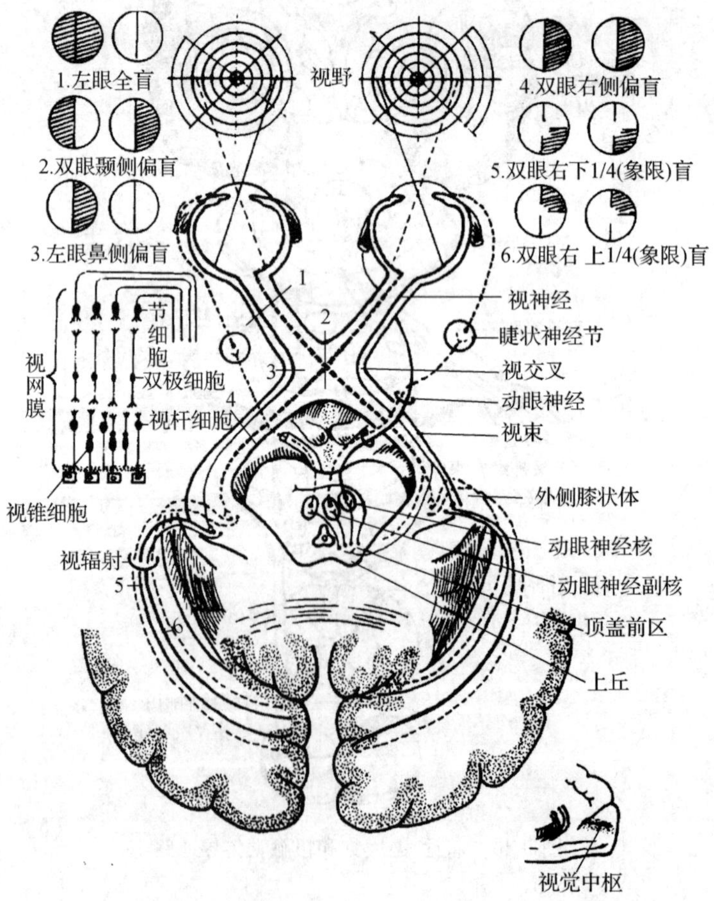

图 9-41 视觉传导通路及瞳孔对光反射通路

第3级神经元的胞体在外侧膝状体内，由外侧膝状体发出的纤维组成视辐射，经内囊后肢投射到大脑皮质距状沟周围的视区。

2. 运动传导通路

运动传导通路包括锥体系和锥体外系，锥体系主要管理骨骼肌的随意运动，锥体外系是锥体系以外的下行传导通路的统称。

1)锥体系

锥体系分为上、下两级神经元，上运动神经元为位于大脑皮质躯体运动中枢内的锥体细胞，下运动神经元位于脑神经运动核和脊髓前角。锥体系任何部位的损伤都可引起随意运动的障碍，出现肢体瘫痪。上运动神经元损伤表现为痉挛性瘫，肌张力增高，肌肉不萎缩；下运动神经元损伤表现为弛缓性瘫，肌张力减低，肌萎缩明显。

(1)皮质核束：上运动神经元位于大脑皮质中央前回下 1/3，纤维发出后，经内囊膝部下行至脑干，大多数纤维终止于两侧的脑神经运动核(见图 9-42)，但面神经核的下半(分布于眼裂以下的面肌)和舌下神经核仅接受对侧的皮质核束支配。故一侧的皮质核束受损伤时，受两侧皮质核束支配的脑神经运动核和面神经核上半的支配区域不受影响，而对侧面神经核下半和舌下神经核的支配区出现病态，表现为对侧眼裂以下的面肌和对侧舌肌瘫痪。

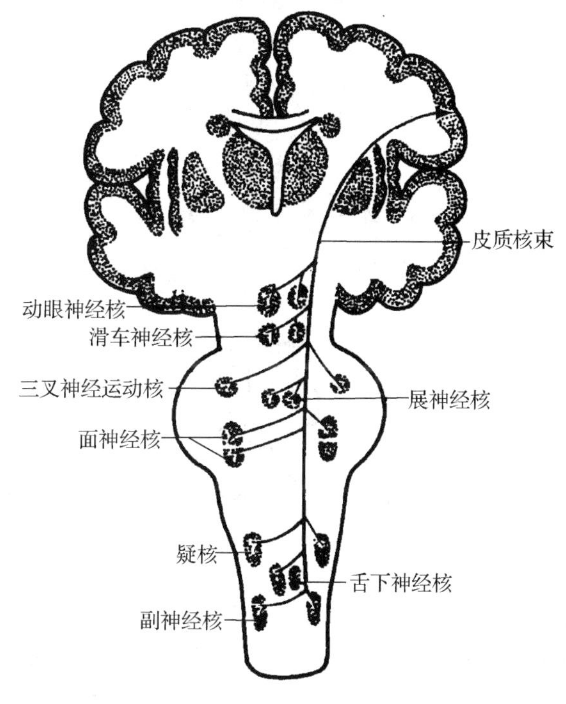

图 9-42 皮质核束

(2)皮质脊髓束：上运动神经元位于大脑皮质中央前回上 2/3 和中央旁小叶前部，下运动神经元位于脊髓灰质前角运动细胞。上运动神经元纤维发出后经内囊后肢下行，至中脑的大脑脚底，经脑桥基底部至延髓形成锥体，在锥体下端，绝大部分纤维左右相互交叉，形成锥体交叉(见图 9-43)。交叉后的纤维于对侧脊髓外侧索内下行，形成皮质脊髓侧束，逐节止于同侧前角运动细胞，支配四肢肌。在延髓锥体小部分未交叉的纤维在同侧脊髓前索内下行，形成皮质脊髓前束，该束仅达胸节，其一部分纤维逐节交叉至对侧，止于前角运动细胞，支配躯干和四肢骨骼肌的运动。皮质脊髓前束中有一部分纤维始终不交叉而止于同侧前角运动细胞，支配躯干肌。所以，躯干肌是受两侧大脑皮质支配的。一侧皮质脊髓束在锥体交叉前受损，主要引起对侧肢体瘫痪，而躯干肌的运动没有受到明显影响。

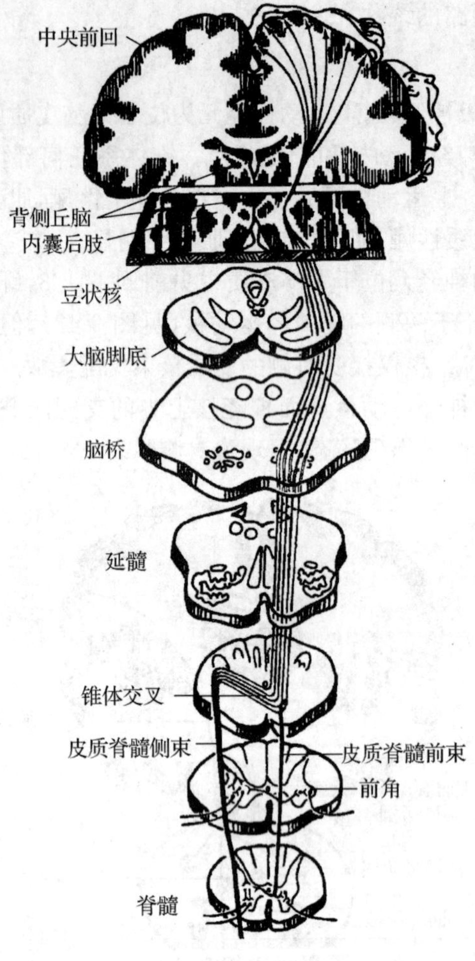

图 9-43　皮质脊髓束

2)锥体外系

锥体外系在结构上并不是一个简单独立的结构系统，而是一个复杂的涉及脑内许多结构的功能系统。锥体外系主要包括大脑皮质、纹状体、背侧丘脑、脑桥核、小脑、网状结构等。主要功能是调节肌张力、协调肌的活动、维持和调整体态姿势、进行习惯性和节律性动作等。

锥体外系的活动是在锥体系的主导下进行的，而锥体外系的活动又给锥体系的活动以最适宜的条件。两者相互协调、相互依赖，从而共同完成人体各项复杂的随意运动。

9.3 周围神经系统

周围神经系统包括与脑相连的脑神经、与脊髓相连的脊神经和分布于内脏、心血管和腺体的内脏神经。

9.3.1 脊神经

脊神经共31对，借前根和后根与脊髓相连（见图9-44）。前根属运动性，后根属感觉性，两者在椎间孔处汇合而成脊神经。脊神经后根在椎间孔附近有一椭圆形膨大，称脊神经节，内含感觉神经元的胞体。31对脊神经包括颈神经8对、胸神经12对、腰神经5对、骶神经5对、尾神经1对。

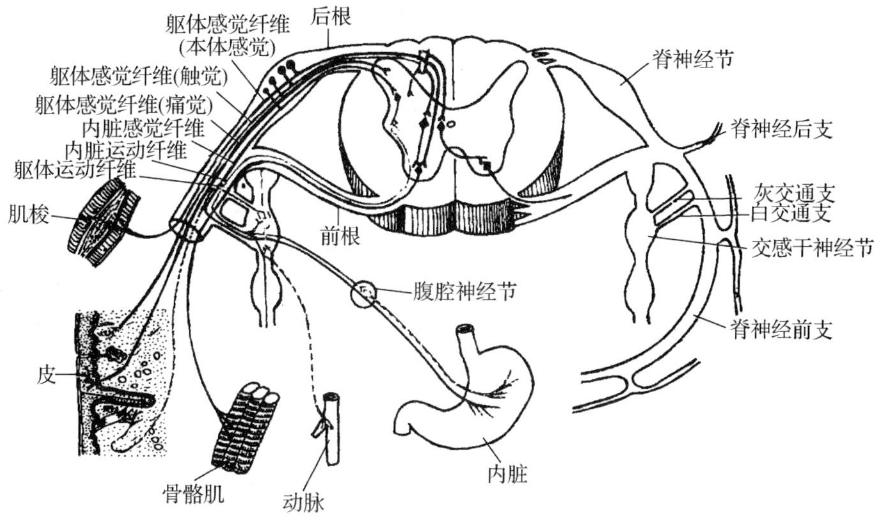

图9-44 脊神经的组成和分支、分布示意图

脊神经出椎间孔后，分为前、后两支。脊神经前支粗大，除第2～11胸神经的前支外，其余脊神经的前支分别交织成神经丛，主要的脊神经丛包括颈丛、臂丛、腰丛和骶丛。脊神经后支细小，主要分布于躯干背侧的深层肌和皮肤。

1. 颈丛

1)颈丛的组成和位置

颈丛由第1～4颈神经前支交织构成，位于胸锁乳突肌上部深面。

2)颈丛的分支

颈丛的分支主要包括皮支和肌支（见图9-45）。

(1)皮支：从胸锁乳突肌后缘中点附近浅出后呈放射状分布，主要有枕小神经、耳大神经、颈横神经和锁骨上神经。胸锁乳突肌后缘中点为颈部浅层结构浸润麻醉的阻滞点。

(2)肌支：主要为膈神经。膈神经是颈丛中最重要的分支，在锁骨下动、静脉之间经胸廓上口进入胸腔，在纵隔胸膜与心包之间下行达膈，于中心腱附近穿入膈肌。膈神经中的运动纤维支配膈肌，感觉纤维分布于胸膜、心包及膈下面的部分腹膜。膈神经损伤的主要表现是同侧膈肌瘫痪，腹式呼吸减弱或消失，严重者可有窒息感。膈神经受刺激时，膈肌痉挛性收缩，可产生呃逆。

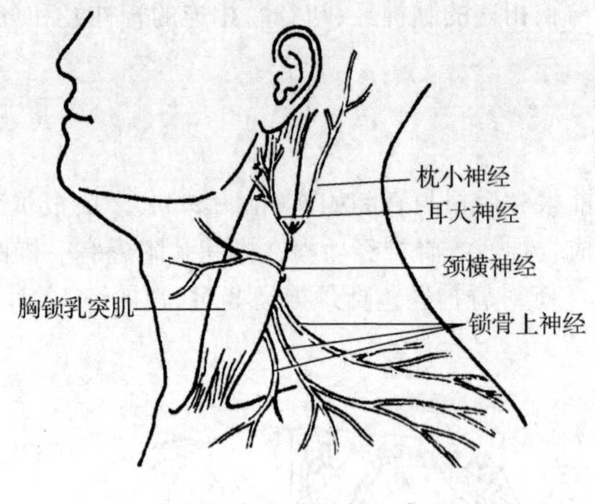

图 9-45　颈丛的组成

2. 臂丛

1)臂丛的组成和位置

臂丛(见图 9-46)由第 5～8 颈神经前支和第 1 胸神经前支大部分纤维组成。臂丛于锁骨下动脉的后上方，经锁骨中段后方进入腋窝，锁骨中点后方臂丛分支较集中，是臂丛麻醉的阻滞点。

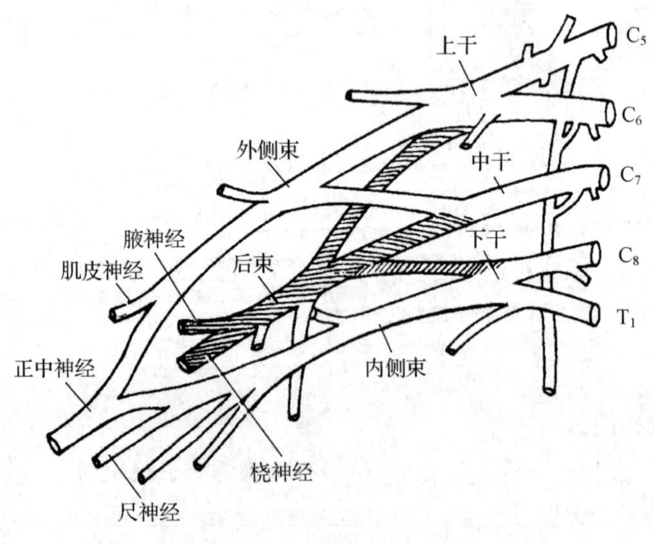

图 9-46　臂丛的组成

2)臂丛的分支

臂丛的分支(见图 9-47)主要包括肌皮神经、正中神经、尺神经、桡神经和腋神经等。

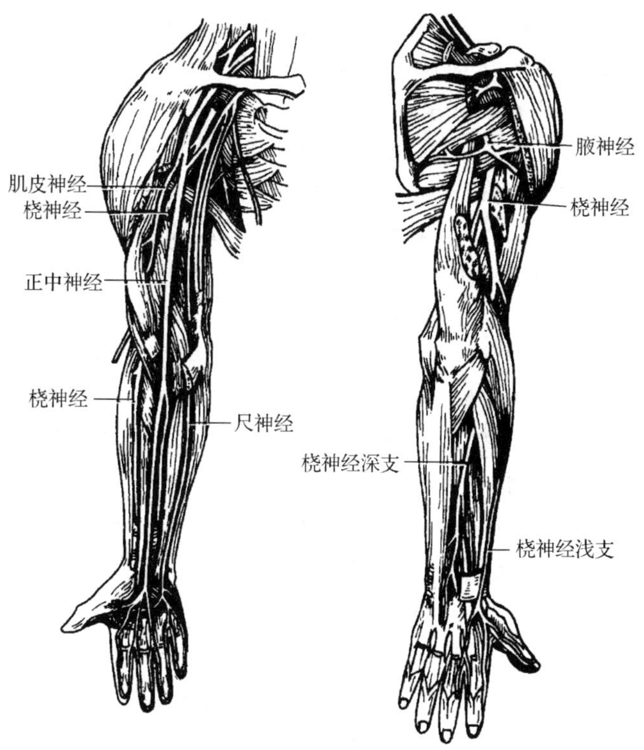

图 9-47 臂丛分支及上肢神经

(a)前面 (b)后面

(1)肌皮神经:自臂丛发出后,斜穿喙肱肌,经肱二头肌与肱肌间下行,分支分布并支配这些肌。其余纤维在肘关节稍下方,经肱二头肌外侧缘下端外侧穿出深筋膜,改称前臂外侧皮神经,分布于前臂外侧皮肤。

(2)正中神经:发自臂丛,伴腋动脉下行,沿肱二头肌内侧沟伴肱动脉至肘窝,继在前臂指浅、深屈肌间达腕部,进入手掌。正中神经在臂部无分支,在肘部及前臂发许多肌支,分布于除肱桡肌、尺侧腕屈肌和指深屈肌尺侧半以外的所有前臂屈肌、旋前肌和鱼际肌大部;在手掌区,分布于掌心、桡侧三个半手指掌面的皮肤。

正中神经损伤易发生于前臂和腕部,表现为前臂不能旋前,屈腕力减弱,拇指、食指、中指不能屈曲,拇指不能做对掌运动;鱼际肌萎缩,手掌平坦,称“猿手”(见图 9-48)。皮支分布区感觉障碍,以拇指、示指和中指远节较为明显。

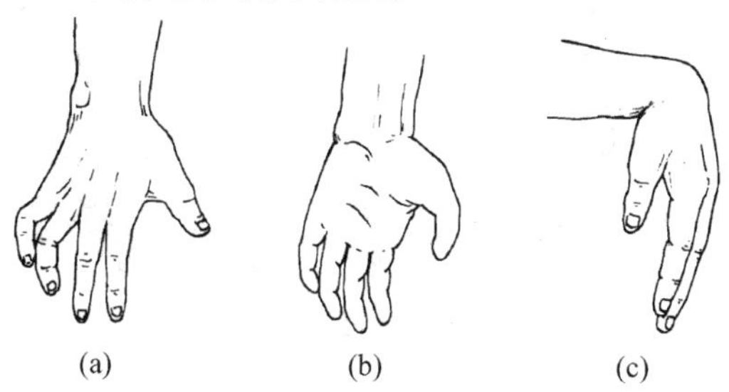

图 9-48 上肢神经损伤的手形

(a)爪形手(尺神经损伤) (b)猿手(正中神经损伤) (c)垂腕(桡神经损伤)

(3)尺神经:发自臂丛,在腋动、静脉之间出腋窝后,沿肱动脉内侧下行至臂中部,经肱骨内上髁后方的尺神经沟向下转至前臂前内侧,下行至桡腕关节上方发出手背支,本干分浅、深两支入手掌。肱骨髁上骨折易致尺神经损伤。

尺神经在前臂上部发肌支,支配尺侧腕屈肌和指深屈肌尺侧半;浅支分布于小鱼际的皮肤和尺侧一个半指掌面皮肤;深支分布于小鱼际肌、骨间肌等肌。

尺神受损后屈腕力减弱,无名指和小指远节指关节不能屈曲,拇指不能内收,骨间肌萎缩,各指不能互相靠拢。肌肉萎缩致小鱼际平坦,过伸掌指关节,屈第4、5指指间关节,表现为"爪形手"。同时,手掌、手背内侧缘皮肤感觉丧失。

(4)桡神经:发自臂丛,在腋窝内位于腋动脉后方,伴肱深动脉向下外行,沿桡神经沟绕肱骨中段后面,在肱骨外上髁前方分为浅支与深支。浅支即皮支,伴桡动脉下行,分布于手背桡侧半和桡侧两个半手指近节背面的皮肤。深支较粗,主要为肌支,分数支,其长支可达腕部,分布于肱三头肌、肱桡肌、旋后肌和前臂后群所有伸肌。

桡神经最易损伤的部位为臂中段后部,贴肱骨桡神经沟处及穿旋后肌行于桡骨附近。肱骨中段或中、下1/3交界处骨折时容易合并桡神经损伤,主要是前臂伸肌瘫痪,表现为抬前臂时呈"垂腕"状,第1、2掌骨间背面皮肤感觉障碍明显。

(5)腋神经:自臂丛发出,绕肱骨外科颈的后方至三角肌深面。肌支支配三角肌等肌;皮支分布于肩关节周围的皮肤。肱骨外科颈骨折、肩关节脱位都可造成腋神经损伤而导致三角肌瘫痪,臂不能外展,肩部、臂外上部感觉障碍。由于三角肌萎缩,肩部失去圆隆的外形形成"方形肩"。

3. 胸神经前支

胸神经前支共12对,除第1对的大部分参加臂丛及第12对的少部分参加腰丛外,其余不形成神经丛。第1~11对胸神经前支位于相应的肋间隙中,称为肋间神经(见图9-49),第12对胸神经前支位于第12肋下方,故称肋下神经。肋间神经伴随肋间后血管,沿肋沟行走。肋间神经和肋下神经的肌支分布于肋间肌和腹前外侧肌群,皮支分布于胸、腹壁皮肤及相应的壁胸膜和壁腹膜。

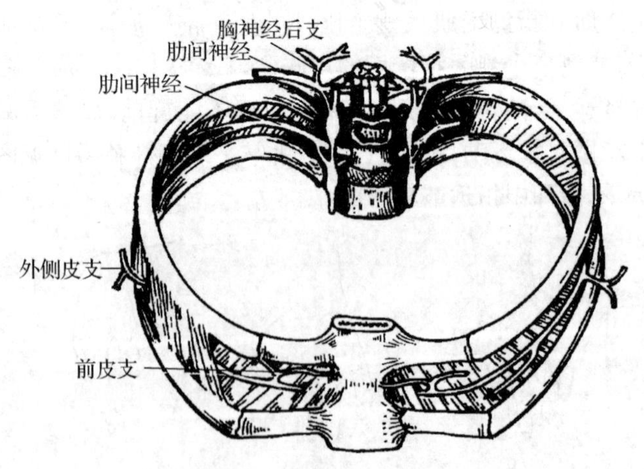

图9-49 肋间神经

胸神经前支在胸、腹壁皮肤呈明显的节段性分布。第2、4、6、8、10、12对胸神经前支,分别分布于胸骨角、乳头、剑突、肋弓、脐和髂前上棘平面，临床常以节段性分布区的感觉障碍平面来推断脊髓损伤的节段(见图 9-50)。

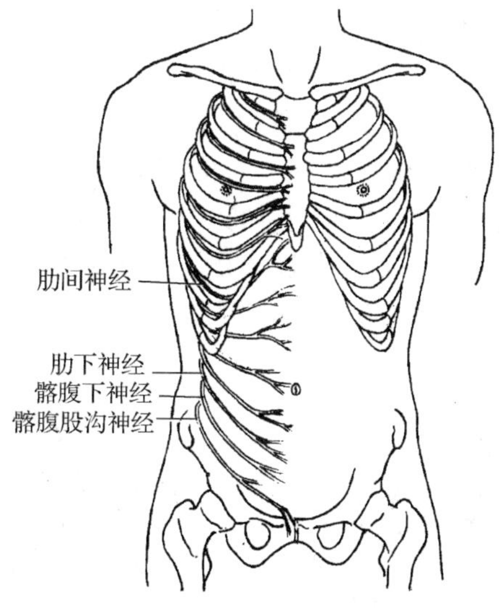

图 9-50 肋间神经在胸腹壁的分布

4. 腰丛

1)腰丛的组成和位置

腰丛由第 12 胸神经前支的一部分、第 1～3 腰神经前支及第 4 腰神经前支的一部分组成，位于腰大肌深面，其分支自腰大肌穿出(见图 9-51)。

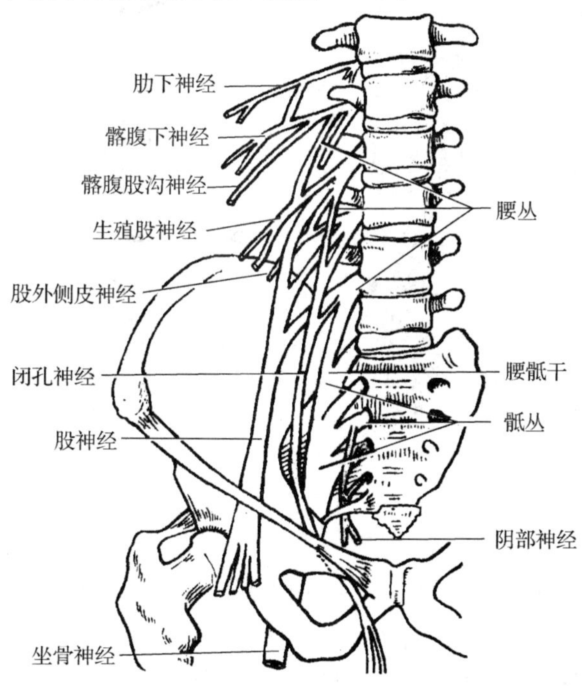

图 9-51 腰、骶丛组成模式图

2)腰丛的分支

(1)髂腹下神经:约在腹股沟管浅环上方 3 cm 处穿腹外斜肌腱膜达皮下。皮支主要分布于臀外侧区、腹股沟区及下腹部的皮肤。

(2)髂腹股沟神经:与髂腹下神经共干发出,穿经腹股沟管,自腹股沟管浅环穿出。其肌支分布于腹壁肌;皮支分布于腹股沟部、阴囊或大阴唇皮肤。

(3)股神经:是腰丛最大的分支(见图 9-52),自腰大肌外缘穿出,于腰大肌与髂肌之间下行,在腹股沟韧带中点稍外侧经韧带深面、股动脉外侧进入股三角区。肌支分布于大腿前群肌等,皮支分布于大腿及膝关节前面的皮肤。最长的皮支为隐神经,伴随股动脉入内收肌管,下行至膝关节内侧浅出皮下后,与大隐静脉伴行,分布于小腿内侧面及足内侧缘皮肤。

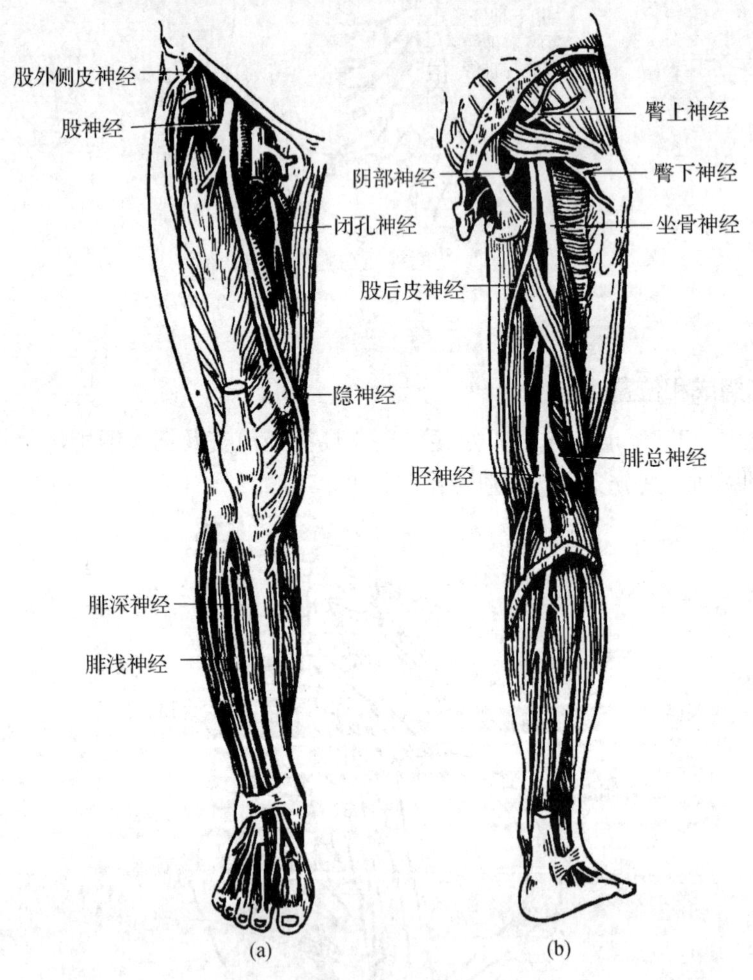

图 9-52　腰丛分支及下肢神经

(a)前面　(b)后面

股神经损伤后表现为股前肌群瘫痪,行走时抬腿困难,不能伸小腿,膝反射消失,肌肉萎缩,大腿前面和小腿内侧面皮肤感觉丧失。

(4)闭孔神经:自腰大肌内侧缘穿出,贴小骨盆内侧壁前行,穿闭膜管出小骨盆至大腿内侧,分布于大腿内侧肌群,大腿内侧面皮肤。

(5)生殖股神经：自腰大肌前面穿出后，在腹股沟韧带上方分成生殖支和股支。生殖支进入腹股沟管，随精索分布于提睾肌和阴囊(女性随子宫圆韧带分布于大阴唇)。股支分布于股三角部的皮肤。

5. 骶丛

1)骶丛的组成和位置

第4腰神经前支余部和第5腰神经前支结合而成腰骶干，腰骶干与全部骶神经和尾神经前支组成骶丛。骶丛是全身最大的脊神经丛，位于盆腔内，骶骨和梨状肌的前面，呈三角形，尖朝下，移行为坐骨神经。

2)骶丛的分支

骶丛的分支主要包括臀上神经、臀下神经、阴部神经和坐骨神经等。

(1)臀上神经：经梨状肌上孔出盆腔，支配臀中、小肌及阔筋膜张肌。

(2)臀下神经：伴臀下血管经梨状肌下孔出盆腔，主要支配臀大肌。

(3)阴部神经：经梨状肌下孔出盆腔，分部于会阴部、外生殖器和肛门的肌肉和皮肤。

(4)坐骨神经：是全身最粗大、最长的神经。经梨状下孔出盆腔，于臀大肌深面，坐骨结节与大转子之间下行至股后区，下行至腘窝上方分为胫神经和腓总神经两大终支。坐骨神经干在股后区发出肌支支配大腿后群肌。

坐骨神经干的表面投影：自坐骨结节和大转子之间的中点至股骨内、外侧髁之间中点连线的上2/3段，坐骨神经痛时，常在此连线上出现压痛。

胫神经为坐骨神经本干的直接延续，在腘窝与腘血管伴行至小腿后区，经内踝后方进入足底区，分为足底内侧神经和足底外侧神经。胫神经分布于小腿后肌群和足底肌、小腿后面和足底的皮肤。

胫神经损伤后主要表现为小腿后群肌无力，足不能跖屈，不能内翻，因小腿前外侧群肌过度牵拉，使足背屈、外翻位，出现“钩状足”或称“仰趾足”(见图9-53)。小腿后面及足底感觉迟钝或丧失。

图9-53 小腿神经损伤足形

(a)仰趾足(胫神经损伤) (b)马蹄内翻足(腓总神经损伤)

腓总神经沿腘窝上外侧行向外下，绕腓骨颈外侧向前，分为腓浅神经和腓深神经。腓浅神经分布于腓骨长、短肌，腓深神经伴胫前动脉下行于胫骨前肌与趾长伸肌之间，经踝关节前方达足背，分布于小腿前群肌、足背肌。

腓总神经绕行腓骨颈处位置表浅，易受损伤。受损伤后表现为足不能背屈，趾不能伸，足下垂且内翻，形为“马蹄内翻足”。

注射性神经损伤

肌肉注射和静脉注射是重要的护理操作技术，是临床上常用的给药途径，效果可靠。但如果操作者不遵循操作规范或不熟悉人体结构关系，在肌肉注射时将刺激性较强的药物直接注入神经干或其周围，以及在静脉注射时药物漏至血管外神经干周围，均可造成神经组织不同程度的损伤和功能障碍，严重者可导致残疾。因此，操作者要熟悉常用肌肉注射和静脉注射部位的人体结构关系，避开神经，对不同性别、年龄、体型、体质的患者都应考虑这一点。给婴幼儿注射时可将臀肌捏起，以增加其厚度。如出现注射性神经损伤，轻者采取保守疗法，促进药物吸收，保护神经，通常在数天至数周内功能可完全恢复。中等程度以上的损伤只有手术治疗才有恢复神经功能的可能。早期可局部切开减压冲洗，中、晚期应做神经松解术，以解除压迫、粘连，改善局部微循环，多数病例疗效满意。

9.3.2 脑神经

脑神经(见图 9-54)共 12 对，其排列顺序一般用罗马数字表示：Ⅰ嗅神经、Ⅱ视神经、Ⅲ动眼神经、Ⅳ滑车神经、Ⅴ三叉神经、Ⅵ展神经、Ⅶ面神经、Ⅷ前庭蜗神经、Ⅸ舌咽神经、Ⅴ迷走神经、Ⅺ副神经、Ⅻ舌下神经。根据脑神经所含纤维成分性质的不同，将脑神经分为感觉性神经(第Ⅰ、Ⅱ、Ⅷ对脑神经)、运动性神经(第Ⅲ、Ⅳ、Ⅵ、Ⅺ、Ⅶ对脑神经)和混合性神经(第Ⅴ、Ⅶ、Ⅸ、Ⅹ对脑神经)。

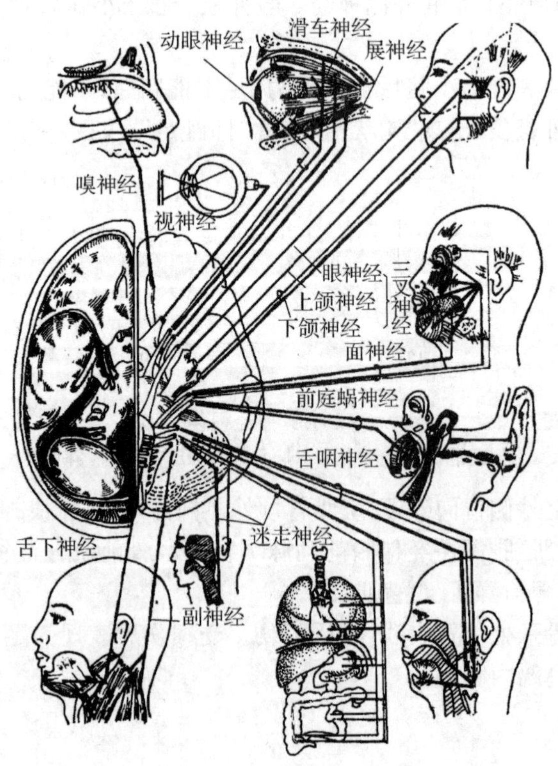

图 9-54　脑神经示意图

1. 嗅神经

嗅神经为内脏感觉性神经，由鼻腔黏膜嗅区的嗅细胞中枢突聚集而成，穿过筛孔入颅前窝，进入嗅球，传导嗅觉。

2. 视神经

视神经为躯体感觉性神经，由视网膜内节细胞的轴突，在视神经盘处聚集，穿出巩膜构成视神经，穿经视神经管入颅中窝，向后内走行于垂体前方形成视交叉，续为视束，止于外侧膝状体，传导视觉冲动。

3. 动眼神经

动眼神经(见图 9-55)为运动性神经，含一般躯体运动纤维和一般内脏运动纤维(副交感神经)两种，分别起于动眼神经核和动眼神经副核。动眼神经穿海绵窦外侧壁，经眶上裂入眶，躯体运动纤维支配上睑提肌、上直肌、下直肌、内直肌和下斜肌。动眼神经中的内脏运动副交感纤维在睫状神经节处换神经元后，其节后纤维支配睫状肌和瞳孔括约肌，兴奋时使瞳孔缩小、晶状体曲度加大。

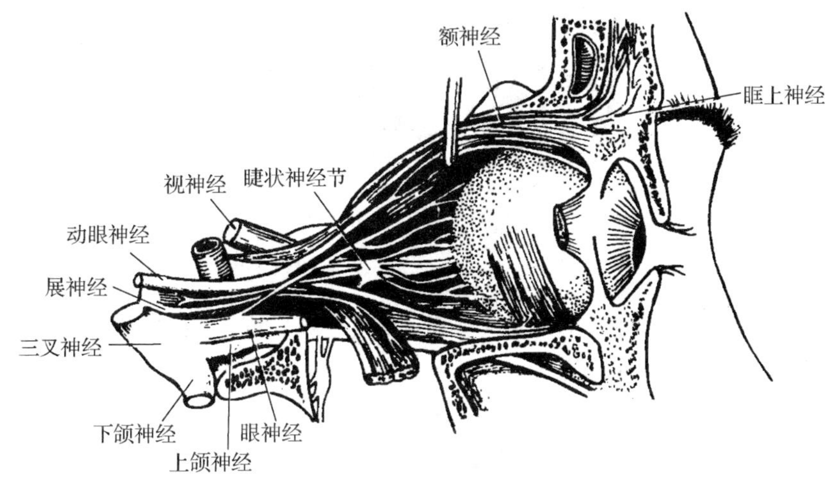

图 9-55 眶内神经侧面观

一侧动眼神经损伤后，可致提上睑肌、上直肌、内直肌、下直肌、下斜肌瘫痪，出现上睑下垂、眼向外下方斜视、瞳孔扩大和患侧眼瞳孔对光反射消失等。

4. 滑车神经

滑车神经为运动性神经，含一般躯体运动纤维，起于滑车神经核，自中脑背侧下丘下方出脑，绕过大脑脚外侧前行，经海绵体窦外侧壁及眶上裂入眶，支配上斜肌。

5. 三叉神经

三叉神经(见图 9-56)是最粗大的脑神经，为混合性神经，含躯体感觉纤维和躯体运动纤维。躯体感觉纤维来自三叉神经感觉核，躯体运动纤维来自三叉神经运动核，它们组成粗大的感觉根和细小的运动根，感觉根上有三叉神经节。三叉神经节发出眼神经、上颌神经、下颌神经三大分支。

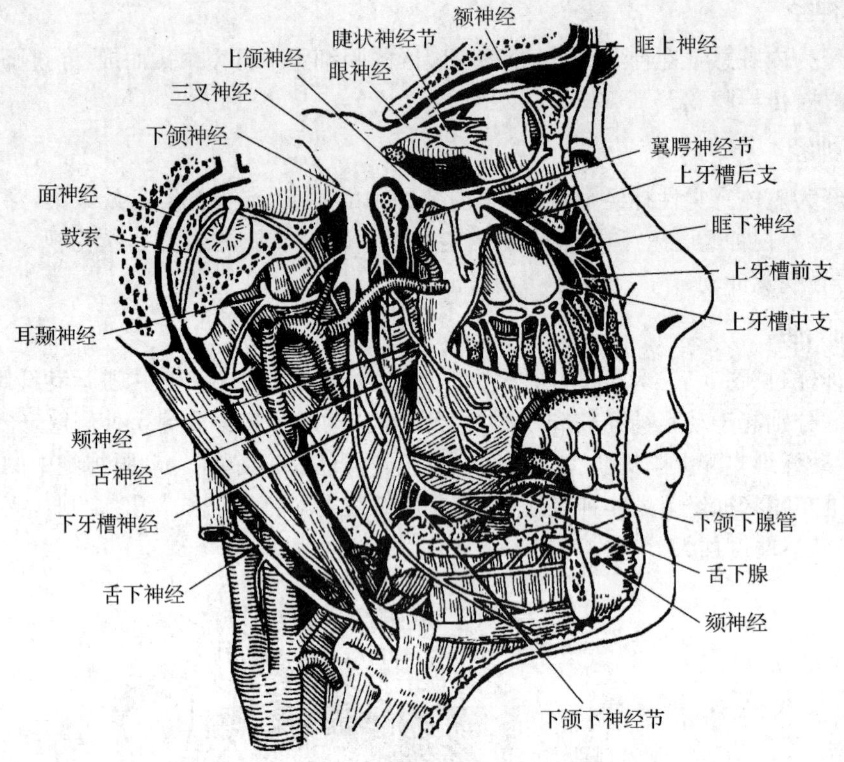

图 9-56　三叉神经外面观

1)眼神经

眼神经仅含躯体感觉纤维，为感觉性神经，经眶上裂入眶，分支分布于眶、眼球、泪腺、结膜、硬脑膜、部分鼻黏膜、额顶部及上睑和鼻背部的皮肤(见图 9-57)。

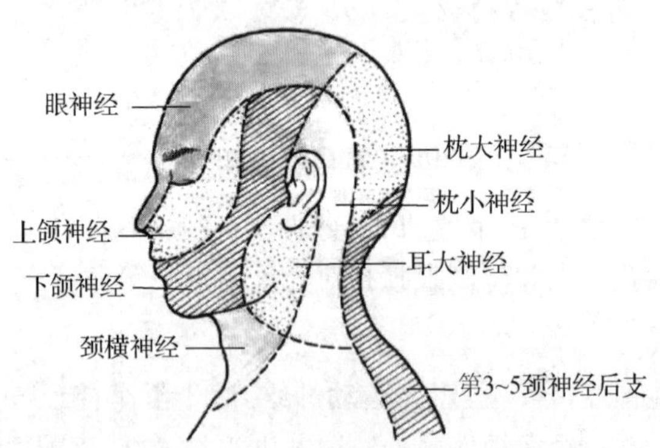

图 9-57　三叉神经皮支的分布范围

2)上颌神经

上颌神经仅含躯体感觉纤维，为感觉性神经，经圆孔出颅后分数支。其中，眶下神经经眶下裂入眶，分布于下睑、鼻翼、上唇的皮肤和黏膜，上颌部手术可经眶下孔进行麻醉；上牙槽神经分支较多，主要分布于上颌牙齿、牙龈及上颌窦黏膜；翼腭神经为 2～3 支，分布于鼻、腭、咽部的黏膜及腭扁桃体。

3)下颌神经

下颌神经为混合性神经，自卵圆孔出颅，在翼外肌深面发出肌支支配咀嚼肌、鼓膜张肌等。下颌神经其他主要分支有舌神经、下牙槽神经等。其中，舌神经呈弓形前行达口腔黏膜深面，分布于口腔底及舌前 2/3 黏膜，传导一般感觉。此外，舌神经中有来自面神经的副交感纤维和味觉纤维加入，随舌神经分布于舌前 2/3 黏膜，接收舌前 2/3 的味觉。下牙槽神经为混合性神经，穿下颌孔入下颌管，分支分布于下颌牙及牙龈，其终支自颏孔穿出，称颏神经，分布于颏部及下唇的皮肤和黏膜。

6. 展神经

展神经属躯体运动神经，起自展神经核，经眶上裂入眶，支配外直肌。展神经损伤可引起外直肌瘫痪，引起内斜视。

7. 面神经

面神经为混合性脑神经，含有三种纤维成分：躯体运动纤维起自面神经核，主要支配面肌的运动；内脏运动副交感神经纤维起自上泌涎核，其节后纤维分布于泪腺、下颌下腺、舌下腺及鼻、腭的黏膜腺，支配腺体的分泌；内脏感觉纤维分布于舌前 2/3 黏膜的味蕾，传导味觉。

面神经先进入内耳门，再穿过内耳道底入面神经管。在面神经管起始处，面神经分出的纤维支配泪腺、腭及鼻黏膜腺体的分泌。在出茎乳前发出的纤维加入三叉神经的舌神经，味觉纤维随舌神经分布于舌前 2/3 的味蕾，副交感节后纤维分布于下颌下腺和舌下腺，支配其分泌活动。

面神经出茎乳孔后，前行在腮腺内发出分支，至腮腺前缘呈辐射状穿出颞支、颧支、颊支、下颌缘支和颈支(见图 9-58)，支配面部表情肌及颈阔肌。

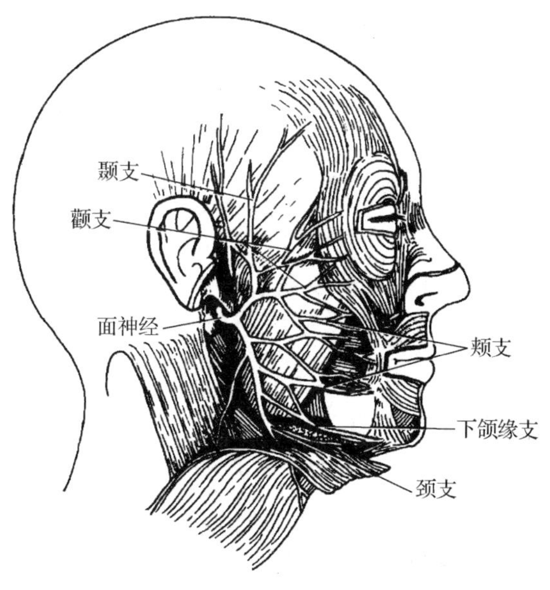

图 9-58 面神经在面部的分支

8. 前庭蜗神经

前庭蜗神经属特殊躯体感觉性神经，含有传导平衡觉和传导听觉的特殊躯体感觉纤维，由前庭神经和蜗神经两部分组成。前庭神经传导平衡觉，蜗神经传导听觉。前庭蜗神经损伤后，可致伤侧耳聋和平衡功能障碍；眩晕和眼球震颤，伴有呕吐等症状。

9. 舌咽神经

舌咽神经(见图 9-59)为混合性脑神经，经颈静脉孔出颅，含有以下四种纤维成分。

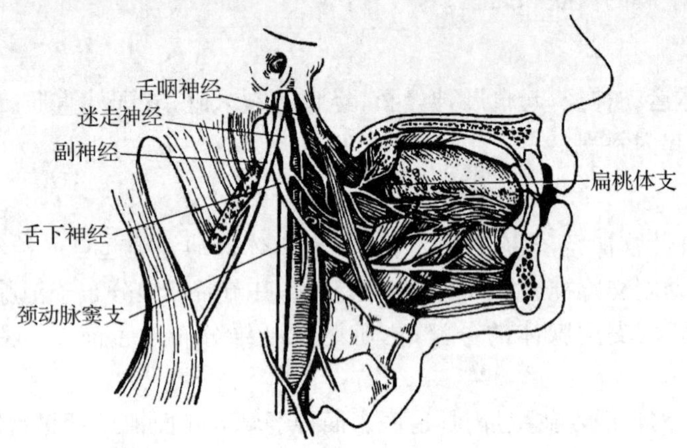

图 9-59 舌咽神经、副神经及舌下神经

(1)躯体运动纤维：起于疑核，支配茎突咽肌。

(2)内脏运动副交感纤维：起于下泌涎核，支配腮腺分泌。

(3)内脏感觉纤维：分布于咽、舌后 1/3，咽鼓管和鼓室等处黏膜，以及颈动脉窦和颈动脉小球，味觉纤维分布于舌后 1/3 的味蕾。

(4)躯体感觉纤维：分布于耳后皮肤。

舌咽神经的主要分支如下。

1)舌支

舌支分数支分布于舌后部 1/3 黏膜和味蕾，传导一般感觉和味觉。

2)咽支

咽支有 3～4 支，在咽侧壁与迷走神经核交感神经的咽支构成咽丛，分布于咽肌及咽黏膜。

3)鼓室神经

鼓室神经经颅底外面颈静脉孔前方的鼓室小管下口入鼓室，分布于鼓室、乳突小房和咽鼓管黏膜，传导感觉。副交感节后纤维分布于腮腺，支配其分泌活动。

4)颈动脉窦支

颈动脉窦支有 1～2 支，在颈静脉孔下方发出后，沿颈内动脉下行分布于颈动脉窦和颈动脉小球，将动脉压力变化和二氧化碳浓度变化的刺激传入中枢，反射性地调节血压和呼吸。

10. 迷走神经

迷走神经为混合性神经，是行程最长、分布最广的脑神经(见图 9-60)。含有以下四种纤维成分。

(1)副交感纤维:起于延髓的迷走神经背核,分布于颈、胸、腹部多种器官,控制这些器官的平滑肌、心肌和腺体的活动。

(2)特殊内脏运动纤维:起于延髓的疑核,支配咽喉部肌。

(3)一般内脏感觉纤维:分布于颈、胸、腹部的多种器官,传导一般内脏感觉冲动。

(4)一般躯体感觉纤维:分布于硬脑膜、耳郭及外耳道皮肤,传导一般感觉。

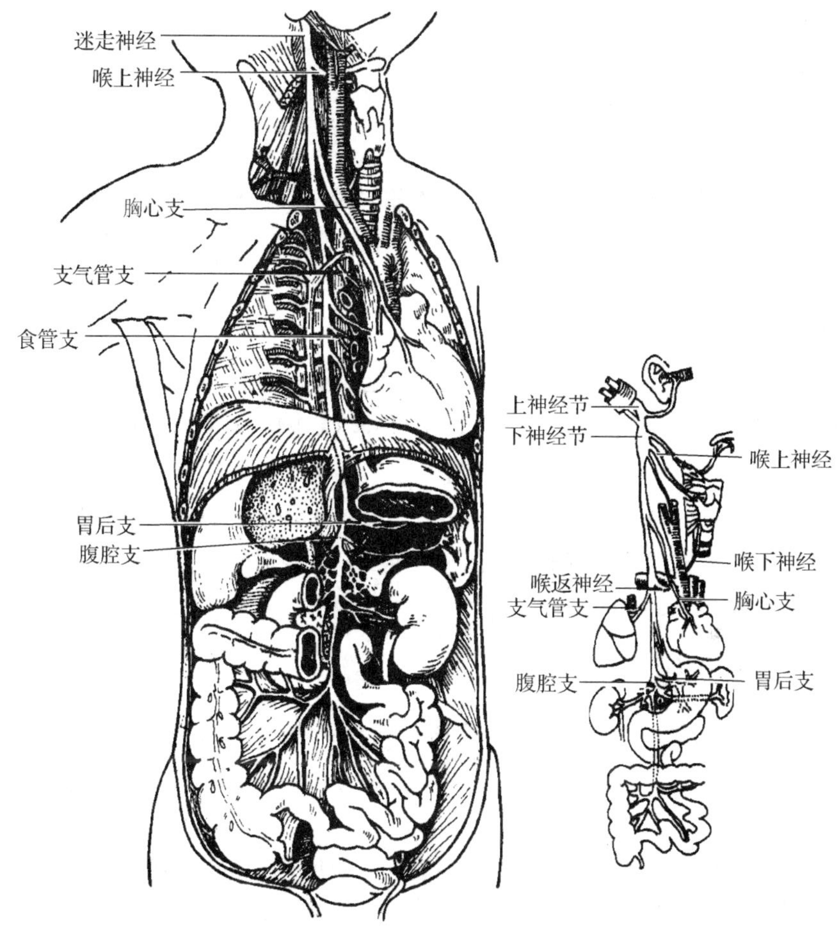

图 9-60　迷走神经及其分支

迷走神经经颈静脉孔出颅,出颅后在颈部下行于颈动脉鞘内,位于颈内静脉与颈内动脉或颈总动脉之间的后方,下行至颈根部。左、右迷走神经分别形成迷走神经前干和后干,伴食管一起穿膈肌食管裂孔进入腹腔,分布于胃前、后壁,其终支为腹腔支,参与内脏运动神经构成的腹腔丛。其中较重要的分支如下。

1)颈部的分支

喉上神经沿颈内动脉内侧下行,在舌骨大角水平分为内、外两支。内支分布于声门裂以上的喉黏膜等,外支支配环甲肌。

2)胸部的分支

(1)喉返神经:左、右喉返神经的起点和行程有所不同。右喉返神经在迷走神经干经右锁骨下动脉前方处发出后,由下后方钩绕此动脉上行,返回颈部。左喉返神经发起点稍低,在左迷走神经干跨过主动脉弓前方时发出,继而绕主动脉弓下后方上行,返回颈部。喉返神经是支配大多数喉肌的运动神经,在入喉以前与甲状腺下动脉及其分支相互交叉,在甲状腺手术时应避免损伤喉返神经。若一侧喉返神经受损,可致声音嘶哑或发音困难;两侧喉返神经同时受损,可引起失音、呼吸困难,甚至窒息。

(2)支气管支、食管支、胸心支:为左、右迷走神经在胸部发出的若干小支,分布于气管、支气管、肺及食管,传导脏器和胸膜的感觉并支配器官的平滑肌及腺体。

3)腹部的分支

腹部的分支全部由内脏运动(副交感)纤维和内脏感觉纤维构成,主要有胃前支、胃后支、肝支、腹腔支,分布于肝、胆、胰、脾、肾及结肠左曲以上的腹部消化管,传导这些器官的感觉并支配器官的平滑肌及腺体。

11. 副神经

副神经为运动性神经,属特殊内脏运动纤维,起于疑核和副神经核,经颈静脉孔出颅,分支支配胸锁乳突肌和斜方肌。一侧副神经损伤可导致患侧肩下垂,面部不能转向对侧。

12. 舌下神经

舌下神经为运动性神经,由舌下神经核发出,经舌下神经管出颅,在颈内动、静脉之间弓形向前下走行,支配全部舌内肌和颏舌肌。一侧舌下神经损伤时,患侧半舌肌瘫痪,伸舌时舌尖偏向患侧。

9.3.3 内脏神经

内脏神经是神经系统中分布于内脏、心血管和腺体的部分,分为内脏运动神经和内脏感觉神经。

1. 内脏运动神经

内脏运动神经(见图 9-61)支配平滑肌、心肌的运动和腺体的分泌,主要影响物质代谢活动,这种调节是不受意识控制的,故又称自主神经或植物性神经。

内脏运动神经包括交感、副交感两种纤维成分,并且多数内脏器官同时接受两种纤维的共同支配。内脏运动神经低级中枢位于脑干的内脏运动核和脊髓 $T_1 \sim L_3$ 节段的侧角、$S_2 \sim S_4$ 段的骶副交感核。位于低级中枢内的神经元称节前神经元,发出的纤维称节前纤维,节前纤维自低级中枢发出后,必须在内脏运动神经节内更换神经元,再发出的纤维才能到达支配器官,内脏运动神经节内的神经元称节后神经元,发出的纤维称节后纤维。节后纤维则通常先在效应器周围形成神经丛,后由神经丛分支到器官。

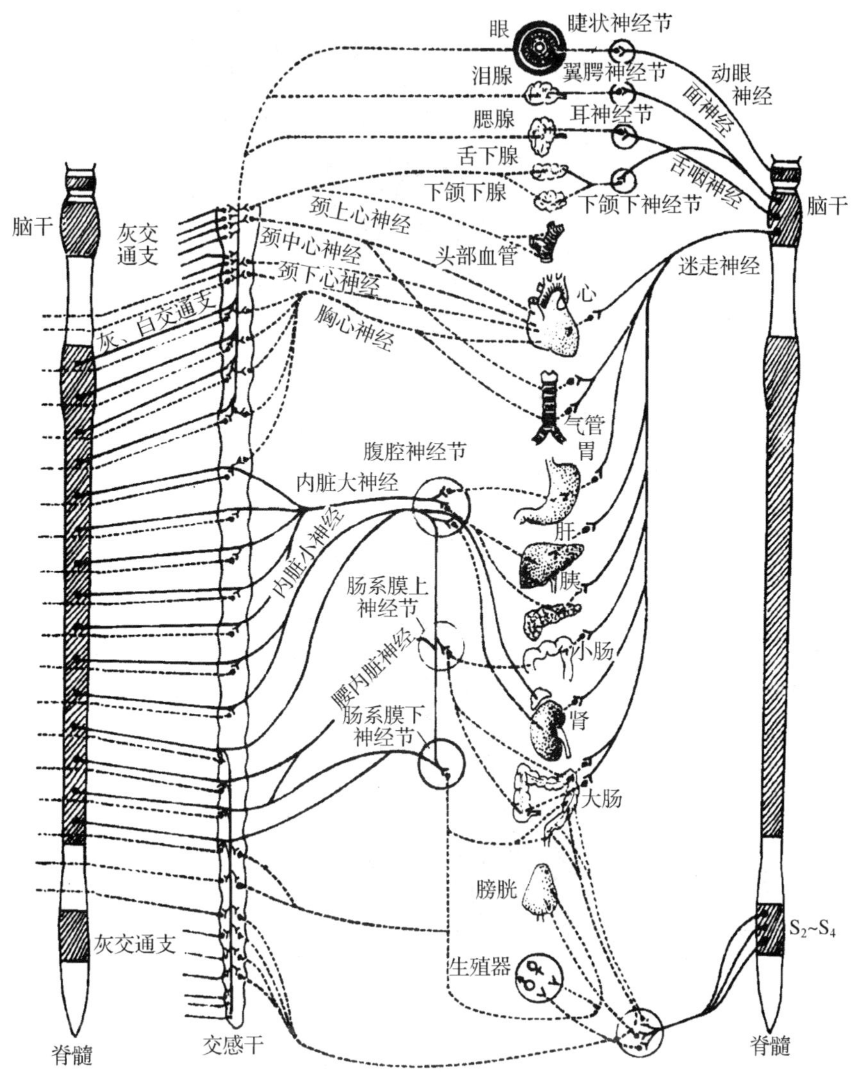

图 9-61 内脏运动神经概况

1)交感神经

交感神经分为中枢部和周围部(见图 9-62),低级中枢部位于脊髓 $T_1 \sim L_3$ 节段灰质侧角。周围部包括交感神经节、节前纤维、节后纤维等。

(1)交感神经节:根据交感神经节所在位置不同,可分为椎旁节和椎前节。椎旁节位于脊柱两旁,每一侧约为 21～26 个,借节间支连成串珠状的交感干。交感干上至颅底,下至尾骨,于尾骨的前面两干合并于奇神经节。椎前节位于脊柱前方腹主动脉根部,包括腹腔神经节、肠系膜上神经节、肠系膜下神经节和主动脉肾节等。

(2)节前纤维:由脊髓 $T_1 \sim L_3$ 节段灰质侧角发出,经脊神经前根出椎间孔后,离开脊神经,进入椎旁节或椎前节。一般有三种去向:终止于相应的椎旁节,并交换神经元;上行或下行,到达远端椎旁节再更换神经元,纤维在串行在椎旁节之间即构成节间支;穿过椎旁节后,至椎前节换神经元。

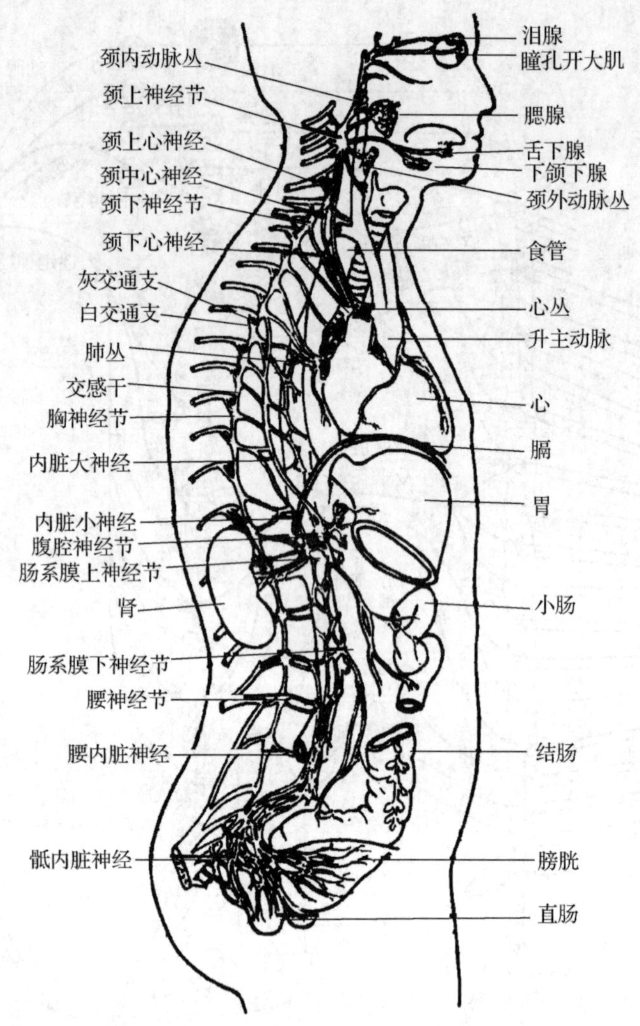

图 9-62　交感干及其分布模式图

(3)节后纤维：由交感神经节内的节后神经元发出，也有三种去向：①发自椎旁神经节的节后纤维再次返回脊神经，随脊神经分布至头颈部、躯干和四肢的血管、汗腺和竖毛肌等；②攀附动脉走行，形成相应的神经丛，随动脉分布到所支配的器官；③发自椎前神经节的节后纤维直接分布到所支配的脏器。

节后纤维分布均有一定规律。一般认为，来自脊髓 T_1～T_5 节段侧角的节前纤维，在椎旁节更换神经元后，节后纤维分布于头颈、胸腔器官及上肢的血管、汗腺、立毛肌；来自脊髓 T_5～T_{12} 节段侧角的节前纤维，在椎旁节或椎前节更换神经元后，节后纤维分布于肝、胰、脾、肾等腹腔实质器官，以及结肠左曲以上的消化管；来自脊髓 L_1～L_3 节段侧角的节前纤维，在椎旁节或椎前节更换神经元后，节后纤维分布于结肠左曲以下的消化管、盆腔脏器和下肢的血管、汗腺、竖毛肌。

2)副交感神经

副交感神经分为中枢部和周围部。低级中枢位于脑干的副交感脑神经核和脊髓 S_2～S_4

节段灰质的骶副交感核。周围部包括副交感神经节、节前纤维和节后神经元。

副交感神经节为器官旁节或器官内节，节内的细胞即为节后神经元。位于颅部的副交感神经节较大，肉眼可见。颅部副交感神经节前纤维即在这些神经节内交换神经元，然后发出节后纤维随相应脑神经到达所支配的器官。

（1）脑干的副交感神经：其节前纤维行于第Ⅲ、Ⅶ、Ⅸ、Ⅹ对脑神经内，节后纤维分布于相应部位的腺体及平滑肌。

（2）骶部副交感神经节：节前纤维由脊髓 $S_2 \sim S_4$ 节段的骶副交感核发出，随骶神经出骶前孔，又从骶神经分出组成盆内脏神经加入盆丛，在脏器附近或脏器壁内的副交感神经节交换元，节后纤维支配结肠左曲以下的消化管和盆腔脏器。

3)交感神经与副交感神经的主要区别

交感神经和副交感神经都是内脏运动神经，常共同支配一个器官，形成对内脏器官的双重神经支配，但在神经来源、形态结构、分布范围上，交感神经与副交感神经又有明显的区别：交感神经节前纤维短，节后纤维长，分布范围广，一般认为除分布于胸、腹腔、盆腔器官外，尚遍及头、颈器官及全身的血管、皮肤、汗腺和竖毛肌；副交感神经节前纤维长，节后纤维短，不如交感神经分布广泛，一般认为大部分血管、汗腺、竖毛肌、肾上腺髓质无副交感神经支配。

2. 内脏感觉神经

人体各内脏器官也有感觉神经分布，接受来自内脏的刺激，并将冲动传到中枢，中枢可直接通过内脏运动神经或间接通过体液调节各内脏器官的活动。正常的内脏活动一般不引起感觉，只有在较强的内脏活动的情况下才引起感觉。内脏对牵拉、膨胀和痉挛等刺激较敏感，而对切、割等刺激不敏感。内脏感觉的传入途径分散，因此，内脏痛往往是比较弥散、定位模糊的。

拓展与思考

1. 临床上脑出血和脑缺血各有哪些原因导致？临床表现及治疗措施是否一样？
2. 常见的注射性神经损伤有哪些？怎样预防？

第 10 章

内分泌系统

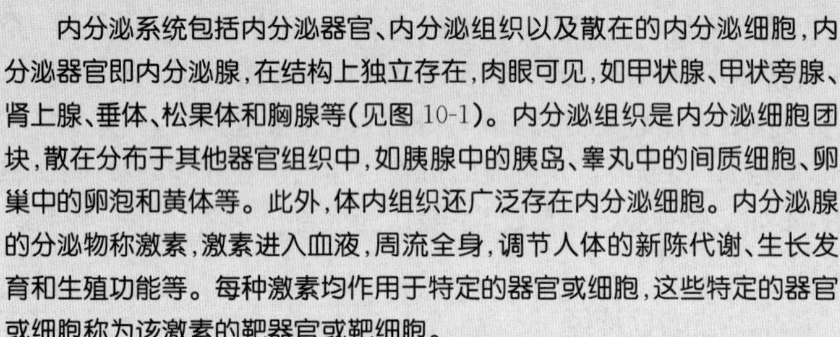

内分泌系统包括内分泌器官、内分泌组织以及散在的内分泌细胞，内分泌器官即内分泌腺，在结构上独立存在，肉眼可见，如甲状腺、甲状旁腺、肾上腺、垂体、松果体和胸腺等（见图 10-1）。内分泌组织是内分泌细胞团块，散在分布于其他器官组织中，如胰腺中的胰岛、睾丸中的间质细胞、卵巢中的卵泡和黄体等。此外，体内组织还广泛存在内分泌细胞。内分泌腺的分泌物称激素，激素进入血液，周流全身，调节人体的新陈代谢、生长发育和生殖功能等。每种激素均作用于特定的器官或细胞，这些特定的器官或细胞称为该激素的靶器官或靶细胞。

护理操作要求

正确掌握内分泌系统疾病护理常规，能以恰当的方式对患者因内分泌功能紊乱而产生的心理失衡给予理解、关心、尊重和帮助。

正常人体结构问题

内分泌系统由哪些器官构成？临床上对内分泌系统疾病进行特殊护理的人体结构基础是什么？

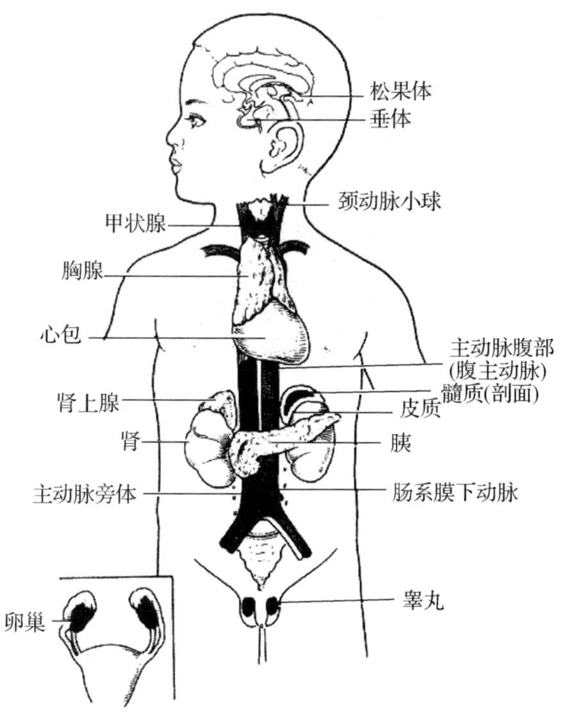

图 10-1 内分泌系统概观

内分泌系统是机体的重要调节系统，它与神经系统相辅相成，共同调节机体的生长、发育和新陈代谢，维持内环境的稳定，并影响行为和调控生殖等。内分泌系统和神经系统在结构和功能上都有密切联系：一方面，几乎所有的内分泌腺和内分泌组织均直接或间接地受神经系统的调节和控制；另一方面，内分泌系统也可影响神经系统的功能，如甲状腺分泌的甲状腺素能影响脑的发育和功能。另外，某些具有分泌功能的神经元，如下丘脑的视上核及室旁核中的神经元等，称神经内分泌细胞，所分泌的激素称神经激素。内分泌系统的任何器官或组织的功能亢进或低下，均可导致机体功能紊乱，甚至引起疾病的发生。

10.1 甲 状 腺

10.1.1 甲状腺的形态和位置

甲状腺略呈“H”形，分为左、右两个侧叶及连接左、右侧叶的甲状腺峡。峡的上缘常有向上伸出的锥状叶(见图 10-2)。

甲状腺的左、右叶分别贴于喉和气管颈段的两侧，甲状腺峡横位于第 2～4 气管软骨环的前方。甲状腺左、右叶的后外方与颈部血管相邻，内侧面因与喉、气管、咽、食管、喉返神经等相邻。甲状腺借结缔组织固定于喉软骨，故吞咽时甲状腺可随喉上、下移动，临床上借此判断颈部肿块是否与甲状腺有关。

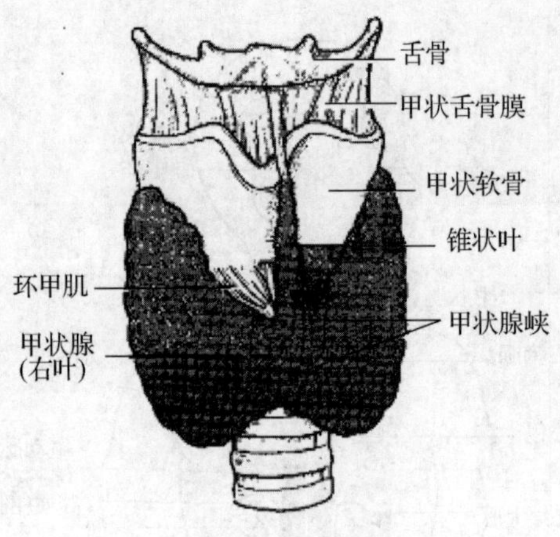

图 10-2　甲状腺

10.1.2　甲状腺的微细结构

甲状腺表面包有一薄层结缔组织被膜，被膜中的结缔组织伸入腺实质内，将实质分为许多大小不等的小叶，每个小叶内含有 20～40 个甲状腺滤泡(见图 10-3)。滤泡之间有少量的结缔组织、丰富的毛细血管和滤泡旁细胞。

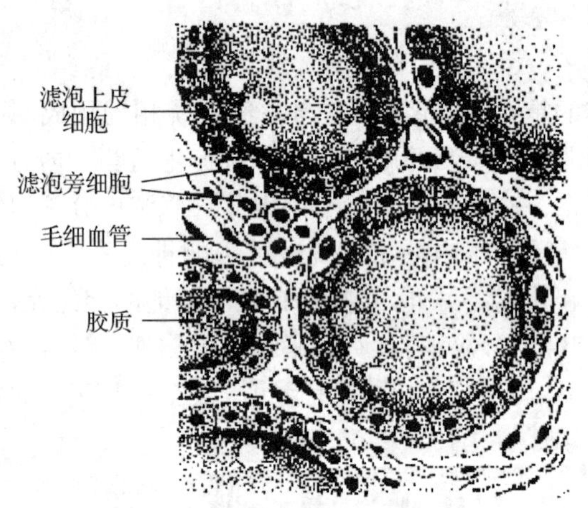

图 10-3　甲状腺的微细结构图

1. 甲状腺滤泡

甲状腺滤泡大小不等，由单层立方上皮围成，中间为滤泡腔，腔内充满胶质，HE 染色呈红色。甲状腺滤泡上皮细胞能合成和分泌甲状腺素，其主要功能是促进机体的新陈代谢，提高神经兴奋性，促进生长发育，尤其对婴幼儿的骨骼和中枢神经系统发育影响很大。小儿甲状腺机能低下，可导致呆小症。在成人则引起新陈代谢率降低、毛发稀少、精神呆滞和黏液性水肿。甲状腺功能亢进时，甲状腺素分泌增多，可出现甲状腺功能亢进症。

2. 滤泡旁细胞

滤泡旁细胞又称降钙素细胞，数量较少，细胞较大，常单个散布在滤泡上皮细胞之间，或成群分布于滤泡间的结缔组织内。滤泡旁细胞分泌降钙素，可促进成骨细胞的活动，使骨盐沉积于类骨质，并抑制肾小管和胃肠道对钙离子的吸收，从而使血钙降低。

甲状腺功能亢进症的常规护理

甲状腺功能亢进症简称甲亢，临床表现包括甲状腺肿大、性情急躁、容易激动、失眠、两手颤动、怕热、多汗、皮肤潮湿，食欲亢进但却消瘦、体重减轻、心悸、脉快有力、内分泌紊乱以及无力、易疲劳、出现肢体端肌萎缩等。护理常规为：一般护理，有合并症的患者应绝对卧床休息。饮食护理，给予高蛋白、高热量、高维生素及矿物质丰富的饮食。心理护理，耐心细致地解释病情，提高患者对疾病的认知水平，鼓励患者表达内心感受，理解和同情患者，建立互信关系；与患者共同探讨控制情绪和减轻压力的方法，指导和帮助患者正确处理生活中突发事件；保持居室安静和轻松的气氛，限制探视时间，提醒家属避免提供兴奋、刺激的消息，以减少患者激动、易怒的精神症状；鼓励患者参加团体活动，避免因社交障碍而产生焦虑。用药护理，指导患者正确用药，不可自行减量或停药，密切观察不良反应，并及时处理。病情观察，观察患者精神状态和手指震颤情况，注意有无焦虑、烦躁、心悸等甲亢加重的表现，必要时使用镇静剂。

10.2 甲状旁腺

10.2.1 甲状旁腺的形态和位置

甲状旁腺为两对扁椭圆形小体，大小似黄豆，呈棕黄色。一般分为上、下两对，通常贴附于甲状腺侧叶的后面(见图10-4)。

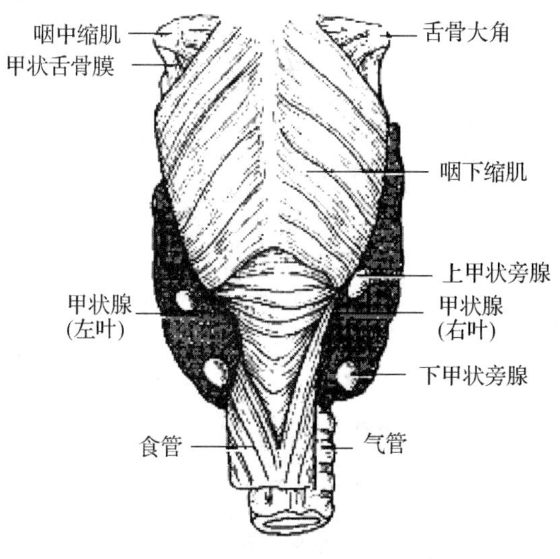

图10-4 甲状旁腺

10.2.2 甲状旁腺的微细结构

甲状旁腺表面包有结缔组织被膜，腺细胞排列成团状或索状，其间含有少量的结缔组织和丰富的有孔毛细血管。腺细胞主要有主细胞和嗜酸性细胞（见图 10-5），其中，主细胞体积较小，数量较多，呈圆形或多边形，可合成和分泌甲状旁腺激素。甲状旁腺激素可增强破骨细胞的活性，使骨盐溶解，并能促进肠及肾小管对钙离子的吸收，从而使血钙升高。甲状旁腺激素与降钙素共同调节和维持机体血钙的稳定。

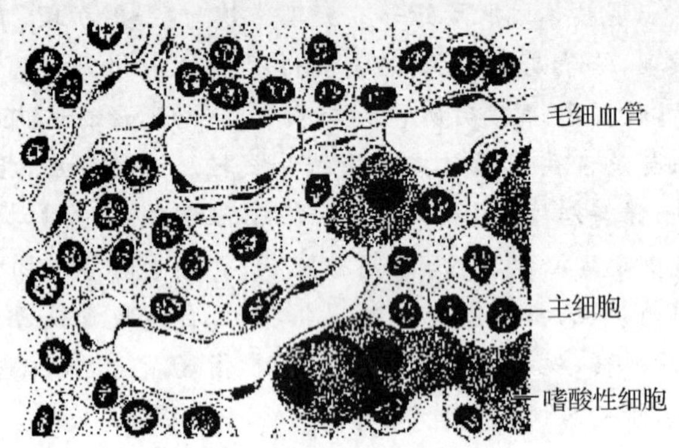

图 10-5 甲状旁腺的微细结构模式图

10.3 肾 上 腺

10.3.1 肾上腺的形态和位置

肾上腺位于腹膜后，附于肾的内上方，与肾共同包于肾筋膜内，呈黄色，左、右各一，右侧为三角形，左侧近似半月形（见图 10-6）。

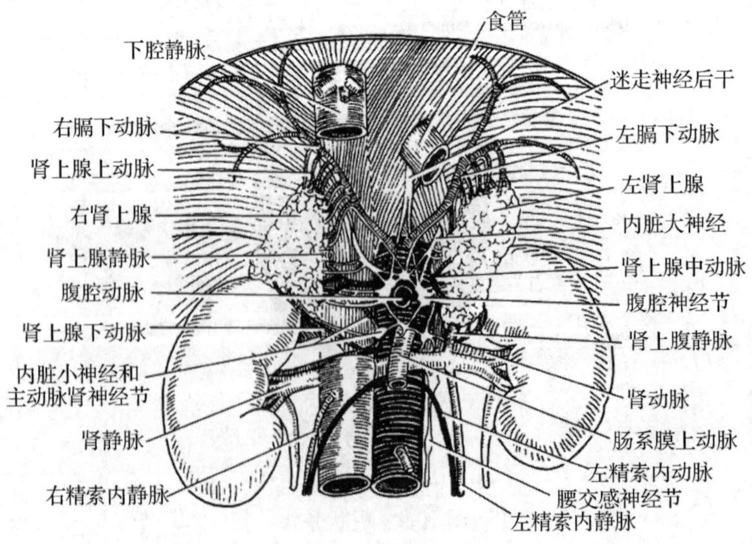

图 10-6 肾上腺的形态和位置

10.3.2 肾上腺的微细结构

1. 肾上腺皮质

肾上腺皮质位于肾上腺实质的周围部，根据其细胞的形态结构和排列方式，由表及里分为球状带、束状带和网状带三部分（见图10-7）。

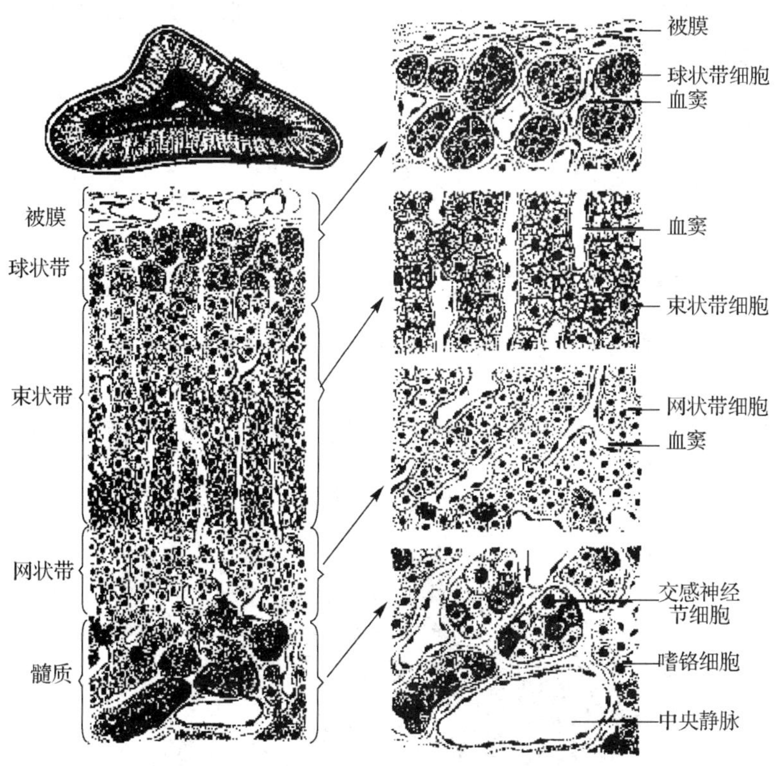

图10-7 肾上腺的微细结构模式图

1)球状带

球状带较薄，占皮质厚度的15%，紧贴被膜之下。细胞体积较小，多呈矮柱状，排列成球状团块，细胞团之间为窦状毛细血管和少量结缔组织。球状带的细胞分泌盐皮质激素，调节钠、钾和水的代谢。

2)束状带

束状带最厚，占皮质厚度的78%，位于球状带的深部。细胞体积大，呈多边形，细胞排列呈单行或双行的细胞索，由皮质向髓质呈放射状排列。束状带的细胞分泌糖皮质激素，可促使脂肪和蛋白质分解转化成糖，还有抑制免疫应答及抗炎症反应等作用。

3)网状带

网状带最薄，占皮质厚度的7%，位于皮质的最内层。细胞体积较小，形态不规则，细胞排列成索，细胞索彼此吻合，交织成网状。网状带细胞能分泌性激素，以雄激素为主。

2. 肾上腺髓质

肾上腺髓质位于肾上腺的中央部，主要由排列成索状或团状的髓质细胞组成，团索间为窦状毛细血管和少量结缔组织。髓质细胞体积较大，呈多边形，胞质内有许多易被铬盐染成棕黄色的嗜铬颗粒，故髓质细胞又称嗜铬细胞。根据胞质内颗粒的不同，髓质细胞分为两种：一种为肾上腺素细胞，数量较多，分泌肾上腺素，可使心肌收缩力增强，心率加快，心肌和骨骼肌血管扩张，皮肤血管收缩；另一种为去甲肾上腺素细胞，数量较少，分泌去甲肾上腺素，可使血压升高，心、脑和骨骼肌内的血流加速。

10.4　垂　　体

10.4.1　垂体的形态和位置

垂体是人体内功能最复杂的内分泌腺，呈椭圆形，色灰红，重约 0.5 g，位于颅中窝蝶骨体上面的垂体窝内。上端借漏斗连于下丘脑（见图 10-8），前上方与视交叉相邻。因为视交叉位于垂体的前上方，故当垂体发生肿瘤时，可压迫视交叉，致双眼颞侧视野偏盲。

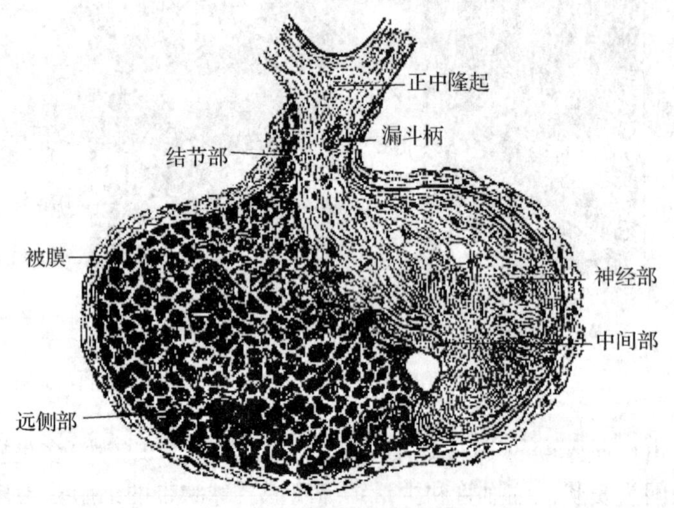

图 10-8　垂体结构模式图

垂体由腺垂体和神经垂体两部分组成。腺垂体位于前部，又分为远侧部、中间部和结节部三部分；神经垂体位于后部，可分为神经部、漏斗柄和正中隆起三部分，后两者合称漏斗。远侧部和结节部又称垂体前叶，神经部和中间部又称垂体后叶。

10.4.2　垂体的微细结构

1. 腺垂体

腺垂体远侧部是构成腺垂体的主要部分，腺细胞排列成团索状，分为嗜酸性细胞、嗜碱性细胞和嫌色细胞三种（见图 10-9）。

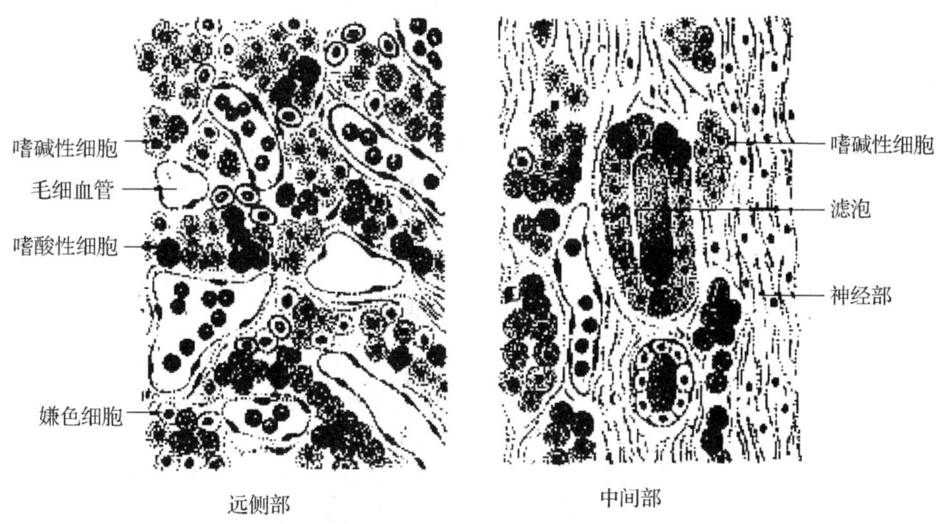

图 10-9 垂体微细结构模式图

1)嗜酸性细胞

嗜酸性细胞数量较多，呈圆形或卵圆形，胞质内含有许多粗大的嗜酸性颗粒。嗜酸性细胞可分泌生长激素和催乳激素。生长激素能促进体内多种代谢过程，尤其是能促进骨的增长。幼年时期，该激素分泌不足可导致侏儒症，分泌过多则引起巨人症。成人时期，生长激素分泌过多则导致肢端肥大症。催乳激素可促进乳腺发育和乳汁分泌。

2)嗜碱性细胞

嗜碱性细胞数量较少，细胞大小不一，呈椭圆形或多边形，胞质中含有嗜碱性颗粒。嗜碱性细胞分泌促甲状腺激素、促性腺激素和促肾上腺皮质激素。促甲状腺激素能促进甲状腺滤泡的增生和甲状腺素的合成与释放。促性腺激素包括卵泡刺激素和黄体生成素。卵泡刺激素可促进卵泡的发育，在男性则刺激生精上皮的支持细胞合成雄激素结合蛋白，并促进精子的发育。黄体生成素可促进排卵和黄体形成，在男性则刺激睾丸间质细胞分泌雄激素。促肾上腺皮质激素可促进肾上腺皮质束状带分泌糖皮质激素。

3)嫌色细胞

嫌色细胞数量最多，细胞体积小，呈圆形或多边形，胞质少，着色较淡，细胞边界不清。

2. 神经垂体

神经垂体与下丘脑直接相连，因此，两者是结构和功能的统一体。神经垂体主要由大量的无髓神经纤维和神经胶质细胞组成，含有丰富的窦状毛细血管(见图 10-10)。

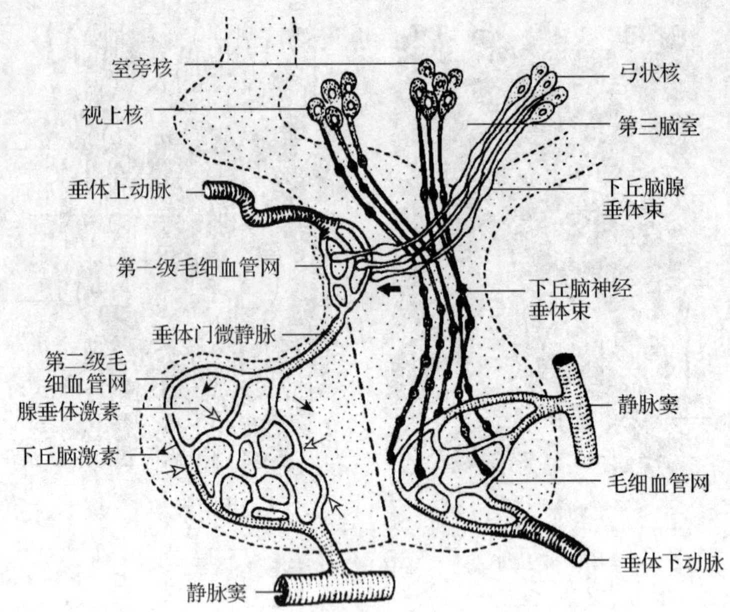

图 10-10　垂体的血管分布及其与下丘脑的关系

下丘脑的视上核和室旁核含有神经内分泌细胞，其轴突经漏斗到达神经部。这些神经内分泌细胞含有许多分泌颗粒，分泌颗粒沿细胞的轴突运输到神经部，并在途中聚集成团，光镜下可见大小不等的嗜酸性团块，称赫令体（见图 10-11）。

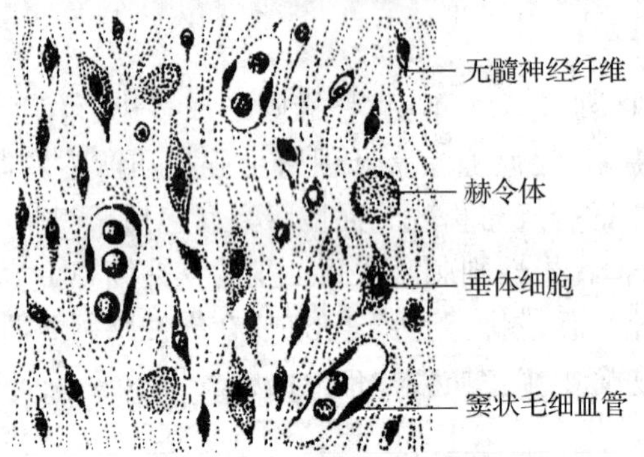

图 10-11　垂体神经部微细结构

下丘脑的视上核和室旁核的神经内分泌细胞可合成血管升压素和催产素。血管升压素可使小动脉收缩，升高血压，也可增强肾小管对水的重吸收，使尿量减少，所以又称抗利尿激素。抗利尿激素分泌减少，可引发尿崩症。催产素使子宫壁平滑肌收缩，促进分娩，减少产后出血，并促进乳汁分泌。神经垂体无分泌功能，只能贮存和释放下丘脑激素。

10.5 松 果 体

10.5.1 松果体的形态和位置

松果体为一椭圆形小体，形似松果，呈灰红色，位于丘脑的后上方，以细柄连于第三脑室顶的后部。松果体在儿童时期较发达，一般在7岁以后开始退化。成年后部分钙化，形成钙斑，可在X线片上看到，临床可作为颅X线片定位的一个标志。

10.5.2 松果体的微细结构

松果体表面包有软脑膜延续而来的结缔组织被膜，被膜随血管深入实质，将实质分成若干小叶。实质主要由松果体细胞、神经胶质细胞和无髓神经纤维组成。其中，松果体细胞数量多，呈圆形或不规则形，可分泌褪黑激素，褪黑激素通过抑制垂体促性腺激素的分泌而间接抑制性腺的发育。在幼年时期松果体有防止性早熟的作用。儿童时期松果体损伤，可导致性早熟、第二性征异常发育及生殖器官巨大症。近年研究发现，褪黑激素分泌不足可能会引起睡眠紊乱、情感障碍及肿瘤发生等。

拓展与思考

1. 内分泌功能紊乱常有哪些临床表现？怎样预防和治疗？
2. 呆小症和侏儒症、巨人症和肢端肥大症各有什么区别？

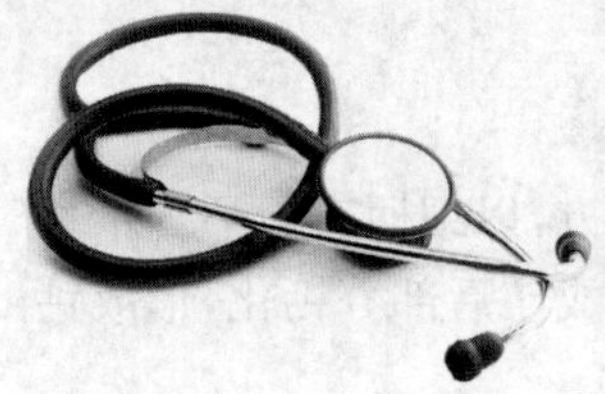

第 11 章

人体胚胎学概要

人体胚胎学是研究人体在出生前发生、生长及发育过程中的形态结构变化及其规律的科学。其研究内容包括从受精卵开始至发育为新个体的全过程及畸形发生的原因。可用以指导孕期保健。

护理操作要求

正确进行羊膜腔穿刺术的穿刺操作，能以恰当的角度进行穿刺，掌握进针深度。

正常人体结构问题

人体胚胎发育要经过哪些时期，临床上进行羊膜腔穿刺术操作的人体结构基础是什么？

人体胚胎在母体子宫中发育是一个连续的过程，从受精开始到胎儿出生约需 38 周(266 天)，如果从末次月经算起要经历约 40 周(280 天)。通常将胚胎发育分为三个时期，即胚前期、胚期和胎期:胚前期即从受精卵形成至受精后第 2 周末，包括受精、卵裂、胚泡形成及二胚层胚盘的形成;胚期即从受精后第 3 周至第 8 周末，包括三胚层形成与分化，以及各主要器官原基的建立，胚胎外观初具人形;胎期即从受精后第 9 周至胎儿出生，此期内胎儿逐渐长大，外形和各器官进一步发育，某些功能也逐步建立，最终成熟而被娩出。

11.1 生殖细胞的生成与受精

11.1.1 精子的生成

精子是在睾丸的精曲小管中生成的，青春期精原细胞不断通过有丝分裂进行增殖，部分细胞吸收营养，体积增大，分化为初级精母细胞。初级精母细胞染色体数目与体细胞一样，核型为46,XY。随后每个初级精母细胞进入减数分裂,通过第一次减数分裂形成2个次级精母细胞,次级精母细胞所含染色体数目比正常体细胞减少一半,即只有23条,其中性染色体只有一条,X或Y。次级精母细胞经过一个简短的分裂间期,便完成第二次减数分裂。这样,初级精母细胞经过两次减数分裂就形成了4个精子细胞,其中两个精子细胞的核型分别为23,X,另两个为23,Y(见图11-1)。精子细胞经变形成为轻装而灵活的蝌蚪形的精子。

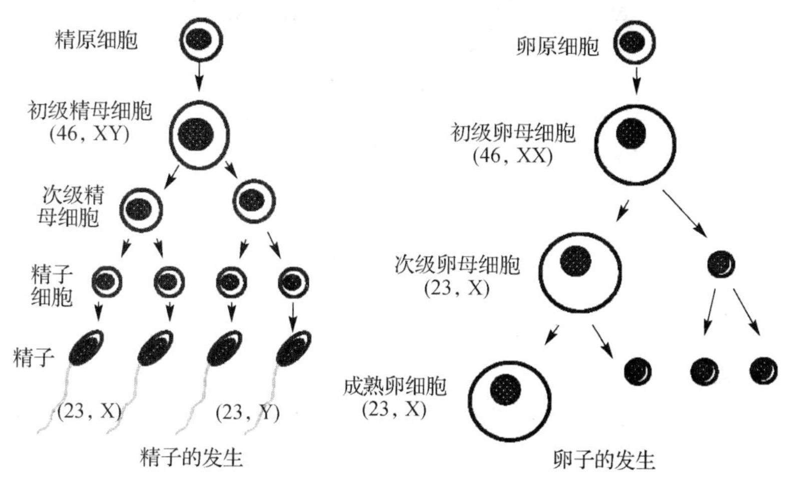

图11-1　生殖细胞发生示意图

11.1.2　卵子的生成

卵细胞是由卵巢皮质的卵原细胞发育而来,卵原细胞生长发育成为初级卵母细胞,胎儿出生时卵巢内约含70万～200万个初级卵母细胞。初级卵母细胞的染色体数目与体细胞一样,核型为46,XX。青春期后,初级卵母细胞才能完成它的第一次减数分裂。初级卵母细胞细胞质的分裂是不均等的,分裂后其中之一几乎获得全部细胞质,体积大,称次级卵母细胞,另一个称第一极体。次级卵母细胞和第一极体的染色体数减半。排卵时次级卵母细胞开始第二次减数分裂,并在输卵管中继续进行,但进行到细胞分裂的中期就停止。此时次级卵母细胞若受精,则能完成第二次减数分裂,形成一个成熟的卵细胞;若不受精,则于排卵后12～24小时内退化消失。次级卵母细胞经过二次减数分裂,也形成大小不同的两个细胞,细胞质多,体积大的称为卵细胞,即成熟的卵子,另一个细胞是第二极体。第一极体和第二极体是无功能细胞,不久就退化消失。因此,一个初级卵母细胞经减数分裂后形成一个成熟的卵细胞和三个第二极体,它们都是单倍体细胞,核型为23,X。女性性成熟后每个月一般只排一个卵子。

11.1.3　受精

受精是精子和卵子结合形成受精卵的过程(见图11-2)。精子进入阴道后,精子沿女性生殖道向上移送到输卵管。卵子从卵巢排出后大约经8～10分钟就进入输卵管,经输卵管伞部到达输卵管壶腹部并停留在此,如遇到精子即在此受精。

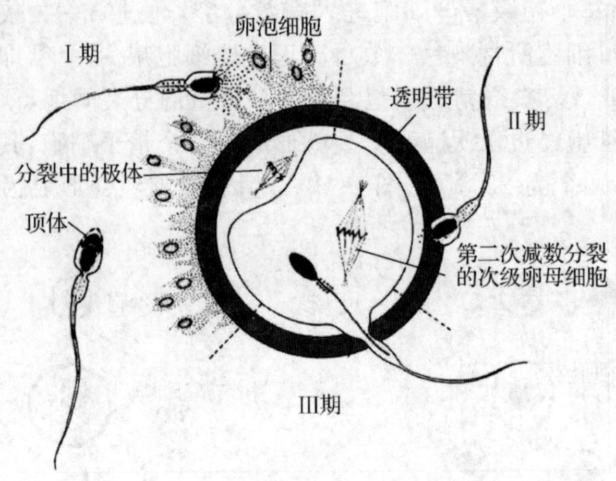

图 11-2 受精

1. 受精的条件

1)成熟的生殖细胞

精子在睾丸内既无运动能力,也无受精能力,只有在附睾内逐步达到功能上的成熟。卵巢能够正常排卵,且卵细胞在排卵前必须处于第二次成熟分裂的中期。

2)精子获能

精子获能是指精子获得穿透卵子透明带能力的生理过程。当精子穿过宫颈时,其头部表面覆盖的一层糖蛋白被生殖道分泌物中的酶降解,从而获得受精的能力。

3)正常精子的数量和质量

一个正常成年男子每次射精时排出的精液为 2～6 mL,每毫升精液中约含 1 亿个精子,当每毫升精液中的精子少于 400 万个时,常可导致不孕。当畸形的精子数超过精子总数的 30%时,也可导致不孕。

4)精子和卵子在限定的时间内相遇

精子的受精能力只能维持 24 小时,卵子在排出后也只能存活 12～24 小时,受精一般都发生在排卵后的 12 小时内,如果精子和卵子不能在限定的时间相遇,就不能受精。

5)男女生殖管道必须保持通畅

生殖管道无粘连发生、不被压迫等。

2. 受精的过程

受精时,大量已获能的精子接触卵细胞周围放射冠时,即开始释放顶体酶,溶解放射冠和透明带,打开进入卵细胞的通道,此过程称顶体反应。精子头部紧贴卵细胞表面,两者细胞膜融合,随即精子的细胞核和细胞质进入卵细胞内时,透明带、卵细胞膜发生一系列的结构变化,阻止其余精子的进入,这一过程称透明带反应。与此同时,精子激发卵子迅速完成第二次减数分裂,形成成熟的卵细胞,此时精子和卵细胞的细胞核称为雄性原核和雌性原核。雄性原核与雌性原核逐渐靠近,并互相融合,形成二倍体受精卵,此时受精过程完成。

3. 受精的意义

(1)受精是两性生殖细胞结合和相互激活的过程,标志着一个新个体发育的开始。

(2)受精过程是双亲的遗传基因随机组合的过程,因而使新个体具有双亲的遗传特征,又具有与亲代不完全相同的特异性状。

(3)受精决定了新个体的遗传性别。如果带有Y染色体的精子与卵子受精,受精卵的核型即为46,XY,由此新个体的性别就为男性;如果带有X染色体的精子和卵子受精,受精卵的核型即为46,XX,由此新个体的性别就为女性。

11.2 卵裂与胚泡形成

11.2.1 卵裂

受精卵不断进行细胞分裂的过程称卵裂(见图11-3)。卵裂产生的细胞称卵裂球,受精后第3天可形成一个由12~16个卵裂球组成的实心胚,外观似桑葚,故称桑葚胚,桑葚胚借助于输卵管上皮纤毛的摆动、输卵管管壁平滑肌的收缩以及输卵管液的流动,逐渐移向子宫腔。

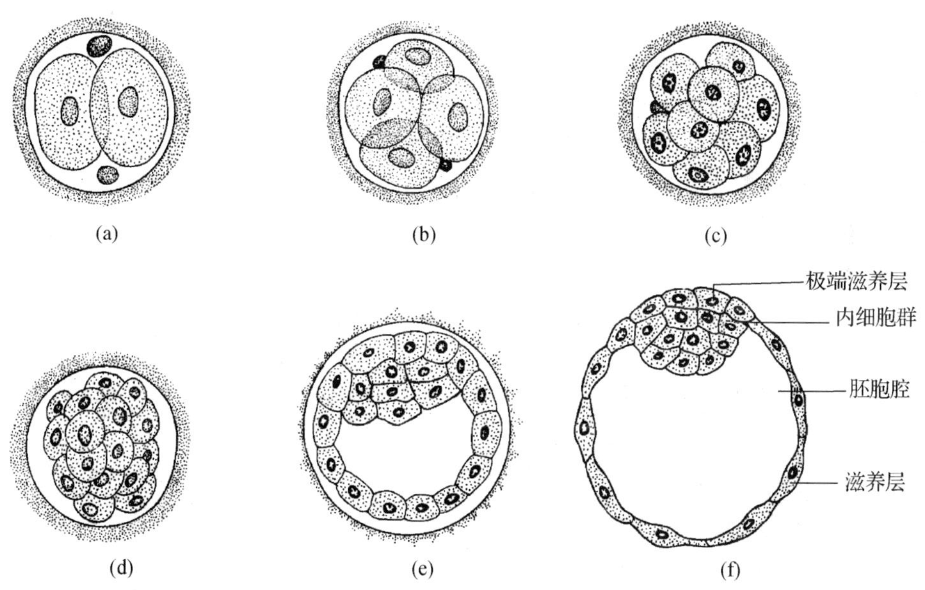

图11-3 卵裂与胚泡形成

(a)2个卵裂球 (b)4个卵裂球 (c)8个卵裂球 (d)桑葚胚 (e)早期胚泡 (f)胚泡

11.2.2 胚泡的形成

受精后的第 4 天，桑葚胚进入子宫腔，桑葚胚的细胞继续分裂，细胞间逐渐出现小的腔隙，它们最后汇合成一个大腔，此时的胚转呈囊泡状，称胚泡或囊胚。胚泡外表为一层扁平细胞，称滋养层。胚泡中心的腔称胚泡腔，腔内一侧的一群细胞附着于滋养层内面，称内细胞群。内细胞群侧的滋养层称极端滋养层。早期胚泡外面还包有透明带，随着胚泡逐渐长大，透明带变薄而消失，胚泡得以与子宫内膜接触，植入开始。滋养层将发育形成胎盘及其他附属结构。内细胞群的细胞将发育成胚体。

11.3 植入与蜕膜

11.3.1 植入

1. 植入过程

胚泡埋入子宫内膜的过程称植入，植入约于受精后第 5～6 天起始，于第 11～12 天完成。植入时(见图 11-4)，极端滋养层先与子宫内膜接触，并分泌蛋白酶消化与其接触的内膜组织，胚泡则沿着被消化组织的缺口逐渐埋入内膜功能层。在植入过程中，与内膜接触的滋养层细胞迅速增殖，滋养层增厚，并分化为内、外两层。外层细胞间的细胞界线消失，称合体滋养层；内层由单层立方细胞组成，称细胞滋养层。后者的细胞通过细胞分裂使细胞数目不断增多，并融入合体滋养层，使合体滋养层逐渐加厚。这时合体滋养层内出现腔隙，其内含有母体血液，称滋养层陷窝。胚泡全部植入子宫内膜后，缺口修复，植入完成。

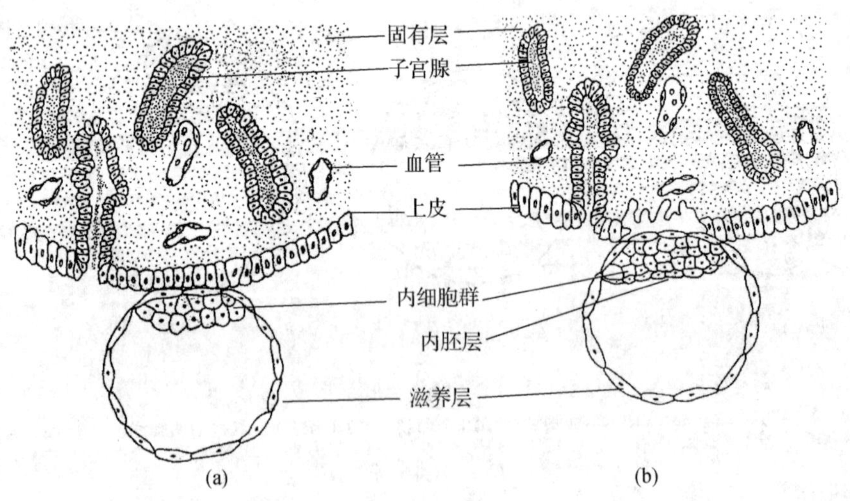

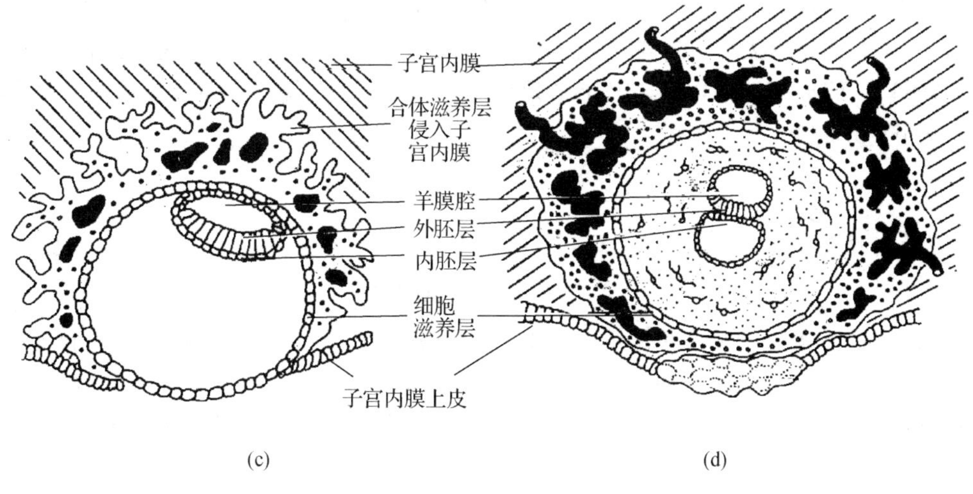

图 11-4 植入过程

(a)第 6 天 (b)第 7 天 (c)约第 8 天 (d)约第 12 天

2. 植入部位

胚泡的植入部位通常在子宫前壁或后壁的中上部，以后壁居多(图 11-5)。若植入位于近子宫颈处，则在此形成胎盘，称前置胎盘，分娩时胎盘可堵塞产道，导致胎儿娩出困难或出现胎盘早剥引起大出血。若植入在子宫以外部位，称异位妊娠，常发生在输卵管，偶见于子宫阔韧带、肠系膜及卵巢表面等处。异位妊娠(宫外孕)胚胎多早期死亡并被吸收，少数胚胎发育较大使植入组织破裂，引起大出血。

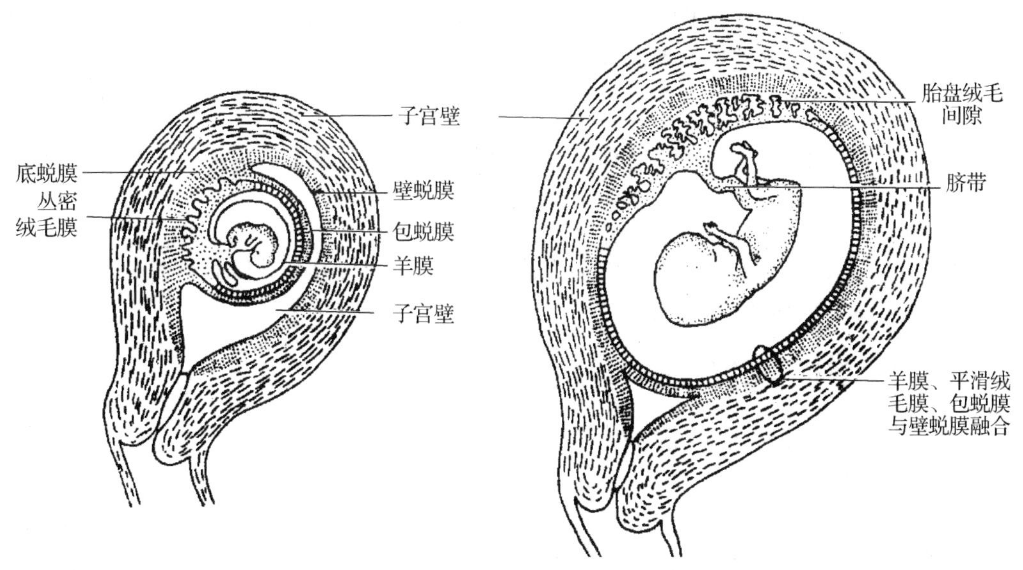

图 11-5 植入部位

3. 植入条件

植入是胚泡与子宫内膜相互作用的过程。植入过程受雌激素与孕激素的分泌调节，如果这种激素调节发生紊乱，植入就不能完成。胚泡与子宫内膜的同步发育、胚泡必须适时进入子宫腔、宫腔的正常内环境等都是植入所必需的条件。若母体内分泌紊乱或内分泌受药物干扰，子宫内膜周期性变化则与胚泡的发育不同步，子宫内膜有炎症或有避孕环等异物，均可阻碍胚泡的植入。

异位妊娠和前置胎盘

受精卵在子宫腔以外的部位植入和发育称为异位妊娠，又称宫外孕。根据植入部位不同，有输卵管妊娠、卵巢妊娠、腹腔妊娠、宫颈妊娠等，其中以输卵管妊娠位最为多见。输卵管妊娠最多见的部位是输卵管峡部和壶腹部。在妊娠早期即可发生破裂，可造成腹腔内大出血及休克，是妇产科常见的急腹症之一。正常妊娠时，胎盘附着在子宫体上部。如果胎盘附着在子宫下段，或直接覆盖在子宫颈内口上，位置低于胎儿的先露部位，称为前置胎盘。前置胎盘是晚期妊娠出血的重要原因之一，能威胁母子的生命安全，故应及时处理。

11.3.2　蜕膜

胚泡植入后的子宫内膜称为蜕膜。植入时子宫内膜处于分泌期，植入后子宫内膜血液供应更丰富，子宫腺分泌更加旺盛，结缔组织的基质细胞肥大，胞质充满糖原和脂滴，形成蜕膜细胞，子宫内膜的这些变化称蜕膜反应。根据蜕膜与胚泡的位置关系，可将蜕膜分为三部分：基蜕膜是胚泡植入处深面的蜕膜；包蜕膜是覆盖在胚泡宫腔面的蜕膜，位于基蜕膜的对侧；壁蜕膜是基蜕膜和包蜕膜以外的蜕膜。

11.4　三胚层的形成与早期分化

受精后第2～3周的主要变化是内细胞群分化出三胚层并形成胚盘，这是人胚各器官系统形成的原基，同时形成胎膜和胎盘。

11.4.1　三胚层的形成

人体的各种组织和器官都是由内、中、外三个胚层分化来的(见图11-6)。三胚层的形成是胚胎发育的关键。

受精后第2周，在胚泡植入的过程中，内细胞群面向胚泡腔一侧的细胞分裂增殖，形成一层立方细胞，称下胚层。下胚层上方其余的内细胞群细胞形成一层柱状细胞，称上胚层。上胚层和下胚层的细胞紧密相贴形成一个椭圆形的盘状结构，为二胚层胚盘，是胚体的原基。

上胚层形成后，其背侧的滋养层分裂增生，形成一层新的细胞，称羊膜上皮，其周缘与上胚层其余部分的周缘相接，在羊膜上皮与上胚层之间形成一腔，称羊膜腔，内含液体称羊水。上胚层即为羊膜腔的底。下胚层周缘的细胞向下增生围成一个囊，称卵黄囊，其顶为下胚层。

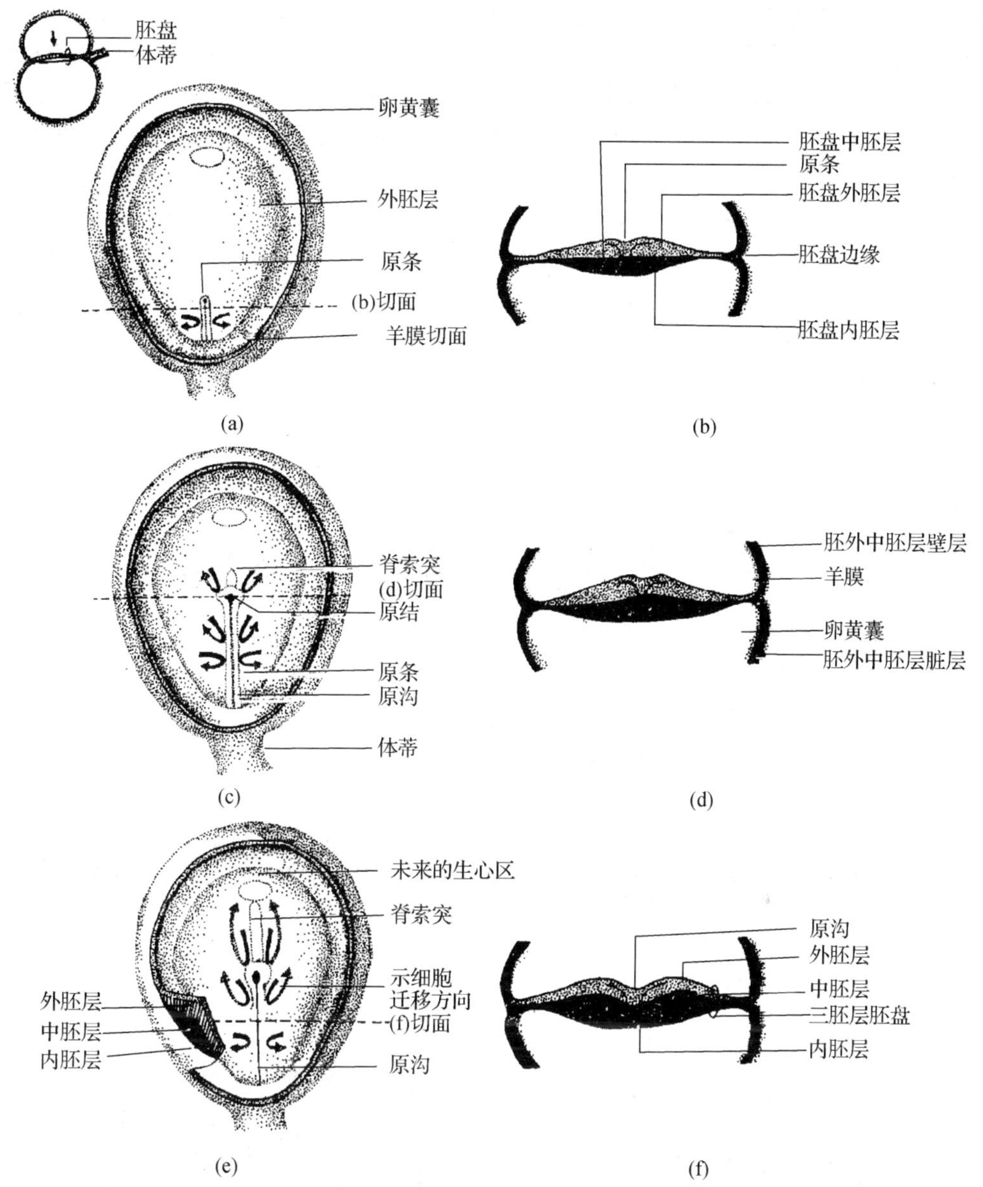

图 11-6　三胚层的形成

在上述变化的同时，细胞滋养层向内增殖形成一些星状细胞，填充于胚泡腔内，称胚外中胚层。胚泡腔因之消失。以后在胚外中胚层中逐渐出现一些小腔，小腔合并成大腔，称胚外体腔。由于胚外体腔的出现，胚外中胚层衬在滋养层内表面和羊膜腔外表面，称胚外中胚层的壁层。把衬在卵黄囊外表面的胚外中胚层，称胚外中胚层的脏层。胚盘尾端与滋养层之间的胚外中胚层，称体蒂，为构成脐带的主要成分。

受精后第 3 周初，胚盘上胚层的细胞迅速增殖，并由胚盘的两侧向尾端中线转移，形成一条增厚的细胞索，称原条。原条的出现决定了胚盘的头尾端和中轴，即原条出现侧为尾端，其前方为头端。原条头端的细胞增殖较快，形成结节状称原结，原结中央的深窝称原凹。

原条的细胞继续增生，两侧细胞隆起，中央凹陷称原沟，沟底的细胞在上、下胚层间向胚盘左右两侧及头、尾侧扩展，于是在上、下胚层间形成一层新细胞层，即为胚内中胚层，简称中胚层。中胚层的部分细胞进入下胚层并置换下胚层的全部细胞，形成一层新的细胞称内胚层。内胚层和中胚层出现后，上胚层改称外胚层。第 3 周末，三胚层胚盘形成。在胚盘头端和尾端各有一小区域没有中胚层，致使内、外胚层直接相贴，分别构成口咽膜和泄殖腔膜。口咽膜头端的中胚层，称生心区，是心脏发生的部位。与此同时，原结的细胞增殖，经原窝向深部迁移，在内外胚层之间沿胚盘中线向头端迁移，形成一条细胞索，称脊索。原条和脊索构成了胎盘的中轴，并成为该发育阶段的支持组织。脊索生长快，向头端生长，而原条向尾侧逐渐退化消失。

11.4.2 三胚层的早期分化

人体从第 4 周初至第 8 周末的发育过程中，胚胎初具人形，且胚盘的三胚层逐渐分化（见图 11-7），形成各器官系统的雏形。

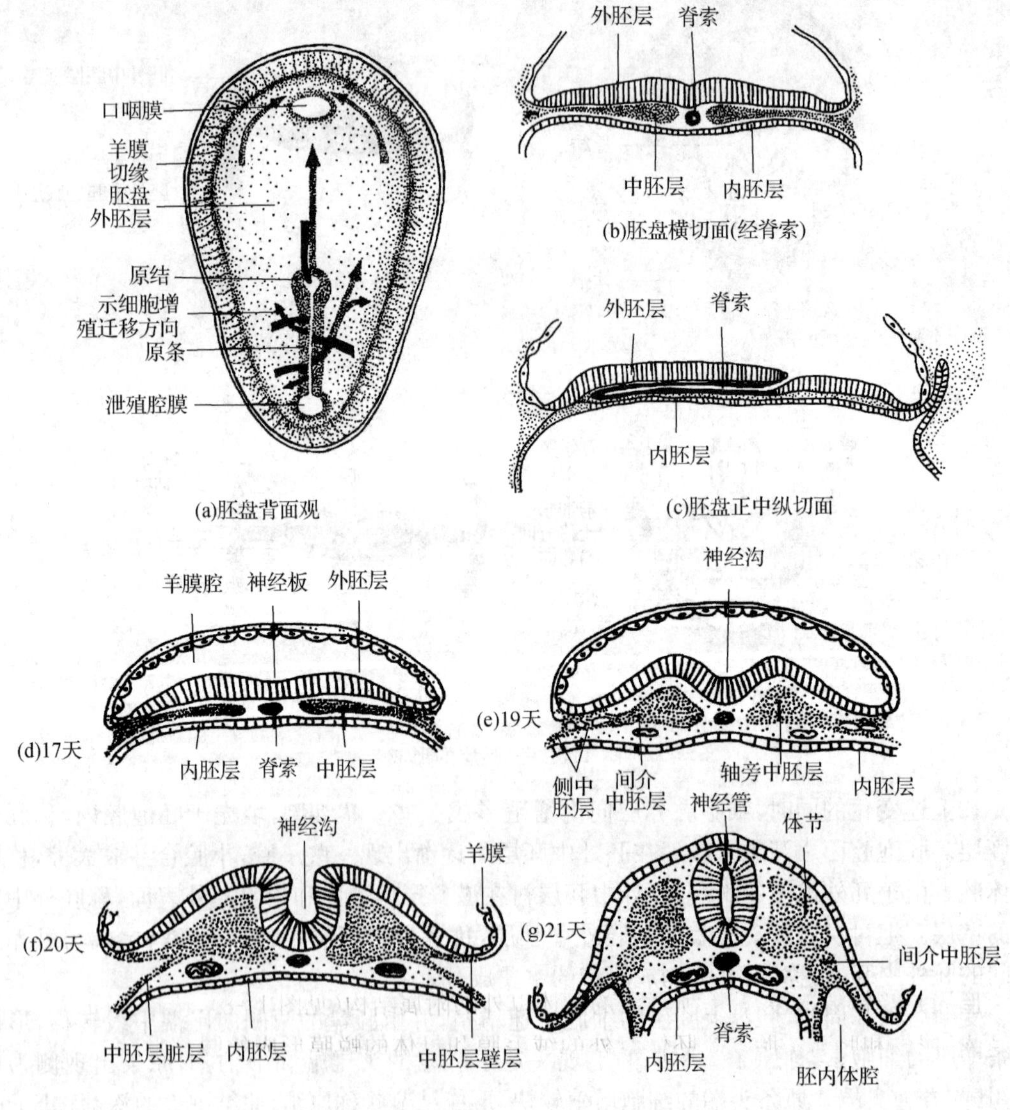

图 11-7 胚盘横切（示中胚层的早期分化及神经管的形成）

1. 外胚层的分化

脊索形成后,诱导其背侧的外胚层细胞增厚呈板状,称神经板。它随脊索的生长而增长,头侧宽,尾部窄,形成倒置的梨形。神经板中央沿长轴下陷形成神经沟,沟两边隆起称神经褶。两侧神经褶在神经沟中段靠拢愈合,并向头尾两端延伸,使神经沟封闭成管状,称神经管。在神经管的头尾两端各留一个孔,分别称为前神经孔和后神经孔,第 4 周末,两个孔相继闭合。若前神经孔未闭合则形成无脑儿,若后神经孔未闭合形成脊柱裂。完全封闭的神经管与背侧的外胚层脱离后埋入体内。神经管头端膨大成脑原基;尾端细长,为脊髓原基。在神经沟闭合形成神经管的过程中,神经褶边缘的一些细胞迁移到神经管的背侧形成两条纵行的细胞索,称神经嵴。以后神经嵴分节并向腹侧迁移,将分化为脑、脊神经节、交感神经节以及肾上腺髓质等。体表外胚层形成表皮及附属器、角膜上皮、内耳、腺垂体等。

2. 中胚层的分化

中胚层在脊索两旁从内侧向外侧依次分化为轴旁中胚层、间介中胚层和侧中胚层。分散存在中胚层细胞,称间充质,将分化为身体各部的结缔组织、血管和肌组织等。

1)轴旁中胚层

脊索两侧的中胚层,细胞迅速增殖形成两排纵行的细胞索,称轴旁中胚层,然后断裂为块状细胞团,称体节。约从胚胎第 3 周末起从颈部向尾部依次形成,左、右成对,大约发生 42～44 对。体节将分化为皮肤的真皮、中轴骨和骨骼肌。

2)间介中胚层

间介中胚层位于轴旁中胚层和侧中胚层之间,分化为泌尿生殖系统的主要器官。

3)侧中胚层

侧中胚层是中胚层最外侧的部分,两侧的侧中胚层在口咽膜的头侧汇合为生心区,是心脏发生的原基。侧中胚层中央出现裂隙,形成胚内体腔。由于胚内体腔形成,侧中胚层分为两层,与外胚层相贴的一层,称体壁中胚层,将分化为体壁和肢体的骨骼、肌肉、血管和结缔组织等。与内胚层相贴的一层,称脏壁中胚层,覆盖于原始消化管的外面,将分化为消化、呼吸系统的肌组织、结缔组织和血管等。胚外体腔将分化为心包腔、胸膜腔和腹腔。

3. 内胚层的分化

在胚体形成圆柱体形时,内胚层被卷成管状并进入胚体内部形成原始消化管又称原肠。原始消化管将分化为消化管、消化腺、呼吸道、肺的上皮组织以及中耳鼓膜、甲状腺、甲状旁腺、胸腺、膀胱和阴道的上皮组织等。

11.5 胎膜与胎盘

胎膜是受精卵分裂、分化所形成的胚体以外的附属结构(见图 11-8),包括绒毛膜、羊膜、卵黄囊、尿囊和脐带。胎盘是胚体以外的绒毛膜和母体的蜕膜形成的圆盘形结构。它们对胚体起营养、保护、呼吸和排泄作用,胎儿娩出后,胎膜、胎盘和子宫内膜一起从子宫排出。

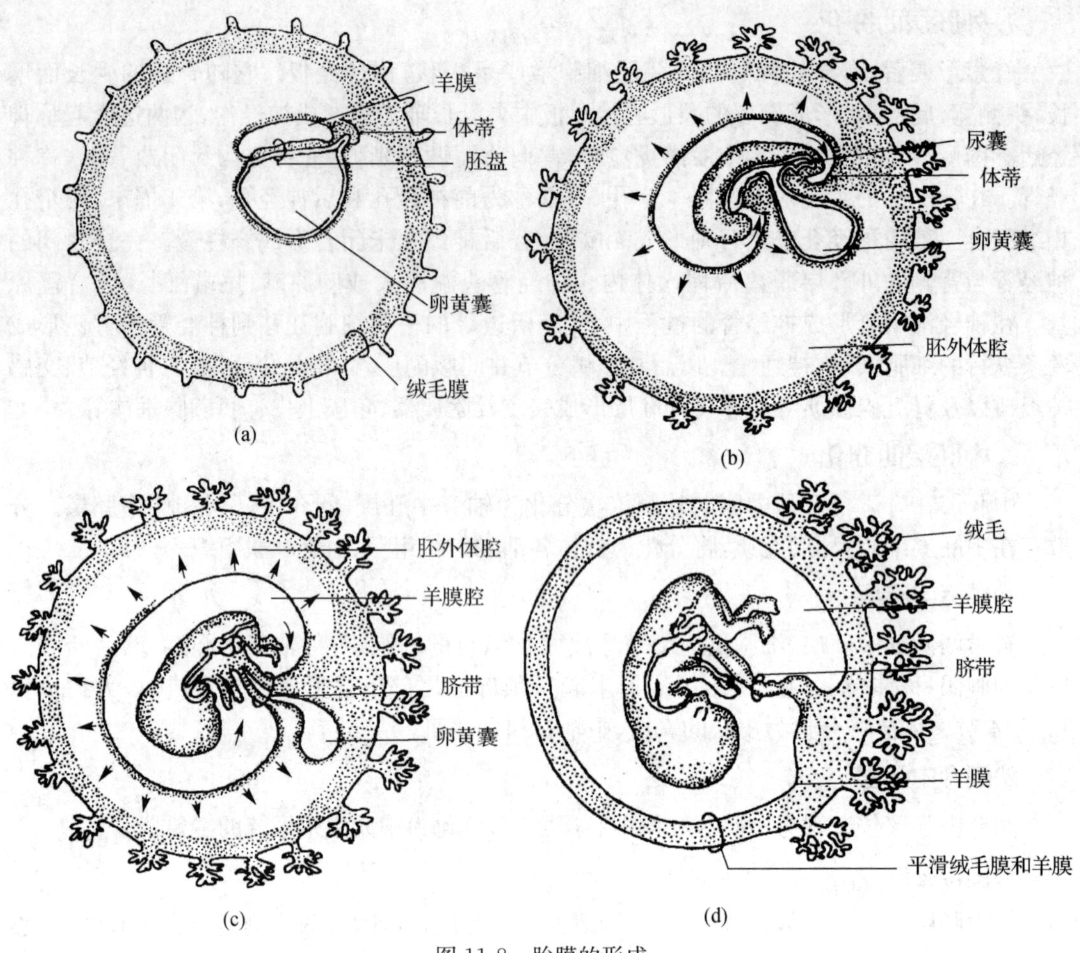

图 11-8 胎膜的形成

(a)1～3 周 (b)2～4 周 (c)3～10 周 (d)4～20 周

11.5.1 胎膜

1. 绒毛膜

绒毛膜由细胞滋养层、合体滋养层和胚外中胚层的壁层共同构成。植入完成后，滋养层已分化为合体滋养层和细胞滋养层两层，继之细胞滋养层的细胞局部增殖，形成许多伸入合体滋养层内的隆起，这时，表面有许多突起的滋养层和内面的胚外中胚层合称为绒毛膜。绒毛膜包在胚胎及其他附属结构的最外面，直接与子宫内膜接触，膜的外表有大量绒毛。绒毛的发育使绒毛膜与子宫蜕膜接触面增大，利于胚胎与母体间的物质交换。第 2 周末的绒毛仅由外表的合体滋养层和内部的细胞滋养层构成，称初级绒毛干。第 3 周时，胚外中胚层逐渐伸入绒毛干内，改称次级绒毛干。此后，绒毛干内的间充质分化为结缔组织和血管，改称三级绒毛干。绒毛干进而发出分支，形成许多细小的绒毛。同时，绒毛干末端的细胞滋养层细胞增殖，穿出合体滋养层。伸抵蜕膜组织，将绒毛干固着于蜕膜上。

这些穿出的细胞滋养层细胞还沿蜕膜扩展，彼此连接，形成一层细胞滋养层壳，使绒毛膜与子宫蜕膜牢固连接。绒毛干之间的间隙，称绒毛间隙。绒毛间隙内充以从子宫螺旋动脉来的母体血。胚胎借绒毛汲取母体血液中的营养物质并排出代谢产物。

胚胎早期,整个绒毛膜表面的绒毛均匀分布。第 8 周以后,由于包蜕膜侧的血供匮乏,绒毛逐渐退化、消失,形成表面无绒毛的平滑绒毛膜。基蜕膜侧的绒毛因血液供应充足、营养丰富、生长茂密、反复分支形成丛密绒毛膜,与基蜕膜组成胎盘。丛密绒毛膜内的血管通过脐带与胚体内的血管连通。此后,随着胚胎的发育增长及羊膜腔的不断扩大,羊膜、平滑绒毛膜和包蜕膜进一步凸向子宫腔,最终与壁蜕膜愈合,子宫腔逐渐消失。胎儿被包在一个大囊内发育。在绒毛的发育过程中,如果绒毛表面的滋养层细胞过度生长,内部的结缔组织变性水肿,形成许多大小不等的水泡样结构,形似葡萄,称葡萄胎,其中的胚胎因营养缺乏不能正常发育而死亡。如果滋养层细胞发生恶变,则导致绒毛膜上皮癌。

2. 羊膜

羊膜为半透明薄膜,由羊膜上皮和覆盖其外的胚外中胚层组成。它们围成的腔称羊膜腔,羊膜腔内充满羊水,羊膜包绕羊膜腔称羊膜囊。大部分羊膜上皮与绒毛膜相贴,仅小部分包在脐带表面。胚体变为圆柱体后凸入羊膜腔,胚胎在羊水中生长发育。羊膜腔的扩大逐渐使羊膜与绒毛膜相贴,胚外体腔消失。羊水呈弱碱性,含有脱落的上皮细胞和一些胎儿的代谢产物。羊水主要由羊膜不断分泌产生,又不断地被羊膜吸收和被胎儿吞饮,故羊水是不断更新的。

羊水的作用:①在胎儿发育中起重要的保护作用,使胎儿免受外力的压迫与震荡;②可使胎儿在羊水中自由活动;③临产时,具有扩张宫颈,冲洗和润滑产道的作用,有利于胎儿的娩出;④防止胎儿与羊膜粘连,随着胚胎的长大;羊水也相应增多,分娩时约有 1 000~1 500 mL。羊水过少(500 mL 以下),易发生羊膜与胎儿粘连。影响正常发育,羊水过多(2 000 mL 以上),也可影响胎儿正常发育。羊水过多或过少还与某些先天性畸形有关,如胎儿无肾或尿道闭锁可致羊水过少,胎儿消化道闭锁或神经管封闭不全可致羊水过多。羊膜腔穿刺抽取羊水,进行细胞染色体检查或测定羊水中某些物质的含量,可以早期诊断某些先天性异常。

羊膜腔穿刺术

羊膜腔穿刺术是一种获取胎儿细胞的方法。羊水主要为胎儿的尿和羊膜上皮分泌物,抽取少量羊水对胎儿不会造成不良影响。在超声波探头的引导下,以一支细长针穿过腹壁、子宫肌层及羊膜进入羊膜腔,就好像一般的肌肉注射一样。抽取少量羊水,通常为 20~30 mL,以便检查羊水中胎儿细胞的染色体、DNA、生化等。此穿刺术经由经验丰富的医师在超音波的引导下执行是很安全的,是目前最常用的一种产前诊断技术。操作过程简单、穿刺前不需麻醉、不需住院。

3. 卵黄囊

卵黄囊位于原始消化管腹侧。人胚胎的卵黄囊不发达,它的出现是种系发生和进化的反映。在人胚胎的发育过程中,卵黄囊顶部的内胚层被卷入胚体内,形成原肠,其余部分形成卵黄蒂，与原肠相连。卵黄蒂于第 6 周闭锁，卵黄囊也逐渐退化。第 3 周卵黄囊壁上的胚外中胚层出现血岛，是人胚胎最早的发生血管和造血干细胞的部位。

4. 尿囊

尿囊发生于胚胎第 3 周，是从卵黄囊尾侧向体蒂内伸出的一个内胚层盲囊。人胚尿囊很不发达，仅存数周即退化。但随着尿囊的发生，其壁上的胚外中胚层出现了两对血管，即一对尿囊动脉和一对尿囊静脉，逐渐演化成胎儿与母体进行物质交换的唯一通道，即脐动脉和脐静脉。

5. 脐带

脐带是连于胚胎脐部与胎盘间的条索状结构。脐带外被羊膜，内含体蒂分化的黏液性结缔组织。结缔组织内除有闭锁的卵黄蒂和尿囊外，还有脐动脉和脐静脉。脐血管的一端与胚胎血管相连。另一端与胎盘绒毛血管续连。脐动脉有两条，将胚胎血液运送至胎盘绒毛内，在此，绒毛毛细血管内的胚胎血与绒毛间隙内的母血进行物质交换。脐静脉仅有一条，将胎盘绒毛汇集的血液送回胚胎。胎儿出生时，脐带长 40～60 cm，直径 1.5～2 cm，透过脐带表面的羊膜，可见内部盘曲缠绕的脐血管。脐带过短(35 cm 以下)，胎儿娩出时易引起胎盘过早剥离，可引起产妇出血过多；脐带过长，易缠绕胎儿肢体或颈部，可致局部发育不良，甚至导致胎儿窒息死亡。

11.5.2 胎盘

1. 胎盘的结构

胎盘是由胎儿的丛密绒毛膜与母体的基蜕膜共同组成的圆盘形结构(见图 11-9)。丛密绒毛膜为胎盘的子体部，基蜕膜为胎盘的母体部。足月胎儿的胎盘直径为 15～20 cm，中央厚周边薄，重约 500 g。胎盘的胎儿面光滑，表面覆盖着羊膜，脐带一般附于近中央处，透过羊膜可见脐血管呈放射状分布在绒毛膜上。胎盘的母体面粗糙，有不规则的浅沟将其分为 15～30 个微凸的小区，称胎盘小叶。

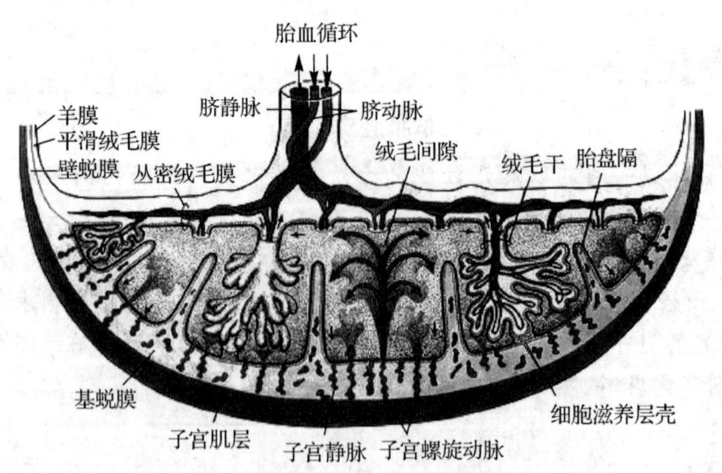

图 11-9 胎盘的结构与血液循环模式图

在胎盘垂直切面上，可见羊膜下方为绒毛膜的结缔组织，脐血管的分支行于其中。绒毛膜发出约 40～60 根绒毛干。绒毛干又发出许多细小绒毛，干的末端以细胞滋养层壳固着于基蜕膜上。脐血管的分支沿绒毛干进入绒毛内，形成毛细血管。绒毛干之间为绒毛间隙，由基蜕膜构成的短隔伸入间隙内，称胎盘隔。胎盘隔将绒毛干分隔到胎盘小叶内，每个小叶含 1～4 根绒毛干。子宫螺旋动脉与子宫静脉开口于绒毛间隙，故绒毛间隙内充以母体血液，绒毛浸在母血中。

2. 胎盘的血液循环

胎盘内有母体和胎儿两套血液循环通路，两者的血液在各自的封闭管道内循环，互不相混，但可进行物质交换。母体动脉血从子宫螺旋动脉流入绒毛间隙，在此与绒毛内毛细血管的胎儿血进行物质交换后，由子宫静脉回流入母体。胎儿的静脉血经脐动脉及其分支流入绒毛毛细血管，与绒毛间隙内的母体血进行物质交换后，成为动脉血，经脐静脉回流到胎儿体内。

3. 胎盘的功能

1)物质交换

进行物质交换是胎盘的主要功能，胎儿通过胎盘从母血中获得营养和氧气，排出的代谢产物和二氧化碳则透过胎盘排入母体。因此，胎盘既是胎儿的吸收营养器官，又是呼吸和排泄的器官。

2)防御屏障作用

胎儿血与母体血在胎盘内进行物质交换所通过的结构，称胎盘膜或胎盘屏障。早期胎盘膜由合体滋养层、细胞滋养层和基膜、薄层绒毛结缔组织及毛细血管内皮组成。胎儿发育后期，由于细胞滋养层在许多部位消失以及合体滋养层在一些部位仅为一薄层胞质，故胎盘膜变薄，胎血与母血间仅隔以绒毛毛细血管内皮和薄层合体滋养层及两者的基膜，更有利于胎血与母血间的物质交换。胎盘屏障在正常情况下，能阻挡母血内大分子物质进入胎体，对胎儿具有保护作用。某些病毒，如风疹、麻疹和 HIV 病毒等可以通过胎盘屏障进入胎体使胎儿感染，甚至引起先天畸形。另外，大部分药物和激素可以通过胎盘屏障进入胎儿血液循环，影响胎儿发育，故孕妇用药应慎重。IgG 是唯一能通过胎盘的抗体，对初生婴儿的抗感染起重要作用。

3)内分泌功能

胎盘的合体滋养层能合成和分泌多种激素，对维持妊娠起着重要的作用。胎盘分泌的激素主要为：人绒毛膜促性腺激素（HCG），其作用与黄体生成素类似，能促进母体黄体的生长发育，以维持妊娠，HCG 在妊娠第 2 周开始分泌，第 8～11 周达高峰，以后逐渐下降；绒毛膜促乳腺生长激素（HCS），又称人胚胎催乳素，能促使母体乳腺生长发育，HCS 于妊娠初期开始分泌，妊娠末期达高峰，直到分娩；孕激素和雌激素，胎盘于妊娠第 16 周开始分泌孕激素和雌激素，以后逐渐增多。母体的黄体退化后，胎盘的这两种激素起着继续维持妊娠的作用。

11.6 双胎、多胎与联体双胎

11.6.1 双胎

1. 单卵双胎

单卵孪生由一个受精卵发育为两个胚胎，有以下几种可能的情况（见图 11-10）：一个胚泡内出现两个内细胞群，各发育为一个胚胎，这类孪生儿有各自的羊膜，但共有一个绒毛膜与胎盘；胚盘上出现两个原条与脊索，诱导形成两个神经管，发育为两个胚胎，这类孪生儿同位于一个羊膜腔内，也共有一个绒毛膜与胎盘；卵裂球分离为两团，它们各自发育为一个完整的胚胎，各具有独立的胎膜和胎盘。

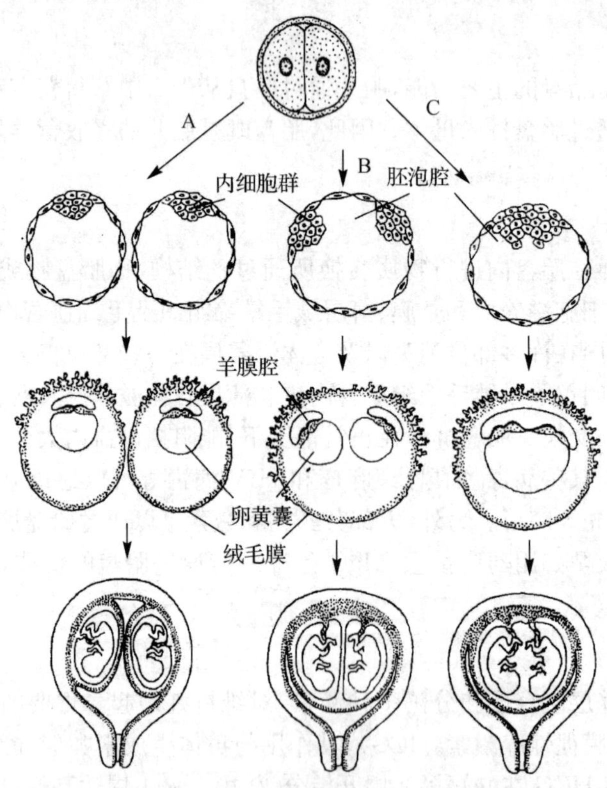

图 11-10 单卵双胎的形成示意图

单卵孪生的两个个体的遗传基因完全一样，性别相同，面貌酷似，血型及组织相容性抗原相同，故互相做组织或器官移植时无免疫排斥反应。

2. 双卵双胎

母体一次排出两个卵子并分别受精后发育为两个胎儿，称双卵孪生。双卵双胎占双胎的大多数。双卵孪生的两个胎儿有各自的胎膜和胎盘，性别相同或不同，相貌和生理特性的差异如同一般兄弟姐妹。

11.6.2 多胎

一次娩出产生三个或三个以上的新生儿称多胎。多胎的原因可以是单卵性、多卵性或混合性,混合性多胎较多见。多胎发生率低,三胎约万分之一,四胎约百万分之一,五胎以上更为罕见,多不易存活。服用促排卵药物及试管婴儿常可发生多胎。

11.6.3 联体双胎

在单卵孪生的形成过程中,如果两个胎儿分离不全,互相联在一起而成联体双胎(见图11-11)。如果头联在一起,称头联胎;如果臀部联在一起,称臀联胎;如果胸部或腹部联在一起,称胸联或腹联胎。联体双胎有对称型和不对称型两类,对称型指两个胚胎大小一致,否则,称不对称型。在不对称型联体双胎中,如果一个胎儿很小且发育不全,常称寄生胎;如果小而发育不全的胚胎被包裹在大胎体内则称胎内胎。

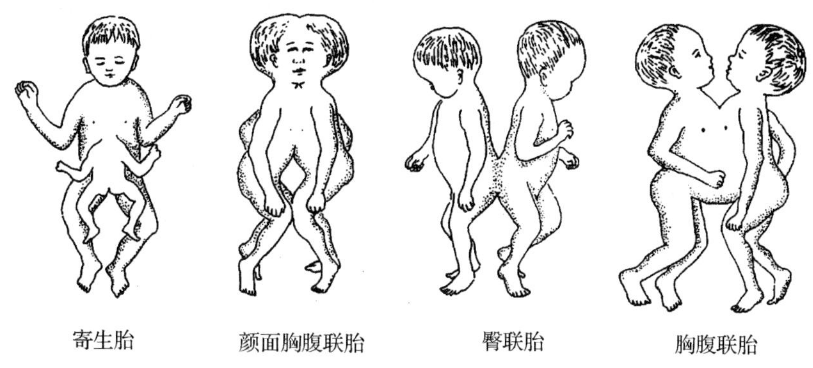

图11-11 联体双胎

拓展与思考

1. 预产期怎样计算?
2. 常见的胎位不正有哪些?
3. 先天性心脏病是怎样形成的?是否可以进行预防或者早期干预?

参考文献

[1] 于恩华,李静平.人体解剖学[M].3版.北京:北京大学医学出版社,2008.

[2] 邹仲之.组织学与胚胎学[M].7版.北京:人民卫生出版社,2008.

[3] 高秀来.系统解剖学[M].2版.北京:北京大学医学出版社,2009.

[4] 霍志斐,刘丕峰.人体解剖学[M].北京:中国科学技术出版社,2010.

[5] 柏树令.系统解剖学[M].5版.北京:人民卫生出版社,2011.

[6] 刘荣志.组织学与胚胎学[M].2版.西安:第四军医大学出版社,2011.

[7] 刘荣志.人体解剖学与组织胚胎学[M].北京:中国科学技术出版社,2013.

[8] 丁自海.人体解剖学[M].北京:人民卫生出版社,2013.

[9] 贾明昭.正常人体结构[M].北京:人民卫生出版社,2013.

[10] 崔慧先.系统解剖学[M].7版.北京:人民卫生出版社,2014.